V&R

T0139768

Dieter Langewiesche

Zeitwende

Geschichtsdenken heute

Herausgegeben von
Nikolaus Buschmann und
Ute Planert

2. Auflage

Vandenhoeck & Ruprecht

Bibliografische Information der Deutschen Nationalbibliothek

Die Deutsche Nationalbibliothek verzeichnet diese Publikation in der
Deutschen Nationalbibliografie; detaillierte bibliografische Daten
sind im Internet über http://dnb.d-nb.de abrufbar.

ISBN 978-3-525-36378-2

Umschlagabbildung:
George Grosz, »ohne Titel« (1920)
Düsseldorf, Kunstsammlung Nordrhein-Westfalen
© VG Bild-Kunst, Bonn 2009
Foto: akg-images / Erich Lessing

© 2009, 2008 Vandenhoeck & Ruprecht GmbH & Co. KG, Göttingen
Internet: www.v-r.de
Alle Rechte vorbehalten. Das Werk und seine Teile sind urheberrechtlich geschützt.
Jede Verwertung in anderen als den gesetzlich zugelassenen Fällen bedarf der
vorherigen schriftlichen Einwilligung des Verlages. Hinweis zu § 52a UrhG:
Weder das Werk noch seine Teile dürfen ohne vorherige schriftliche Einwilligung
des Verlages öffentlich zugänglich gemacht werden. Dies gilt auch bei einer
entsprechenden Nutzung für Lehr- und Unterrichtszwecke. Printed in Germany.

Druck und Bindung: ⊕ Hubert & Co, Göttingen.

Gedruckt auf alterungsbeständigem Papier.

Inhalt

Vorwort   7

Geschichtsschreibung und Geschichtsmarkt in Deutschland   9

Geschichtsdenken

Erinnerungsgeschichte und Geschichtsnormierung 21

»Zeitwende« – eine Grundfigur neuzeitlichen
Geschichtsdenkens: Richard Koebner im Vergleich
mit Francis Fukuyama und Eric Hobsbawm 41

Über das Umschreiben der Geschichte.
Zur Rolle der Sozialgeschichte 56

»Postmoderne« als Ende der »Moderne«? Überlegungen
eines Historikers in einem interdisziplinären Gespräch 69

Die Geschichtsschreibung und ihr Publikum. Zum Verhältnis
von Geschichtswissenschaft und Geschichtsmarkt 85

Geschichte als politisches Argument

Vom Wert historischer Erfahrung in einer Zusammenbruchsgesellschaft: Deutschland im 19. und 20. Jahrhundert 103

Vergangenheitsbilder als Gegenwartskritik und Zukunftsprognose:
Die Reden der deutschen Bundespräsidenten 114

Verfassungsmythen und ihr Ende. Die Präambeln des
Grundgesetzes der alten und neuen Bundesrepublik Deutschland
und des Verfassungsentwurfs der Europäischen Union 135

»Republik« und »Republikaner«
Von der historischen Entwertung eines politischen Begriffs 144

Der »deutsche Sonderweg«. Defizitgeschichte als
geschichtspolitische Zukunftskonstruktion nach
dem Ersten und Zweiten Weltkrieg 164

Geschichte und Universität in Gesellschaft und Politik

Welche Geschichte braucht die Gesellschaft? ... 175

Wozu braucht die Gesellschaft Geisteswissenschaften?
Wieviel Geisteswissenschaften braucht die Universität? ... 182

Die Universität als Vordenker? Universität und Gesellschaft
im 19. und frühen 20. Jahrhundert ... 194

Chancen und Perspektiven: Bildung und Ausbildung ... 214

Universität im Umbau. Heutige Universitätspolitik
in historischer Sicht ... 225

Meine Universität und die Universität der Zukunft ... 241

Vorwort

»Mitten im Leben« verortet Dieter Langewiesche den Sitz der Geschichtsschreibung, also mitten in der spannungsvollen Auseinandersetzung von Gegenwartsanforderung, Vergangenheitsdeutung und Zukunftsgestaltung. Als politischer Professor im besten Sinne des Wortes und Wanderer zwischen den Welten von Wissenschaft, Politik und Öffentlichkeit hat der Leibniz-Preisträger und Tübinger Ordinarius für Mittlere und Neuere Geschichte seit mehr als drei Jahrzehnten den Wandel der deutschen Geschichts- und Bildungslandschaft kritisch begleitet und mitgestaltet. Die Summe seiner Tätigkeit im Wissenschaftsrat, in den Gremien der Deutschen Forschungsgemeinschaft und in Institutionen zur Reform der akademischen Lehre sind in die hier vorliegenden Veröffentlichungen ebenso eingeflossen wie Reflexionen über die Orientierungsfunktion der Historiographie in der modernen Welt, die Gesetzmäßigkeiten eines wachsenden Geschichtsmarktes und die Wechselbeziehungen von Geschichtsdeutung und gesellschaftlicher Erfahrung. Den unterschiedlichen Interessenschwerpunkten des Verfassers gemäß ist der Band in drei Abschnitte gegliedert:

1. »Geschichtsdenken« setzt sich mit Bedingungen, Chancen und Funktionen einer Vielzahl von älteren und neueren Zugängen zur Geschichtswissenschaft auseinander. Hier wird deutlich, dass keineswegs nur die Zunft der professionellen Geschichtsverwalter, sondern auch die Bedürfnisse des Publikums und der jeweilige Erfahrungshorizont einer Gesellschaft über den Erfolg eines angebotenen Geschichtsmodells bestimmen. Die Entscheidung für eine bestimmte Geschichtsdeutung hängt somit von den Positionen der Gegenwart ab, und zugleich gestalten die Bilder, die sich eine Gesellschaft von ihrer Geschichte macht, ihre Zukunftsoptionen mit.

2. »Geschichte als politisches Argument« zeigt, dass der Kampf um politische Macht und Herrschaft unvermeidlich einen Kampf um die Herrschaft über Geschichte, über Geschichtsdeutungen und Geschichtsbilder bedeutet. Sich in Zeiten der Veränderung und des politischen Wandels durch den Blick in die Vergangenheit rückzuversichern, die eigene Position zu legitimieren und daraus Gegenwartskritik wie Zukunftshoffnungen abzuleiten, ist eine der Grundfunktionen der Historie. Diese Orientierungsfunktion der Geschichte tritt am deutschen Beispiel mit seinen vielfältigen historischen Umbrüchen besonders deutlich hervor, ist aber keineswegs darauf beschränkt. Auch in Zeiten des vereinten Europa läuft der öffentliche Gebrauch der Historie – sei es, um Bestehendes zu bewahren oder Gegenwärtiges zu verändern – immer Gefahr, der Geschichte ihre Eigenheit zu nehmen und sie zum rein politischen Argument zu entwerten.

3. »Geschichte und Universität in Gesellschaft und Politik« schließlich nimmt den derzeitigen Ab- und Umbau der Hochschullandschaft zum Anlass, den Ort der Geisteswissenschaften in der Gesellschaft und in der »Universität der Zukunft« zu bestimmen. Scharfzüngig entkleiden die Artikel die Verlautbarungen aus den Ministerien und Evaluationsagenturen ihrer Freiheits- und Veränderungs-rhetorik und weisen sie als das aus, was sie sind: Produkte bürokratischer Überregulierung und Instrumente zur Durchsetzung wissenschaftsexterner Steuerungsinteressen. Während man in Deutschland die Einführung der Bo-logna-Bestimmungen bislang lediglich zum hochschulpolitischen Kahlschlag nutzte, stellt Dieter Langewiesche alternative Reformvorschläge zur Debatte: von der Differenzierung des Lehrpersonals nach angelsächsischem Muster über die Aufwertung methodischer Schulung, um auch Bachelor-Absolventen auf die Anforderungen der Wissensgesellschaft vorzubereiten, bis hin zur jeweils unterschiedlich ausgestalteten interdisziplinären Kooperationen innerhalb der Universitäten, um unter den Bedingungen begrenzter Ressourcen auf einen sich verändernden Arbeitsmarkt reagieren zu können. Die hier präsentierten Über-legungen beweisen, dass selbst unter dem allgegenwärtigen Zwang zur Kos-tenneutralität weit mehr möglich ist, als die aktuelle Demontage eines gewiss nicht problemfreien, jedoch ohne Not dem Untergang preisgegebenen Univer-sitätssystems glauben machen will.

Immerhin ist, und das gibt zu Hoffnung Anlass, die Bildung nach Jahren des Dornröschenschlafes wieder zu einem Thema der interessierten Öffentlichkeit geworden. Deshalb sind wir zuversichtlich, dass die hier versammelten Beiträge weit über Universität und Geschichtswissenschaft hinaus die Beachtung finden werden, die sie verdienen.

Tübingen und Cambridge,   Nikolaus Buschmann,
Mass. (USA), im September 2007   Ute Planert

Geschichtsschreibung und Geschichtsmarkt in Deutschland

Die deutsche Geschichtswissenschaft hat keinen Grund zu klagen. In der Gesellschaft ist Geschichte gefragt und die Medien zollen ihr Aufmerksamkeit, an den Universitäten findet das Fach erfreulichen Zuspruch, in den Schulen ist es fest verankert, und selbst bei den Stellenstreichungen, mit denen die Landespolitik ihr Bekenntnis zum Wissenschaftsstandort Deutschland in verlässlicher Kakophonie begleitet, wird es nicht stärker gerupft als andere.

Geschichtswissen gilt der Gesellschaft als unverzichtbar, um der Gegenwart vergangenheitserprobte Zukunftsorientierungen zu ermöglichen. Deshalb pflegt der höchste Repräsentant des deutschen Staates Geschichtsreden zu halten. Sie erwartet die Gesellschaft von ihm, und bislang hat sich jeder Bundespräsident dieser Aufgabe ausgiebig gewidmet. Nicht selten fand sein Zukunftsblick in die Vergangenheit hohe öffentliche Aufmerksamkeit.[1] Die Geschichte gehört also nicht den Historikern. Physiker oder Neurowissenschaftler mögen Monopolisten in ihrem Fachgebiet sein, Historiker sind es nicht. Ein Monopol, Geschichte darzustellen und zu deuten, hat die Geschichts*wissenschaft* nie besessen, und die universitäre erst recht nicht.[2] Heute existiert ein großer, weit verzweigter Geschichtsmarkt, der unüberschaubar viele Anbieter kennt. Unter ihnen stellen die professionellen Historiker eine kleine Minderheit. Sie bedient vor allem spezielle Märkte, sei es direkt oder über die von ihr ausgebildeten Universitätsabsolventen, die ihr historisches Fachwissen in zahlreichen Berufsfeldern weitergeben, etwa in den Schulen und Medien, in Museen oder in der kommunalen Kulturarbeit und in vielen anderen Bereichen.

1. Der Geschichtsmarkt: Vielfalt der Anbieter und Marktführer

Das größte Segment des Geschichtsmarktes erzeugen und versorgen Fernsehen und Rundfunk, die ständig in erstaunlichem Umfang Geschichtssendungen bieten. Allein im ZDF wurden im Jahre 2006 zwölf Sendungen über die Zeit des Nationalsozialismus von ca. 26,57 Millionen Menschen gesehen. Hitler-Biographien verkaufen sich auf dem Buchmarkt zwar auch gut, doch mit dem Hitler-Film, den das ZDF am 7.11.2006 ausstrahlte, können sie sich nicht messen. Ihn sahen 3,79 Millionen. Annähernd so viele betrachteten eine Sendung über Stalingrad (3,81 Millionen) und über die Waffen-SS (3,50 Millionen). Die dreiteilige Serie über Göring schalteten im Durchschnitt 4,21 Millionen Zuschauer ein und 4,04 Millionen die beiden Sendungen »Der Feuersturm« über die Bombardierung von Städten im Zweiten Weltkrieg. Eine Dokumentation über die Schlacht von Verdun, die im Ersten Weltkrieg mehr als eine halbe Million Tote und Verwundete auf beiden Seiten der Front kostete, sahen 3,26 Millionen Menschen, und selbst »Wilhelm II. – Der letzte deutsche Kaiser« zog 1,16 Millionen vor den Fernsehschirm. Begehrter waren die fünf Filme über die Majestäten der Gegenwart (durchschnittlich je 4,19 Millionen).[3]

Noch erfolgreicher ist das Fernsehen mit »fiktionalisierter Zeitgeschichte«. Der zweiteilige Spielfilm »Dresden« erreichte 12,66 und 11,29 Millionen Zuschauer. Dass ca. 35 Prozent der Zuschauer jünger als 49 Jahre waren, ist ungewöhnlich – sonst dominieren die höheren Altersgruppen stärker – und wie die Zuschauerpost zeigt, führte der Film in vielen Familien zu Gesprächen. »Privates Erinnern und traumatische Erfahrungen wurden in einen öffentlichen Diskurs überführt«. So die Deutung durch Redakteure des Senders.[4]

Das Fernsehen vermittelt nicht nur Geschichtswissen, es ermöglicht den Bürgern, öffentlich zu entscheiden, wer als historisch bedeutsam gilt. Als das ZDF 2003 fragte *Wer ist der größte Deutsche?*, schauten an sieben Tagen jeweils zwischen 2,10 und 5,25 Millionen Menschen zu, und allein im Finale riefen 1,80 Millionen an, um ihren Favoriten zu küren. Berühmte Personen der Geschichte belegten die ersten fünf Plätze: Konrad Adenauer, Martin Luther, Karl Marx, die Geschwister Scholl und Willy Brandt. Der deutsche Nationalheros des späteren 19. und der ersten Hälfte des 20. Jahrhunderts, Otto von Bismarck, dessen Mythos damals vor allem antidemokratisch genutzt worden war,[5] schaffte es auf den neunten Platz. Die zehn Finalisten – Bach, Goethe, Gutenberg und Einstein waren die anderen – wurden jeweils durch einen prominenten »Paten«, unter ihnen nur ein Historiker,[6] dem Publikum vorgestellt. Adolph Kolping erreichte dank des Engagements des Kolping-Werks den elften und Robert Bosch mit Hilfe der Bosch-Mitarbeiter den 14. Platz. Ob bei diesen Unternehmensinitiativen auch Geschichtswissen vermittelt wurde, ist den Zahlen nicht zu entnehmen.

Die Bilanz des ZDF aus dem öffentlichen Geschichtswettbewerb lautet: »Wir stehen auf einem Berg von Geschichte und wissen es zum Glück oder ahnen es zumindest, welche Schätze unter uns verborgen liegen.«[7] Sie zu heben, unternehmen Fernsehen und Rundfunk bemerkenswerte Anstrengungen. Dass man dabei die Möglichkeiten des Mediums Fernsehen nutzt, Geschichte instrumentell zu gestalten, wird gelegentlich selbstbewusst hervorgehoben. So verband das NDR-Fernsehen mit seiner sechsteiligen Reihe zur Geschichte Norddeutschlands aus dem Jahre 2005 den Anspruch, eine »Identität zu schaffen, die über die Bundesländer hinausgeht.« Die Gemeinsamkeit aller Filme in »Bildsprache« und »Erzählrhythmus«, Dramaturgie und Musik ziele darauf, ein »einheitliches Bild« zu entwerfen, das nicht auf die »geschichtsinteressierten Bildungsbürger« berechnet sei, sondern Geschichte als ein »Programm für alle« biete.[8]

Das Fernsehen informiert nicht nur über Geschichte und setzt sie lehrhaft ein, es ist auch in der Lage, Menschen zu bewegen, selber zu Geschichtsschreibern zu werden. Der Aufruf des Mitteldeutschen Rundfunks *Wir veröffentlichen Ihre DDR-Geschichte* erbrachte innerhalb eines Jahres (2004/2005) mehr als 240 veröffentlichte Beiträge.[9]

Gemessen an der Zahl der Menschen, die erreicht werden, kann mit dem Fernsehen keine andere Institution zur Vermittlung von Geschichtswissen mithalten. Es ist zum Geschichtshauptlehrer der Deutschen geworden.

Die Printmedien sind ebenfalls auf dem Geschichtsmarkt stark vertreten. Kaum eine Tageszeitung dürfte auf gelegentliche Geschichtsartikel verzichten. Mitunter sind es allerdings nur wenige Autoren, deren Artikel von vielen Zeitungen zu einem bestimmten Ereignis eingekauft werden.[10] Die Vielzahl von Artikeln in den Regional- und Lokalzeitungen bedeutet dann keine Informationsvielfalt. Große Zeitschriften und Zeitungen wie »DER SPIEGEL«, »STERN« oder »DIE ZEIT« bringen jedoch eigene Serien zu bestimmten Geschichtsanlässen und bedienen mit hohen Auflagen den Buchmarkt.[11] Auf diesem Wege finden mitunter auch veränderte Deutungsmuster, die in der internationalen Geschichtswissenschaft diskutiert und erprobt werden, raschen Zugang zu einem nichtwissenschaftlichen Publikum. So haben jüngst zwei Spiegel-Redakteure, unter ihnen ein promovierter Historiker, mit ihrem Buch »Die Erfindung der Deutschen«[12] eine der gegenwärtig international wirkungsmächtigsten Deutungsformeln in den Geisteswissenschaften in einen großen Leserkreis getragen. Nicht jeder Leser wird erkennen, was konkret gemeint ist, doch das vertraute Wort »Geschichte«, das man im Buchtitel erwarten durfte, durch »Erfindung« ausgetauscht zu sehen, mag dazu reizen, darüber nachzudenken und bei der Lektüre darauf zu achten, wie historische Entwicklungen wahrgenommen und durch den Autor sprachlich inszeniert werden.

Einen erheblichen Teil des Geschichtsmarktes versorgen die zahllosen Ausstellungen zu historischen Themen. Die Jubiläumsjahre der großen Geschichtsereignisse sind regelmäßig prall gefüllt mit Ausstellungen. 1998/99 beschäftigte der Rückblick auf 150 Jahre Revolution nicht nur viele Museen, er versetzte ganze Städte in einen kollektiven Forschungseifer, und im Südwesten präsentierten sich politische Würdenträger bis hinauf zum Ministerpräsidenten als stolze Erben der Revolution.[13] Eine vergleichbare Erinnerungsdichte hatte es in früheren Jubiläumsjahren nicht gegeben. 1848 ist kein Ereignis mehr, das politisch trennt,[14] es kann in Besitz genommen und kommerziell vermarktet werden. Geschichte, auch die einst umstrittene Revolutionsgeschichte, ist für Städte und Regionen zu einem Baustein in ihrer Marketingstrategie geworden, mit der um Touristen geworben wird. Jüngst haben elf Städte von Frankfurt/Main bis Lörrach, beraten durch die Landeszentralen für politische Bildung von Baden-Württemberg und Rheinland-Pfalz sowie die Rastatter Erinnerungsstätte für die Freiheitsbewegungen und die Stiftung Hambacher Schloss, eine »Straße der Demokratie« eröffnet. Diese Tourismusroute zu demokratiegeschichtlichen Erinnerungsorten biete, so hob der Karlsruher Oberbürgermeister hervor, »im Wettbewerb der Regionen für den Südwesten eine einmalige Chance«.[15] In diesen Worten mag der Stolz über das demokratische Erstgeburtsrecht nachklingen, das im 19. Jahrhundert viele Menschen des Südwestens unter den Deutschen beansprucht haben.

Die Geschichtstopographie als Wirtschaftsfaktor zu nutzen, ist seit langem üblich. Heute geschieht das wohl intensiver als je zuvor. Museen spielen dabei eine wichtige Rolle, und Stadtarchive treten aus ihrer traditionellen Rolle des schweigsamen Sammelns. Sie werden umbenannt in Haus der Stadtgeschichte, um die

Distanz zum Bürger zu verringern, und suchen Geschichte für ein großes Publikum attraktiv zu machen, sei es durch Ausstellungen oder Geschichtspfade, Pflege von Gedenktagen und Geschichtsfesten, Zusammenarbeit mit Schulen und Vereinen und vieles andere.

Mit der Breitenwirkung dieser Geschichtsvermittler können die Schriften professioneller Historiker nicht konkurrieren, wenngleich Geschichtsbücher, die breitere Informationen versprechen oder wie Handbücher auf einen speziellen Bedarf zugeschnitten sind, sich auf dem Buchmarkt durchaus mit ansehnlichen Verkaufszahlen und etlichen Auflagen behaupten können. Und dies selbst dann, wenn sie in wissenschaftlicher Diktion geschrieben und mit einem dicken Anmerkungsapparat ausgestattet sind, der Wissenschaftlichkeit nachweist, Laien jedoch abschreckt.

Die geschichtswissenschaftliche Normalpublikation hingegen, die in einer der vielen spezialisierten Schriftenreihen erscheint, fristet auf dem Geschichtsmarkt eine Nischenexistenz. Ihre kargen Verkaufszahlen – zwischen einhundert und dreihundert Exemplaren ist auch bei wissenschaftlich wichtigen Büchern keine Seltenheit – zeigen, dass lediglich die kleine Zahl von Bibliotheken, die auf wissenschaftliche Literatur spezialisiert sind, versorgt werden. Es sind Bibliotheksbücher, mit denen gearbeitet wird, keine Lese-Bücher, die man sich kauft. Sie bilden einen winzigen Markt, der auf Subventionen angewiesen ist. Als Buchproduzenten überschreiten ihn die meisten Historiker nicht. Sind sie es aber, die mit ihren Forschungsschwerpunkten die Thementrends setzen und die Deutungen vorgeben, denen die breitenwirksameren Geschichtsvermittler folgen? Eine heikle Frage. Ihr widmet sich der folgende Abschnitt.

2. Einflüsse auf dem Geschichtsmarkt:
Geld und Trendsetter, Aussperrungen und Drohungen

Wer setzt die Trends in den Wissenschaften? Wer legitimiert die theoretischen Konzepte und die Deutungsmuster, denen sie folgen? Der amerikanische Soziologe Stephen Cole[16] hat dazu empirische Studien vorgelegt. Um zu ermitteln, wie in den Wissenschaften Wissen erzeugt wird, unterscheidet er zwischen dem Kern der Fächer und der Forschungsfront. Das Kernwissen erweist sich auch in den Naturwissenschaften in hohem Maße als alterungsbeständig und auf festen theoretischen Grundlagen aufgebaut. Dieses Kernwissen wird nicht, so Cole, durch soziale Faktoren bestimmt. Anders hingegen an der Front; dort wird experimentiert, der Ausgang ist ungewiss, vieles wird verworfen. Die Prüfverfahren, mit denen entschieden wird, was weiterverfolgt werden soll und was nicht, bestimmen die »Stars« des Fachs, deren fachliche Autorität ihnen eine Schlüsselrolle zuweist. Sie wirken als »gatekeeper«, der den Zutritt regelt. Dies ergab u.a. die Auswertung der Wissenschaftsförderung durch die US-amerikanische *National Science Foundation*.[17]

Seit diese Studien durchgeführt wurden, ist die Bedeutung der Forschung, die durch externe Geldgeber finanziert wird, mächtig gestiegen. An den eingeworbenen Drittmitteln (so nennt man diese Gelder) werden an den heutigen deutschen Universitäten der einzelne Wissenschaftler und sein Fach gemessen. Wissenschaftlicher Wert wird also in Geld ausgedrückt, das für Forschungsvorhaben eingenommen wird. Da dieser Messwert inzwischen von der Wissenschaftspolitik auch für Fächer durchgesetzt worden ist, deren Forschungen bislang ohne solche Gelder auskamen oder sie nur gelegentlich benötigten, besteht eine Art Drittmittelpflicht für alle. Das ist neu und gehört zum Kern des gegenwärtigen radikalen Umbaus der deutschen Hochschullandschaft.[18]

Der Wissenschaftler muss sich als Wissenschaftsmanager bewähren. Die Wissenschaftspolitik und die Universitätsleitung erwarten von den Universitätsprofessoren aller Fächer, dass sie kontinuierlich Forschungsmanufakturen mit Wissenschaftlern als Zeitarbeitskräften schaffen, finanziert aus dem Drittmittelmarkt, den der Staat – in Deutschland: Bund und Länder –, die Europäische Union, private Stiftungen und Wirtschaftsunternehmen mit Kapital ausstatten. Wer diesen Finanzmarkt mit Geld bestückt und in den Entscheidungsgremien der Institutionen sitzt, die regeln, wer Geld erhält und wer nicht, bestimmt die Forschungsgebiete, die als wichtig gelten, und die Art, wie sie erschlossen werden.

Wissenschaftspolitik und Universitätsleitung bewerten den Wissenschaftler nach seinem Geldwert auf dem Drittmittelmarkt, doch sein Fach, sofern es ein geisteswissenschaftliches ist, legt ein anderes Wertemaß an: die wissenschaftliche Publikation, vor allem das Buch. Zumindest ist das heute noch so. Im Fach Geschichte wird wissenschaftliches Ansehen nicht durch Projekte erzeugt, für die Geld akquiriert werden konnte. Sie schaffen zwar innerhalb der Hochschule eine günstige Position, nicht aber im Fach. Wenngleich es auch bei der Besetzung von Geschichtsprofessuren inzwischen durchaus eine Rolle spielt, wie viel Geld jemand mitbringt und künftig einzuspielen verspricht. Schon der wissenschaftliche Nachwuchs soll lernen, auf dem Markt der Forschungsförderung erfolgreich zu sein. Das deutet darauf hin, dass sich auch in den Geisteswissenschaften der Wertemaßstab für wissenschaftliche Leistung ändert.[19] Gleichwohl erwächst das Ansehen von Historikern in ihrem Fach und außerhalb immer noch vorrangig aus ihren Publikationen. Sie werden mit Preisen honoriert und führen in wissenschaftliche Einrichtungen wie Akademien, in die aufgenommen zu werden als Ehre gilt; und es sind auch weiterhin die Publikationen, die Resonanz in den Medien erzeugen und mitunter auch die Aufmerksamkeit der Politik erregen.

Dieses Ansehen, das von dem wissenschaftlichen Werk ausgeht, und die Aufmerksamkeit, die es jenseits des eigenen Fachs findet, steuern immer noch den Zugang zu jenen Gremien, die darüber bestimmen, wer auf dem Drittmittelmarkt erfolgreich ist. Deshalb trifft der empirische Befund Stephen Coles aus dem 20. Jahrhundert auch heute noch zu: Es ist die Reputation, die durch das wissenschaftliche Werk erworben wurde, welche in Schlüsselpositionen führt, in denen bewertet wird, was im Fach als förderwürdig gilt und was nicht, wer Forschungsgelder erhält und wer nicht.[20]

Historiker erwerben diese Reputation jedoch nicht nur innerwissenschaftlich, denn ihr Fach ist offener zur Gesellschaft hin als viele andere Wissenschaftszweige. Die Grenzlinien zwischen der wissenschaftlichen Geschichtsschreibung und dem

Umgang mit Geschichte außerhalb der Wissenschaft sind porös. Man wird wenig Wissenschaftsdisziplinen finden, deren Themen so massiv und beständig in der Gesellschaft präsent sind und dort auch ohne die Experten aus den Universitäten oder anderen Forschungsinstitutionen einem breiten Publikum vermittelt werden. Das war früher nicht anders. Und es wird so bleiben, solange der Mensch sich als ein historisches Wesen begreift. So lange sich Staaten, Nationen und Ethnien in ihrer Eigenheit, in ihren Rechten und Ansprüchen, in ihrem Verhältnis zu Nachbarn und Konkurrenten historisch verstehen, kann die Geschichte nicht der kleinen Gruppe von Geschichtsexperten überlassen werden. Dafür ist sie zu wichtig. Eine hohe Durchlässigkeit zwischen einem wissenschaftlichen Fach und der Gesellschaft signalisiert keine gesellschaftliche Geringschätzung des Expertenwissens, sondern bezeugt vielmehr die Bedeutung, welche die Gesellschaft diesem Themenfeld zumisst. Dafür sprechen auch die Vielzahl der Anbieter, die erhebliche Geldmittel in den Geschichtsmarkt investieren, und die vielen Abnehmer, die sie dort finden.

Die Geschichtswissenschaft ist auf dem Geschichtsmarkt zwar nur als Kleinproduzent vertreten, doch er ist die Grundlage ihrer gesellschaftlichen Wertschätzung und ihrer institutionellen Ausstattung. Seine Vielfalt und Lebendigkeit bekräftigt stetig das Vertrauen, das die Gesellschaft in die Orientierungskraft der Geschichte setzt. Nur deshalb schlüpft jeder Bundespräsident in die Rolle des Geschichtsredners, nur deshalb ist der Staat bereit, eine beträchtlich Zahl außeruniversitärer Geschichtsinstitute zu finanzieren – etwa für die jeweilige Landesgeschichte, für die Geschichte politischer Parteien und des Parlamentarismus, für die Zeitgeschichte oder für die Edition mittelalterlicher Quellen. Im Ausland werden zudem deutsche Geschichtsinstitute in wissenschaftsdiplomatischer Absicht unterhalten. Weil Geschichte als ein Hauptquell kollektiver Identität gilt, lässt sich die Gesellschaft ihre Erforschung und die Vermittlung von Geschichtswissen einiges kosten.

Diese Wertschätzung hat ihren Preis. Die Geschichtsschreibung stand stets unter gesellschaftlicher Beobachtung, und nicht selten wurde und wird versucht, in historischen Themenfeldern, die als national sensibel gelten, indirekt oder offen die Deutungsspielräume festzulegen. So können Historiker in der Türkei das Massaker an den Armeniern im Osmanischen Reich während des Ersten Weltkrieges nicht als Genozid bezeichnen, ohne sich Bedrohungen auszusetzen, während EU-Staaten die Anerkennung dieses Geschehens als Genozid zu einer Voraussetzung für den Zutritt der Türkei zur Europäischen Union erklären und Parlamente sogar die Nichtanerkennung mit Strafe bedrohen.[21] In manchen Staaten kann der Verstoß von Historikern gegen den ›heiligen‹ Kern nationaler Geschichtsbilder noch heute gesellschaftliche Sanktionen bis zu Morddrohungen provozieren.[22]

Versuche der Geschichtsnormierung können von allen Seiten ausgehen, auch von wohlmeinend demokratischen. Dass selbst Staaten mit langer demokratischer Tradition wie Frankreich oder die Schweiz die Meinungsfreiheit bei der Deutung von Geschichte einzuschränken suchen,[23] zeigt einmal mehr, welch hohe gesellschaftliche Bedeutung der Geschichte zugemessen wird.

Weil mit der Deutung von Geschichte die Gegenwart bewertet wird und Zukunftsforderungen erhoben werden können, haben politische oder weltanschauliche Gruppen stets versucht, sich auch durch ihr Geschichtsbild von anderen abzugrenzen. Professionelle Historiker haben daran mitgewirkt, und sie tun es auch heute. Es waren aber keineswegs immer diese Experten, die neue, innovative Geschichtsdeutungen entwickelt und durchgesetzt haben, wie in diesem Buch an mehreren Beispielen gezeigt wird. Um nur eins zu erwähnen: Das wirkungsmächtige Bild eines deutschen Sonderwegs in die Moderne abseits der westlichen Demokratien wurde schon vor dem Ersten Weltkrieg innerhalb der Sozialdemokratie entworfen, um ihre Kritik an den Demokratiedefiziten des Kaiserreichs historisch vergleichend zu untermauern. Dieses oppositionelle Geschichtsbild von ›Laienhistorikern‹ wurde erst in der Bundesrepublik wissenschaftlich und auch politisch nobilitiert, als es angesehene Historiker zum Leitfaden ihrer Deutung der jüngeren deutschen Geschichte machten, die Medien und Schulbücher es verbreiteten und auch Bundespräsidenten in ihren Geschichtsreden an die deutsche Nation es verkündeten. Heinrich August Winkler hat schließlich in seinem zweibändigen Werk »Der lange Weg nach Westen« diese Sonderwegsgeschichte bis in die Gegenwart geführt und sie mit der Vereinigung der beiden deutschen Staaten enden lassen. Die Anerkennung, die Repräsentanten fast aller deutscher Parteien ihm zollten, bezeugt einmal mehr ihren Glauben an die Zukunftskraft der Geschichte und die Überzeugungskraft, die dieses ehemals politisch verfemte und von der Universitätshistorie abgelehnte Geschichtsbild angesichts der Erfahrungen mit der nationalsozialistischen Diktatur gewonnen hat.

Die deutsche Geschichtswissenschaft nach 1945 musste sich der Herausforderung stellen, den Ort des Nationalsozialismus in der deutschen Geschichte zu bestimmen. Hätte sie dies nicht getan, wäre sie ins gesellschaftliche Abseits geraten. Sie hätte der deutschen Gesellschaft auf ihrem Weg aus einer Katastrophengeschichte keine historischen Orientierungen bieten können. Heute sind neue gesellschaftliche Erwartungen an die Historiker hinzugetreten. Das neue Europa sucht für die geschichtlich vorbildlose Europäische Union[24] nach Wurzeln in der europäischen Vergangenheit, in der Hoffnung, dem Neuen ein sicheres Geschichtsfundament stiften zu können, und die heutigen Globalisierungserfahrungen rücken die Geschichte der europäischen Nationen und Nationalstaaten in veränderte Perspektiven. Die akademische Geschichtsschreibung reagiert auf diese Herausforderungen, indem sie die vertraute nationalgeschichtliche Sicht auf die Geschichte erweitert. *Transnational* lautet das Stichwort für den neuen »Sehepunkt« (J.M. Chladenius, 1752), von dem aus der Versuch unternommen wird, die Geschichte der eigenen Nation anders als bisher zu verstehen, indem man sie in historische Zusammenhänge einordnet, die den gesellschaftlichen Erfahrungen der Gegenwart entnommen sind.

Auf dieser Wechselwirkung zwischen gesellschaftlicher Erfahrung und Geschichtsdeutung beruht die Orientierungskraft, welche die jeweilige Gegenwart in der Geschichte sucht. In ihr gründet auch die Bereitschaft der Menschen, den Geschichtsschreibern zuzuhören und ihre Arbeit zu finanzieren. Die Geschichtswissenschaft ist ein Teil dieses weiten Geschichtsmarktes, auf dem Geschichtswissen und -deutungen nachgefragt und Auskünfte feilgeboten werden. Das sichert die Position der professionellen Historiker, macht sie aber auch anfällig, den

Kunden zu geben, was sie erwarten. Klio, die Muse der Geschichtsschreibung, als Hure ist ein altes Motiv, an das der Dichter Durs Grünbein jüngst erinnert hat.[25] Man kann es auch den Sitz der Geschichtsschreibung im Leben nennen.

Anmerkungen

1   Vgl. dazu in diesem Buch: »Geschichte als politisches Argument. Vergangenheitsbilder als Gegenwartskritik und Zukunftsprognose: die Reden der deutschen Bundespräsidenten«.

2   Zur universitären und außeruniversitären Geschichtsschreibung in Deutschland im 19. Jh. in diesem Buch: »Die Geschichtsschreibung und ihr Publikum. Zum Verhältnis von Geschichtswissenschaft und Geschichtsmarkt«.

3   Alle Zahlen nach dem online zugänglichen ZDF-Jahrbuch und einigen zusätzlichen Daten, die ich aus der Redaktion erhielt: http://www.zdf-jahrbuch.de/2006/programmchronik/zdf chefredaktion/zeitgeschichte-zeitgeschehen.html. Allgemein zur ›Fernseh-Geschichte‹: Philip Taylor / Graham Roberts (Hg.), The Historian, Television and Television History, London 2001.

4   Günter van Endert / Heike Hempel, »Dresden« als Beispiel fiktionalisierter Zeitgeschichte (http://www.zdf-jahrbuch.de/2006/programmarbeit/endert_hempel.html). Der Film wurde am 5./6.3.2006 gezeigt.

5   Vgl. Robert Gerwarth, Der Bismarck Mythos. Die Deutschen und der Eiserne Kanzler, München 2007 (englisch 2005).

6   Dr. Guido Knopp, Leiter der ZDF-Redaktion Zeitgeschichte. Er stellte Adenauer vor. Weitere »Paten«: Focus-Chef Helmut Markwort (Bismarck), der frühere WDR-Intendant Friedrich Nowottny (Brandt), Bischöfin Margot Käßmann (Luther), Gregor Gysi (Marx), Alice Schwarzer (Geschwister Scholl).

7   Alle Angaben zur ZDF-Umfrage und das Zitat nach Peter Arens, »Unsere Besten – Wer ist der größte Deutsche?« Die ZDF-Zuschauer verhindern den Untergang des Abendlandes, in: ZDF-Jahrbuch 2003 (http://www.zdf-jahrbuch.de/2004/programmarbeit/arens.htm; 8.9.2007). Arens ist Leiter der ZDF-Hauptredaktion Kultur und Wissenschaft. Zum DDR-Fernsehen s. Tilo Prase / Corinna Schier, Der dienstbar gemachte Dokumentarfilm. Zu Funktion und programmstruktureller Rolle dokumentarischer Formen zwischen 1981 und 1985, in: Claudia Dittmar / Susanne Vollberg (Hg.), Alternativen im DDR-Fernsehen? Die Programmentwicklung 1981 bis 1985, Leipzig 2004; Tilo Prase, Dokumentarische Genres. Gattungsdiskurs und Programmpraxis im DDR-Fernsehen, Leipzig 2006. Auch zum Fernsehen: Geschichte des dokumentarischen Films in Deutschland, 3 Bde. [1895–1945], hg. v. Uli Jung u.a., Ditzingen 2005.

8   So der für die Sendung zuständige Leiter der Abteilung Kultur im NDR-Fernsehen Thomas Schreiber; http://www3.ndr.de/ndrtv_pages_std/0,3147,OID1733162_REF9730,00.html (15.9.2007). Die Fernsehsendung, wissenschaftlich beraten von Prof. Dr. Thomas Riis (Univ. Kiel), wurde von einer vierteiligen Rundfunksendung, einem Buch, einem Hörbuch und einer DVD begleitet.

9   Dann wurde die Initiative eingestellt. Die Artikel sind einzusehen unter: http://www.mdr.de/ damals-in-der-ddr/ihre-geschichte/1542385.html.

10   So war es bei der Vertreibungsausstellung im *Haus der Geschichte der Bundesrepublik Deutschland* (2005/6), über deren Eröffnung zahlreiche Zeitungen berichtet haben. Die weitaus meisten Artikel stammten von zwei Autoren. Die Redaktionen formten jedoch die Aussage durch die Überschriften, die gegensätzliche Botschaften enthalten konnten. Vgl. dazu in diesem Buch: »Erinnerungsgeschichte und Geschichtsnormierung«.

11   Der Stern bietet auf seiner Homepage auch einen Geschichtstest (12.9.2007).

12   Klaus Wiegrefe / Dietmar Pieper (Hg.), Die Erfindung der Deutschen. Wie wir wurden, was wir sind, München 2007.

13   Ausführlicher dazu: Langewiesche, Populare und professionelle Historiographie zur Revolution von 1848/49 im Jubiläumsjahr 1998, in: Zeitschrift für Geschichtswissenschaft 47/7

(1999), S. 615–622; zum wissenschaftlichen Ertrag: Rüdiger Hachtmann, 150 Jahre Revolution von 1848: Festschriften und Forschungserträge, in: Archiv für Sozialgeschichte 39 (1999), S. 447–93, 40 (2000), S. 337–401.

14   Anders in europäischen Gebieten mit Minderheitenproblemen, wo die Erinnerung an 1848 kontrovers geblieben ist; vgl. Rogers Brubaker / Margit Feischmidt, 1848 in 1998: The Politics of Commemoration in Hungary, Romania, and Slovakia, in: Comparative Study of Society and History 2002, S. 700–744.

15   Ein erster Tourismusführer ist bereits erschienen: Susanne Asche / Ernst O. Bräunche, Die Straße der Demokratie. Ein Routenbegleiter auf den Spuren der Freiheit, Karlsruhe 2007. Zitate: http://www.karlsruhe.de/kultur/stadtgeschichte/stadtarchiv/presse/presse_demokratie.de (8.9.2007). Über das Ereignis hat die Presse der Region ausführlich berichtet. Dass ausgerechnet Rastatt, »die finale Stadt der Demokratiebewegung von 1848/49«, sich nicht an dieser Tourismusförderung beteiligt, hat seinen Grund in den dortigen kommunalpolitischen Turbulenzen. Vgl. ka-news.de v. 8.9.2007 und 27.6.2007 (http://www.ka-news.de/karlsruhe/news; 8.9.2007).

16   Stephen Cole, The Hierarchy of the Sciences?, in: The American Journal of Sociology 89/1 (1983), S. 111–139; ders., Making science. Between nature and society, Cambridge, Mass. 1992.

17   Stephen Cole u.a., Peer Review in the National Science Foundation. 1–2, Washington 1978 (http://www.columbia.edu/cu/univprof/jcole/Phase1_pt1.pdf ; ... /Phase2.pdf.).

18   Vgl. dazu in diesem Buch: »Universität im Umbau. Heutige Universitätspolitik in historischer Sicht«; »Meine Universität und die Universität der Zukunft«.

19   Vgl. dazu insbes. Peter Weingart, Die Stunde der Wahrheit? Vom Verhältnis der Wissenschaft zu Politik, Wirtschaft und Medien in der Wissensgesellschaft, Weilerswist 2001.

20   Über Studiengebühren lässt sich dieses wissenschaftliche Ansehen von Professoren in Einnahmen der Universität umsetzen. So ist es in den USA. Früher übten die Hörergelder, die deutsche Studenten zahlten, diese Wirkung aus. Vgl. in diesem Buch: »Universität im Umbau«.

21   Dazu in diesem Buch: »Erinnerungsgeschichte und Geschichtsnormierung«.

22   Zu den Morddrohungen gegen die bulgarische Kunsthistorikerin Martina Baleva, die einen bulgarischen Nationalmythos mit empirischen Belegen konfrontiert, s. Regina Mönch, Die Wahrheit lebt gefährlich, in: FAZ 13.9.2007, S. 37; Ivaylo Ditchev, Der bulgarische Bilderstreit, in: Die Tageszeitung v. 30.4.2007 (http://www.taz.de/index.php?id=archivseite&dig= 2007/04/30/a0173; 15.9.2007). Griechische Nationalisten nahmen das Buch von Anastasiou N. Karakasidou (Fields of Wheat, Hills of Blood. Passages to Nationhood in Greek Macedonia, 1870–1990, Chicago 1997), das sich mit den komplexen Entwicklungen in Mazedonien beschäftigt, zum Anlass, die Autorin zu bedrohen; vgl. die Rezension von Ernestine Friedl, Historical Ethnography at Its Best, in: Current Anthropology 40/3 (1999), S. 401–402.

23   Zum heutigen Frankreich und den Protesten französischer Historiker gegen staatliche Geschichtsnormierungen s. in diesem Buch: »Erinnerungsgeschichte und Geschichtsnormierung«; zu einer ersten Verurteilung wegen Leugnung des Genozids an den Armeniern durch ein Schweizer Gericht im Jahre 2007 s. den Bericht der Neuen Zürcher Zeitung http:// www.nzz.ch/2007/03/09/il/newzzEZ2EC4JQ–12.html (14.9.2007); zu den Kontroversen in der Schweiz, wie der Staat sich verhalten soll, und zur dortigen gesetzlichen Regelung vgl. Oliver Zwahlen, Der Völkermord an den Armeniern und seine Anerkennung in der Schweiz, Lizenziatsarbeit Histor. Seminar Univ. Basel 2004, http://www.zipr.ch/armenien/ index.htm (14.9.2007).

24   Das habe ich näher ausgeführt in: Zentralstaat – Föderativstaat: Nationalstaatsmodelle in Europa im 19. und 20. Jahrhundert, in: Zeitschrift für Staats- und Europawissenschaften 2 (2004), S. 173–190; vgl. in diesem Buch: »Verfassungsmythen und ihr Ende. Die Präambeln des Grundgesetzes der alten und neuen Bundesrepublik Deutschland und des Verfassungsentwurfs der Europäischen Union«.

25   Auch Dresden ist ein Werk des Malerlehrlings. Renatus Deckert im Gespräch mit Durs Grünbein (15.3.2002), in: Lose Blätter. Zeitschrift für Literatur, http://www.lose-blaetter.de/ S3_dres.html (15.9.2007).

Geschichtsdenken

Erinnerungsgeschichte und Geschichtsnormierung

1. »Epoche des Gedenkens«

Erinnerungsgeschichte steht am Anfang einer jeden Geschichtsüberlieferung. Als theoretisch begründeter Zugang im Methodenarsenal der Geschichtswissenschaft ist die Erinnerungsgeschichte jedoch ein junger Zweig am Baum des Geschichtswissens, aber einer, der kräftig wächst. Die Katastrophenerfahrungen der ersten Hälfte des 20. Jahrhunderts tragen dazu wesentlich bei. Sie schufen, so Dan Diner in seinem europäisch ausgerichteten universalhistorischen Versuch, dieses Säkulum zu verstehen, eine eigene »Gedächtniszeit«, deren »negatives Telos« andere Erfahrungen überlagerte und Geschichte neu sehen lehrte.[1] Die Erinnerung daran, verbunden mit einer Institutionalisierung des Gedenkens und der Universalisierung des Erinnerns an den Holocaust, bestimmt die Erinnerungskulturen zumindest in Teilen der Welt.[2]

Deshalb hat Pierre Nora, der französische Nestor der Erinnerungsgeschichte, dessen berühmtes vielbändiges Werk »Lieux de mémoire« zum Vorbild ähnlicher Bücher zu den Erinnerungsorten anderer Staaten und Nationen wurde, unsere Zeit die »Epoche des Gedenkens« genannt. Frankreich war, schrieb Nora,

»wohl das erste Land, das in diese Ära des leidenschaftlichen, konfliktbeladenen, fast zwanghaften Gedenkens eingetreten ist. Dann, nach dem Fall der Mauer und dem Verschwinden der Sowjetunion, meldete sich das ›wieder gefundene Gedächtnis‹ Osteuropas zurück. Und schließlich, mit dem Sturz der lateinamerikanischen Diktaturen, mit dem Ende der Apartheid in Südafrika und der *Wahrheits- und Versöhnungskommission*, wurden die Zeichen einer wirklichen Globalisierung des Gedächtnisses gesetzt, und es tauchten sehr vielgestaltige, aber vergleichbare Formen der Vergangenheitsbewältigung auf.«[3]

Auch das weltweite Holocaust-Gedenken, so ist hinzuzufügen, gehört zu dieser Erinnerungsglobalisierung, in der sich etwas abzeichnet, das es früher nie gegeben hat. Wir sind Zeuge eines Erinnerungsgeschehens, in dem erstmals in der Weltgeschichte die Verantwortung für die Geschichte internationalisiert wird. Dazu zunächst einige Beobachtungen. Erforscht ist das noch nicht.

2. Zur Internationalisierung der Verantwortung für die Geschichte

In den Erinnerungskulturen zeichnet sich ein Prozess ab, der auch im politischen Raum zu erkennen ist: die Internationalisierung von Verantwortung. In der mächtigen Welthandelsorganisation (WTO) oder in Sonderorganisationen der UNO wie der Weltbank und dem Internationalen Währungsfonds werden Beschlüsse gefasst, die für die Staaten verbindlich sind. In Europa hat diese Form von Internationalisierung bereits ein Ausmaß erreicht, dass von offener Staatlichkeit oder vom integrierten Staat gesprochen wird. In vielen Bereichen treten die Mitgliedsstaaten ihre Souveränität an Institutionen der Europäischen Union ab, die über ein eigenes Rechtsdurchsetzungssystem verfügt, das den Vorrang vor dem nationalen Recht beansprucht.[4]

Verantwortung für die Geschichte steht zwar nicht in den Verträgen, welche die Internationalisierung und »Europäisierung des Staates und der Rechtsordnung«[5] in Statuten fassen, doch die Internationalität von Erinnerungskulturen erzeugt auch ohne formelle Regelungen einen Verantwortungsraum, der nicht mehr nationalstaatlich begrenzt ist. Einige Beispiele für diese Entwicklung ohne geschichtliches Vorbild:

Wenn in Deutschland ein Ort zur Erinnerung an die Geschichte der Vertreibungen im 20. Jahrhundert geschaffen werden soll, wird dies auch gegen den Willen der deutschen Akteure zu einem gemeineuropäischen Thema, das außerhalb Deutschlands Diskussionen und auch staatliche Interventionen hervorruft. Ebenso wenig kann die Türkei verhindern, dass im Ausland ihre Geschichtspolitik gegenüber den Massendeportationen der Armenier im Ersten Weltkrieg öffentlich diskutiert und auch von staatlichen Institutionen verurteilt wird.

Die französische Nationalversammlung hat kürzlich einem Gesetzentwurf zugestimmt, nach dem – sollte er alle Hürden im Gesetzgebungsverfahren überwinden – die Leugnung des Völkermords an den Armeniern im Osmanischen Reich bestraft werden soll. In Deutschland ist man nicht so weit gegangen, doch die Fraktionen im Bundestag haben in mehreren Anträgen die Türkei aufgefordert, eine offene Diskussion und ungehinderte wissenschaftliche Forschung über das »Verbrechen am armenischen Volk« zuzulassen, so heißt es in einem fraktionsübergreifenden Antrag.[6] Er fährt fort: »Es zeichnet die Staaten der Europäischen Union aus, dass sie sich zu ihrer kolonialen Vergangenheit und den dunklen Seiten ihrer nationalen Geschichte bekennen.« In diesem einstimmig vom Bundestag verabschiedeten Text wird von »einer europäischen Kultur der Erinnerung« gesprochen, zu der »die offene Auseinandersetzung mit den dunklen Seiten der jeweiligen nationalen Geschichte gehört.«

Die Bereitschaft, das, was vor fast einem Jahrhundert im Ersten Weltkrieg den Armeniern im Osmanischen Reich angetan wurde, als Genozid anzuerkennen und darüber eine öffentliche Diskussion zuzulassen, ist zu einem Kriterium für die Aufnahme der Türkei in die Europäische Union geworden. Hier sprechen sich also die EU-Staaten Verantwortung für die Geschichte ihrer Mitglieder zu: Das Gebiet der Europäischen Union wird zum Geschichtsraum, für den die Europäer eine gemeinsame Zuständigkeit beanspruchen. Staatenübergreifende Geschichtspolitik, Erinnerungspolitik als europäische Gemeinschaftsaufgabe mit Sanktionen gegen Personen und Staaten, die sich dem widersetzen – das ist neu. Eine geschichtspolitische Innovation unserer Zeit, der »Epoche des Gedenkens«.

Geschichtspolitik muss sich heute, dies zeigen solche Beispiele, auf internationalen Foren rechtfertigen. Nicht nur in der Europäischen Union. Es ist ein Verantwortungsraum *Geschichte* entstanden, der die Geschichtsdeutung internationalisiert und mit politischer Sanktionsgewalt ausstattet. Staaten entschuldigen sich öffentlich für Taten in ihrer Geschichte,[7] und staatliche Machthaber können für ihre Politik vor dem Internationalen Gerichtshof der Vereinten Nationen in Den Haag zur Verantwortung gezogen werden. Verantwortung für die Geschichte wird so einklagbar – sei es vor Gericht oder vor einer Öffentlichkeit, die den Opfern eines Geschehens, das in der Vergangenheit liegt, ein moralisches Recht zuspricht, vor der Geschichte gerechtfertigt und in der Gegenwart eventuell finanziell entschädigt zu werden.

Anerkennung geschichtlicher Schuld durch die nationale Gesellschaft, staatliche Entschuldigung und Entschädigung: Diese Form einer Demokratisierung der Zuständigkeit für Geschichte wertet die Erinnerungsgeschichte auf, denn diese spricht allen das Recht und die Fähigkeit zu, darüber mit zu entscheiden, wie sich eine Gesellschaft zu ihrer eigenen Geschichte und der Geschichte anderer zu verhalten hat.

Erinnerungsgeschichte entsteht also nicht als Expertengeschichte, nicht als Geschichtsschreibung durch Experten; an ihr können sich alle beteiligen, die Geschichtserinnerungen haben oder Geschichtsvorstellungen welcher Art auch immer. Das lässt sich als Demokratisierung verstehen. Es ist aber zugleich eine Form von Entprofessionalisierung von Geschichtsschreibung. Erinnerungsgeschichte entsteht als Laiengeschichte, Geschichtsdeutung durch Laien. Das kann durchaus zu Problemen führen. Auf sie komme ich noch sprechen.

3. Staatliche Geschichtsnormierung

Die Internationalisierung von Verantwortung für die Geschichte wird offensichtlich begleitet durch den Versuch vieler Staaten, Geschichtserinnerung staatlich zu normieren. Dagegen haben kürzlich erst, am 12. Dezember 2005, zahlreiche Historiker in Frankreich öffentlich protestiert, als gesetzlich die Lehrpläne der Schulen auf die – so das Gesetz – »positive Rolle der französischen Präsenz in Übersee, insbesondere in Nordafrika« festgelegt werden sollten.[8] Sie haben diesem Anspruch des Staates, als Geschichtslehrer aufzutreten, eine flammende Erklärung »Freiheit für die Geschichte« entgegengesetzt.[9] Mit Erfolg. Der erwähnte Gesetzesartikel wurde 2006 nach einer Entscheidung des Verfassungsrates durch ein Dekret des Premierministers aufgehoben.

Die französischen Historiker hatten jedoch nicht nur gegen den Versuch protestiert, die Erinnerung an die französische Kolonialgeschichte gesetzlich festzulegen. Sie forderten vielmehr, alle gesetzlichen Vorschriften dieser Art aufzuheben. Weil sie einer Demokratie unwürdig seien. Eine Demokratie erkennt man nämlich daran – auch daran –, dass sie unterschiedliche Geschichtsdeutungen erträgt und den Freiraum schafft für Konkurrenz widerstreitender Geschichtserinnerungen.

Das sagt sich leicht und klingt abstrakt unmittelbar überzeugend, kann aber die Konsequenz haben, Geschichtsdeutungen, die man mit guten Gründen für politisch gefährlich hält, um der Demokratie willen ertragen zu müssen. Diesen Mut forderten die französischen Historiker. Freizugeben sei nicht nur das Bild von der französischen Kolonialgeschichte, wie es in der Schule gelehrt wird. Sie wandten sich ebenso entschieden gegen drei andere Gesetze, die man als Geschichtsnormierungsgesetze bezeichnen kann: die beiden Gesetze von 2001, in denen Frankreich den europäischen Sklavenhandel als Menschheitsverbrechen anerkennt und das Geschehen von 1915 »Völkermord an den Armeniern« nennt, damals noch ohne Strafandrohung bei Zuwiderhandlung. Und schließlich wandten sich die französischen Historiker um der Demokratie willen auch gegen das Gesetz von 1990, das die Verneinung des Völkermordes an den Juden mit Freiheits- und Geldstrafe belegt.

Ich beeile mich hinzuzufügen: Mit Holocaustleugnung hat das nichts zu tun. Es geht diesen Historikern aus dem Lande und dem Geiste Voltaires vielmehr darum, das Recht, seine Meinung zu äußern, gegen jeden staatlichen Eingriff zu sichern. Geschichtsvorstellungen werden hier ohne Wenn und Aber dem Menschenrecht der freien Meinung zugeordnet – auch Geschichtsmeinungen, die nachweislich falsch sind und politisch gefährlich sein können. Deshalb wird im angloamerikanischen Rechtsraum die Leugnung des Holocausts nicht unter Strafe gestellt. Sie wird im öffentlichen Raum energisch bekämpft, nicht aber staatlich bestraft. Als demokratiegeschützt gilt jede Meinung über die Geschichte, auch eine objektiv falsche, die von allen Experten zurückgewiesen wird. Deshalb wird jeder Versuch einer staatlichen Geschichtsnormierung abgelehnt, auch der wohlmeinende, der die Fakten auf seiner Seite hat.

Erinnerungsgeschichte braucht diese Freiheit in besonderem Maße. Denn jede Erinnerung entsteht aus einer begrenzten Perspektive und entwirft Geschichte aus dieser begrenzten Sicht. Erinnerungsgeschichte ist auch deshalb stets auf Konkurrenz angelegt – Konkurrenz zu anderen Erinnerungsgeschichten; jedenfalls in demokratischen Gesellschaften. Einige Beispiele:

In Frankreich war lange Zeit ein Erinnerungskonsens über den Algerienkrieg unmöglich, zu unterschiedlich waren die Erfahrungen in diesem Krieg und der gesellschaftliche Umgang mit diesem Krieg nach seinem Ende.[10] Als die Akteure auf der Erinnerungsbühne sich änderten, wurde die Erinnerung an den Algerienkrieg offener und kritischer, bis in die Sprache hinein, als 1999 ein Gesetz vorschrieb, in offiziellen Texten diesen Krieg Krieg zu nennen, und nicht mehr von »Ereignissen in Nordafrika« zu sprechen oder andere verhüllende Formulierungen zu wählen. 2002 erreichte das offizielle Bemühen, diesem Krieg so zu gedenken, dass es die Nation eint, einen Höhepunkt. Staatspräsident Jacques Chirac weihte zu Ehren der in Algerien, Marokko und Tunesien gefallenen Soldaten eine Gedenkstätte im Zentrum von Paris, und er sprach von der »Pflicht zu erinnern« (devoir de mémoire).

Das erinnernde Gedenken suchte sich jedoch zusätzliche, offiziell nicht vorgesehene Wege – wie es einer demokratischen Gesellschaft geziemt.[11] Minderheiten entwickelten eigene Erinnerungen und trugen sie in die Öffentlichkeit, mit anderen Erinnerungszeichen, anderen Erinnerungsorten. Auch die französische Rap-Szene nahm sich des Algerienkrieges an, weitete die Erinnerung an ihn aus auf andere Kolonialerfahrungen und suchte nach Verbindungen zu fremdenfeindlichen Erscheinungen in der Gegenwart. Die Erinnerungsgeschichte kann also phantasievolle Formen entwickeln und unvorhergesehene Wege gehen; ganz unabhängig, ja, unberührt von der wissenschaftlichen Geschichtsschreibung. Weil sie Laiengeschichte ist, ist Erinnerungsgeschichte so populär. Das zeigen auch deutsche Beispiele.

4. Geschichtspolitik und Erinnerungsdiplomatie

Erinnerungsgeschichte hat Konjunktur. In Deutschland fragt man in Forschungs-großverbünden nach der Bedeutung von Erinnerungen für das, was wir Geschich-te nennen.[12] Auch Ausstellungen handeln davon, finden großen Zuspruch und reizen zu heftigen Auseinandersetzungen, die eine breite Öffentlichkeit erregen und in ihr ausgetragen werden. Etwa die Ausstellung des Hamburger Instituts für Sozialforschung über den Zweiten Weltkrieg als Vernichtungskrieg. Viele haben diese Wanderausstellung gesehen, ihr zugestimmt oder sie als skandalös verwor-fen, bevor sie dann zurückgezogen und durch eine weniger provozierende ersetzt wurde.[13]

Offensichtlich sind in der deutschen Gesellschaft noch heute höchst unter-schiedliche Erinnerungen an diesen Krieg lebendig. Deshalb der erbitterte öffent-liche Streit über diese Ausstellung, die bereits im Titel sich unmissverständlich für eine dieser konkurrierenden Geschichtserinnerungen entschied: »Verbrechen der Wehrmacht«. Andere haben eine andere Erinnerung daran.[14] Hier wird eine Erin-nerungskonkurrenz sichtbar, die sich wechselseitig ausschließen will. Da das historische Geschehen, das erinnert wird, Individuen und Institutionen als ehema-lige Akteure oder als deren Nachfahren betrifft, ist diese Geschichte noch lebens-weltlich gegenwärtig. Gegensätzliche Erinnerung an sie erregt und führt zu wech-selseitigen Vorwürfen, die Geschichte falsch darzustellen.

Die Geschichte der Vertreibungen, ein gewaltbeladenes Hauptthema des 20. Jahrhunderts, bietet ein weiteres Beispiel für die Konkurrenz von Erinnerungsge-schichten und für deren politische Brisanz, wenn der Staat meint, festlegen zu können, welche Erinnerung zulässig ist und welche nicht. So verbietet der türki-sche Staat es, das Massensterben deportierter Armenier im Ersten Weltkrieg als Genozid zu bewerten, während der armenische Staat umgekehrt verfährt. Es ließe sich durchaus sachlich darüber streiten, welche dieser Bewertungen angemessen sind.[15] Staaten, die geschichtspolitisch eingreifen, indem sie die kollektive Ge-schichtserinnerung einer Erinnerungsgemeinschaft unter Strafandrohung stellen, wollen eine solche Geschichtsdebatte verhindern, weil sie ihr historisch begründe-tes Selbstverständnis und ihre moralische Position in der Gegenwart verletzt wähnen. Die Internationalisierung der Verantwortung für die Geschichte setzt jedoch der Wirkung solcher Versuche, Geschichtsdeutung national zu normieren, Grenzen.

Wie Erinnerung an vergangenes Geschehen national entgrenzt wird, lassen auch die Ängste erkennen, die das Berliner *Zentrum gegen Vertreibung* in Polen und in Tschechien ausgelöst hat. Die Vertreibungsausstellung im *Haus der Ge-schichte der Bundesrepublik Deutschland* (Dezember 2005–April 2006) hingegen hat es geschafft, dieses erinnerungsumkämpfte Thema so aufzubereiten, dass es nicht zum Erinnerungsstreit gekommen ist.[16] Warum in der Gesellschaft etwas nicht eintritt, ist schwer zu ermitteln. Vermutlich konnten hier Konflikte vermieden werden, weil die unterschiedlichen Erinnerungsgeschichten nebeneinander gestellt wurden, ohne sie dezidiert ursächlich aufeinander zu beziehen – eine Präsentation von Erinnerungsgeschichten, die das Geschehen, um das es geht, aus unterschiedlichen Sichtweisen betrachtet, ohne die Vertreibungen untereinander nach Verantwortung und Schuld wertend zu ordnen. Jede Erinnerung behält so ihr eigenes Recht, jede findet ihr eigenes Leid dokumentiert, auch wenn das Geschehen, das getrennt erinnert und nebeneinander ausgestellt wird, damals, als es geschah, kausal miteinander verbunden gewesen ist, mit eindeutigem Vorher und Nachher, Ursachen und Folgen.

Wie weit die Wahrnehmung und Bewertung dieser Ausstellung auseinander gehen können, zeigen die Pressestimmen.[17] Bereits mit der Artikelüberschrift suchten die Redaktionen die Kernaussage festzulegen, die sie in die Ausstellung hineinlesen wollten. So konnte ein weitgehend identischer (nur im Umfang variierender) Artikel, der Anfang Dezember 2005 zur Eröffnung der Ausstellung in zahlreichen Zeitungen erschien, zu unterschiedlichen Botschaften genutzt werden, wenn die eine Zeitung ihn überschrieb »Die Deutschen waren Opfer«, während eine andere titelte: »Holzwagen und Baracke im Museum: Ausstellung informiert über Vertreibung«.[18] Andere Zeitungen, die ebenfalls diesen Artikel gekauft hatten, versahen ihn mit Überschriften, die den Leser auf die Erinnerungsemotionalität des Ausstellungsthemas vorbereiteten.[19] Viele Zeitungen stellten die deutschen Vertriebenen und deren schwierige Integration in den Mittelpunkt ihrer Berichte, andere sahen in der Ausstellung »Ein sichtbares Zeichen gegen alle Vertreibungen«.[20] Man atmete offensichtlich auf, dass dieses Thema, das weiterhin Zündstoff im Verhältnis zwischen Deutschland und seinen östlichen Nachbarn birgt, »nicht nationalegoistisch« dargestellt werden kann, indem man »Neugier für die kleinen Dinge, Taktgefühl sowie die Bereitschaft, Leidenserfahrungen nicht aufzurechnen«, zeige.[21] Selbst Polens Botschafter, zunächst auf der »Suche nach Anstößigem«, habe die Ausstellung »versöhnlich« verlassen, wusste der Spiegel zu berichten.[22]

Nichts Wichtiges aussparen und »zugleich ein Musterbeispiel der Diplomatie« – dies sei möglich geworden, weil das »Wort der Zeitzeugen« im Mittelpunkt steht[23] und dennoch »kein deutscher Sonderweg der Erinnerung«[24] beschritten werde. Doch ursächliche Zusammenhänge zwischen den europäischen Vertreibungen im Zweiten Weltkrieg und nach seinem Ende müssen sich in die Erinnerungsgeschichten der Zeitzeugen und ihrer Nachfahren nicht eingeschrieben haben. Die Bonner Ausstellung traute dem Besucher zu, »sich selbst ein Bild [zu] machen, indem er die verschiedenen Linien der Erzählung miteinander verbindet.«[25] Ihn mit diesen Linien, die gegensätzliche Erinnerungen bergen, ausdrücklich zu konfrontieren, hätte wohl Streit über die erinnerte Geschichte ausgelöst. Sie als gleichberechtigt nebeneinander zu stellen, vermeidet Konflikte zwischen den Erinnerungsgemeinschaften, verhindert aber möglicherweise Einsichten in das Geschehene, welche die eigene Erinnerung nicht aufbewahrt und gegen die sie sich vielleicht auch weiterhin abschottet. Dann würde die jeweilige Erinnerungsgeschichte exklusiv wirken, fremde Erinnerungen und fremde Erinnerungsge-meinschaften ausgrenzen. Erinnerung, obwohl auf Kommunikation angelegt – nur dann erfüllt sie ihren Zweck, wenn sie mitgeteilt wird –, wäre so lediglich inner-halb der eigenen Erinnerungsgemeinschaft kommunikativ; nach außen hingegen wirkte sie als Ausgrenzungs- und zugleich Verteidigungserinnerung. Verteidigt wird das eigene Geschichtsbild, das sich gegen konkurrierende Geschichtsbilder absetzt, diese gar als unwahr brandmarkt; und im Extremfall, sofern der Staat erinnerungsgeschichtlich Partei ergreift, mit Strafe bedroht.

5. Was heißt Erinnerungsgeschichte?

In einem anregenden Aufsatz, der die theoretische Konzeption des Gießener Sonderforschungsbereiches »Erinnerungskulturen« erläutert, entfaltet Günter Lottes ein nuanciertes erinnerungsgeschichtliches Begriffsfeld. Er spricht von Erinnerungsinteressen und Erinnerungsarbeit, vom Erinnerungssubjekt und Erin-nerungsgegenstand, von Erinnerungsgemeinschaften und Erinnerungsherren, Er-innerungskonkurrenz und Erinnerungshegemonien in Erinnerungsräumen, Erinne-rungsanpassung und Erinnerungsschicksal, von Individual- und Leiterinnerungen und Erinnerungskernen.[26] Dieses Begriffsarsenal deutet an: Erinnerungsgeschich-ten entstehen nicht von selbst, sie werden erzeugt und sind umkämpft, sie können Erfolg haben, aber auch scheitern. Und über ihre Entstehung, ihre Durchsetzung oder auch ihr Scheitern entscheiden nicht die Fachleute. Erinnerungsgeschichte ist nicht das Geschöpf von Historikern, sie hat viele Herren, entsteht vielfach als Laiengeschichte und überdauert, so lange sie in der Bevölkerung lebendig bleibt.

Historiker wirken auf beiden Seiten mit, bei den Erinnerungsproduzenten und auf Seiten derer, die bestimmte Erinnerungsgeschichten als unzutreffend nachwei-sen und ihnen so die gesellschaftliche Wirkung nehmen wollen. Mitwirken, mehr nicht. Es ist die Gesellschaft, die entscheidet, ob sie die Deutungsangebote der Experten, auch sie nicht einhellig, annimmt oder anderen, vielleicht konträren Geschichtsvorstellungen folgt. Das gilt generell für jede Art von Geschichtswis-sen, für Erinnerungsgeschichte aber in besonderem Maße, denn sie entsteht aus erlebter Geschichte und gewinnt nur dann gesellschaftliche Bedeutung, wenn die individuelle Erinnerung von vielen geteilt und so zu einer kollektiven Erinnerung von Gruppen wird.

Erinnerungsgeschichte entsteht als ein gesellschaftliches Werk, an dem sehr viele mitarbeiten, auch Historiker, aber sie nicht vorrangig. Eine Geschichts-schreibung von Experten für Experten hätte keine Chance, zu einer Erinnerungs-geschichte zu werden. Das würde sie nur, wenn sie den Kreis der Experten ver-lässt und als die Stimme einer Erinnerungsgemeinschaft anerkannt wird. Das ist durchaus möglich, wie in den letzten beiden Jahrhunderten vor allem an der Wirkkraft von Nationalgeschichten zu sehen war. Nationen sind, so hatte es schon Ernest Renan in seiner berühmten Rede von 1882 gesehen, stets auch Erinne-rungsgemeinschaften.[27] Bei ihnen geht es aber um eine Geschichtsvorstellung, die zeitlich weit über den lebensweltlichen Erinnerungsraum des Einzelnen hinaus-

greift. Sie bedarf der Vermittlung, um anerkannt zu werden. Dazu werden Historiker gebraucht, aber keineswegs nur sie, und wohl nicht einmal hier vorrangig
sie. Die Belletristik, Medien aller Art, Feste – früher sehr bedeutsam –, der Sport
und all die anderen Erscheinungen, die Michael Billig[28] dem »banalen Nationalismus« zurechnet, von der Flagge am Haus über die tägliche Wetterkarte im
Fernsehen bis zu den Sozialleistungen des Nationalstaates für seine Angehörigen –
all dies trägt dazu bei, ohne das Zutun von Geschichtsexperten nationale Geschichtsbilder glaubhaft zu machen und in der Lebenswelt des Einzelnen zu verankern.

Günther Lottes versteht *Nation* deshalb als eine abstrakte, zeitenübergreifende
und die gesamte Gesellschaft umfassende Erinnerungsgemeinschaft, im Unterschied zu den beiden anderen Typen von Erinnerungsgemeinschaften, die er
unterscheidet: zum einen die »erfahrungsgesättigte Erinnerungsgemeinschaft«, die
es nur innerhalb der Generation von Zeitgenossen geben kann. An sie hat Maurice
Halbwachs bekanntlich das »kollektive Gedächtnis« gebunden.[29] Und dann, drit-
tens, die Erinnerungsgemeinschaft von Milieus oder Gruppen, deren Geschichtserfahrungen die Lebenszeit einer Generation übersteigen, aber nicht von der gesamten Gesellschaft geteilt werden. Hier ist der Ort von Konfessionsgruppen,
deren Weltsicht mit spezifischen Geschichtsvorstellungen verbunden ist, abwei-
chend von denen anderskonfessioneller Gruppen. Erinnert sei nur an die nationalen Heldengalerien von Katholiken, die auch innerhalb eines Nationalstaates
anders bestückt sein konnten als die von Protestanten.[30] Die nationale Homogenisierung von Geschichtsbildern stieß hier lange Zeit an Konfessionsgrenzen. Katholische Geschichtsbilder vermochten dem Homogenisierungsdruck standzuhalten, der von den dominanten Leiterinnerungen in einer Nation mit protestantischer
Hegemonie ausging, weil die eigene Lebenserfahrung als Katholik in einer protestantischen Mehrheitsgesellschaft das im katholischen Milieu vermittelte Geschichtsbild immer aufs Neue erhärtete. Sozialmoralische Milieus[31] wirkten meist
auch als Geschichtsmilieus. Indem man anders als andere in die Vergangenheit
blickte, verfestigten sich die Milieubindungen.

Die lebensweltliche Beglaubigung von Geschichtsvorstellungen, die der eigenen Erinnerung nicht zugänglich sind, verbindet Erinnerungsgeschichte als Zeitgeschichte mit einer nur abstrakt erfahrbaren Geschichte jenseits des eigenen
Erinnerungsraumes. An dieser Schwelle der eigenen Lebenserfahrung lässt Maurice
Halbwachs das kollektive Gedächtnis in die Geschichte übergehen. Diese Geschichte, die man selber nicht erlebt hat, kann aber dennoch in Erinnerungsgeschichte
überführt werden, wenn vermittelte und erlebte Geschichte harmonieren, indem
sie die gleiche Erfahrung ausdrücken und so eine Sinnkontinuität entsteht zwischen dem lebensweltlichen Erinnerungsraum und dem, was davor geschehen ist.

Erinnerungsgeschichte lässt sich, folgt man diesen Überlegungen, als eine drei-
stufige Architektur mit ansteigender Abstraktion fassen:
– Geschichtsvorstellungen, die an die Erfahrungen einer Generation gebunden sind;
– Geschichtsvorstellungen, welche die Lebenswelt des Einzelnen zeitlich übersteigen, aber nur bestimmten Erfahrungsgruppen innerhalb einer Gesellschaft
  zu Eigen sind; einer Konfession, einer Ethnie usw.;

– Geschichtsvorstellungen, die den Anspruch erheben, für die gesamte Gesellschaft zeitenübergreifend gültig zu sein.

Auf keiner dieser drei Ebenen findet man einheitliche Geschichtsbilder. Sie sind stets das Ergebnis von Konkurrenz. Doch die Möglichkeit zu dieser Konkurrenz, in der sich Geschichtsvorstellungen formen und verändern, variiert stark.[32] Das soll nun an einigen Beispielen betrachtet werden, an denen sich die Bedingungen für gesellschaftliche Erinnerungsproduktion und auch die Beziehungen zwischen ihr und der professionellen Geschichtsschreibung beobachten lassen.

6. Pluralität, nicht Partikularismus – ein Grundproblem jeder Erinnerungsgeschichte

Ein erster Befund lautet: Die Fähigkeit, konkurrierende Geschichtsbilder zu ertragen und gegen obrigkeitliche Eingriffe zu verteidigen, bringen nur Gesellschaften auf, die hinreichend pluralistisch offen sind. Ungehinderte Geschichtskonkurrenz ist an gesellschaftlichen Wertepluralismus gebunden und setzt einen Staat voraus, der bereit ist, diesen Pluralismus zu schützen. Demokratie ließe sich also bezogen auf das Thema Erinnerungsgeschichte definieren als die Bereitschaft, Erinnerungskonkurrenz nicht nur widerwillig zuzulassen, sondern bewusst zu leben. Demokratien erkennt man an bejahter Vielfalt von Geschichtsvorstellungen und am Ja zum Streit über die Geschichte. Ob diese Vielfalt aber nicht doch eines gemeinsamen unstrittigen Kerns bedarf, ist auch in lang etablierten Demokratien umstritten.

Die Auseinandersetzungen darüber haben erst jüngst, 1998, in den USA zur Gründung einer eigenen wissenschaftlichen Fachgesellschaft geführt, der *Historical Society*,[33] einer Sezessionsgründung, in der sich diejenigen Historiker organisieren, unter ihnen sehr prominente, die vom Postmodernismus in den historischen Wissenschaften Kulturkriege (»cultural wars«) befürchten, in denen die historischen Grundlagen des US-amerikanischen Selbstverständnisses zerbrechen könnten.[34] Erinnerungsgeschichte ist zwar kein Programmwort dieser Sezessionisten, doch der Vorwurf eines partikularistischen Multikulturalismus, den sie gegen die postmodernistische Geschichtsschreibung erheben, zielt auf ein Kernproblem einer jeden Erinnerungsgeschichte: Sie entwirft Geschichte aus der partikularen Sicht einer Erinnerungsgemeinschaft, etwa der Perspektive einer ethnischen Gruppe oder einer Konfession, doch aus dieser Perspektive allein bietet sich keine Möglichkeit, das eigene Geschichtsbild relativierend einzufügen in ein Gesamtbild. Das ist bei den harten Verfechtern dieser Richtung auch nicht gewollt. In dieser Extremform erscheint Geschichte als ein Kaleidoskop von Erinnerungserzählungen. Es zeigt bei jeder Drehung ein neues Bild, isoliert aufeinander folgend, denn das Konstruktionsprinzip des Kaleidoskops ermöglicht kein Gesamtbild.[35]

Die Gegner eines solchen radikalen Relativismus sprechen in ihrer Programmschrift von der Gefahr einer »Balkanisierung« der Geschichtsschreibung und des gesamten intellektuellen Lebens in der US-amerikanischen Gesellschaft.[36] Die

Standards wissenschaftlicher Arbeitsweise würden in Beliebigkeit aufgelöst, es gebe keine Methodik mehr, Einigkeit darüber zu erzielen, was in der Vergangenheit wichtig war und was nicht.

In diesem Verlust an gemeinsamen Urteilskriterien liege die Ursache, warum sich die amerikanische Gesellschaft zwar für Geschichte, nicht aber für die akademische Geschichtsschreibung interessiere. Geschichtsschreibung als bloßes Identitätsangebot für einzelne gesellschaftliche Gruppen verliere ihre Kraft, Geschichte zu erkennen als »Wissen von der menschlichen Vielfalt«.[37] Auf das Thema Erinnerungsgeschichte ausgerichtet, hieße das: Sofern sie nur noch auf die Geschichte der eigenen partikularen Erinnerungsgemeinschaft blickt, biete sie ausschließlich ihr die Chance, sich historisch fundiert der eigenen Identität zu vergewissern, nicht aber der gesamten Nation. Der Geschichte fehlte dann ein allen gemeinsamer Kern mit Integrationskraft. Für eine Einwanderungsgesellschaft wäre das heikel. Deshalb wird darüber in den USA besonders heftig diskutiert. Aber auch in Europa, wo man es gewohnt ist, aller Empirie zum Trotz von der Fiktion homogener Nationalstaaten auszugehen, wird dieses Problem künftig näher rücken. Ein Geschichtsthema mit Zukunft also. Es kann sehr schnell brisant werden, wenn etwa türkische Zuwanderer und deren Nachfahren nach *ihrer* Geschichte fragen in deutschen Schulen und an deutschen Universitäten, weil sie ihre Identität in der Geschichte ihrer Vorfahren zu finden hoffen, und nicht in der deutschen Geschichte. Oder der französischen.

Welche Rollen wird dabei die Erinnerungsgeschichte spielen? Diese Frage soll nun in drei Annäherungen erörtert werden. Zunächst ein Rückgriff auf ein theoretisches Werk aus dem 18. Jahrhundert: Johann Martin Chladenius` »Allgemeine Geschichtswissenschaft« von 1752. Dann ein Blick auf die fulminante Vergangenheitskritik des kantigen britischen Historikers Sir John Harold Plumb aus dem Jahre 1969. Und schließlich eine kurze Vergewisserung bei dem deutschen Historiker Reinhart Koselleck und dem französischen Philosophen Paul Ricœur, denen wir eindringliche Erörterungen der Zusammenhänge zwischen Gedächtnis und Geschichte verdanken.

7. Erinnerungsgeschichte als partikulare Augenzeugengeschichte: Johann Martin Chladenius und Reinhart Koselleck

In seinem großartigen Werk »Allgemeine Geschichtswissenschaft« von 1752, das vieles aufwiegt, was seit damals dazu erschienen ist, kannte Johann Martin Chladenius die Erinnerungsgeschichte als Begriff noch nicht. Doch über das Phänomen hat er intensiv nachgedacht. Denn Geschichte, so Chladenius, wird beobachtet. Geschichte ist für ihn stets miterlebte Zeitgeschichte. Sie könne niemals einheitlich wahrgenommen werden. Warum – das hat er in seiner Theorie der »Sehepunkte« unübertroffen dargelegt. Den zeitlichen Sehepunkt, also die zeitliche Distanz zum Ereignis, das zur Geschichte wird, kannte er noch nicht. Deshalb konnte es für ihn keine Erinnerungsgeschichte geben, die über die Zeit der Miterlebenden hinausgeht. Jedes Geschichtswissen geht in seiner Theorie aus dem hervor, was der Einzelne beobachtet und erinnert, worüber er mit anderen spricht, deren Beobachtungen und Erinnerungen er hört. In diesem Erinnerungsraum – es ist jener Raum, den Maurice Halbwachs das kollektive Gedächtnis nennt; heute spricht man meist vom kommunikativen Gedächtnis[38] – entsteht das Geschichtswissen. Es erscheint bei Chladenius in sich vielstimmig uneinheitlich, aber von späteren Generationen nicht mehr zu verändern. Denn das rückblickende Umschreiben von Geschichte als einen innovativen Akt kannte er noch nicht.

Die Wahrheit der Geschichtsüberlieferung, die Chladenius als eine durch den stets partikularen Sehepunkt begrenzte erkennt, entsteht für ihn aus der Augenzeugenschaft. Reinhart Koselleck sprach deshalb von der Augenzeugen-Authentizität. Wenn es sie nicht mehr gibt, beginnt bei Chladenius die »alte Geschichte«. Er fragt: Was ist es denn, »wodurch eine Geschichte eigentlich alt wird? Wir antworten: Die Art der Erkenntniß bey einer Geschichte wird geändert, wenn alle Zuschauer abgestorben sind; dergestalt, daß man nunmehro sie von den Nachsagern erlernen muß.«[39]

Dann unterscheidet er die Gruppe der Nachsager. Erzählen sie, was sie von Augenzeugen gehört haben, oder ist es eine reine Nachsager-Erzählung? Wenn »keiner von den ersten Nachsagern am Leben ist«, ist die Zeit der alten Geschichte gekommen: »[W]enn niemand mehr da ist, der durchs Hören von seinen Vorfahren von der Sache wäre belehret worden: so daß man sich nunmehro bloß an die Denkmale halten muß.«[40] In unserer Zeit, so Chladenius Mitte des 18. Jahrhunderts, altert die Geschichte schneller als früher, weil man die selber erlebte Geschichte nicht mehr den Jüngeren erzähle, sondern sie aufschreibe.

Erinnerungsgeschichte erhält bei Chladenius also keine eigene, spezifische Position im Arsenal der unterschiedlichen Zugänge zur Geschichte. Bei ihm geht vielmehr jedes Geschichtswissen, sofern es authentisch ist, aus Erinnerungsgeschichte hervor. Sie beruht auf Augenzeugenschaft, sei es der direkten, wenn man dem Geschehen selber beiwohnt, oder der indirekten, wenn es einem von einem Augenzeugen erzählt wird. In beiden Fällen hat sie den Status einer authentischen Geschichtserzählung. Jenseits dieses Raumes beginnt die ›alte Geschichte‹ auf der Grundlage von Nachsager-Erzählungen ohne die Authentizität der Augenzeugenschaft.

Jede Erinnerungsgeschichte ist ausgezeichnet durch Augenzeugen-Authentizität, aber immer – unvermeidlich – partikular verengt. Das wusste Chladenius und darüber schreibt er profund, unübertroffen bis heute. Geschichtsschreibung aus einem einzelnen Sehepunkt, etwa einem konfessionellen, kann niemals den Anspruch erheben, ein ›wahres‹ Geschichtsbild zu erzeugen. Geschichtsschreibung lässt sich verstehen, das hat Chladenius wohl erstmals in dieser Präzision geklärt, als eine Kette von Annäherungen an das Geschehene aus der Perspektive unterschiedlicher Sehepunkte.

8. Erinnerungsgeschichte als innovativer Akt:
John Harold Plumb und Reinhart Koselleck

In dieser Denkfigur ist die Bedeutung zeitlicher Distanz für die Wahrnehmung von Geschichte bereits angelegt, aber von Chladenius noch nicht in ihrer vollen Tragweite erkannt. Dennoch gehörte er zu denen, die im Sinne des britischen Historikers John Harold Plumb »The Death of the Past« vorbereitet haben, so der Titel seines schmalen, aber gewichtigen Buches von 1969.[41] In der deutschen Ausgabe heißt es »Die Zukunft der Geschichte. Vergangenheit ohne Mythos« (München 1971). Dieser Titel scheint das Original ins Gegenteil zu verkehren, trifft aber nicht schlecht, was der Autor sagen will. Sir Plumb trennt nämlich scharf zwischen *Past* und *History*. *Past* nennt er alles, was die Geschichte zweck-bestimmt einsetzt – die Normalform des gesellschaftlichen Umgangs mit ihr, von den frühesten Zeiten bis in die Gegenwart. *Past* diene dazu, die Ursprünge und den Zweck menschlichen Lebens zu erklären, staatliche Institutionen zu heiligen, Klassenstrukturen Gültigkeit zuzusprechen, moralische Exempel vor Augen zu führen, kulturelle Entwicklungen und Erziehungsprozesse mit Leben zu erfüllen, Zukunft zu interpretieren, dem Leben des Einzelnen oder der Nation Sinn zu stiften; kurz, die Aufgabe von Geschichte als *Past* sei immer gewesen und ist es noch, im menschlichen Bewusstsein den Sinn der Vergangenheit mit dem Sinn der Zukunft zu verbinden.

Ganz anders Geschichte als *History* – ein Geschöpf der Wissenschaft, ein intel-lektueller Prozess. Und deshalb nennt Plumb diese Form von Geschichte als *Science* von Grund auf destruktiv. Sie entmystifiziere und zerstöre damit die hehren Sinnstiftungen, die der Mensch mit Hilfe von Geschichte als Vergangen-heit, als *Past*, erschaffen hat.

Die Geschichte der Menschheit aus der Tyrannei der Vergangenheit lösen, das sei die wahre Aufgabe des Historikers als Wissenschaftler, Zerstörung einer Ty-rannei, die darin liege, die Vergangenheit mit Zwecken zu füllen, welche die Gegenwart binden. Eine gallige Bestimmung des Geschäfts wissenschaftlicher Geschichtsschreibung. Kann die Erinnerungsgeschichte dazu etwas beitragen? Soll sie es?

Ich frage zunächst: Wo ist ihr systematischer Ort in der allgemeinen Typologie von Geschichtsschreibung, die Reinhart Koselleck zu verdanken ist, um von dort aus eine Antwort zu versuchen.

Koselleck kennt drei Typen von Geschichtsschreibung, denen sich jede Art von Historie zuordnen lasse: Aufschreiben, Fortschreiben, Umschreiben. Sie koppelt er mit den drei Temporalstrukturen geschichtlichen Erfahrungsgewinns, die er bereits bei Herodot und Thukydides beobachtet und bis in die Gegenwart unver-ändert fortdauern sieht: Erfahrungen kurzfristiger, mittlerer und langfristiger Dauer.[42] Die Erfahrungshistorie, wie Chladenius sie kennt, eine Historie, die ausschließlich dem kollektiven oder kommunikativen Gedächtnis zugehört, ist an allen drei Typen beteiligt, doch für den Typus eins, das Aufschreiben, besitzt sie das Monopol. Nur was die Zeitgenossen des Ereignisses von ihm überliefern, steht späteren Generationen zumindest potentiell zur Verfügung.

Erinnerungsgeschichte als zeitgeschichtliche Erstinformation, als Ausgangs-punkt für alles Weitere, ist eine innovative Form von Geschichtserzählung oder Geschichtsschreibung. Denn Aufschreiben ist ein innovativer Akt. Als die Geschichtswissenschaft sich vom Ereignis zugunsten langfristiger Strukturen abwandte – das war international eine Zeit lang der vorherrschende Trend –, hat sie auf diese Form der Innovation verzichtet.[43] Ohne sich darüber Rechenschaft abzulegen. Die Erinnerungsgeschichte, wie sie derzeit boomt, hat an der Korrektur dieses Mangels mitgewirkt. Meist ohne dies zu reflektieren.

Erinnerungsgeschichte ist aber auch an den beiden anderen Typen der Geschichtsschreibung beteiligt, dem Fortschreiben und dem Umschreiben. Fortschreiben ist das Normalgeschäft des Historikers. Die allermeisten Historiker sind Fortschreiber. Ein Glück für sie und für die Zeitgenossen der Fortschreiber. Wäre es anders, lebten sie in einer Zeit tiefer Umbrüche. Denn Fortschreiben setzt Geschichtskontinuität voraus. Genauer: Die Zeitgenossen leben in dem Bewusstsein einer starken Kontinuität zu der Welt ihrer Vorfahren.[44] Ein solches Kontinuitätsgefühl verlangt nach einer Geschichtserzählung, die auf Fortschreiben gestimmt ist. Nur wenn dieses Kontinuitätsgefühl bricht, schlägt die Stunde des Umschreibens – die höchste Form von Innovation, zu der Geschichtsschreibung fähig ist. Es ist aber keine selbst bezogene Innovation aus dem Geiste des Historikers, sondern dessen innovative Antwort auf Umbrüche, denen seine Zeit ausgesetzt ist. Und nur wenn beides zusammenfindet, der gesellschaftliche Umbruch und das Umschreiben der Geschichte, nur in diesem Kairos entsteht eine neue Sicht auf die Vergangenheit, die von der Gesellschaft angenommen wird. Die Gesellschaft nimmt sie an, weil ihre eigene Erfahrung eine neue Sicht auf die Geschichte verlangt. Erfahrungsumbruch und Umbruch kollektiver Geschichtsbilder bedingen einander.

Auf das Thema Erinnerungsgeschichte gemünzt: Entsteht sie unter den Bedingungen gesellschaftlichen Umbruchs, erschafft sie eine neue Vorstellung von der Vergangenheit. Das ist nicht die Tyrannei der Vergangenheit, von der Sir Plumb spricht und die er als die Hauptform der Vergangenheitserzählung diagnostiziert. Nicht die Vergangenheit legt die Gegenwart in Ketten, sondern die Vergangenheit wird aus einer veränderten Gegenwartserfahrung mit neuen Augen gesehen. Dieser Sehepunkt, den Chladenius noch nicht kannte, ist innovativ, doch er birgt stets die Gefahr, die eine Tyrannei durch eine andere auszutauschen. Immer dann nämlich, wenn eine tyrannische Gegenwart die Vergangenheit an ihre Deutungskette zu legen sucht.

Plumb meint, diese Gefahr bannen zu können, indem er die wissenschaftliche Geschichtsschreibung ins Spiel bringt. Die Möglichkeit dazu habe erstmals das 20. Jahrhundert geschaffen. Er kennt zwar zahlreiche Exempel wissenschaftlicher Geschichtsschreibung aus früheren Jahrhunderten, doch die Gesellschaft sei dafür erst im 20. Jahrhundert aufnahmefähig geworden. Weil, so glaubt er, die Industriegesellschaft in ganz neuer Weise auf permanenten Wandel eingestellt sei und deshalb Vergangenheit im Sinne von *Past* nicht mehr brauche oder nur noch als ein Feld für Sentimentalität und Nostalgie.[45]

Empirisch plausibler ist das Gegenteil. Starker Wandel, Umbruch gar verstärkt das Verlangen, sich historisch sicher zu verorten. Zwei Beispiele mögen dies

veranschaulichen. Als die Nachfolgestaaten des zerstörten Jugoslawien aus den
Trümmern ihrer Politik territoriale Ansprüche begründeten, griffen sie auf altver-
traute Geschichtsmythen zurück, um der Gegenwart, in der alles umbrach, Zu-
kunftsperspektiven abzugewinnen.[46] Ein anderes Lehrstück bietet in Deutschland
der Erfolg von Heinrich August Winklers Buch »Der lange Weg nach Westen«,
mit dem er dem neuen, vereinigten Deutschland ein neues Geschichtsbild zu
stiften sucht: das definitive Ende eines deutschen Sonderwegs in die Moderne.[47]
Winkler kennt ihn sogar in dreifacher Gestalt, und alle Wege seien nun zu Ende
gegangen. Deutschland – angekommen in der Wertewelt des Westens, eine Natio-
nalerzählung, die beiden Seiten Zukunftssicherheit aus Vergangenheitserkenntnis
verspricht, den Deutschen und ihren Nachbarn. Auch dies ist ein Umschreiben der
Geschichte aus einem Umbruch der Gegenwartserfahrung. Dieses Umschreiben
wird in der Gesellschaft angenommen, weil es mit der eigenen Erinnerungsgeschichte harmoniert und sie als geschichtlich sinnvoll legitimiert.

9. Zur Versöhnung von *Historie* und *Erinnerung*: Paul Ricœur

Was an Winklers Bild vom deutschen Geschichtsweg vorrangig ist, Geschichtsschreibung im Sinne von *Past* oder von *History*, wird hier nicht erörtert.[48] Es soll
vielmehr Sir Plumbs provokative universalgeschichtliche Sicht auf die Geschichtsschreibung seit ihren Anfängen bis in die Gegenwart noch einmal aufgenommen und in eine andere Richtung geführt werden.

Nicht eine vermeintliche Geschichtsferne der Industriegesellschaft begünstigt
den gesellschaftlichen Erfolg der traditionskritischen Geschichtsschreibung, der
Destruktionsarbeit der Wissenschaft, mit Plumb zu sprechen. Es vollzieht sich
vielmehr ein Prozess, der als Demokratisierung des Umgangs mit der Geschichte
beschrieben werden kann. Daran mitgewirkt hat eine Geschichtsschreibung, die
Plumb als nichtwissenschaftlich versteht und deshalb der Vergangenheit im Sinne
von *Past* zuordnet. Die Geschichtsschreibung im Banne der Nation bietet an-
schauliche Beispiele. Dies sei kurz erläutert.

Überall rückte im 19. Jahrhundert ein neuer Akteur in das Zentrum des politischen Geschehens und der gesellschaftlichen Werteordnung: das Volk, die Nation. Das auf Demokratie angelegte Leitbild *Nation* bot Zukunftsverheißung und
zugleich ein Programm zur Neudeutung der Vergangenheit. Es errichtete einen
neuen Sehepunkt auf die Geschichte, von dem aus die Geschichte bis in ihre
Anfänge national eingefärbt werden konnte. Dieses Umschreiben von Geschichte
griff nationale Gründungsmythen auf und erzeugte sie.

Die Historie hat sich daran weidlich beteiligt, und dennoch hat sie sich in diesem Jahrhundert der Nationsbildung und der Arbeit an den nationalen Geschichtsmythen auch zur Wissenschaft entwickelt. Was Plumb scharf voneinander
trennt – *Historie* und *Vergangenheit*, *History* und *Past* – muss also kein Gegensatz sein. Zugespitzt formuliert: Nur weil sich beide nicht scharf voneinander
getrennt entwickelten, konnte die neue Sicht auf die Geschichte so außerordentlich wirksam in der Gesellschaft werden. Geschichte stieg zu einem zentralen

Argument auf im Prozess von Nationsbildung, bei der Entstehung von Nationalstaaten und in der Nationalisierung von Lebenswelten. Diese Kraft hat die Geschichtsschreibung erst im 19. Jahrhundert erreicht. Sie konnte es, weil sie als
Past die Menschen erfasste und zugleich als *History* die neue Sicht auf die Geschichte wissenschaftlich beglaubigte. Diese wissenschaftliche Nobilitierung war
nötig, um wirken zu können, denn das 19. Jahrhundert war ein wissenschaftsgläu-
biges Säkulum.

Paul Ricœur hat dieses Zusammenspiel von *Historie* und *Vergangenheit* sensibel durchdacht. Bei ihm gibt es keine scharfe Trennung, sondern einen wechselseitigen Bezug. Man ist aufeinander angewiesen. Er spricht von der »Belehrung
der Historie durch das Gedächtnis«,[49] ohne aber die kritische Funktion der Historie aufzugeben. Doch nur wenn sie sich auf das Gedächtnis einlässt – ich überset-
ze es hier mit Erinnerung –, kann die kritische Geschichtsschreibung hoffen, von
der Gesellschaft gehört zu werden und in ihr zu wirken. Ricœur nennt diese Wirkung therapeutisch. Erinnerungsgeschichte als Geschichtstherapie.

Was ist gemeint? Paul Ricœur redet keineswegs einer Geschichtsschreibung
das Wort, welche die Vergangenheit so zurechtrückt, dass die Gegenwart sich
darin bestätigt findet. Er wendet sich vielmehr entschieden gegen einen »historischen Determinismus«, um statt dessen »in der Rückschau Kontingenz in die
Geschichte« einzuführen. Kontingenz versteht er als Damm gegen eine »retrospektive Fatalitätsillusion«, von der ein »Wiederholungszwang« ausgehen könne
wie von einem Trauma. Deshalb plädiert er dafür, die Geschichte als »Friedhof
nicht gehaltener Versprechen« zu erzählen. Einer solchen Geschichtserzählung
schreibt er eine therapeutische Wirkung zu.[50]

Voraussetzung dafür sei jedoch, Gedächtnis und Geschichte ins Gespräch zu
bringen, um den »Bruch der Historie mit dem Diskurs der Erinnerung«[51] zu versöhnen. Möglich sei dies nur einer Historie, die das vorwissenschaftliche Gedächtnis – zu ihm gehört auch die Erinnerungsgeschichte der Geschichtslaien –
ernst nimmt und es zugleich ihrer Kritik unterwirft. »Gedächtnistreue« und »historische Wahrheit« aufeinander beziehen, darin liege die Möglichkeit der Geschichtsschreibung, in der Gesellschaft zu wirken. Indem sie die Menschen erfasst, gehe Geschichtserkenntnis über in Zukunftsgestaltung. Mit Koselleck zu
sprechen: Vergangene Zukunft gestaltet die künftige. Aber nur, wenn die Geschichtsschreibung eine Vergangenheit entwirft, die der Erfahrung der Zeitgenossen zugänglich ist.

Damit ist das Wirkungsgeflecht zwischen Erinnerungsgeschichte als dem Werk
Vieler und der Geschichtswissenschaft als dem Geschäft von Experten in seinen
Grundzügen umschrieben. So sehr beide methodisch unterschiedliche Wege gehen, es gibt nicht die scharfe Trennung, die John Harold Plumb aus dem Geschichtsdenken seit seinen Anfängen bis heute herauslesen will. Und es sollte sie
auch nicht geben. Sonst beraubte sich die wissenschaftliche Geschichtsschreibung
ihrer Wirkungsmöglichkeiten in der Gesellschaft. Doch nicht nur das. Sie liefe
auch Gefahr, den neuen innovativen Sehepunkt auf die Geschichte zu verpassen,
der nur dann aufsteigt, wenn in der Gesellschaft neue Erfahrungen eine neue Sicht
auf die Geschichte ermöglichen. Dieses Erlebnis ist nicht jeder Generation ver-

gönnt, glücklicherweise, sei noch einmal betont, denn es ist an Umbrüche gebunden, die tief und meist gewaltsam in die Lebenswelt eingreifen. Ereignet sich aber ein solches Geschehen, dann darf jede Geschichtsschreibung, auch die Erinnerungsgeschichte, wenn sie nicht antiquarisch werden will, nicht mehr im Auf- und Fortschreiben verharren. Dann ist die Zeit des Umschreibens der Geschichte gekommen.

Damit meine ich nicht, das sei zum Schluss noch eingeflochten, um Missverständnissen vorzubeugen, die vielen Schübe an neuen oder vermeintlich neuen Zugängen, mit denen versprochen wird, die geisteswissenschaftlichen Fächer umzubauen, die vielen *turns*, die ausgerufen werden und in immer schnelleren Konjunkturen aufeinander folgen. Diese Innovationsgesten von Experten gegenüber Experten wird man den verschärften Wettbewerbsbedingungen eines globalisierten Wissenschaftsmarktes zuordnen dürfen. Sie dienen dazu, auf einem unübersichtlich gewordenen Wissenschaftsmarkt Aufmerksamkeit zu erzielen und Felder abzustecken, auf denen sich neue Produkte einführen lassen. Wissenschaftsimmanent ermöglichen sie durchaus veränderte Blicke in die Geschichte. Doch auch hier gilt: Über die Grenzen dieser Spezialmärkte hinaus wird eine neue Sicht auf die Geschichte nur wirken, wenn die Gesellschaft dafür aufnahmefähig ist. Und das bestimmt – noch einmal – nicht die professionelle Geschichtswissenschaft. Diese Entscheidung fällt die Gesellschaft selber.

Die Erinnerungsgeschichte ist mit diesen Entscheidungen in der Gesellschaft enger verknüpft als jede andere Art von Geschichtswissen, denn sie kennt keine systematische Grenze zwischen Experten und Laien, zwischen der Wissenschaft und dem Leben. Deshalb führt die Erinnerungsgeschichte mitten hinein in die Auseinandersetzungen der Gegenwart. Das macht ihren Reiz aus, und darin liegen ihre Gefahren. Beides gehört zusammen.

Anmerkungen

1   Dan Diner, Das Jahrhundert verstehen. Eine universalhistorische Deutung, Frankfurt/M. 2000, S. 17.
2   Vgl. Christoph Cornelißen u.a. (Hg.), Erinnerungskulturen. Deutschland, Italien und Japan seit 1945, Frankfurt/M. 2003. Zur Bedeutung spezifischer nationaler Erinnerungsschwerpunkte s. z.B. Walther L. Bernecker / Sören Brinkmann (Hg.), Kampf der Erinnerungen. Der Spanische Bürgerkrieg in Politik und Gesellschaft 1936–2006, Nettersheim 2006.
3   Pierre Nora, Gedächtniskonjunktur, in: Transit – Europäische Revue 22 (2002) (http://www. iwm.at/index.php?option=com_content&task=view&id=155&Itemid=362).
4   Vgl. dazu etwa Rainer Wahl, Verfassungsstaat, Europäisierung, Internationalisierung, Frankfurt/M. 2003; Peter Häberle, Europäische Rechtskultur, Frankfurt/M. 1997; Fritz W. Scharpf, Regieren in Europa. Effektiv und demokratisch?, Frankfurt/M. 1999; Sonja Puntscher Riekmann (Hg.), The State of Europe. Transformations of Statehood from a European Perspective, Frankfurt/M. 2004.
5   Wahl, S. 22.
6   Antrag der Fraktionen SPD, CDU/CSU, Bündnis 90/Die Grünen und FDP (Deutscher Bundestag 15. Wahlperiode, Drucksache15/5689, 15.6.2005. Vgl. Antrag von CDU/CSU Drucksache 15/4933 v. 22.2.2005; »Ansprache des Bundestagspräsidenten Dr. Norbert Lammert anläßlich des Gedenktages für die Opfer des Genozids an den Armeniern am 24. April 2007

in Berlin« (http://www.bundestag.de/parlament/praesidium/reden/2007/007 – Internetangebot des Deutschen Bundestages; 3.5.2007).

7   Vgl. etwa Hermann Lübbe, »Ich entschuldige mich«. Das neue politische Bußritual, Berlin 2001.

8   Hans-Georg Franzke, Gesetzgeber als Geschichtslehrer? Zur Entscheidung des französischen Verfassungsrates über das HeimkehrG 2005, in: Europäische Grundrechte-Zeitschrift 2007, S. 21–24. Zunächst hatten 19 Historiker diese Erklärung veröffentlicht (s. Anm. 9), dann schlossen sich weitere ca. 600 an.

9   Liberté pour l'Histoire!
Emus par les interventions politiques de plus en plus fréquentes dans l'appréciation des événements du passé et par les procédures judiciaires touchant des historiens et des penseurs, nous tenons à rappeler les principes suivants :
L'histoire n'est pas une religion. L'historien n'accepte aucun dogme, ne respecte aucun interdit, ne connaît pas de tabous. Il peut être dérangeant.
L'histoire n'est pas la morale. L'historien n'a pas pour rôle d'exalter ou de condamner, il explique.
L'histoire n'est pas l'esclave de l'actualité. L'historien ne plaque pas sur le passé des schémas idéologiques contemporains et n'introduit pas dans les événements d'autrefois la sensibilité d'aujourd'hui.
L'histoire n'est pas la mémoire. L'historien, dans une démarche scientifique, recueille les souvenirs des hommes, les compare entre eux, les confronte aux documents, aux objets, aux traces, et établit les faits. L'histoire tient compte de la mémoire, elle ne s'y réduit pas.
L'histoire n'est pas un objet juridique. Dans un Etat libre, il n'appartient ni au Parlement ni à l'autorité judiciaire de définir la vérité historique. La politique de l'Etat, même animée des meilleures intentions, n'est pas la politique de l'histoire.
C'est en violation de ces principes que des articles de lois successives – notamment lois du 13 juillet 1990, du 29 janvier 2001, du 21 mai 2001, du 23 février 2005 – ont restreint la liberté de l'historien, lui ont dit, sous peine de sanctions, ce qu'il doit chercher et ce qu'il doit trouver, lui ont prescrit des méthodes et posé des limites.
Nous demandons l'abrogation de ces dispositions législatives indignes d'un régime démocratique.
Jean-Pierre Azéma, Elisabeth Badinter, Jean-Jacques Becker, Françoise Chandernagor, Alain Decaux, Marc Ferro, Jacques Julliard, Jean Leclant, Pierre Milza, Pierre Nora, Mona Ozouf, Jean-Claude Perrot, Antoine Prost, René Rémond, Maurice Vaïsse, Jean-Pierre Vernant, Paul Veyne, Pierre Vidal-Naquet et Michel Winock.
http://www.rfi.fr/actufr/articles/072/article_40466.asp.

10 Vgl. zum Folgenden detailliert Christiane Kohser-Spohn / Frank Renken (Hg.), Trauma Algerienkrieg. Zur Geschichte und Aufarbeitung eines Konflikts, Frankfurt/M. 2006.

11 Zum Folgenden Dietmar Hüser, Staat – Zivilgesellschaft – Populärkultur. Zum Wandel des Gedenkens an den Algerienkrieg in Frankreich, in: Ebd., S. 95–111.

12 So im Gießener Sonderforschungsbereich 434 »Erinnerungskulturen« und im Tübinger SFB 437 »Kriegserfahrungen«.

13 Vgl. die Publikation des Hamburger Instituts für Sozialforschung zu dieser Ausstellung: Vernichtungskrieg. Verbrechen der Wehrmacht 1941 bis 1944. Ausstellungskatalog, Hamburg 1996; Verbrechen der Wehrmacht. Dimensionen des Vernichtungskrieges 1941–1944. Ausstellungskatalog, Hamburg 2002; Besucher einer Ausstellung. Die Ausstellung »Vernichtungskrieg. Verbrechen der Wehrmacht 1941 bis 1944« in Interview und Gespräch, Hamburg 1998; Krieg ist ein Gesellschaftszustand. Reden zur Eröffnung der Ausstellung »Vernichtungskrieg. Verbrechen der Wehrmacht 1941 bis 1944«, Hamburg 1998; Eine Ausstellung und ihre Folgen. Zur Rezeption der Ausstellung »Vernichtungskrieg. Verbrechen der Wehrmacht 1941 bis 1944«, Hamburg 1999.

14 Wie diese unterschiedlichen Erinnerungen jenseits des Vorwurfs der Verdrängung oder der Unbelehrbarkeit erklärt werden können, lässt die Analyse von Christian Hartmann erkennen:

Verbrecherischer Krieg – verbrecherische Wehrmacht? Überlegungen zur Struktur des deutschen Ostheeres 19141–1944, in: Vierteljahrsheft für Zeitgeschichte 52 (2004), S. 1–75. Hartmann entwirft eine Typologie der Kriegsverbrechen an der Ostfront, welche die Verbrechensarten bestimmten Räumen zuordnet und danach fragt, wer wann in diesen Räumen eingesetzt war. Diese Räume können – darüber handelt die Studie nicht – unterschiedliche Erinnerungen erzeugt haben, die nur dann miteinander verbunden werden, wenn diejenigen, die diese Erinnerungen weitergeben, bereit sind, die Erinnerungen der anderen aufzunehmen.

15   Dass diese Frage auf der Grundlage bisheriger wissenschaftlicher Forschung nicht als entschieden gelten kann, begründet Guenter Lewy, The Armenian Massacres in Ottoman Turkey. A disputed Genocide, Salt Lake City 2005; knappe Zusammenfassung: Lewy, Revisiting the Armenian Genocide, in: The Middle East Quarterly 12/4 (2005) (http://www.meforum. org/article/748). Vgl. auch Jeremy Salt, The narrative gap in Ottoman Armenian history, in: Middle Eastern Studies 39 (2003), S. 19–36. Die kontroverse Literatur wertet aus Dominik J. Schaller, »La question arménienne n'existe plus«. Der Völkermord an den Armeniern während des Ersten Weltkriegs und seine Darstellung in der Historiographie, in: Völkermord und Kriegsverbrechen in der ersten Hälfte des 20. Jahrhunderts (= Jahrbuch 2004 zur Geschichte und Wirkung des Holocaust, hg. v. Fritz Bauer Institut), S. 99–128; eine Vergleichsstudie, die den politisierten Genozidbegriff als wissenschaftlich unbrauchbar verwirft: Christian Gerlach, Nationsbildung im Krieg: Wirtschaftliche Faktoren bei der Vernichtung der Armenier und beim Mord an den ungarischen Juden, in: Hans-Lukas Kieser / D.J. Schaller (Hg.), Der Völkermord an den Armeniern und die Shoah, Zürich ²2003, S. 347–422.

16   Stiftung Haus der Geschichte der Bundesrepublik Deutschland (Hg.), Flucht, Vertreibung, Integration, Bielefeld 2005. Der Band bietet leider nicht alle Fotos, die in der Ausstellung zu sehen waren. Eine empirische Erhebung zu diesem Thema: Stiftung ... (Hg.), Flucht und Vertreibung aus Sicht der deutschen, polnischen und tschechischen Bevölkerung, Bonn 2005.

17   Die folgenden Angaben beruhen auf der umfangreichen Sammlung von Presseartikeln, die mir die Stiftung zu Verfügung gestellt hat.

18   Dieser Artikel wurde von Edgar Bauer verfasst. Bauer dürfte mit seinen Artikeln, die in etlichen Zeitungen erschienen sind, die Wahrnehmung der Ausstellung stark geprägt haben. Der Opfertitel in: Schwarzwälder Bote u. Oberbadisches Volksblatt v. 3.12.2005; der andere in: Cellesche Zeitung v. 3.12.2005.

19   Recklinghauser Zeitung v. 3.12.2005: Emotionale Zeitreise – Flucht und Vertreibung. Bonn: Erste offizielle Ausstellung in Bonn / Gratwanderung zwischen Wahrheiten. Aachener Zeitung v. 3.12.2005: Ausstellung auf schmalem Grat. Haus der Geschichte in Bonn schlägt mit der Schau »Flucht, Vertreibung, Integration« eins der brisantesten Kapitel jüngerer deutscher Geschichte auf. Westdeutsche Zeitung v. 5.12.2005: Gratwanderung zwischen den Wahrheiten. Das Bonner Haus der Geschichte wagt sich an das Thema Flucht und Vertreibung. Millionen Menschen waren davon betroffen. Das Bild von der Gratwanderung, das dem Artikel Bauers entnommen ist, verwendeten auch andere Zeitungen für die Überschrift: Die Glocke (Beckum), Vlothoer Anzeiger, Mindener Tageblatt; alle v. 3.12.2005. Stuttgarter Nachrichten v. 3.12.2005: Kommunionskleid aus Mullbinden. Ausstellung dokumentiert Leid der Vertriebenen aus den Ostgebieten. Badisches Tagblatt v. 3.12.2005: Einzelschicksale und Hintergründe. Waldeckische Landeszeitung v. 28.11.2005: Flucht und Vertreibung: Heikles Thema der Geschichte. Wiesbadener Kurier v. 3.12.2005: Ein hochsensibles und politisch brisantes Thema.

20   Artikel von Helmut Herles (auch dieser Autor war in etlichen Zeitungen präsent), General Anzeiger v. 3.12.2005.

21   Thomas Schmid, Koffer, Mullbinden, Ausweisungsbescheide. Die Ausstellung »Flucht, Vertreibung, Integration« beweist Taktgefühl im Umgang mit einem schwierigen Kapitel deutscher Geschichte, in: Frankfurter Allgemeine Sonntagszeitung v. 4.12.2005.

22   So Michael Kloth, Reise in düstere Zeiten, in: SPIEGEL ONLINE v. 3.12.2005 (http://www. spiegel.de/kultur/gesellschaft/0,1518,388409,00.html). Adam Krzemiński (Polityka v. 18.2.2006) schlug in seinem Bericht sogar vor, die Ausstellung auch in Warschau zu zeigen.

23   Franziska Augstein, Auf dem Leiterwagen, in: Süddeutsche Zeitung v. 3./4.12. 2005.

24   Michael Kohler, Kein deutscher Sonderweg. Die Ausstellung »Flucht, Vertreibung, Integra-
      tion« im Bonner Haus der Geschichte, in: Frankfurter Rundschau v. 6.12.2005.
25   Jörg Lau, Ein deutscher Abschied. Heimat II. Wie der Vertreibung aus dem Osten gedenken?
      Ohne Selbstmitleid. Eine Ausstellung im Bonner Haus der Geschichte, in: Die Zeit v.
      8.12.2005. Völlig konträr zu den zitierten Presseberichten ist der Artikel »Vollkommen reha-
      bilitiert« von Erich Später in: Konkret v. 1.2.2006. Die Ausstellung folge »in ihren wesentli-
      chen Aussagen den Vorgaben des Bundes der Vertriebenen«.
26   Günter Lottes, Erinnerungskulturen zwischen Psychologie und Kulturwissenschaft, in:
      Günter Oesterle (Hg.), Erinnerung, Gedächtnis, Wissen. Studien zur kulturwissenschaftlichen
      Gedächtnisforschung, Göttingen 2005, S. 163–184. Dieser Band bietet einen präzisen Ein-
      blick, wie in geisteswissenschaftlichen Fächern mit der Kategorie Erinnerung umgegangen
      wird.
27   Ernest Renan, Qu'est-ce qu'une nation? (1882), in: Œuvres Complètes de Ernest Renan. 2 Bde.
      Édition définitive établie par Henriette Psichari, Paris 1947, Bd. 1, S. 887–906. Zu Renan als
      Erinnerungshistoriker s. auch Aleida Assmann, Der lange Schatten der Vergangenheit.
      Erinnerungskultur und Geschichtspolitik, München 2006.
28   Michael Billig, Banal Nationalism, London 1995.
29   Maurice Halbwachs, La Mémoire collective. Ouvrage posthume publié par Mme Jeanne
      Alexandre, née Halbwachs, Paris 1950; deutsch: Das kollektive Gedächtnis, Frankfurt/M.
      1985.
30   Vgl. dazu insbes. die Studien von Urs Altermatt; u.a.: Das komplexe Verhältnis von Religion
      und Nation: eine Typologie für den Katholizismus, in: Schweizerische Zeitschrift für Religi-
      ons- und Kulturgeschichte (2005), S. 417–432; zu Deutschland s. die Studien in: D. Lange-
      wiesche / Heinz-Gerhard Haupt (Hg.), Nation und Religion in der deutschen Geschichte,
      Frankfurt/M. 2001.
31   Dieses in der historischen Forschung zu den deutschen Parteien einflussreiche Konzept hat
      Rainer M. Lepsius entwickelt: Parteiensystem und Sozialstruktur (1966), in: Lepsius, Demo-
      kratie in Deutschland. Soziologisch-historische Konstellationsanalysen, Göttingen 1993,
      S. 25–50.
32   Fallstudien dazu bieten Bernecker / Brinkmann (Hg.), Kampf der Erinnerungen. Der Spani-
      sche Bürgerkrieg (Anm. 2). Zu Deutschland s. etwa Edgar Wolfrum, Geschichte als Waffe.
      Vom Kaiserreich bis zur Wiedervereinigung, Göttingen 2001.
33   Informationen bieten die Homepage der *Historical Society* (http://www.bu.edu/historic) und
      vor allem ihre Zeitschriften: *The Journal of the Historical Society* und *Historically Speaking.
      The Bulletin of the Historical Society.* Die Gesellschaft veranstaltet alle zwei Jahre einen gro-
      ßen Fachkongress. Ihr Programm lautet (Homepage): The Historical Society invites you to
      participate in an effort to revitalize the study and teaching of history by reorienting the his-
      torical profession toward an accessible, integrated history free from fragmentation and over-
      specialization. The Society promotes frank debate in an atmosphere of civility, mutual re-
      spect, and common courtesy. All we require is that participants lay down plausible premises,
      reason logically, appeal to evidence, and prepare for exchanges with those who hold different
      points of view. The Historical Society conducts activities that are intellectually profitable,
      providing a forum where economic, political, intellectual, social, and other historians can ex-
      change ideas and contribute to each other's work. Our goal is also to promote a scholarly his-
      tory that is accessible to the public.
34   Leo P. Ribuffo, Confessions of an Accidental (or Perhaps Overdetermined) Historian, in:
      Elizabeth Fox-Genovese / Elisabeth Lasch-Quinn (Hg.), Reconstructing History. The Emer-
      gence of a New Historical Society, New York 1999, S. 143–163, 162. Die Kriegsmetapher
      verwenden auch andere Autoren in diesem Buch, mit dem die Gesellschaft programmatisch
      vor die Öffentlichkeit trat.
35   Das wird näher ausgeführt bei Langewiesche, Geschichtswissenschaft in der Postmoderne?,
      in: Ders., Liberalismus und Sozialismus. Gesellschaftsbilder – Zukunftsvisionen – Bildungs-
      konzeptionen, hg. v. Friedrich Lenger, Bonn 2003, S. 8–38.

36 Elisabeth Lasch-Quinn, Democracy in the Ivory Tower? Towards the Restoration of an
    Intellectual Community, in: Reconstructing History, S. 23–34, 33.
37 Alan Charles Kors, The Future of History in an Increasingly Unified World, in: Ebd., S. 12–17,
    17: »knowledge of human diversity«.
38 Die Zitationsikonen für dieses Konzept sind Aleida und Jan Assmann; s. insbes. A. Assmann,
    Erinnerungsräume. Formen und Wandlungen des kulturellen Gedächtnisses, München [3]2006;
    dies. (Hg.), Mnemosyne. Formen und Funktionen der kulturellen Erinnerung, Frankfurt/M.
    1993; J. Assmann, Das kulturelle Gedächtnis. Schrift, Erinnerung und politische Identität in
    frühen Hochkulturen, München [5]2005.
39 Johann Martin Chladenius, Allgemeine Geschichtswissenschaft (Leipzig 1752). Mit einer
    Einleitung von Christoph Friedrich und einem Vorwort von Reinhart Koselleck, Wien 1985,
    S. 353.
40 Ebd.
41 J.H. Plumb, The Death of the Past. With a Preface by Simon Schama and an Introduction by
    Niall Ferguson, Basingstoke 2004 (1. Aufl. 1969).
42 Reinhart Koselleck, Erfahrungswandel und Methodenwechsel. Eine historisch-anthropologi-
    sche Skizze (1988), in: Ders., Zeitschichten. Studien zur Historik, Frankfurt/M. 2000, S. 27–77.
43 Ausführlicher dazu die Studien »Über das Umschreiben der Geschichte. Zur Rolle der
    Sozialgeschichte« in diesem Band.
44 Eine großartige Analyse solcher Prozesse ist – aus dem Wissen um die eigene existentielle
    Bedrohung als Jude in der Zeit der nationalsozialistischen Herrschaft – Richard Koebner ge-
    lungen; s. vor allem: Die Idee der Zeitwende [1941–1943 verfasst], in: Koebner, Geschichte,
    Geschichtsbewußtsein und Zeitwende. Vorträge und Schriften aus dem Nachlaß, Gerlingen
    1990, S. 147–193. Vgl. dazu die Studie »›Zeitwende‹ – eine Grundfigur neuzeitlichen Ge-
    schichtsdenkens. Richard Koebner im Vergleich mit Francis Fukuyama und Eric Hobs-
    bawm« in diesem Band.
45 Plumb, S. 14.
46 Vgl. mit weiterer Literatur Holm Sundhaussen, Die »Genozidnation«: serbische Kriegs- und
    Nachkriegsbilder, in: Dieter Langewiesche / Nikolaus Buschmann (Hg.), Der Krieg in den
    Gründungsmythen europäischer Nationen und der USA, Frankfurt/M. 2003, S. 351–371. Zur
    Rolle von Mythen in diesen Prozessen: Bo Stråth (Hg.), Myth and Memory in the Construc-
    tion of Community. Historical Patterns in Europe and beyond, Brüssel 2000.
47 Heinrich August Winkler, Der lange Weg nach Westen. Bd. 1: Deutsche Geschichte vom
    Ende des Alten Reiches bis zum Untergang der Weimarer Republik. Bd. 2: Deutsche Ge-
    schichte vom »Dritten Reich« bis zur Wiedervereinigung, München 2000 u.ö.
48 Meine Kritik an Winklers Grundposition führe ich aus in: Das *Heilige Römische Reich
    deutscher Nation* nach seinem Ende. Die Reichsidee im Deutschland des 19. und 20. Jahr-
    hunderts in welthistorischer Perspektive, in: Schwäbische Gesellschaft, Schriftenreihe 57–61,
    Stuttgart 2007, S. 97–133.
49 Paul Ricœur, Das Rätsel der Vergangenheit. Erinnern – Vergessen – Verzeihen, Göttingen
    1998, S. 126.
50 Ebd., alle Zitate S. 127–130.
51 Ebd., S. 114.

»Zeitwende« – eine Grundfigur neuzeitlichen Geschichtsdenkens: Richard Koebner im Vergleich mit Francis Fukuyama und Eric Hobsbawm[*]

1. Richard Koebner – ein unbekannter Pionier der Begriffsgeschichte

1990 erschien in der Schriftenreihe des Instituts für Deutsche Geschichte der Universität Tel Aviv ein Buch mit Vorträgen und Schriften aus dem Nachlass von Richard Koebner.[1] Nach ihm sind an der Hebräischen Universität Jerusalem, seinem langjährigen Wirkungsort, der Lehrstuhl und das Zentrum für Deutsche Geschichte posthum benannt worden und im englischen Sprachraum fand er noch zu Lebzeiten mit seinen historischen Studien Anerkennung. Mehrere britische Universitäten hatten ihn mit Gastprofessuren geehrt, und noch kurz vor seinem Tode im Jahre 1958 hatte er eine Einladung zu einem Forschungsaufenthalt in Princeton erhalten.[2] In Deutschland hingegen blieb er gänzlich ohne Wirkung[3], obwohl doch seine Arbeiten zur historischen Semantik Brücken zur Begriffsgeschichte schlugen, zu deren hierzulande unbeachteten Gründern er gehört. Diesem Teil seines Werkes ist dieser Aufsatz gewidmet.[4] Es geht darum, wie Koebner die Frage nach Kontinuitäten und Brüchen in der Geschichte des »Zeitwendegedankens«[5] zu fassen sucht. Um das Besondere an seinem Zugang zu dieser Grundfigur neuzeitlichen Geschichtsdenkens zu erkennen, werden seine Studien mit den Betrachtungen Eric Hobsbawms und Francis Fukuyamas über die »Zeitwende« am Ausgang des 20. Jahrhunderts kontrastiert.

2. »Ideologie der Zeitwende«: Gegenwartsanalyse durch Historisierung im Angesicht lebensbedrohender Expansion des nationalsozialistischen Herrschaftsraumes

Richard Koebner schrieb seine Erörterungen über die Geschichte der »Idee der Zeitwende«[6] am Abgrund einer der gewaltigsten Katastrophen in der Menschheitsgeschichte, dem Zweiten Weltkrieg. Als Jude aus Deutschland ausgetrieben – seit 1920 lehrte er in Breslau vornehmlich mittelalterliche Geschichte, 1933 wurde er als Jude entlassen und folgte 1934 einem Ruf an die Hebräische Universität in Jerusalem, wo er bis 1955 als Professor für Moderne Geschichte lehrte – zwangen die Zeitläufte Richard Koebner nachzudenken über Zeitwenden. Er tat es als Historiker, der im Bruch nach Kontinuität sucht. Dem damals gefährlich aktuellen

Thema – sein Schüler Helmut Dan Schmidt sprach in seinem Nachruf von »Höllenqualen«, unter denen Koebner angesichts des Kriegsverlaufs litt[7] – näherte er sich 1940 zunächst in einer kleinen Studie, die erst ein volles halbes Jahrhundert später erschien: »Über den Sinn der Geschichtswissenschaft«.[8] Im Angesicht der »gegenwärtigen Weltkatastrophe« müsse der Historiker zu ihr Stellung nehmen – nicht indem er aus der Geschichte Zukunft weissage, sondern indem er die Vergangenheit mit dem Wissen der Gegenwart befrage. Er, der als Mittelalterhistoriker begonnen hatte, war nämlich überzeugt, dass »die Kompetenz des Historikers, die Vergangenheit zu beurteilen, [...] nach der Klarheit bemessen werden [müsse], mit der er für seine eigene Zeit Fragen stellen kann.«[9] Ohne klare Gegenwartsdiagnose keine klare Geschichtsdeutung, so seine Überzeugung – nicht nur für einen Mediävisten und nicht nur damals eine keineswegs selbstverständliche Ansicht vom Beruf des Historikers.

Wie lautete seine Gegenwartsdiagnose? Auf die Katastrophe, vor der seine Zeit stand, unvergleichbar, so erkannte er, mit früheren, antwortete Richard Koebner mit einer Gegenwart und Vergangenheit verbindenden Betrachtung über die »Ideologie der Zeitwende«.[10] Er tat also das, was Historiker tun sollten, wenn sie als Fachleute für die Vergangenheit Gegenwart beurteilen: Er historisierte seine Gegenwart, um sie in ein Kontinuum mit der Vergangenheit einordnen zu können. Er tat das aber in einer besonderen Weise, die diesen Versuch, Gegenwart historisch zu verstehen, aufschlussreich macht für den Vergleich mit anderen Versuchen, die eigene Zeit als historische Zeitwende zu erkennen. Koebner bestimmte nämlich als das Charakteristikum seiner Zeit, dass sie sich nicht nur als ein weiteres Glied in die historische Traditionskette »Ideologie der Zeitwende« einfügte. Das habe auch für frühere Zeiten gegolten. Als das Charakteristische seiner Gegenwart diagnostizierte er vielmehr, sie beanspruche, in der Geschichte der Zeitwendevorstellungen eine Wende so grundsätzlicher Art zu vollziehen, dass sich seine Gegenwart von allen früheren Zeitwenden abhebe. Richard Koebner historisierte also die Idee der Zeitwende. Er konnte dies, weil er an seine Zeit Fragen richtete, deren Antworten es ihm ermöglichten, die Vergangenheit in neuer Weise zu erkennen und dadurch auch die Gegenwart besser zu verstehen. Das ist gemeint, wenn er sagt, die Vergangenheitskompetenz des Historikers zeige sich an der Klarheit seiner Fragen an die Gegenwart.

Geschichte, davon zeigte sich Koebner überzeugt, »baut sich in Kämpfen auf«[11] und vollziehe sich von Krise zu Krise. Geschichte sei nichts anderes als »eine kontinuierliche Zeitwende«.[12] Heute aber, schreibt er 1940, als zum dritten Mal in nur zwei Jahrzehnten die Welt, mit der er vertraut war, zusammenzubrechen schien – 1918 der Untergang des monarchischen deutschen Nationalstaates, dem er sich zugehörig wußte, 1933 die Ausstoßung aus Deutschland und 1940 die Gefahr, dass Deutschland und Italien, die Sowjetunion und Japan gemeinsam der Welt ihre Herrschaft aufzwängen – in dieser Situation, dramatisch gerade für ihn, den Juden auf der Flucht, suchte er mit dem Berufswissen des Historikers Aufschluss zu gewinnen über die Zeit, in der er lebte. Er nahm in seiner kleinen, aber gehaltvollen Schrift »Über den Sinn der Geschichtswissenschaft« und kurz danach in einer größeren Abhandlung »Die Idee der Zeitwende«, 1941 bis 1943

verfasst, im Kern Einsichten Karl Löwiths und Reinhart Kosellecks vorweg: Die
»Ideologie der Zeitwende«, schreibt er, reiche zurück bis zu den »apokalyptischen
Vorstellungen des Judentums und Christentums«,[13] doch aufgestiegen »zu einer
Macht in der Welt« sei die »Idee der Zeitwende« erst im Zeitalter der Französischen Revolution.[14] Seit damals bewege das »fortschrittliche Pathos des Zeitwendegedankens« »von Generation zu Generation größere Mengen von Menschen«,[15]
fasziniert von einer Geschichtskonzeption, »die sich von der Vergangenheit los-
sagt«,[16] um neue, zuvor nicht gekannte Handlungsmöglichkeiten in die Zukunft
hinein zu eröffnen.

In dieser Kontinuität seit dem ausgehenden 18. Jahrhundert sah Koebner je-
doch einen Bruch, der die Entwicklungsrichtung geradezu umkehre – eine Wendezeit in der unaufhörlichen Kette von Zeitwenden, die man Geschichte nennt.
Ereignet habe sich dieser Richtungsbruch nach dem Ersten Weltkrieg. In den
Anfängen habe nämlich die »Ideologie der Zeitwende« den »Glauben an die
Humanität«[17] verfochten, und nur deshalb sei sie so massenwirksam gewesen,
habe sie so viele Menschen begeistern können für die Idee der Revolution und des
Sozialismus, zwei zur Tat gewordenen Programmen der Zeitwende. Seit jedoch
mit dem Ende des Ersten Weltkriegs unter der Führung der Bolschewisten und
Faschisten aller Richtungen »Herden eschatologischer Machtbewegungen«[18]
aufbrachen, heiße das Ziel der Idee der Zeitwende nicht mehr Humanität, sondern
Macht:

»[D]ie heute entscheidenden Formen des Zeitwendegedankens haben eine völlig veränderte Wendung in den Gedanken der Menschheitsentwicklung hineingetragen: Sie haben
die höchst potenzierte Macht entweder als Mittel und Durchgangsstadium oder als einen
der Sinngehalte des vollendeten Menschseins proklamiert.«[19]

Richard Koebner schrieb dies mitten im Zweiten Weltkrieg, in einer Zeit der
»Weltkatastrophe«,[20] in der die völlige Vernichtung der europäischen Judenheit
drohte und der eigene Zufluchtsort Palästina noch keineswegs garantieren konnte,
von diesem kollektiven Schicksal individuell verschont zu bleiben. In dieser Zeit
existentieller Bedrohung brachte es Richard Koebner über sich, mit der Distanz
des Wissenschaftlers nachzudenken über die Zeitwende seiner eigenen Gegenwart
und über deren Besonderheit in der Kette der Zeitwendevorstellungen, die sich
rund eineinhalb Jahrhunderte zurückverfolgen lasse. Um zu verstehen, wie es
dazu kommen konnte, dass die Gegenwart dem »Kommando organisierter Mandatare der Zukunft«[21] gehorcht, erkundete er »die geschichtliche Laufbahn der Idee
der Zeitwende«, die einst im Zeichen der Humanität begonnen habe und »heute
ihre Menschenopfer fordert.«[22]

Das Ergebnis seiner historischen Selbsterkundung im Angesicht der Katastrophe lautet: Selbstbescheidung des Historikers hinsichtlich der Erkenntnismöglich-
keit zum »Fortgang der Geschichte im Ganzen«. Auf sie berufen sich zwar alle,
die als »Mandatare der Zukunft« sich berechtigt fühlen, »Zeitwende« zu exekutie-
ren, doch sie lehre nicht, was der Mensch tun solle, sei es als einzelner oder ein-
gebunden in Ordnungsgefüge. Ob sich die »Geschichte im Ganzen« auf die »Idee
der Humanität« zu bewege, die den »Richtungssinn in der Entwicklung der Kul-

tur« vorgeben müsse, sei jeder historischen »Erfahrung entrückt«. Erkennbar sei
nur, was die Idee der Humanität bedeute im »Leben des Einzelnen«, »das in diesen Fortgang eingeht und in ihm untergeht.«[23]

Im Angesicht einer Zeitwende, die eine Weltkatastrophe herbeiführt, in der
man selber unterzugehen droht, zu einer solch distanzierten Reflexion über die
Geschichte der »Idee der Zeitwende« fähig zu sein, ist sicher auch unter Wissenschaftlern, die das Geschichtsstudium als Beruf betreiben, außergewöhnlich. Gerade deshalb dürfte es hilfreich sein, dieses in Deutschland unbeachtet gebliebene
Beispiel zu kennen, wenn nun im zweiten Teil die Traditionslinien, in denen
Koebner steht, und zwei der prominentesten Versuche betrachtet werden, die
Wendezeit unserer Gegenwart historisch einzuordnen, um sie in ihrer Bedeutung
für die Gegenwart zu verstehen.

3. Denken in Zeitwenden bei Fukuyama und Hobsbawm auf dem Markt der Geschichtsbilder

Die Idee der Zeitwende steht in einer langen Tradition, in der christliche Endzeit-
erwartungen säkularisiert wurden. Karl Löwith hat diese Tradition 1953 in seinem
Buch »Weltgeschichte und Heilsgeschehen« grundlegend verfolgt – rückwärts
schreitend von Geschichtsphilosophien seines Jahrhunderts, Toynbee und Speng-
ler vor allem, über die Fortschrittsentwürfe des neunzehnten bis in die Antike. »Es
scheint, als ob die beiden großen Konzeptionen der Antike und des Christentums,
zyklische Bewegung und eschatologische Ausrichtung, die grundsätzlichen Möglichkeiten des Geschichtsverständnisses erschöpft hätten.«[24] Alles weitere, so
Löwith, nichts als Variationen oder die Vermischung dieser beiden Prinzipien,
Geschichte zu verstehen. Das moderne Geschichtsdenken entferne

»die christlichen Elemente der Schöpfung und Vollendung, während es sich aus der
antiken Weltschau die Idee einer endlosen und kontinuierlichen Bewegung aneignet, ohne
ihre Kreisstruktur zu übernehmen. Der neuzeitliche Geist ist unentschieden, ob er christ-
lich oder heidnisch denken soll. Er sieht auf die Welt mit zwei verschiedenen Augen: mit
dem des Glaubens und mit dem der Vernunft.«[25]

Das führte dazu, an die Stelle der Vorsehung den Fortschritt treten zu lassen.

Fortschritt – das hat vor allem Reinhart Koselleck für den deutschen Sprachraum gezeigt – wird im ausgehenden 18. Jahrhundert zu einem Erwartungsbegriff,
der Zukunft einfordert, ohne sie an Erfahrungen der Vergangenheit und Gegenwart rückbinden zu können. Die neuen Bewegungsbegriffe, die nun auftreten und
die politisch-weltanschaulichen Auseinandersetzungen seit dem geprägt haben –
vor allem Liberalismus und Demokratismus oder Republikanismus, Sozialismus
und Kommunismus, um die wirkungsmächtigsten zu nennen[26] –, entwerfen Zu-
kunftsbilder, die nicht mehr historisch gesättigt sind. Deshalb kann ihre Beglaubigung, wie Koselleck schreibt, »erst in der Zukunft eingefordert werden.«[27]

Diese Art, Zukunft zu entwerfen, bringt Andersdenkende in eine schlechte Lage. Sie können sich nicht mehr auf ihre und ihrer Vorfahren Erfahrung berufen,

denn seit die Zeitgenossen des späten 18. Jahrhunderts beginnen, ihre eigene Zeit als Neuzeit zu begreifen, gilt die »Regel, daß alle bisherige Erfahrung kein Einwand gegen die Andersartigkeit der Zukunft sein darf.«[28] In dem neuen Wort *Fortschritt* findet dieses neue Denken seinen Begriff. Neuzeit, so lassen sich die Befunde der begriffshistorischen Forschung zusammenfassen, wird als Idee erst denkbar, als sich die Zukunftserwartungen, mit denen die Gegenwart beurteilt wird, »von allen zuvor gemachten Erfahrungen entfernt haben.«[29] Sie sind damit auch nicht mehr durch eigene Anschauung überprüfbar. Das macht sie immun gegen Fehlschläge. Jede Niederlage kann als Unterpfand künftiger Erlösung gedeutet werden.

Diese Denkfigur, die Vergangenheit, Gegenwart und Zukunft durch Entwicklungssprünge getrennt sieht, die historische Erfahrung entwertet, weil sie aus den eingefahrenen Gleisen geschichtlichen Fortschreitens herausspringt, geht meist einher mit der Vorstellung, die Geschichte schreite voran in der Form von Zeitwenden. Das neuzeitliche Geschichtsdenken deutet den historischen Prozeß der Moderne als eine Kette von Entwicklungssprüngen, indem es die beiden Grundvorstellungen des Geschichtsdenkens, wie sie Antike und Christentum bereitstellen, verbindet: auf ein Ziel gerichtet oder ewiges Fortschreiten in der Gestalt von Gegensätzen, von Wendezeiten, von der jede aufs neue sich als einzigartig ansieht.

Diesen Glauben an die Einzigartigkeit der eigenen Zeit, die sich als Bruch mit der Vergangenheit deutet, historisiert Richard Koebner, indem er der Vorstellung von der Zeitwende eine Geschichte gibt, deren Wendepunkte er ideen- und begriffsgeschichtlich identifiziert. Damit hebt er sich scharf ab von zwei ganz unterschiedlich gearteten, in der Öffentlichkeit viel beachteten Versuchen, die gegenwärtige Wendezeit historisch zu diagnostizieren. Der eine stammt von Eric Hobsbawm, einem der bedeutendsten Historiker unserer Zeit, einem global denkenden und mit weitem Blick historisch analysierenden Briten aus Österreich; der andere von einem US-amerikanischen Sozialwissenschaftler japanischer Herkunft dessen Buch »Das Ende der Geschichte« vor wenigen Jahren weltweit debattiert wurde und auch in Deutschland eine Flut von Schriften ausgelöst hat: Francis Fukuyama.[30]

Beide, Francis Fukuyama und Eric Hobsbawm, versuchen sich an einer Gesamtbilanz des 20. Jahrhunderts, und beide schrieben ihren Rückblick im Banne des zusammenbrechenden, sich auflösenden Sowjetimperiums, beide argumentieren historisch, beide mit universalhistorischem Anspruch, untermauert mit Anschauungsmaterial, das sie weltweit zusammentragen, und doch kommen beide zu völlig entgegen gesetzten Urteilen. Fukuyama erkennt am Ende des 20. Jahrhunderts einen »zielgerichteten Verlauf der Menschheit [...], der letztlich den größten Teil der Menschheit zur liberalen Demokratie führen wird«.[31] Deshalb stehe die »menschliche Geschichte« vor ihrem Ende.[32] Erreicht sei es, sobald es »keine ideologische Konkurrenz mehr zur liberalen Demokratie« gebe.[33] Dieser Endpunkt sei dank des Zusammenbruchs des Kommunismus als Weltmacht nahe.

Ende der Geschichte bedeutet für Fukuyama nicht ein Ende jeder Entwicklung, keine Erstarrung im Heute, wohl aber Ende der bisherigen Form von Menschheitsgeschichte. Sie sei durch den Kampf zwischen Herrn und Knecht um Anerkennung bestimmt gewesen. Sobald eine Sozialordnung dieses Streben nach wechselseitiger Anerkennung befriedige, sei die Geschichte, wie sie die Menschheit bisher kannte, zu Ende. Und genau dies leiste die liberale Demokratie. In diesem Sinn versteht er sie als Ziel und Ende der Menschheitsgeschichte, die als Kampf sich gegenseitig ausschließender Prinzipien vorangeschritten sei. Dieser Kampf sei vorbei. Davon zeigte er sich auch in seinen Rückblicken zehn Jahre nach Erscheinen seiner ersten Endzeitberechnung überzeugt.[34] Fraglich ist für ihn nur, wann die Menschheit insgesamt das gelobte Land der liberalen Demokratie plus Marktwirtschaft erreicht haben wird, nicht aber, dass ihr dieses Ziel aufgetragen sei, seit mit der Sowjetunion der machtgestützte Hort der konkurrierenden Endzeitverheißung zusammenbrach.

Fukuyamas Geschichtsdeutung, aus der seine Prognose vom Ende der Geschichte hervorgeht – Ende der Kette von Entscheidungskämpfen zwischen widerstreitenden Prinzipien, menschliches Leben zu organisieren, nicht verstanden als Ende jeder Entwicklung in die Zukunft hinein; das hat Fukuyama nie behauptet –, sollte man auch dann nicht beiseite legen, wenn man sie als wissenschaftlich unerheblich einschätzt. Wir würden uns den Erkenntniswert seiner Art, Geschichte zu betrachten und daraus Prognosen für die Zukunft abzuleiten, auch verbauen, wenn wir lediglich nach Fehlern im Bauplan seines Geschichtsbildes suchten. So hat es z.B. der Philosoph Otto Pöggeler gemacht, als er in einem Vortrag Fukuyamas philosophische Annahmen prüfte, die in der Tat grundlegend für sein Bild vom Ende der Geschichte sind.[35] Für Fukuyama ist Hegel der philosophische Kronzeuge für die Möglichkeit, das Ende der Geschichte zu denken. Auf welcher Hegel-Deutung Fukuyamas Geschichtsverständnis beruht und was sich dagegen alles einwenden läßt, erläutert Pöggeler und entzieht damit Fukuyamas Zukunftsprognose das geschichtsphilosophische Fundament. Ein Zuhörer reagierte auf diesen Abstieg von Hegel zu Fukuyama etwas gereizt, denn Pöggeler hatte Fukuyamas Buch für gewichtig genug angesehen, um darüber einen Akademievortrag zu halten – und das ist in der deutschen Wissenschaftstradition, und nicht nur in dieser, der nobelste Ort, der sich denken läßt, gewissermaßen der Olymp der Wissenschaft. So jedenfalls das Selbstbild. »Es bleibe die Frage, [kritisierte der erwähnte Zuhörer] warum ein Akademievortrag sich überhaupt so interessiert, aber auch ironisch mit einem Affen Hegels beschäftige.«[36] Pöggeler verwies auf die hohe Resonanz der Hegel-Tradition, in der Fukuyama stehe, an den amerikanischen Universitäten.

Die Antwort des Historikers, warum es angemessen ist, sich mit Fukuyama zu beschäftigen, obwohl er auch als Historiker nichts Neues zu sagen weiß, ist einfach – Richard Koebner hat sie 1955 in seiner Jerusalemer Abschiedsvorlesung gegeben: »Geschichtswissenschaft ist nicht lediglich eine Unterhaltung, die sich zwischen Gelehrten abspielt.«[37] Und Historiker sind nicht die Schöpfer des Geschichtsbewusstseins einer Gesellschaft. Sie nehmen daran nur teil, wenn sie sich in das öffentliche Gespräch einschalten, in dem Geschichtsbewusstsein entsteht und umgeformt wird. Fukuyama hat sich eingemischt, und seine Stimme wird von vielen gehört. Nicht weil er etwas Neues zu sagen hätte, sondern weil er die bisherige Geschichte so deutet, dass sie lehrhaft wird. Das verbindet ihn mit Richard

Koebners Überzeugung vom Geschäft des Historikers: die Geschichte entschlüsseln, indem sie mit dem Wissen um die Probleme der Gegenwart befragt wird.

Die Geschichte, wie Fukuyama sie versteht und einem großen Publikum nahe bringt, lehrt erstens, dass sie sich sinnvoll entwickelt hat. Katastrophen, wie die nationalistischen Exzesse und der Holocaust, den Fukuyama als ihre »extreme Ausprägung« deutet, verlangsamen zwar »die Lokomotive der Geschichte«, können sie aber, meint er, »nicht zum Entgleisen bringen«.[38] Der Zug der Geschichte fahre weiter. Und die Gegenwart, das ist die zweite Geschichtsbotschaft, die Fukuyama ein außergewöhnlich großes Publikum beschert, ist das Ziel des Zuges. Jedenfalls für diejenigen, die auf dem Territorium der liberalen Demokratie mit Marktwirtschaft leben. Die Territorien mit anderen Ordnungssystemen werde der Zug der Geschichte demnächst erreichen; unüberwindliche Hindernisse gebe es nicht mehr.

Diese Geschichtsbotschaft ist einsinnig, nicht orakelhaft mehrdeutig; und sie ist beruhigend, obwohl sie ein Ende ankündet. Der Zug der Geschichte, den Fukuyama in seinem Buch durch rund zwei Jahrhunderte begleitet und dessen Fahrt er kommentiert, wird nicht weiterfahren. Die künftige Entwicklung werde auf anderen Geleisen verlaufen, doch innerhalb des vertrauten Gebiets, das nun erreicht sei, da dessen Sozialordnung niemand reizen werde, es zu verlassen. Angesagt ist nun der Ausbau des Erreichten, nicht Aufbruch in neue unbekannte Weiten.

Fukuyama bietet also eine Geschichtsdeutung, die verspricht, universal gültig zu sein, und Globalisierung im Sinne von Vereinheitlichung verheißt. Denn die Fremde in unserer gegenwärtigen Welt werde sich verändern, da sie unter dem Zwang stehe, sich der besten aller Welten anzupassen, um nicht vor dem »Tor des gelobten Landes der liberalen Demokratie«[39] ausharren zu müssen.

Mit diesem Geschichtsbild erfüllt der Politikwissenschaftler Fukuyama, was der Historiker Reinhart Koselleck 1967 in einem für die Geschichte des Geschichtsdenkens zentralen Aufsatz dargestellt hat: Der alte Topos von der Geschichte als der Lehrmeisterin des Lebens zerfiel zwar, als im 18. Jahrhundert das moderne Geschichtsdenken entstand, das die Idee des Fortschritts von der historischen Erfahrung löste. Der geschichtliche Einzelfall erklärt nun nichts mehr und lehrt nichts. Doch die Hoffnung blieb, Historie als Reflexionsleistung auf »die Geschichte als Ganzes« überbrücke »den Abgrund zwischen Vergangenheit und Zukunft«,[40] indem sie zum Handeln anleite, allerdings nicht auf direktem Wege, indem sie der Vergangenheit entnommene Handlungsrezepte anbiete, sondern mittelbar, weil sie zur Erkenntnis der Gegenwart und dadurch zum Handeln befähige. Diese Hoffnung, Wissen um die Geschichte in seiner Erklärungskraft für die Gegenwart könne doch zur Tat anleiten, beschäftigt das Nachdenken über Geschichte, seit die Vorstellung *Historia Magistra Vitae* als theoretisches Konstrukt unwiederbringlich zerfiel. Erinnert sei nur an den Rechtshistoriker Savigny, für den die Historie »der einzige Weg zur wahren Erkenntnis unsers eigenen Zustands« war, oder an Theodor Mommsen, der die Geschichte als »lehrhaft einzig insofern [verstand], als sie zum selbständigen Nachschöpfen anleitet und begeistert«,[41] oder in unserer Zeit an Otto Vossler, der bündig erklärte, das »Amt der Geschichte aber ist es, durch ihre Klärung uns vorzubereiten und in Verantwortung uns hinzuführen zur Tat für heute.«[42] Genau diese Leistung schreibt auch Fukuyama der Geschichte zu, wenn er versucht, eine Universalgeschichte zu entwerfen, die nicht voraussagt, was konkret die Zukunft bringen wird, wohl aber befähigen soll, Geschichte so zu verstehen, dass sie zum Handeln tauglich macht.

Fukuyama steht also mit seiner Geschichtsdeutung in einer honorigen Tradition neuzeitlichen Geschichtsdenkens. Dass sie die Gegenwart hell leuchten lässt und Zukunftssicherheit für das westliche Politik- und Wirtschaftsmodell verspricht, dankte ihm der Markt mit einer hohen Resonanz. Deshalb verdient er die Aufmerksamkeit aller, die sich mit Geschichte beschäftigen. Denn auf diesem Meinungsmarkt entscheidet sich, was die Gegenwart als Geschichte ansieht und woran sie ihr Zukunftshandeln ausrichtet. Es ist glücklicherweise ein freier Markt, jedenfalls in den Teilen der Welt, in denen Fukuyama das Ende der alten Geschichte gekommen sieht. Dieser Markt liest begierig Fukuyama, der verkündet: Die Geschichte belohnt uns, die wir in der Vergangenheit im richtigen Zug saßen, mit einer hellen Zukunft. Doch derselbe Markt belohnt auch die gegensätzliche Botschaft: Alle Geschichtszüge führten an den Abgrund; nur eine radikale Wendezeit könne vor einer Katastrophe in der Zukunft bewahren. Diesen Markt der Geschichtsbilder bedient Eric Hobsbawm, obwohl er, ganz zünftiger Historiker, seine Jahrhundertbilanz mit der Mahnung endet, die Geschichte sei für »Prophezeiung [...] keine Hilfe«.[43] Die Geschichte biete zwar ein reiches Feld für »Hoffnungen und Ängste«, doch Voraussagen ließen sich daraus nicht ableiten.

Bei dieser Selbstbescheidung des Historikers, der darauf besteht, Geschichtswissen mache nicht prognosefähig, denn Geschichte lasse sich nicht hochrechnen, bleibt Hobsbawm jedoch nicht stehen. Er weist zwar alle Zumutungen zurück, die Geschichte wie Fukuyama als Zukunftsorakel lesen zu wollen. »Dieses Buch kann nichts darüber sagen, ob und wie die Menschheit die Probleme lösen wird, vor denen sie am Ende des Jahrtausends steht.«[44] – mit diesem Satz beginnt er seine Schlussüberlegungen. Doch das letzte Wort in diesem Werk, mit dem Hobsbawm seine Trilogie der Geschichte Europas in der Moderne mit einem universalgeschichtlichen Band zum 20. Jahrhundert abschließt, gibt er nicht dem Historiker, sondern dem Zeitgenossen, der aus seinem Geschichtswissen folgert, so wie bisher darf es nicht weitergehen, die Zukunft muss anders werden. Am Schluss steht also ein politisch-moralischer Appell. Mit diesem Appell aber ordnet sich Hobsbawm, ohne es anzusprechen, ebenso wie Fukuyama geradezu fugenlos ein in die Tradition des neuzeitlichen Geschichtsdenkens in Zeitwenden.

»Die Zukunft kann keine Fortsetzung der Vergangenheit sein«,[45] fordert Hobsbawm, denn das Ergebnis dieser Vergangenheit, unsere Gegenwart, diagnostiziert er als eine der schwersten historischen Krisen in der Geschichte der Menschheit. Genau an dem Punkt, an dem Hobsbawm die Rolle des Historikers aufzugeben wähnt, um als politisch handelnder Zeitgenosse von seiner Gegenwart den Willen zum radikalen Kurswechsel auf dem Weg in die Zukunft zu fordern, erweist sich sein Werk, mit dem er das öffentliche Geschichtsbild mitformt, als ein typisches Produkt neuzeitlichen Geschichtsdenkens. Es versteht die Geschichte in ihrem Verlauf als eine Kette von Zeitwenden, in denen jede Generation aufs Neue überzeugt ist, vor einer einzigartigen Situation zu stehen, die es nicht mehr zulasse, sich von überkommenen Geschichtsbildern leiten zu lassen, da die Zukunft verlange, ganz neue, bislang unbekannte Aufgaben zu meistern. Fukuyama und Hobsbawm liefern sich als Zeitgenossen der immer wiederkehrenden Vorstellung von der Einzigartigkeit der Krise der eigenen Gegenwart aus. Richard Koebner hingegen vollbringt die außergewöhnliche historiographische Leistung, das Erkennen seiner eigenen existentiellen Gefährdung in eine ideen- und begriffsgeschichtlich ausgerichtete Geschichtsbetrachtung umzusetzen, welche die »Idee der Zeitwende« als ein Ergebnis neuzeitlichen Denkens enthüllt. Je größer die Gegenwartkrise, in der man zu leben meint, je gewaltiger die Zukunftsaufgabe, vor die man sich gestellt sieht, so zeigt Koebner, desto schärfer kann die Trennlinie zwischen Geschichte und Zukunft gezogen werden. Die Radikalität des imaginierten Bruchs mit der Vergangenheit erzwingt die Radikalität der angesonnenen Zukunftsaufgabe.

Diesen Zusammenhang zwischen Distanzierung von der Geschichte und Zeitwendeappell lassen auch die Sätze erkennen, mit denen Hobsbawm seine Jahrhundertbilanz schließt und in das nächste Jahrtausend blickt:

»Wir wissen nicht, wohin wir gehen. Wir wissen nur, daß uns die Geschichte an diesen Punkt gebracht hat, und wir wissen auch, weshalb – jedenfalls, wenn der Leser den Argumenten dieses Buchs folgt. Doch eines steht völlig außer Frage. Wenn die Menschheit eine erkennbare Zukunft haben soll, dann kann sie nicht darin bestehen, daß wir die Vergangenheit oder Gegenwart lediglich fortschreiben. Wenn wir versuchen, das dritte Jahrtausend auf dieser Grundlage aufzubauen, werden wir scheitern. Und der Preis für dieses Scheitern, die Alternative zu einer umgewandelten Gesellschaft, ist Finsternis.«[46]

Hobsbawms Geschichtsdarstellung endet also in der Gegenwart mit einem apokalyptischen Zukunftsbild, das zur Tat anspornen will. Denn die drohende Apokalypse könne vermieden werden. So mündet sein aus der Geschichtsbetrachtung geschöpftes dunkles Zukunftsbild in einen politischen Appell an den Handlungswillen der Zeitgenossen. Hobsbawms Apokalypse ist ein Aufruf zur bewusst herbeigeführten Zeitwende.

Es ist nicht selbstverständlich, dass Eric Hobsbawm, dem die internationale Geschichtswissenschaft innovative Studien zu spezielleren Themen und eine breitere Öffentlichkeit großartige Epochenwerke zur Geschichte der europäischen Moderne verdankt – auch seine Bilanz des 20. Jahrhunderts gehört dazu –, seine Geschichtsschreibung unmittelbar in einen Handlungsappell zur Geschichtswende übergehen lassen kann. Denn in seinem Buch »Wieviel Geschichte braucht die Zukunft« warnt er seine Fachkollegen ausdrücklich davor, ihre Marktchancen dadurch erhöhen zu wollen, dass sie sich der »eschatologischen Abteilung der Prophezeiungsbranche«[47] angliedern. Warum Hobsbawm als professioneller Historiker das eine fordert und als Zeitgenosse mit Zukunftsängsten das Gegenteil tut, soll nun erörtert werden, indem ich zum Abschluss seine Art der historischen Gegenwartsdiagnose mit der von Fukuyama und beider Zugang zur Geschichte mit dem Richard Koebners vergleiche.

4. Geschichte auf Zukunft ausrichten:
Gegensätzliche Gegenwartsdeutungen ergeben gegensätzliche
Zukunftserwartungen: Fukuyama und Hobsbawm

Der Politikwissenschaftler Francis Fukuyama gehört zu den derzeit erfolgreichsten Anbietern in jener »eschatologischen Abteilung der Prophezeiungsbranche«,
in der Hobsbawm Historiker nicht sehen möchte. Fukuyamas Schriften werden
weltweit diskutiert, ein Blick ins Internet genügt, um sich davon zu überzeugen.
Sein Name als Suchwort in eine der Suchmaschinen eingegeben bringt einen
reichen Quellenfang. Die Medien reißen sich um ihn. Warum, das wird in einem
Interview unmissverständlich auf den Punkt gebracht: »eine Art intellektueller
Popstar«, »Shooting Star unter den amerikanischen Intellektuellen«.[48] Ich hoffe
aber, gezeigt zu haben, wie verfehlt es wäre, ihn und seinen Erfolg nur als ein
Medienereignis zu sehen, ohne Wert für die Wissenschaft und für jeden, der sich
ernsthaft informieren will, wo wir heute stehen – mit Blick in die Vergangenheit
und in die Zukunft. Fukuyama stellt sich diesem Thema, und er bietet eine Antwort, die offensichtlich Wissenschaftler aus unterschiedlichen Fächern ebenso
anspricht wie die Öffentlichkeit. Warum?

Die Antwort lässt sich in einem einzigen Satz zusammenfassen: Fukuyama erfüllt mit seinem Buch »Das Ende der Geschichte. Wo stehen wir?« den Wunsch
des Menschen nach einer Vision, die aus der Vergangenheit wissenschaftlich
beglaubigt Zukunft liest. Historiker verweigern meist diese Zukunftsschau aus der
offenen Hand der Geschichte. Sie hoffen zwar, Geschichtswissen könne zum
verantwortungsvollen Handeln befähigen, doch der Glaube, Geschichte erlaube,
Zukunft zu berechnen, ist für das neuzeitliche Geschichtsbewusstsein verboten.
Wenn Historiker dennoch Zukunftsblicke wagen, indem sie versuchen, in der
Geschichte erkannte Strukturen auf ihre möglichen Auswirkungen in der Zukunft
abzuschätzen, dann mit der redlichen Warntafel: Achtung, hier verlassen Sie das
Gelände gesicherten Wissens und folgen dem Zeitgenossen mit seinen Hoffnun-
gen und Ängsten.

So hat es auch Hobsbawm gemacht – als Praktiker in seiner Jahrhundertbilanz,
als Theoretiker an anderer Stelle:

»Wir träumen in die Zukunft. Auch Historiker haben ein Recht darauf, ihre eigene Idee
einer wünschenswerten Zukunft für die Menschheit zu entwickeln, dafür zu kämpfen und
sich ermutigt zu fühlen, wenn sie entdecken, daß die Geschichte anscheinend die von
ihnen gewünschte Richtung nimmt, wie es manchmal geschieht. Auf jeden Fall ist es kein
gutes Zeichen für den Weg, den die Welt einschlägt, wenn die Menschen das Vertrauen
in die Zukunft verlieren und wenn Szenarien einer Götterdämmerung die Utopien verdrängen. Doch unsere Aufgabe als Historiker, herauszufinden, woher wir kommen und
wohin wir gehen, sollte *als berufliche Aufgabe* nicht davon beeinflußt werden, ob die
voraussichtlichen Ergebnisse in unser privates Konzept passen oder nicht.«[49]

Dass aber auch er, wie viele andere Historiker, seine Geschichtsdarstellung per-
spektivisch auf eine angenommene – erhoffte oder befürchtete – Zukunft ausrichtet, ist unübersehbar. Darin stimmt er mit Fukuyama überein, obwohl beide
diametral entgegengesetzte Gegenwartsszenarien entwerfen und deshalb auch

konträre Zukunftsprognosen verkünden. Diese Gegensätze sollten jedoch nicht die Gemeinsamkeiten übersehen lassen. Drei hebe ich hervor:

Beide ziehen Lehren aus der Geschichte. Für Fukuyama lautet sie: Das Weltexperiment des Sozialismus ist abgelaufen; das westliche Ordnungsmodell der liberalen Demokratie mit Marktwirtschaft hat gesiegt. Für Hobsbawm lautet sie hingegen: Die Synthese aus West und Ost, aus Liberalismus mit Markwirtschaft und Sozialstaat aus sozialistischem Geist, diese Synthese, die das Goldene Zeitalter nach dem Zweiten Weltkrieg bis etwa 1973 beschert habe, ist gescheitert. Beide Seiten, West wie Ost, stünden vor einem Scherbenhaufen. Deshalb der Appell zur Geschichtswende.

Die Geschichte des 20. Jahrhunderts, das betonen beide, beruhe auf einem neuen Fundament im Vergleich zu allen früheren Epochen: auf den Einsichten der Naturwissenschaften und ihrer technologischen Umsetzung. Auch Hobsbawm, der das 20. Jahrhundert am Abgrund enden lässt, ist überzeugt: »Ihretwegen [Naturwissenschaften und ihre Anwendung] wird das 20. Jahrhundert als ein Zeitalter des menschlichen Fortschritts und nicht primär als Zeitalter der menschlichen Tragödie in Erinnerung bleiben.«[50] Dem würde Fukuyama vorbehaltlos zustimmen können, Hobsbawm hingegen nicht der Folgerung, die Fukuyama daraus zieht: Die modernen Naturwissenschaften hätten dem gesamten Leben und damit auch der Geschichte einen »zielgerichteten Verlauf« gegeben.[51] Dieses Ziel aber läßt auch Fukuyama offen. In seinem Buch »Ende der Geschichte« deutete sich das schon an und in seinen neueren Arbeiten verstärkt er diese Sicht auf die Zukunft. Er bindet nun ganz die Zukunft an die Biowissenschaften, die er als Tor in »eine nachmenschliche Geschichte« bezeichnet.[52] Seine Prognose vom Ende der Geschichte bezog er hingegen auf die »menschliche Geschichte« der Vergangenheit.

Der Ausblick beider ins neue Jahrtausend führt in die Ungewissheit: Hobsbawm läßt das abgelaufene Jahrhundert vor dem Abgrund enden, Fukuyama im Angesicht einer »nachmenschlichen Geschichte«. Beide stehen mit dieser Gegenwartsdiagnose in einer historischen Tradition, die sie beide nicht wahrnehmen oder, vorsichtiger gesagt, über die sie nicht nachdenken: in der Tradition der Idee der Zeitwende. Sie löst die Zukunft von der Geschichte, indem sie beansprucht, sich von ihr abzuwenden. Und dennoch bleibt, wer über diese Zukunft nachdenkt und sie mitgestalten will, darauf angewiesen, zurückzublicken in die Geschichte. Das geschieht in Form von Geschichtsbildern, mit denen wir uns in der Gegenwart verorten, um in die Zukunft hinein handeln zu können. Insofern sieht sich jede Generation aufs Neue am Ende einer Geschichte, die offen in die Zukunft ist.

5. »Semantische Geschichtsschreibung« als Entmystifizierung von Geschichtsbildern: Koebner

In der Analyse von Geschichtsbildern sah auch Richard Koebner eine der wichtigsten Aufgaben der Geschichtswissenschaft. Hatte er in seinen frühen Studien den Glauben an »das Menschheitsgewissen« als die regulative Idee bestimmt,

ohne die »Geschichte als Ganzes« nicht zu erkennen sei,[53] favorisierte er in seinem späteren Werk eine »semantische Geschichtsforschung«,[54] um mit Hilfe »des
Studiums des Werdeganges von politischen und historischen Ausdrücken und
Schlagworten«[55] Bedeutungsveränderungen im historischen Bewusstsein sichtbar
zu machen. Die »semantische Methode« ermögliche einen Skeptizismus, der die
»wissenschaftliche Geschichte« zwar nicht davon befreie, niemals mehr sein zu
können als »ein kritischer Kommentar zum populären Geschichtsbewußtsein«,
doch sie mache »uns weniger anfällig für destruktive und verschwommene
Schlagworte und Phrasen und weniger geneigt, Ausdrücke eines populären Geschichtsbewußtseins mit historischen Tatsachen zu verwechseln.«[56] Koebner
trennte aber nicht Geschichtsbewusstsein und historische Tatsachen, auch wenn
dieses Zitat es nahe zu legen scheint. Ihm ging es vielmehr darum, den Wandel
von Geschichtsbewusstsein zu analysieren, um durch Geschichtswissen »den
Willen zur Selbstkritik« zu stärken und zum besseren Verständnis der Anderen zu
befähigen. »Die Katastrophen, denen die Menschheit ins Auge sieht«, schrieb er
kurz nach dem Ende des Zweiten Weltkrieges, »ermahnen die Völker, kein Mittel
unversucht zu lassen, das geeignet dafür ist, daß sie wechselseitig Vertrauen
erwerben. Ein Mittel, und vielleicht das wichtigste [...] ist geschichtliches Wissen.«[57]

Geschichtswissen klärt auf, wenn es entmystifiziert. Davon zeigte sich Richard
Koebner überzeugt. Einen Hauptteil seiner eigenen historiographischen Entmysti-
fizierungsarbeit richtete er auf die Idee der Zeitwende. Wer sie untersuche, ziele
in den Kern neuzeitlichen Geschichtsverständnisses. Denn »das Neue an dem
modernen Zeitalter und seinem Selbstverständnis ist die Anschauung, dass die
Gegenwartskrise gleichzeitig den Anbeginn einer völlig neuen Periode der Weltgeschichte darstellt.«[58] »Unsere Zeit« – dieses Schlagwort, mit dem die Zeitgenossen selbstzufrieden oder angsterfüllt und warnend in die Zukunft blicken und sich
zugleich Einzigartigkeit vor der Geschichte zusprechen, rechnete Koebner zu
einer »Klasse von Dämonen«, die in der Neuzeit ein überreiches Wirkungsfeld
vorfinde. »Jedem einzelnen von ihnen gehören Millionen von Gläubigen an, und
es wird andere Millionen geben, die seine Realität leugnen.« Sieger wie Besiegte
»opfern [...] den Dämonen der ›Zeitsphäre‹, unter deren Herrschaft sie leiden.«[59]
Zur »Dämonologie« der Neuzeit zählte er die vielen -ismen, deren Semantik er zu
untersuchen empfahl, oder auch die Nation.[60]

Seine eigenen Untersuchungen zur Geschichte der Idee der Zeitwende wird
man als den Versuch verstehen dürfen, »die Scheidung der Zeitgeister« nicht als
»eine Art Alchemie«[61] zu betreiben, sondern historisch, indem das geschichtliche
Selbstverständnis in seinem Wandel erhellt wird. Für Richard Koebner konnte
diese Form der Historisierung nie zu einer Relativierung ethischer Normen werden, an die er die Möglichkeit zur Selbsterkenntnis durch Geschichtswissen gebunden sah. Gegen eine spielerische Alles-ist-möglich-Haltung im Geschäft des
Historikers feiten ihn die Katastrophen, denen er seinen Lebensweg abringen
mußte. In deren Angesicht zeigte er sich fähig, eine Geschichte des neuzeitlichen
Denkens in *Zeitwenden* zu schreiben, um den Standort seiner Gegenwart zu
bestimmen. Als er 1955 in seiner Jerusalemer Abschiedsvorlesung dem »Histori-

ker [...] eine lebenswichtige Aufgabe in der Bereinigung des historischen Bewußt-
seins, das in der Gesellschaft lebt«, zuschrieb,[62] werden seine Hörer gewusst
haben, dass er diese »moralische Forderung« eingelöst hatte.

Anmerkungen

*   Um Zusätze ergänzt nach der Erstveröffentlichung in: Zeitenwenden. Herrschaft, Selbstbe-
    hauptung und Integration zwischen Reformation und Liberalismus. Festgabe für Arno Herzig
    zum 65. Geburtstag hg. von Jörg Deventer / Susanne Rau / Anne Conrad in Zusammenarbeit
    mit Sven Beckert / Burghart Schmidt / Rainer Wohlfeil, Münster 2002, S. 9–26. Für Hinwei-
    se und Hilfen danke ich Jehoshua Arieli (Jerusalem), Moshe Zimmermann (Jerusalem), Jan
    Eckel (Freiburg) und vor allem Jakob Ejal Eisler (Haifa), der für mich Erkundigungen in Is-
    rael durchgeführt hat.

1   Richard Koebner, Geschichte, Geschichtsbewußtsein und Zeitwende. Vorträge und Schriften
    aus dem Nachlaß, hg. v. Institut für Deutsche Geschichte der Universität Tel Aviv in Zu-
    sammenarbeit mit dem Richard-Koebner-Lehrstuhl für Deutsche Geschichte an der Hebräi-
    schen Universität Jerusalem und H[elmut] D[an] Schmidt, London, Redaktion Frank Stern,
    Gerlingen 1990 (Schriftenreihe des Instituts für Deutsche Geschichte Universität Tel Aviv,
    Bd. 11), der Band enthält ein komplettes Schriftenverzeichnis, S. 295–299.

2   Im Vorwort zu dem posthum aus seinen Aufzeichnungen erarbeiteten Band Richard Koebner /
    Helmut Dan Schmidt, Imperialism. The Story and Significance of a Political Word, 1840–
    1960, Cambridge 1964, schreibt Herbert Butterfield: »He was deeply attached to England, to
    English institutions, and to the history of English political life. And he was attached by rare
    and peculiar bonds to his English friends.« (S. VI).

3   Zusatz: Reinhard Koselleck hatte mir geschrieben, daß er Koebners Schriften kenne und mir
    seinen Jerusalemer Vortrag geschickt, in dem Koebner gewürdigt hat. Er wurde 2003 erst-
    mals veröffentlicht. Nun auch zugänglich in: Koselleck, Begriffsgeschichten. Studien zur Se-
    mantik und Pragmatik der politischen und sozialen Sprache, Frankfurt/M. 2006, S. 56–76
    (Die Geschichte der Begriffe und Begriffe der Geschichte).

4   Vgl. dazu Jehoshua Arieli, Richard Koebner – Zeitwende und Geschichtsbewußtsein, in:
    Koebner, S. 22–48; unter Koebners Studien s. neben den in den folgenden Anmerkungen ge-
    nannten insbesondere: Vom Begriff des historischen Ganzen (ca. 1933), in: Koebner (Anm. 1),
    S. 49–128; Locatio. Zur Begriffssprache und Geschichte der Deutschen Kolonisation.
    Festgabe des Vereins für die Geschichte Schlesiens zur Feier des 150jährigen Bestehens der
    Oberlausitzischen Gesellschaft der Wissenschaften, Görlitz 1929; Zur Begriffsbildung der
    Kulturgeschichte I u. II, in: Historische Zeitschrift 149 (1933–34), S. 10–34, 253–293; Empire,
    Cambridge 1960; From Imperium to Empire, in: Scripta Hierosolymitana. Bd. II: Studies in
    medieval and modern thought and literature, hg. v. Richard Koebner, Jerusalem 1955,
    S. 119–175; Koebner / Schmidt, Imperialism, Semantics and History, in: The Cambridge Jour-
    nal 7 (1953), S. 131–144, erweitert: Wortbedeutungsforschung und Geschichtsschreibung
    (1953), in: Koebner (Anm. 1), S. 260–274; zur Biographie s. Helmut D. Schmidt, Richard
    Koebner (1885–1958): Von Breslau nach Jerusalem, ebd. S. 11–21; Ernst Simon, Prof. Dr.
    Richard Koebner s.A., in: Mitteilungsblatt des Irgun Olej Merkas Europa [Mitteilungsblatt
    der Einwanderer aus Mitteleuropa] Nr. 20 v. 16. Mai 1958, S. 3 u. H. D. Schmidt (Oxford),
    Prof. Richard Koebner. 30 Tage nach seinem Tode, ebd. Nr. 22 v. 30. Mai 1958, S. 7. 1930
    war Koebner auf der Vorschlagsliste für die Besetzung des Haller Ordinariats für mittlere
    und neuere Geschichte genannt worden. Die Fakultät hatte jedoch trotz positiver Gutachten
    von R. Holtzmann und Kornemann, die sich sehr lobend über seine Lehrerfolge aussprachen,
    in ihrem Listenvorschlag vom 18.12.1930 »starke Bedenken« geäußert, »ob seine redneri-
    schen und unterrichtlichen Fähigkeiten für die hier zu lösenden Aufgaben genügen.« Die Un-
    terlagen aus dem Universitätsarchiv Halle verdanke ich Jan Eckel.

5   Über den Sinn der Geschichtswissenschaft (1940), in: Koebner (Anm. 1), S. 131–145, S. 144.
6   Die Idee der Zeitwende (1941–1943), in: Koebner (Anm. 1), S. 147–193.
7   Schmidt, in: Mitteilungsblatt (Anm. 4).
8   Über den Sinn der Geschichtswissenschaft (1940), in: Koebner (Anm. 1), S. 131–145.
9   Ebd., S. 141. In einem gemeinsam mit seiner Ehefrau verfassten Buch wird der Gegenwarts-
    bezug sehr differenziert ausgeführt, wobei zwischen »aktueller und historischer Gegenwart«
    unterschieden wird. Richard und Gertrud Koebner, Vom Schönen und seiner Wahrheit. Eine
    Analyse ästhetischer Erlebnisse, Berlin 1957, insbes. S. 20ff.
10 Über den Sinn der Geschichtswissenschaft (1940), in: Koebner (Anm. 1), S. 133. In seinem
    langen Aufsatz, den er ein Jahr später begann, wird aus »Ideologie« »Idee der Zeitwende«
    (Anm. 6).
11 Über den Sinn der Geschichtswissenschaft (1940), in: Koebner (Anm. 1), S. 135.
12 Ebd., S. 141.
13 Ebd., S. 133.
14 Die Idee der Zeitwende (1941–1943), in: Koebner (Anm. 1), S. 148.
15 Über den Sinn der Geschichtswissenschaft (1940), in: Koebner (Anm. 1), S. 142.
16 Ebd., S. 134.
17 Ebd., S. 144.
18 Die Idee der Zeitwende (1941–1943), in: Koebner (Anm. 1), S. 148.
19 Über den Sinn der Geschichtswissenschaft (1940), in: Koebner (Anm. 1), S. 144.
20 Ebd., S. 131.
21 Die Idee der Zeitwende (1941–1943), in: Koebner (Anm. 1), S. 147.
22 Ebd., S. 150.
23 Über den Sinn der Geschichtswissenschaft (1940), in: Koebner (Anm. 1), S. 143f.
24 Karl Löwith, Weltgeschichte und Heilsgeschehen. Die theologischen Voraussetzungen der
    Geschichtsphilosophie, Stuttgart 1953 (engl. Ausgabe 1949), S. 26.
25 Ebd., S. 189.
26 Vgl. dazu auch Koebner, Wortbedeutungsforschung und Geschichtsschreibung (1953), in:
    Koebner (Anm. 1), S. 262f.
27 Reinhart Koselleck, Vergangene Zukunft. Zur Semantik geschichtlicher Zeiten, Frankfurt/M.
    1979, S. 347.
28 Ebd., S. 364.
29 Ebd., S. 369.
30 Francis Fukuyama, Das Ende der Geschichte: wo stehen wir?, München 1992 (The end of
    history and the last man, New York 1992); Eric Hobsbawm, Das Zeitalter der Extreme.
    Weltgeschichte des 20. Jahrhunderts, München 1995 (Age of Extremes. The Short Twentieth
    Century 1914–1991, London 1994).
31 Fukuyama, S. 13.
32 Ebd., S. 214.
33 Ebd., S. 291.
34 Vgl. etwa Fukuyamas Auftaktartikel zu der Serie »Die Zukunft der Demokratie« der Wochen-
    zeitung DIE ZEIT (http://www.archiv.ZEIT.de/daten/pages/199946.fukuyama-.html); »Bald
    schon wird die nachmenschliche Zeit beginnen«. Essay von Francis Fukuyama, zehn Jahre
    nach dem von ihm verkündeten Ende der Geschichte (http://welt.de/daten/1999/06/19/
    0619fo118338.html).
35 Otto Pöggeler, Ein Ende der Geschichte? Von Hegel zu Fukuyama, Opladen 1995.
36 Ebd., S. 36.
37 Das historische Bewußtsein als Gegenstand der Geschichtswissenschaft (»Gewissensprü-
    fung«), in: Koebner (Anm. 1), S. 275–285, 275.
38 Fukuyama, S. 186.
39 Ebd., S. 16.
40 Koselleck (Anm. 27), S. 65.
41 Zit. nach ebd., S. 65.

42   Otto Vossler, Geschichte als Sinn, Frankfurt/M. 1979, S. 113.

43   Hobsbawm, Zeitalter der Extreme, S. 719.

44   Ebd., S. 718.

45   Ebd., S. 720.

46   Ebd., S. 720.

47   Der Blick nach vorn: Geschichte und Zukunft, in: Eric Hobsbawm, Wieviel Geschichte braucht die Zukunft, Wien 1998 (On History, London 1997), S. 79.

48   »Morgenröte einer neuen Moral. Exklusivinterview mit Francis Fukuyama, dem forschen Zeitgeistsurfer aus den USA«, in: Brückenbauer Nr. 38, 21.9.1999 (http://www. brueckenbauer. ch/INHALT/9938/38ubter2,htm).

49   Der Blick nach vorn: Geschichte und Zukunft, in: Hobsbawm, Wieviel Geschichte (Anm. 47), S. 79.

50   Hobsbawm, Zeitalter der Extreme, S. 687.

51   Fukuyama, Ende der Geschichte, S. 125, ähnlich S. 115, 183.

52   »Bald schon ...« (Anm. 34).

53   Koebner, Vom Begriff des historischen Ganzen (ca. 1933), in: Koebner (Anm. 1), S. 127. Johan Huizinga hat in seinem Brief v. 4.3.1934, mit dem er mitteilte, daß die Studie aus finanziellen Gründen nicht in den Abhandlungen der niederländischen Akademie der Wissenschaften erscheinen könne, die philosophische Ausrichtung freundlich kritisiert: »Die Lektüre Ihrer Schrift ist keine leichte, und ich fühle mich in philosophicis immer nur in sehr beschränktem Maße aufnahmefähig.« (ebd. S. 293).

54   Koebner, Wortbedeutungsforschung und Geschichtsschreibung (1953), in: Koebner (Anm. 1), S. 260 u.ö.

55   Ebd., S. 273.

56   Ebd., S. 273, 274.

57   Koebner, Was sind die Lehren der Geschichte? (Juli 1946), in: Koebner (Anm. 1), S. 248–259, 258, 253.

58   Koebner, Wortbedeutungsforschung (1953), in: Koebner (Anm. 1), S. 271.

59   Koebner, Thomas Sprat – Historiker der Royal Society for the Improvement of Natural Knowledge, in: Koebner (Anm. 1), S. 217–240, 217.

60   Ebd. Es wäre aufschlussreich für die Entwicklung von Koebners politischen Vorstellungen, sein Werk auf den Wertungswandel gegenüber dem historischen Phänomen *Nation* zu untersuchen. In seinen frühen Schriften rechnete er die Nation zu den wichtigsten Geschichtskräften, die er positiv besetzte, während er in seinen späten Texten distanzierter urteilte. 1946 nannte er eine »nationale Existenz als volle politische Autarkie der Nation« eine »Illusion«; Koebner, Was sind die Lehren der Geschichte? (Juli 1946), in: Koebner (Anm. 1), S. 259. H.D. Schmidt betonte in seinem Nachruf, Koebner habe sich »nie zum Zionismus bekannt.« Er sei vielmehr »lange Zeit« »an der Hebräischen Universität das lebende Symbol der westlichen Kultur« gewesen; Schmidt, Koebner, in: Mitteilungsblatt 1958 (Anm. 3). Daß sein Geschichtsverständnis durch die abendländische Entwicklung geprägt sei, hat Koebner selber häufiger in seinen Schriften hervorgehoben.

61   Koebner, Thomas Sprat, in: Koebner (Anm. 1), S. 217.

62   Das historische Bewußtsein als Gegenstand der Geschichtswissenschaft (»Gewissensprüfung«), in: Koebner (Anm. 1), S. 276.

Über das Umschreiben der Geschichte

Zur Rolle der Sozialgeschichte[*]

1. Umschreiben und seine Kosten: Der sozialgeschichtliche Aufbruch der 1960er Jahre als Geschichtstherapie an der deutschen Gesellschaft

Jede Geschichtsschreibung bezeugt Erfahrungen. Der Soziologe Maurice Halbwachs hat zwischen den eigenen und den fremden Geschichtserfahrungen unterschieden, indem er die eigenen dem kollektiven Gedächtnis zuordnete, die fremden hingegen der Geschichte. Das kollektive Gedächtnis bewahre nur, was innerhalb einer Generation lebensweltlich überliefert werde; jenseits dieser Zeit eigener Erinnerung beginne die Geschichte.[1] Heute unterscheidet man im gleichen Sinn meist zwischen kommunikativem und kulturellem Gedächtnis. Reinhart Koselleck hat diese Zusammenhänge präziser bestimmt. Er entwarf drei Typen von Geschichtsschreibung, denen sich jede Art von Historie zuordnen lasse: Aufschreiben, Fortschreiben, Umschreiben. Sie koppelte er mit den drei Temporalstrukturen geschichtlichen Erfahrungsgewinns, die er bereits bei Herodot und Thukydides beobachtete und bis in die Gegenwart unverändert fortdauern sieht: Erfahrungen kurzfristiger, mittlerer und langfristiger Dauer.[2]

Die Sozialgeschichte, wie sie sich im Westdeutschland der 1960er Jahre durchsetzte und das Fach umformte, mit Hans-Ulrich Wehler an vorderster Front, hat sich für Erfahrungen kurzer Dauer allenfalls am Rande interessiert. Sie verstand sich als historische Sozialwissenschaft und blickte deshalb auf langfristig angelegte Strukturen, die kollektive Verhaltensdispositionen prägen, nicht aber individuelles Handeln festlegen. Was Koselleck als singuläre und unwiederholbare Urerfahrung begreift, eine Überraschung, die aufgrund bisheriger Erfahrung nicht zu erwarten war und in Erfahrungsgewinn umgesetzt wird, war in der Sozialgeschichte als Strukturgeschichte nicht vorgesehen oder fand doch zumindest wenig Aufmerksamkeit. Wenn dennoch solche Erfahrungssprünge analysiert wurden – etwa in Erinnerungen von Arbeitern aus dem deutschen Kaiserreich, die in einer Art Erweckungserlebnis zum Sozialismus konvertierten –, so lag dies daran, dass die neue Sozialgeschichte in der Praxis offener war als in der Theorie. Dennoch gilt: Auf Erfahrungen kurzfristiger Dauer richtete die Sozialgeschichte damals ihr Programm nicht aus. In ihr handelten Struktur-Agenten wie Gruppen und Organisationen oder gar Schichten und Klassen, nicht Individuen, die sich in Handlungsfeldern der kurzen Dauer bewegten. Zu ihnen verharrte auch die »Sozialgeschichte in Erweiterung« (Werner Conze) in Distanz.

Auch die gegenwärtige Kulturgeschichtskonjunktur hat dies nicht grundsätzlich geändert. Wenn etwa in der Flut der Erinnerungsforschung nach den Erfahrungen, die sich mit den Kriegen des 20. Jahrhunderts verbinden, gefragt wird, geht es auch hier um Verhaltensdispositionen, die sich nur schwer ändern. Und geschieht dies doch unter dem Gewicht unerwarteter Ereignisse, dann richtet sich der Blick auf die neuen Erfahrungsmuster, die erneut längerfristige, überindividuelle Wahrnehmungsbedingungen schaffen.

Nicht der auf eine kurze Zeit verdichtete Veränderungsschub, sondern dessen langfristige Folgen stehen im Mittelpunkt des Interesses. Denn jede Geschichtsschreibung privilegiert die Suche nach Kontinuitäten. Ihnen wird zwar Wandel eingeschrieben, doch selbst die Frage nach Zäsuren gewinnt ihre Bedeutung aus der Perspektive langer Dauer. »Der Bruch macht die Kontinuität sichtbar, während die Kontinuität den Hintergrund für das Neue bildet.«[3] Der Sozialphilosoph Charles Mead bestimmte deshalb diese »Kontinuitäten im Übergang« als »das Wesen der Unvermeidlichkeit«. Sie zu empfinden, gebe uns »die Gewißheit [...], nach der wir streben.«[4] Paul Ricœur sah in dieser »retrospektiven Fatalitätsillusion« die Gefahr eines »historischen Determinismus«, von dem ein »Wiederholungszwang« ausgehen könne wie von einem Trauma. Die Geschichte als »Friedhof nicht gehaltener Versprechen« zu erzählen, schrieb er deshalb eine therapeutische Wirkung zu.[5]

Die Sozialgeschichte der 1960er Jahre sah sich als ein solcher Geschichtstherapeut am Krankenlager der deutschen Gesellschaft. Sie kaprizierte sich zwar nicht darauf, das »Ungetane der Vergangenheit«[6] zu erzählen – Erzählen stellte sie ohnehin unter den Verdacht der Theorieblässe –, doch ihre historische Diagnose eines deutschen Sonderweges in die Moderne, unter deren Leitbild sie die Geschichte des 19. und 20. Jahrhunderts schrieb, hatte in ihren Defizitanalysen stets »die nicht gehaltenen Versprechen der Vergangenheit«[7] vor Augen. Das historisch Mögliche im Kontrast zum ›Westen‹ zu ermessen und das Realisierte daran abzugleichen, forderte den Blick auf stabile zeitenüberdauernde und gesellschaftsübergreifende Strukturen und Prozesse. Anders hätte sich ein deutscher Sonderweg nicht begründen lassen. Die Frage nach den strukturellen Bedingungen geschichtlicher Kontinuität und – damit innig verbunden – die Suche nach den Gründen, warum die Fortschrittsgeschichte des 19. Jahrhunderts in Deutschland in die nationalsozialistische Barbarei führen konnte, legten der Sozialgeschichte damals einen Zugang nahe, der nach Erfahrungskontinuitäten über alle politischen Zäsuren hinweg suchte.

In diesem auf lange Dauer geeichten Bewertungsmaß dokumentiert sich also zum einen ein spezifischer theoretischer Zugang und zum anderen der Wille, durch Aufklärung über die Vergangenheit und die Gründe für ihre Katastrophen die Gegenwart geschichtstherapeutisch zu läutern. Prozesse kurzer Dauer schienen dabei keine bedeutende Rolle beanspruchen zu können. Deshalb war der sozialgeschichtliche Aufbruch der 1960er Jahre kaum an jenem Typus von Geschichtsschreibung beteiligt, den Koselleck Aufschreiben genannt hat: ein innovativer Akt, mit dem ein Ereignis erstmals festgehalten wird. Wenn mit diesem Ereignis etwa Neues auftritt, das nicht vorrangig die bisherige Erfahrung fortschreibt, erzeugt dieser Typus von Geschichtsschreibung einen historischen Erfahrungsgewinn.

Diese Art von Innovation war der Sozialgeschichte, wie sie in den 1960er Jahren in Westdeutschland etabliert wurde, versperrt. Ihre spezifische Leistung – die Analyse von Strukturen langer Dauer und deren geschichtsbestimmender Kraft – ließ einen blinden Fleck auf der Ereignisgeschichte und ihrem Innovationspotential entstehen. Dies dürfte auch ein wichtiger Grund sein, warum die neue Sozialgeschichte sich kaum der Zeitgeschichte gewidmet hat. Gegenwartstherapie durch Vergangenheitsanalyse, nicht durch Zeitgeschichte. Aufschreiben als ein Typus der Geschichtsschreibung war aber stets vorrangig eine Leistung der Zeitgeschichte. Das ist der systematische Grund, warum die innovative Geschichtsschreibung bis ins 18. Jahrhundert Zeitgeschichte gewesen ist. Noch Johann Martin Chladenius kannte in seiner Theorie einer »Allgemeinen Geschichtswissenschaft« von 1752 nur jene Pluralität von Geschichtsbildern, die aus den unterschiedlichen »Sehepunkten« entstehen, mit denen die Zuschauer einer Begebenheit diese wahrnehmen, nicht aber erkannte er die retrospektive Veränderung der Geschichte, die aus der Vielfalt zeitlich differierender Sehepunkte bei der Betrachtung der Vergangenheit hervorgeht. Die Zeit als ein Faktor, der die Wahrnehmung von Geschichte verändert, war ihm noch fremd. Seine Lehre der Konstituierung von Geschichte durch den »Sehepunkt« des Beobachters stand weiterhin »im Banne der Augenzeugen-Authentizität«.[8]

Mit ihr brach die Sozialgeschichte der 1960er Jahre radikal und ersetzte sie durch Theorien, welche die Geschichte in neuer Weise erschließen sollten. Theorie als ein neuer überindividueller, wissenschaftlich objektivierter Sehepunkt. Theoriebedürftigkeit hieß deshalb eines der zentralen Programmworte für eine erneuerte Geschichtswissenschaft, die sich als historische Sozialwissenschaft verstand. Man forderte den Einsatz von Theorien, die in anderen Wissenschaftsdisziplinen entwickelt worden sind, nicht eine common sense-Erzählung auf der Grundlage von Quellen mit der Aura von Augenzeugenschaft. Die Geschichtswissenschaft erweiterte so unter dem Banner *Sozialgeschichte* ihr theoretisches Instrumentarium und ihre Forschungsfelder, doch diese Leistung verlangte ihren Preis: Verzicht auf das Innovationspotential, das der Erzähltypus des Aufschreibens bietet.

2. Umschreiben als Wiederfinden:
Ein Geschichtsbild rückt von der politischen Peripherie ins Zentrum

Erfahrungen mittelfristiger Dauer sind einer Sozialgeschichte, die sich als sozialwissenschaftlich angeleitete Strukturgeschichte versteht, eher zugänglich. Sie folgen, wie Koselleck eindringlich dargelegt hat, einer anderen Zeitstruktur: nicht ein einmaliger Akt, sondern ein stetiger Prozess akkumulierender Wiederholung. Hier ist der Ort generationenspezifischer Erfahrungen. Sie wurzeln in Prozessen mittelfristiger Dauer, die viele Menschen in ähnlicher Weise erleben. Dies ist gemeint, wenn man vom Zeitgeist spricht, einer schwer zu fassenden, aber wirkmächtigen Größe. Solche Erfahrungen werden individuell gemacht, aber kollektiv ähnlich. Weil sie an den Einzelnen und seine Umwelt gebunden sind, bleiben sie auf dessen Lebenszeit begrenzt. Halbwachs spricht hier vom kollektiven Gedächtnis, Aleida Assmann vom kommunikativen, das sie vom Speichergedächtnis abgrenzt – letzteres wohl nicht mehr als eine Metapher für Geschichte.[9]

Fortschreiben ist die Normalform menschlicher Erfahrung und jeder Geschichtsschreibung. Die allermeisten Historiker sind Fortschreiber. Auch darin liegen innovative Möglichkeiten, wenn etwa durch den Vergleich unterschiedliche historische Erfahrungen in Beziehung zueinander gesetzt werden. Dabei können neue Einsichten entstehen. Die Konfrontation diachroner Ereignisse und Erfahrungen gehört hierher, wenn z.B. die Sklaverei in unterschiedlichen Zeiten und Räumen verglichen wird.

Diese Möglichkeiten, die der Zeitmodus mittelfristige Dauer und der Typus Fortschreiben bieten, hat die Sozialgeschichte in vielfältiger Weise genutzt. Ihre wichtigste Leistung wird man jedoch in der Konzentration auf Strukturen und Prozesse langer Dauer sehen dürfen, deren Analysen sie zum Umschreiben vertrauter Geschichtsbilder nutzte. Was dabei geschieht, hat Koselleck systematisch geklärt – eine bedeutende theoretische Innovation, die bislang von der Geschichtswissenschaft nicht angemessen gewürdigt wurde. Koselleck hat die drei Erfahrungstypen mit ihren unterschiedlichen Zeitstrukturen – kurz-, mittel-, langfristig – auf die drei Typen von Geschichtsschreibung – Aufschreiben, Fortschreiben, Umschreiben – bezogen, ohne sie jedoch exklusiv einander zuzuordnen:

»Das Aufschreiben ist ein einmaliger Akt, das Fortschreiben akkumuliert Zeitfristen, das Umschreiben korrigiert beides, das Auf- und Fortgeschriebene, um rückwirkend eine neue Geschichte daraus hervorgehen zu lassen.«[10]

Umschreiben von Geschichte zielt auf Fremderfahrung durch Geschichtsschreibung. Es entsteht eine Geschichte, die sich nicht durch die Erfahrung der damaligen Akteure erschließt. Nicht Augenzeugenschaft, sondern zeitliche Distanz ist erforderlich, um die Vergangenheit mit einem Erfahrungswissen und aus theoretisch fundierten »Sehepunkten« zu erschließen, die den Menschen jener Zeiten, die betrachtet werden, nicht zur Verfügung standen.

Dies schließt allerdings nicht aus, dass möglicherweise bereits in der Vergangenheit jene Einsichten formuliert worden sind, die im Rückblick mit anderen Fragen und angeleitet durch Theorien in neuer Weise begründet werden. In solchen Fällen waren es in aller Regel Gegenwartsdiagnosen aus den Oppositionsräumen der Gesellschaft, die Geschichtsdeutungen entwarfen, die sich in den damaligen Kämpfen um die Deutungshoheit über die Geschichte nicht durchsetzen, später aber in einer Gesellschaft, die anderen »Sehepunkten« folgte, dominant werden konnten. Umschreiben der Geschichte heißt hier, in der Wissenschaft und in der Gesellschaft Geschichtsdeutungen zur Geltung zu bringen, die in früheren Zeiten nur bei Außenseitern Zustimmung gefunden haben. Das Deutungsmodell deutscher Sonderweg ist ein solcher Fall. Mit ihm gelang der Sozialgeschichte der 1960er Jahre ein politisch wirkungsmächtiges Umschreiben der Geschichte. Es war eine Innovation, die ein Geschichtsbild wieder fand und gesellschaftlich

durchsetzte: ein Geschichtsbild, das zuvor nur oppositionelle Milieus, vor allem
das sozialdemokratische, akzeptiert hatten, rückte nun ins Zentrum der öffentlichen Debatte über die deutsche Geschichte und die Folgerungen, die daraus zu
ziehen seien.[11]

Dass dieses Neue an alte, wenn auch politisch marginalisierte Geschichtsvorstellungen anknüpfen konnte, dürfte zu den Voraussetzungen für deren späteren
gesellschaftlichen Erfolg gehören. Denn nur eine Geschichtsschreibung, die nicht
mit alten Geschichtsbildern gänzlich bricht, kann in der Gesellschaft Akzeptanz
finden – darin stimmen Reinhard Koselleck, Charles Mead und Paul Ricœur
überein, so unterschiedlich ihre Theorien ausgerichtet sind.

Koselleck sieht die Einheit der Geschichte darin begründet, dass jede der drei
temporalen Erfahrungsweisen von Geschichte in jede der drei Arten der Geschichtsschreibung eingehen. Nur wenn dies so ist, entsteht eine Geschichtsschreibung, welche die Mitmenschen erreicht, weil sie in ihr ihre eigene Erfahrung wieder finden und zugleich neue Einsichten gewinnen mittels einer Fremderfahrung, die ihnen nur die Geschichtsschreibung eröffnen kann.

Charles Mead hatte diese Einsicht Kosellecks, worin die Einheit der Geschichte trotz des ständigen Auf-, Fort- und Umschreibens durch die Geschichtsschreibung bestehe – damit wird, das sei am Rande notiert, eine theoretisch fundierte
Gegenposition zum postmodernistischen Geschichtskaleidoskop formuliert –,
sechs Jahrzehnte zuvor aus einer anderen Perspektive in ähnlicher Weise begründet: »Jede Generation schreibt ihre Geschichte neu – und ihre Geschichte ist die
einzige, die sie von der Welt hat.« Diese »konstruktiv gewonnenen Vergangenheiten menschlicher Gemeinschaften« beruhen, so Mead, auf den »Kontinuitäten, die
ihre Struktur ausmachen«.[12] Das kurzfristige Ereignis und die langfristige Struktur
stehen sich bei Mead wie bei Koselleck nicht fremd gegenüber, sondern bedingen
sich wechselseitig: »Die Vergangenheit, die wir aus der Sicht des neuen Problems
von heute konstruieren, wird auf Kontinuitäten gestützt, die wir in dem entdecken,
was entstanden ist, und nützt uns so lange, bis die morgen aufkommende Neuheit
eine neue Geschichte notwendig macht, welche die Zukunft interpretiert. Alles,
was auftaucht, hat Kontinuität, aber erst dann, wenn es tatsächlich auftaucht.«[13]

Nur wenn die Geschichtsschreibung diese Zusammenhänge sichtbar macht,
wird sie erfolgreich ein vertrautes Geschichtsbild umschreiben können. Die Umschreibung wird nur dann Akzeptanz in der Gesellschaft finden, wenn sie sich
deren Erfahrung nicht verweigert. Das Umschreiben der Geschichte erschafft
zwar eine neue Vorstellung von Geschichte, doch durchsetzen kann sich diese
nur, wenn die Menschen sie aus ihrer Erfahrung heraus annehmen können. Das
erfolgreiche Umschreiben der Geschichte setzt also einen Erfahrungsumbruch in
der Gesellschaft voraus. Diesen Kairos hat die Sozialgeschichte der 1960er Jahre
genutzt. Nur deshalb fand sie in der Gesellschaft eine breite Aufmerksamkeit.
Und nur deshalb konnte sie auf therapeutische Wirkung hoffen.

Paul Ricœur erfasst diese Wirkungsbedingung, indem er Gedächtnis und Geschichte dialektisch aufeinander bezieht, um den »Bruch der Historie mit dem
Diskurs der Erinnerung«[14] zu versöhnen. Dazu müsse die Historie das vorwissenschaftliche Gedächtnis annehmen und zugleich kritisieren. Indem sie »Gedächt-

nistreue« und »historische Wahrheit« aufeinander bezieht, wirke die Geschichtsschreibung in die Gesellschaft und erfasse die Menschen, so dass Geschichtserkenntnis in Zukunftsgestaltung übergehe.[15] Mit Koselleck zu sprechen: Vergangene
Zukunft gestaltet die künftige. Allerdings muss die Geschichtsschreibung eine Vergangenheit darbieten, die sich den Zeitgenossen in ihrer Erfahrung erschließt.

3. Umschreiben ohne politische Wirkung: der austromarxistische Versuch, Nation und Nationalismus neu zu verstehen

Während das Sonderwegsmodell zur Erklärung der deutschen Geschichte im 19.
und 20. Jahrhundert von einer sozialdemokratischen Außenseiterperspektive zur
Zeit des Kaiserreichs und der Weimarer Republik mit Hilfe der Sozialgeschichte
der 1960er Jahre zum wissenschaftlich nobilitierten vergangenheitspolitischen
Grundkonsens der Bundesrepublik aufsteigen konnte, haben andere Geschichtsdeutungen eine solche Wirkkraft nicht entfaltet. Auch sie hatten wissenschaftlich
das Potential dazu, doch die gesellschaftliche Erfahrung, auf die sie trafen, erlaubte ihnen ein wirkmächtiges Umschreiben der Geschichte nicht. Ein Beispiel dafür
bietet die sozialgeschichtliche Nationalismustheorie, die im Austromarxismus des
Jahrzehnts vor dem Ersten Weltkrieg maßgeblich von Otto Bauer und Karl Renner entwickelt worden ist.[16]

Sie durchbrachen mit ihren Werken die Unterschätzung der *Nation* in der marxistischen Gesellschaftstheorie. Beide gingen von ihren Erfahrungen mit den
nationalen Konflikten in der Habsburgermonarchie aus, doch beide versuchten,
daraus allgemeine theoretische Einsichten abzuleiten und für die Politik der sozialistischen Arbeiterbewegung zu nutzen. Sie entwickelten auf der Grundlage der
marxistischen Theorie, welche die ökonomischen Strukturen als Erklärungsfaktoren
in den Mittelpunkt stellt, eine konstruktivistische Nationsdeutung. Austromarxis-
ten wurden hier zu Pionieren, weil sie sich früh damit auseinandersetzen mussten,
dass ihre theoretische Überzeugung, jede Geschichte sei eine Klassengeschichte
und jede Politik Klassenpolitik, offensichtlich in der Habsburgermonarchie nicht
funktionierte. Deshalb entwarfen sie ein neues marxistisches Gesellschaftsmodell,
in dem die Nation den Zentralpunkt einnimmt, ohne daraus jedoch die Forderung
nach einem Nationalstaat abzuleiten. Um ihre Konzeption für einen habsburgi-
schen Nationalitätenstaat zu begründen, schrieben sie die Geschichte der Idee
Nation um. Sie begriffen sie nicht mehr als eine überzeitliche Struktur, sondern
als einen offenen historischen Prozess, der von Wahrnehmungen und Imaginationen der Akteure abhängt. Als historisches Erklärungsmodell entfaltete dieser
Ansatz erst seit den 1980er Jahren weltweite Wirkung und eroberte mit Benedict
Andersons Buchtitel »Imagined Communities«[17] den Weltmarkt ubiquitär verfügbarer Deutungsformeln. Das Wissen um die sozialgeschichtlichen Ursprünge
dieses Nationsverständnisses ging jedoch verloren. Sozialgeschichte und Ge-
schichtskonstruktivismus gelten heute als Gegenpole.

Im späteren 20. Jahrhundert waren es erneut vor allem Forscher, die aus der
Habsburgermonarchie kamen, wie Robert A. Kann, Ernest Gellner, Emerich

Francis, Karl W. Deutsch oder Walker Conner, welche die frühen austromarxistischen Versuche, das Phänomen Nation neu zu verstehen und seine Geschichte
umzuschreiben, aufnahmen und weiterführten. Allerdings ohne dies ausdrücklich
anzusprechen. Der habsburgische Erfahrungsraum eines multinationalen Reiches
ließ sie nach Nationskonzepten suchen, die mit dem europäisch dominanten Modell ›*eine* Nation – *ein* Staat‹ brachen und stattdessen über die Vorzüge des Nationalitätenstaates als Alternative zum Nationalstaat nachdachten.

Schon Otto Bauer und Karl Renner waren von der – nicht nur damals – provo-
zierenden Feststellung ausgegangen: Der Nationalstaat ist eine Fiktion:

»Glücklich zu preisen ist natürlich ein Volk, bei dem Staat und Nation zusammenfallen.
Aber wo gibt es dieses Volk? [...] Der Nationalstaat ist die lebendigste Wirklichkeit im
Denken aller nationalen Bourgeoisien, aber auf der Landkarte ist er nicht zu finden – von
ein paar bedeutungslosen Kleinstaaten abgesehen«.[18]

Die Normalität sei vielmehr der »Nationalitätenstaat«. Dem großen übernationa-
len Staat, der jeder Nation in seinem Innern Autonomie biete, gehöre die Zukunft,
nicht dem homogenen Nationalstaat, der zu klein sei, um seine Aufgaben in der
künftigen Weltwirtschaft zu erfüllen.

Die Geschichte ging andere Wege und vermittelte andere Erfahrungen. Deshalb blieb das austromarxistische Umschreiben der europäischen Geschichte ein
intellektuelles Experiment. Es ist noch heute höchst anregend, konte aber weder
das Geschichtsbild breiterer Gesellschaftskreise prägen noch politisches Handeln
bestimmen. So erging es zunächst auch anderen Autoren, welche die Impulse Otto
Bauers und Karl Renners aufnahmen. Wer sich, wie der Soziologe Emerich Francis, dem Willen der Nation zum eigenen Staat widersetzte, hatte den *Zeitgeist*
nicht nur in der Politik, sondern auch in der Wissenschaft gegen sich, denn die
Dominanz der Homogenitätsideologie bestimmte die politischen Ziele der Nationen ebenso wie das Denken der meisten Nationsforscher. Auch Francis war ein
Habsburger, in Tschechien geboren. Seinen Widerspruch gegen den Mehrheits-
trend in der Nationalismusforschung wird man dafür verantwortlich machen
dürfen, dass sein Buch »Ethnos und Demos« (1965) von der neueren Forschung
kaum beachtet wird, obwohl es die Kernprobleme nationaler Ordnungen in einer
beeindruckend weiten Perspektive erörtert.[19] Geschult durch sein Wissen um die
nationale Komplexität der Habsburgermonarchie, die er eingehend betrachtet,
entwickelte er eine demokratietheoretische Rechtfertigung des *Nationalitätenstaa-*
tes, den er als einen »besonderen Typus des modernen Staates« verstand und vom
»Modell des Nationalstaates« scharf abgrenzte.[20] Zwar sei die »Integrität von
Nationalitätenstaaten immer potentiell bedroht«, doch in vielen Teilen der Welt,
vor allem »im Bereich der sogenannten jungen Nationen, vorab in Afrika«, bieten
sie die einzige Staatsform, die dauerhaft friedliche Konfliktregelungen ermöglichen könne.[21]

Francis modellierte am altösterreichischen Nationalitätenrecht einen Typus *Na-*
tionalitätenstaat, der nicht von der Fiktion einer ethnisch homogenen Nation
ausging. Die untergegangene Habsburgermonarchie diente ihm als Anschauungs-
objekt für ein Zukunftsmodell, in dem nationale Minderheiten keine Einschrän-

kung demokratischer Partizipationsrechte mehr hinnehmen müssten. Die Minder-
heitsnationalitäten werde man dann nicht länger als »unfertige Nationen« behandeln, die auf »Befreiung« warten, sondern als »relativ stabile, eigenständige Gebilde, deren Mitbestimmungsrecht innerhalb der bestehenden Staatsgrenzen aus-
reichend garantiert ist«.[22]

Zu den Vorzügen von Otto Bauers empirisch gesättigter, marxistisch fundierter
sozialgeschichtlicher Nationalismustheorie gehört eine Einsicht, die in den heutigen kulturalistischen Ansätzen[23] weitgehend verloren gegangen ist: die Ver-
schränkung von *Kultur* und *Herrschaft*. Wer nicht zum Kreis derer zugelassen ist,
die als kulturell gleichrangig und als herrschaftsberechtigt gelten, zähle nur zu den
»Hintersassen der Nation«.[24] Diese minderberechtigten Domestiken der Kultur-
und Herrschaftsnation stellten zunächst und für viele Jahrhunderte die große
Mehrheit der Gesellschaft: Bürger und unterbürgerliche Kreise in den Städten
sowie die Bauern. Die Integration dieser Klassen in die Nation verlaufe schrittweise und konfliktreich. Vollendet werde die »nationale Kulturgemeinschaft« erst
durch den »demokratischen Sozialismus« der Zukunft. Das marxistische Klassen-
kampfmodell wird hier also um den Kampf für die Teilhabe an der Nation erweitert, und beides wird parallelisiert und aufeinander bezogen. »Nationaler Hass ist
transformierter Klassenhass.«[25]

Innerhalb dieses ökonomisch begründeten Geschichtsmodells analysiert Otto
Bauer sensibel die zentrale Bedeutung kultureller Prozesse für den umfassenden
Kommunikationsprozess, in dem sich Nationsbildung ereignet. So thematisiert er
mit Blick auf das Alte Reich die Rolle der Reformation und der neuhochdeutschen
Sprache, ebenso die Bedeutung von Heimat oder Kindheitserinnerung und der
Abgrenzung gegen das Fremde, die Einflüsse kirchlicher Einrichtungen und der
Bildungsinstitutionen, doch all dies wird stets eingebettet in die ökonomischen
Entwicklungen, konkretisiert etwa in Gestalt von Zuwanderung in die neuen
Industriezentren und die dadurch bedingten kulturellen Konflikte.

Otto Bauer nimmt die Schlagworte des nationalen Diskurses seiner Zeit auf,
verwandelt sie jedoch in analytische, sozialgeschichtlich fundierte Begriffe. So
bestimmt er Nation als »Schicksalsgemeinschaft«,[26] doch die gängigen Abstam-
mungs- oder Homogenitätsfiktionen verwarf er. »Gemeinsames Erleben desselben
Schicksals in stetem Verkehr« der Menschen untereinander bringe die Nation als
»Erscheinung des vergesellschafteten Menschen« hervor.[27] Deshalb definierte
Bauer die Nation als »die Gesamtheit durch Schicksalsgemeinschaft zu einer
Charaktergemeinschaft verknüpften Menschen.« »Charaktergemeinschaft« meint
im Kern das gleiche, was Ernest Renan in seiner berühmten Schrift »Qu'est ce
qu'une nation?« (1882), die Otto Bauer kannte, mit Nation als Geschichts- und
Willensgemeinschaft umschrieben hat. Der Wille zusammenzuleben, erschaffe die
Nation als »plébiscite de tous les jours«[28] immer wieder aufs Neue, eingefügt
jedoch in eine Tradition, die Renan als ein Geschichtsgehäuse konstruiert, das der
einzelne nicht einfach verlassen und nur schwer umbauen kann: ein kulturelles
Werk des Menschen, errichtet aus dessen Deutungen, und in diesem Sinn erfun-
den. Das Geschöpf dieser historischen Konstruktionsarbeit des Menschen ist die
Nation als »der Endpunkt einer langen Vergangenheit von Anstrengungen, Opfern

und Hingabe.« Dieses Geschichtserbe sei »le capital social«, »auf dem man eine
nationale Idee gründet.«[29]

Otto Bauer teilt Renans Verständnis von Nation weitestgehend, integriert den
Kern, den er psychologisch-voluntaristisch nennt, jedoch in seine materialistische
Geschichtsauffassung, so dass er Ökonomie und Herrschaft ins Zentrum rücken
kann. *Nation* gilt auch Bauer als »das nie vollendete Produkt eines stetig vor sich
gehenden Prozesses«,[30] der an die Geschichte gebunden bleibe. Er definierte
Nation deshalb als »erstarrte Geschichte« und »Nationalcharakter« als »ein Stück
geronnene Geschichte«.[31] Die Erinnerung an »Triumphe und an Niederlagen«
gehöre zu den »Triebkräften des Nationalgefühls«.[32] *Nation* als das »Historische
in uns«[33] ist bei Bauer also – wie in den gegenwärtigen kulturalistischen Konzeptionen – ein für Veränderungen offenes Produkt kultureller Arbeit des Menschen,
das in Kommunikation entsteht und an diese gebunden bleibt. Doch diesen Kommunikationsprozess, den er um die Pole *Kultur* und *Herrschaft* zentrierte, bindet
Bauer an die wirtschaftliche Entwicklung.

Kapitalismus und Industrialisierung, verbunden mit der »Verbreiterung der
Kulturgemeinschaft«[34] durch die Bildungseinrichtungen, die der moderne Staat
errichtet, sind für Bauer die materiellen Voraussetzungen für den Übergang vom
Eliten- zum Massennationalismus. Auf dieser Grundlage baute acht Jahrzehnte
später Ernest Gellner, ein weiterer ungemein wirkungsmächtiger Ideengeber der
heutigen Nationalismusforschung mit dem Erfahrungshintergrund der Habsburgermonarchie,[35] seine Deutung der weltgeschichtlichen Rolle des Nationalismus
auf: die Gesellschaft durch kulturelle Homogenisierung an die Bedingungen der
Moderne anpassen. Der Nationalstaat organisiere die hoch differenzierten Bil-
dungssysteme, in denen sich die nationale Hochkultur ausforme, und er garantiere
zugleich seinen Angehörigen den alleinigen Zugang zu diesem neuen gesellschaftlichen Machtkern. Die territoriale Identität von Kultur und Staat wird zum
nationalistischen Imperativ, der fremde Kulturen im eigenen Territorium als
Skandal erscheinen lässt, deren Beseitigung die Nation als eine Aufgabe kollektiver Selbsterhaltung begreift.

Es gehört zu den bleibenden Leistungen Otto Bauers, diese Entwicklungstrends
in seinem Werk empirisch beschrieben und theoretisch reflektiert zu haben. Dabei
sind ihm Einsichten gelungen, welche die spätere Forschung nicht überholt hat, ja,
hinter die sie heute nicht selten zurückfällt. So gelang es ihm, die noch in heutigen
Studien geläufige Formel vom »Erwachen« der Nationen, die *Nation* als eine
überzeitlich dauerhafte Substanz suggeriert, präzise zu füllen. Wenn Bauer vom
»Erwachen der geschichtslosen Nation«[36] spricht, hat er im Gegensatz zu Friedrich Meinecke, dessen einflussreiches Buch »Weltbürgertum und Nationalstaat«
gemeinsam mit Bauers »Die Nationalitätenfrage und die Sozialdemokratie« im
Jahr 1907 in erster Auflage erschienen ist, nicht eine »frühere Periode« vor Au-
gen, in der »die Nationen im ganzen ein mehr pflanzenhaftes und unpersönliches
Dasein«[37] fristeten. Bauer bezieht die Metaphern *Erwachen* und *geschichtslos*
vielmehr konkret auf die beiden Pole, die in seinem theoretischen Modell die
Entfaltungsmöglichkeiten von Nationen bestimmen: Kultur und Herrschaft auf der
Grundlage der ökonomischen Struktur. Die tschechische Nation, so erläutert er an

einem Beispiel, das die Habsburgermonarchie und die österreichische Arbeiterbewegung damals existenziell bedrängte, sei 1620 auf Grund der vernichtenden Niederlage in der Schlacht am Weißen Berg aus der Politik ausgeschieden, und die tschechische Kultur sei zugrunde gegangen, weil ihr nun der Rückhalt an der Herrschaft fehlte. Zwei Jahrhunderte später konnte die tschechische Nation *erwachen*, weil die wirtschaftliche Entwicklung, die neue Lebenschancen schuf, und der moderne Staat, der die Bildungsmöglichkeiten sozial erweiterte, eine »Verbreiterung der Kulturgemeinschaft« ermöglichten.[38] Erst dadurch, nicht infolge einer untergründigen Kontinuität eines vermeintlich ›ewigen‹ Nationalcharakters, so Bauer, konnte eine moderne tschechische Nation aus einem Kommunikationsprozess hervorgehen, der sich (auch) in kulturellen Akten ereignet und auf staatliche Herrschaft zielt, sei es in Gestalt nationaler Autonomie innerhalb der Habsburgermonarchie oder als Sezession von ihr. Nicht anders hat es später der tschechische Mediävist František Graus gesehen.[39]

Als Erzeugnis der Geschichte besitzt die Nation keinen »substantiellen Charakter«, argumentiert Otto Bauer gegen den politischen *Zeitgeist*. Sie sei vielmehr »Spiegelbild der geschichtlichen Kämpfe«, in denen sie sich Fremdes einverleibt und danach strebt, jeden zu befähigen, die »Kultur der Nation« in sich aufzunehmen.[40] Die bürgerliche Nationalgeschichte habe dies verdunkelt, weil sie die Nation als ewig ausgab, um so einen festen Grund zu erhalten, von dem aus der Wille des Bürgertums zur Veränderung des Staates legitimiert werden kann. Gegen diese Sicht, die Bauer bekämpfte, argumentiert heute erneut die kulturalistische Nationalismusforschung; aber viel enger als Bauer.

Kulturelle Assimilation bis zur Aufgabe der angestammten Nationalität ist für Bauer kein voluntaristischer Akt, wie er an der Frage erläutert, ob Juden eine eigenständige Nation bilden und deshalb nationale Autonomie erhalten sollten. 1905 hatten in Galizien Juden die polnische Sozialdemokratie verlassen, um eine eigene Organisation zu gründen. Bauer verurteilte diesen Schritt nicht, sondern begründete, warum seine Theorie der Nation erwarten lasse, dass der Assimilierungsprozess sich durchsetzen werde: weil die Verkehrsgemeinschaft mit der nichtjüdischen Umwelt notwendig zur Kulturgemeinschaft führen werde. In früheren Jahrhunderten hätten sich die Juden als Nation ohne Territorium nur behaupten können, weil sie in einer Welt der Naturalwirtschaft Repräsentanten der Geldwirtschaft gewesen seien. Seit Juden und Christen nicht mehr unterschiedliche Wirtschaftsverfassungen verkörperten, schwinde die kulturelle Trennung. Bauer akzeptiert also die Assimilierung nationaler Minderheiten als Folge von Kommunikationsgemeinschaft, nicht jedoch als Forderung der Mehrheitsnation.

Auch den »Nationalhaß« erklärt er auf der Grundlage seiner Nationstheorie, und auch hier nimmt er Einsichten vorweg, an die spätere Forschung hätte anknüpfen können. Nationalbewusstsein braucht Erfahrung von Differenz. Der »unerhörte Verkehrsreichtum« in seiner Gegenwart lasse die Zugehörigkeit zu einer nationalen Kulturgemeinschaft, und damit auch die Distanz nach außen, immer mehr Menschen bewusst werden. Die eigene Nation wird zum zweiten Ich:

»Wer die Nation schmäht, schmäht damit mich selbst; wird die Nation gerühmt, so habe ich an dem Ruhm meinen Teil. Denn die Nation ist nicht außer in mir und meinesgleichen. [...] Nicht, wie man zuweilen geglaubt hat, wirkliche oder angeblich *Interessenge-meinschaft* mit den Nationsgenossen, vielmehr die Erkenntnis des Bandes der *Charakter-gemeinschaft*, die Erkenntnis, daß die Nationalität nichts als meine eigene Art ist, [...] erweckt in mir die Liebe zur Nation.«[41]

Liebe zur Nation ist mithin Selbstliebe, die empfänglich ist für Hass auf den Fremden. Die Binnenwanderung, die mit der Industrialisierung einhergeht, so erläutert er am Beispiel Böhmens, verschärft die Reibungsflächen zwischen den Nationalitäten, weil sie die Berührungspunkte und mit ihnen die Rivalität im sozialen Leben und in der Politik vermehrt.

Das mag genügen, um die intellektuelle Kraft der austromarxistischen Nations-konzepte anzudeuten. Sie entwarfen aus ihren Gegenwartserfahrungen eine neue Vorstellung von Nation, indem sie die Geschichte der Nationalitäten in der Habs-burgermonarchie umschrieben und daraus eine Theorie mit umfassendem Erklä-rungsanspruch ableiteten. Durchsetzen konnten sie sich mit ihrem Gegenentwurf zu den dominanten Geschichtsbildern nicht. Der Grund ist offensichtlich: Sie ver-fehlten mit ihrem sozialgeschichtlich fundierten Zukunftsmodell des multi-ethnischen Nationalitätenstaates die Erfahrungen ihrer Zeitgenossen, die überwie-gend dem Leitbild des ethnisch homogenen Nationalstaats folgten, das sich nach dem Ersten Weltkrieg mit der Auflösung der Habsburgermonarchie zu erfüllen schien.

Das Scheitern des austromarxistischen Versuches, die Geschichte der Nations-bildung in Europa umzuschreiben, lässt sich als die Kehrseite des (zumindest zeitweise) erfolgreichen Deutungsmusters *deutscher* Sonderweg verstehen: Der innovative Akt des Umschreibens der Geschichte wird von der Gesellschaft nur angenommen, wenn sie ihre Geschichtserfahrung darin wieder findet. Die Gesell-schaft entscheidet über Erfolg oder Misserfolg von Geschichtsbildern. Sie be-stimmt, ob das Umschreiben der Geschichte durch die Geschichtswissenschaft erfolgreich ist oder nicht.

Anmerkungen

*   Eine überarbeitete Fassung des Textes in: Jürgen Osterhammel / Langewiesche / Paul Nolte (Hg.): Wege der Gesellschaftsgeschichte (Sonderheft 22 von *Geschichte und Gesellschaft*), Göttingen 2006, S. 67–80.
1   Maurice Halbwachs, Das kollektive Gedächtnis, Frankfurt/M. 1985.
2   Reinhart Koselleck, Erfahrungswandel und Methodenwechsel. Eine historisch-anthropo-logische Skizze (1988), in: Ders., Zeitschichten. Studien zur Historik, Frankfurt/M. 2000, S. 27–77.
3   Charles Mead, Das Wesen der Vergangenheit (1929), in: Ders., Gesammelte Aufsätze. Bd. 2, hg. v. Hans Joas, Frankfurt/M. 1983, S. 337–346, 343.
4   Ebd., S. 345.
5   Paul Ricœur, Das Rätsel der Vergangenheit. Erinnern – Vergessen – Verzeihen, Göttingen 1998, S. 127–130.
6   Ebd., S. 129.

7   Ebd., S. 130.
8   So Koselleck in seinem grundlegenden Aufsatz: Standortbindung und Zeitlichkeit, S. 184.
    Das Werk von Chladenius ist als Neudruck von 1985 (bei Böhlau erschienen) zugänglich.
    Seine Theorie der »Sehepunkte« bietet das Kapitel V, S. 91–115.
9   Aleida Assmann, Mnemosyne. Formen und Funktionen der kulturellen Erinnerung, München
    1991.
10 Koselleck, Erfahrungswandel und Methodenwechsel, S. 41.
11 Das wird näher ausgeführt in diesem Buch: Der »deutsche Sonderweg«. Defizitgeschichte als
    geschichtspolitische Zukunftskonstruktion nach dem Ersten und Zweiten Weltkrieg.
12 Mead, S. 344.
13 Ebd., S. 345.
14 Ricœur, S. 114.
15 Mead, S. 130.
16 S. v. a. Karl Renner, Das Selbstbestimmungsrecht der Nationen in besonderer Anwendung
    auf Oesterreich. 1. Teil: Nation und Staat, Leipzig 1918; Renner, Marxismus, Krieg und In-
    ternationale. Kritische Studien über offene Probleme des wissenschaftlichen und des prakti-
    schen Sozialismus in und nach dem Weltkrieg, Stuttgart ^{2}1918 [1. Aufl. 1917]. Otto Bauer,
    Die Nationalitätenfrage und die Sozialdemokratie (Wien 1907), in: Ders., Werkausgabe,
    Wien 1975, S. 49–639. Die folgende Analyse habe ich näher ausgeführt in: «La socialdemo-
    crazia considera la nazione qualcosa di indistruttibile e da non distruggere». Riflessioni teori-
    che dell'austromarxismo sulla nazione intorno al 1900 e il loro significato per la ricerca at-
    tuale sul nazionalismo, in: La Nazione in Rosso. Socialismo, Comunismo e »Questione na-
    zionale«: 1889–1953, a cura di Marina Cattaruzza, Soneria Mannelli 2005, S. 55–82.
17 Benedict Anderson, Imagined Communities. Reflections on the Origin and Spread of Nation-
    alism, London 1983.
18 Karl Renner, Staat und Nation (1915), in: Ders., Oesterreichs Erneuerung. Politisch-program-
    matische Aufsätze [Bd. 1], Wien 1916, S. 52–57, 55.
19 Eine Ausnahme ist die Rede zu seinem 80. Geburtstag 1986 von M. Rainer Lepsius,
    »Ethnos« oder »Demos«. Zur Anwendung zweier Kategorien von Emerich Francis auf das
    nationale Selbstverständnis der Bundesrepublik und auf die Europäische Einigung, in: Ders.,
    Interessen, Ideen und Institutionen, Opladen 1988, S. 247–255.
20 Emerich Francis, Ethnos und Demos. Soziologische Beiträge zur Volkstheorie, Berlin 1965,
    S. 178.
21 Francis, S. 193.
22 Ebd.
23 Zu den international erfolgreichsten Autoren des Kulturalismus gehört Homi Bhaba, The
    Location of Culture, London 1994. Dieses Buch hat nahezu jährlich eine Neuauflage erlebt,
    die letzte 2004. Einflussreich ist vor allem sein Aufsatz: DissemiNation: Time, narrative and
    the margins of the modern nation, in: Ebd., S. 139–170.
24 Bauer, Nationalitätenfrage, S. 44 u.ö.
25 Ebd., S. 88, 229.
26 Ebd., S. 97.
27 Ebd., S. 97, 108.
28 So die berühmte Formulierung in Renans programmatischer Rede »Qu'est-ce qu'une nation?«
    (1882), in: Ernest Renan, Œuvres Complètes de Ernest Renan. 2 vol. Édition définitive éta-
    blie par Henriette Psichari, Paris 1947, Bd. 1, S. 887–906, 904.
29 Ebd.; deutsche Übersetzung nach: Ernest Renan, Was ist eine Nation? Und andere politische
    Schriften, Wien 1995, S. 56.
30 Ebd., S. 106.
31 Ebd., S. 107.
32 Ebd., S. 126.
33 Ebd., S. 106.
34 Ebd., S. 188.

35   Gellner, 1925 in Prag geboren und dort 1995 gestorben, stammte aus einer jüdischen Familie
     und emigrierte 1939 nach Großbritannien. Die größte Wirkung erzielt Ernest Gellner mit sei-
     nem Buch: Nations and Nationalism, Oxford 1983; vgl. auch Gellner, Nationalism, London
     1997.
36   Bauer, Nationalitätenfrage, S. 188.
37   Friedrich Meinecke, Weltbürgertum und Nationalstaat, in: Ders., Werke, Bd. V, München
     1969, S. 13.
38   Bauer, Nationalitätenfrage, S. 187ff., Zitat S. 188.
39   František Graus, Die Nationenbildung der Westslawen im Mittelalter, Sigmaringen 1980.
40   Bauer, Nationalitätenfrage, S. 112, 120, 143.
41   Ebd., S. 125.

»Postmoderne« als Ende der »Moderne«?

Überlegungen eines Historikers in einem interdisziplinären Gespräch[*]

1. Moderne, Posthistoire, Postmoderne als Epochenbegriffe

Epochenschwellen auszumachen gehört zur Lieblingsbeschäftigung von Historikern. Sie wird auch weiterhin gepflegt, oft allerdings eher beiläufig, wenn z.B. Neuzeithistoriker für ihre Vorstellung von dem Neuen in der Epoche, über die sie reden, ein Gegenbild brauchen, um das Neue erkennbar zu machen. Auch wer grundsätzlich größten Wert darauf legt, die ideale Farbe des Historikers sei das milde, Gegensätze abtönende Grau, malt dann schroffes Schwarz-Weiß. Selbst Thomas Nipperdey, der unermüdlich ein historisch gerechtes Sowohl-als-auch einzufordern pflegte – selbst er begann seine Trilogie des modernen Deutschland mit dem gar nicht grau getönten Satz: »Am Anfang war Napoleon«. Das ist z.B. eines der Angebote von Historikern, wann man die Moderne beginnen lassen könnte.

Bevor ich ein breiteres Angebotssortiment vorlege und einen Auswahlversuch meinerseits erprobe, muss zunächst etwas zu der Doppelaufgabe gesagt werden, die für das interdisziplinäre Kolloquium, auf dem diese Überlegungen referiert wurden, allen Rednern gestellt war: »Anfang *und* Ende der Moderne«. Für Historiker ist der zweite Teil der Aufgabe unlösbar. Das bedeutet keine mutwillige, unkollegiale Gesprächsverweigerung, sondern professionelle Selbstbescheidung. Wenn Historiker in die Zukunft schauen, werden sie von Fachleuten mit spezifischer Fachkompetenz zu dilettierenden Zeitgenossen, die sich in den großen Kreis der Hobbyfuturologen einreihen. Denn Historiker, die Zukunft voraussagen, um dort etwa das Ende der Moderne auszumachen, tun das ohne Kompetenz. Kompetent sind Historiker nur für Rückblicke. Als Fachleute sind sie grundsätzlich nicht prognosefähig, weil die Vergangenheit nicht linear in die Zukunft hochrechenbar ist. Zwar bestimmen Geschichtsbilder, die in einer Gesellschaft umlaufen, die Zukunftsoptionen dieser Gesellschaft mit. Aber das ist etwas anderes als aus der Geschichte die Zukunft voraussagen zu wollen. Das wäre historiographisches Kaffeesatzlesen. Es kann amüsant sein, soll aber hier nicht versucht werden. Dieser rigide Standpunkt, das lässt sich nicht leugnen, wird allerdings in der Praxis auch von denen, die ihn in der Theorie teilen, oft durchbrochen.[1]

Historiker, die *Postmoderne* als Epochenbegriff verwenden wollten, müssten überzeugt sein, sich als Zeitgenossen schon jenseits der Moderne zu befinden, auf die sich als eine abgeschlossene, wenn auch weiterwirkende Epoche zurückblicken ließe. Wie das beharrliche Schweigen der Historikerzunft in der so lebhaften Diskussion über die Postmoderne erkennen lässt, sehen sie offensichtlich die

Moderne noch nicht als beendet an.[2] Aber auch unter denen, die diese Diskussion
führen – überwiegend keine Historiker –, ist es außerordentlich umstritten, ob
man *Moderne* und *Postmoderne* als zwei voneinander geschiedene Epochen begreifen kann. Wolfgang Welsch z.B. nennt sein bilanzierendes Buch »Unsere
postmoderne Moderne«,[3] um zu signalisieren, dass er die Postmoderne als eine
Radikalform der Moderne begreift, die weiter bestehe. Die Postmoderne habe nur
gesellschaftlich verallgemeinert, was zuvor das Lebensgefühl einer Minderheit
bestimmt habe: Pluralität.

Pluralität als Grundinhalt oder Verfassung der Postmoderne, wie Welsch es
formuliert, ist eine Definition, mit der Historiker arbeiten können – nicht um das
Ende der Moderne zu behaupten, sondern um nach Zäsuren innerhalb des langen
Kontinuums zu fragen, das Historiker die Moderne zu nennen pflegen. Es geht
also um Zäsuren in der Entwicklungsgeschichte der Moderne.

Unter den deutschen Fachhistorikern hat sich bislang nur Lutz Niethammer
ausführlicher mit dem Problem der Postmoderne beschäftigt.[4] Er spricht zwar von
Posthistoire und nicht von Postmoderne, doch beiden Begriffen liegt eine gemein-
same Grunderfahrung zugrunde: Die heutigen Industriegesellschaften haben ihre
frühere Fortschrittsperspektive verloren. Deshalb biete auch die Geschichte keine
Orientierung mehr. Gesellschaftliche Großstrukturen wie Klassen und die dazu
gehörigen Ideologien und Organisationen verflüchtigten sich, weil sie keinen
Rückhalt in der gesellschaftlichen Realität mehr hätten. Individualisierung und
Pluralität seien an ihre Stelle getreten. Die Herolde des Posthistoire teilen diesen
Befund der Postmodernisten, deuten ihn aber negativ. Pluralität meint für sie
Beliebigkeit und Belanglosigkeit; Individualisierung sei damit nur insofern ver-
bunden, als niemand mehr in den Selbstlauf der Machtmaschinen eingreifen und
ihn steuern könne. Posthistoire ist also eine kulturpessimistische Weltdeutung, die
Niethammer als »Wille zur Ohnmacht«[5] charakterisiert.

Alle Posthistoire-Autoren, die Niethammer betrachtet, sehen die Weltzivilisati-
on als erstarrt an. Sie sprechen vielfach von der Kristallisierung – eine Metapher,
die sie der biologischen Evolutionstheorie entlehnt haben. Sie besagt, dass Gat-
tungen genetisch erstarren können und sich dann so lange reproduzieren, wie sie
sich in ihrer Umwelt behaupten. Im Sinne des Posthistoire auf die Geschichte
übertragen, heißt das: Indem die technisch-industrielle Zivilisation sich weitgehend der Natur unabhängig mache und sich weltweit durchsetze, reproduziere
sie sich ständig, unterliege keinem Anreiz zur Veränderung mehr und erstarre.
Das aber bedeute das Ende der Geschichte im Sinne einer Geschichte von Freiheit
und Sinn. Die Brücken zur Vergangenheit sind abgebrochen. Von ihr hätten wir
uns in einer Art gesellschaftlicher Mutation getrennt, also könne Geschichte keine
Orientierung für Gegenwart und Zukunft mehr bieten. Und die Gegenwart werde
selber auch nicht mehr zur Geschichte werden, weil sie sich nicht mehr durch den
Menschen gestalten lasse. Insofern sei die Geschichte zu Ende – das Zeitalter des
Posthistoire. Es beginne nicht mit einem spektakulären Untergang der geschichtlichen Welt, sondern die Geschichte verflüchtige sich still, von den meisten unbe-
merkt, in das Einerlei und Beliebige, aus dem sich jeder bedienen könne, ohne
damit irgendetwas zu bewegen, also ohne Geschichte zu machen.

Niethammer teilt diese Vorstellung nicht, ebenso wenig wie sonst ein Historiker, sofern ich niemanden übersehe,[6] sondern er macht das, was Historiker in solchen Fällen zu tun pflegen: Er untersucht die Geschichte dieser Idee vom Ende der Geschichte, und also auch vom Ende der Moderne. Jene Weltdeutung vom Ende der Geschichte, die heute Posthistoire genannt wird, hatte ihren ersten Höhepunkt nach dem Zweiten Weltkrieg – eine Reaktion, so deutet es Niethammer, auf die Zerstörung der Utopien und Ideologien, die im späten 19. Jahrhundert entstanden waren, durch die Erfahrungen des Ersten Weltkrieges eine Massenbasis erhalten hatten und dann in den Erfahrungen des Zweiten Weltkrieges ihre Glaubwürdigkeit verloren.

Alle Autoren, die nach dem Zweiten Weltkrieg zu den Kündern des Posthistoire wurden, waren zeitweise in die Versuche verstrickt gewesen, diese Utopien mit den Machtmitteln des Staates einzulösen, entweder aufseiten der Faschisten oder der Kommunisten. Niethammer versteht die Hinwendung dieser Personen zur Posthistoire als den Versuch, ihr eigenes Scheitern und die Mitverantwortung an dem, was geschehen war, gewissermaßen weltgeschichtlich aufzulösen, indem eine Weltdeutung kreiert wurde, die sinnhafte Geschichte, die der Mensch zu verantworten hat, für beendet erklärt: Posthistoire als eine geschichtsphilosophische Form der kollektiven Selbstentlastung. Er zeigt das u.a. an Hendrik de Man und Bertrand de Jouvenel, an Jünger, Gehlen und Freyer, und vor allem an dem in Frankreich einflussreichen Exilrussen Alexandre Kojève.

Posthistoire trieb in diesem Umfeld die ersten Blüten, wurde aber später, vor allem seit den siebziger Jahren auch und gerade auf der Linken aufgenommen. Ein Beispiel dafür ist in Deutschland Peter Brückner, in Frankreich Jean Baudrillard, ein anderes sind die neuen Bewegungen, die zum Ausstieg aus der Gesellschaft aufrufen, um in der erstarrten Welt Nischen für ein selbst gestaltetes Leben zu finden.

Diese Vorstellungen vom Posthistoire geben auf unsere Frage nach dem Verlauf der Moderne, vor allem nach ihren entwicklungsgeschichtlichen Zäsuren, eine extreme Antwort: Die Moderne sei beendet und ihr folge eine geschichtslose Zeit. Eindeutig ist diese Antwort bzw. ihre Begründung nicht nur in ihrer Kompromisslosigkeit, sondern auch in ihrer Standortgebundenheit. Es ist die Antwort von Intellektuellen, die ihre Zukunftshoffnungen durch die Geschichte vernichtet sehen und deshalb die Geschichte für beendet erklären. Für uns ist es ein Hinweis auf eine mögliche Bruchstelle in der Entwicklungsgeschichte der Moderne.

Als weitere Annäherung an unser Thema wäre es wichtig, eine vergleichbare Skizze über die Geschichte der Idee der *Postmoderne* zu haben, wie sie Lutz Niethammer für den *Posthistoire* bietet. Doch diese Studie ist noch nicht geschrieben. Deshalb kann hier nur versucht werden, als einen ersten Entwurf einige Beobachtungen zusammenzutragen. Sie sind, so hoffe ich, aufschlussreich, weil die Grundmerkmale, die heutzutage zur Definition von Postmoderne geläufig sind, dem Historiker Orientierungspunkte bieten können bei der Suche nach dem Beginn ›unserer Moderne‹.

In der Geschichtswissenschaft ist dies ein unüblicher Zugang, wie auch die Formulierung ›unsere Moderne‹ nicht gebräuchlich ist. Deshalb zunächst ein paar

Hinweise, was Historiker üblicherweise sagen, wenn sie nach dem Beginn der Moderne gefragt werden. Am Anfang steht die banale Feststellung: Es gibt keine einheitliche Antwort. Das liegt daran, dass Profanhistoriker, wie Hans Küng auf dem interdisziplinären Kolloquium, auf dem diese Studie diskutiert worden ist, die Historikerzunft beharrlich nannte, kein einheitliches, homogenes Untersuchungsobjekt haben. Sie tun nur oft so, als hätten sie es. Wie irrig das ist, verdeutlicht der Band »Studien zum Beginn der modernen Welt«, den Reinhart Koselleck 1977 im Auftrag des *Arbeitskreises für moderne Sozialgeschichte* herausgegeben hat. Damals wurden eine Reihe von Experten für Teilbereiche der Geschichte befragt, und alle nannten andere Kriterien und kamen zu anderen Antworten. Einige Beispiele:

Wolfgang Köllmann,[7] damals führender deutscher Bevölkerungshistoriker, setzt den Beginn des demographischen Wandels hin zur modernen Bevölkerungsweise auf ein bis zwei Generationen nach dem Beginn der Industrialisierung an. Voll ausgebildet habe sie sich in den Industriestaaten erst in der Gegenwart. Erst um die Mitte des 20. Jahrhunderts ist also das industrialisierte Europa demographisch in die Moderne eingetreten. Dieses Ergebnis wiegt schwer, denn Köllmann betrachtet kein Randgebiet der Geschichte, sondern einen Bereich, aus dem ein zentrales Problem der Gegenwart erwächst: die Überbevölkerung der Welt mit all ihren Folgen, nicht zuletzt den großen Wanderungsbewegungen, vor denen sich die reichen Gesellschaften so sehr fürchten.

Eng mit diesem Problem verbunden ist ein anderer Beitrag, der nach dem Beginn der Moderne in der Volksernährung fragt.[8] Seine Antwort: Um die Mitte des 19. Jahrhunderts endete für die entstehenden Industriegesellschaften das *Mittelalter* – charakterisiert durch periodisch wiederkehrende Hungerkrisen und eine demographische Entwicklungsgrenze: Die Bevölkerungszahl, die eine Gesellschaft ernähren konnte, hing von der Ertragskraft der Landwirtschaft ab. Erst im vergangenen Jahrhundert fielen die Fesseln, die das Leben der Menschen bis dahin bestimmt hatten und in den nicht industrialisierten Gesellschaften noch heute bestimmen. Ein großer Teil der heutigen Weltbevölkerung hat also in dieser Perspektive – und hier geht es um die Grundbedingungen der Lebensmöglichkeit, der Fähigkeit zum Überleben – noch gar nicht die Moderne erreicht. Sie lebt noch unter den Verhältnissen der europäischen Vor-Moderne, in der die Landwirtschaft diktierte, wie viele Menschen überleben konnten. In Europa dagegen ereignete sich die letzte Hungerkrise des vormodernen Typs im Jahre 1846. Messen wir aber die Produktions- und Arbeitsbedingungen der europäischen Landwirtschaft an denen des industriellen Sektors, dann – so belehrt uns der Agrarhistoriker in diesem Sammelband[9] – hat die Moderne in Deutschland erst um die Mitte des 20. Jahrhunderts begonnen.

Das soll genügen, um anzudeuten, dass Historiker mit guten Gründen sehr unterschiedlich Datierungen für den Beginn der Moderne nennen können. Gleichwohl gibt es aber in der Geschichtswissenschaft eine Art Konsens, dass in der zweiten Hälfte des 18. Jahrhunderts der Beginn der Moderne in der europäisch-atlantischen Welt anzusetzen ist – eine Art Konsens, denn Mediävisten und auch Frühneuzeitler erheben immer wieder Einspruch, ohne jedoch die Spät-Neuzeitler davon abbringen zu können. Der Grund für diesen brüchigen Konsens ist trivial: Politik- und Geistesgeschichte haben zwar ihre frühere Dominanz in einer Geschichtswissenschaft verloren, die einige Jahrzehnte unter der Meinungsführerschaft der Sozialhistoriker stand, doch für die Diskussion um den Beginn der Moderne spielt das eine untergeordnete Rolle. Mit der Aufklärung, mit der Französischen und der Amerikanischen Revolution begann etwas Neues – die Moderne: Diese Deutung war ursprünglich politik- und geistesgeschichtlich bestimmt, doch sie behauptete sich weithin gegenüber sozial- oder wirtschaftsgeschichtlichen Perspektiven.

Begriffsgeschichtliche Studien, wie sie vor allem Reinhart Koselleck vorgelegt und angeregt hat, bestätigten diese Sicht. ›Fortschritt‹ wurde nun, wie Koselleck grundlegend untersucht hat, zu einem »geschichtsphilosophischen Universalbegriff«, der Zukunft entwarf, einforderte und legitimierte. »Der ›Fortschritt‹ ist der erste genuin geschichtliche Begriff, der die zeitliche Differenz zwischen Erfahrung und Erwartung auf einen einzigen Begriff gebracht hat.« Diese Differenz zwischen geschichtlichem »Erfahrungsraum« und auf die Zukunft gerichtetem »Erwartungshorizont« markiere einen Kontinuitätsbruch, der die Neuzeit auszeichne und sie abgrenze von dem, was davor war. »Was der Fortschritt auf den Begriff gebracht hat, daß – verkürzt formuliert – Alt und Neu aufeinanderprallen, in Wissenschaft und Kunst, von Land zu Land oder von Stand zu Stand, von Klasse zu Klasse, das war seit der Französischen Revolution zum Erlebnis des Alltags geworden.«[10]

Aber in wessen Alltag? Das fragt Koselleck nicht. Er analysiert Texte, die Gebildete für Gebildete schrieben, um ihre neuen Welterfahrungen zu verarbeiten. Koselleck tritt in diesen Diskurs ein, indem er sich auf die gleiche Ebene stellt wie diejenigen, die ihn damals führten. Der Begriffshistoriker von heute belauscht Ideenproduzenten von gestern und präsentiert uns deren historische Erfahrung vom Umbruch in eine neue Zeit, die wir die Moderne nennen. Aber wie weit durchdrang diese Umbruchserfahrung die damalige Gesellschaft? Danach kann Koselleck nicht fragen, weil seine Texte darüber keinen Aufschluss geben. Denn in ihnen reflektiert eine sehr kleine Gruppe von Gebildeten die Erfahrungen dieser bildungselitären Gruppe. Über die Erfahrungen der übergroßen Mehrheit der Menschen sind wir schlechter informiert. Doch immerhin gut genug, um sagen zu können, dass die allermeisten Menschen in Europa, von der außereuropäischen Welt ganz zu schweigen, mit der neuartigen Fortschrittserfahrung, die Historiker als ein Grundelement der Moderne auffassen, noch sehr lange nicht in Berührung kamen.

Die Landbevölkerung etwa, also die Mehrheit der europäischen Bevölkerung im gesamten 19. Jahrhundert, lebte, gemessen an diesem Kriterium, noch längst nicht in der Moderne. Ein großer Teil der städtischen Bevölkerung ebenfalls nicht – auch nach der Französischen Revolution noch nicht. Denn sozialgeschichtlich und ökonomisch bewirkte diese wenig. In einer neuen Studie z.B. heißt es, der eigentliche Bruch in der französischen Geschichte seien die 1840er Jahre gewesen. Bis dahin habe das Ancien Régime überdauert, über die Revolutionen von 1789 und 1830 hinweg.[11] Das mag überzogen sein, erinnert aber daran: Wenn Historiker den Beginn der Moderne datieren, schließen sie sich gewöhnlich den Reflexionen der

Gebildeten von damals an, in deren Erfahrungshaushalt die Französische Revolution den Übergang in die Moderne markiert.

Warum ist die Selbstreflexion der Gebildeten über den Beginn der Moderne, den sie als revolutionären Umbruch erlebten,[12] so überzeugungskräftig, dass er sich im allgemeinen Bewusstsein seit dem 19. Jahrhundert bis heute weitestgehend durchgesetzt hat? Die Antworten, die gegeben werden, haben in der Regel einen gemeinsamen Kern: Die Französische Revolution beseitigte nicht nur ein bestimmtes politisches Regime, sondern sie habe im Prinzip, wenn auch nicht durchweg in der Praxis, eine jahrhundertealte Gesellschaftsform mit der dazugehörigen Herrschaftsordnung, dem Feudalismus, ersetzt durch die auf individuelle Eigentums- und Freiheitsrechte gegründete »bürgerliche Gesellschaft«. Mediävisten haben gegen diese Sicht immer wieder angeschrieben. Otto Gerhard Oexle, Mediävist und zugleich exzellenter Kenner auch der neuzeitlichen Wissenschaftsgeschichte, hebt in seiner Auseinandersetzung mit Niklas Luhmann hervor, die Individualisierungsthese, die dazu dient, das Mittelalter von der Moderne abzusetzen, habe bislang völlig offenlassen müssen, »ob diese Moderne denn schon im 11. Jahrhundert begann, – oder ob das Mittelalter erst um 1800 endete.«[13] In dem »traditionellen modernen Diskurs über das Mittelalter«, so schreibt Oexle zu Recht, werde nicht das Mittelalter betrachtet, sondern »anhand des Mittelalters über die Moderne geredet«.[14] Das ärgert natürlich Mediävisten, aber es nutzt nichts: Das Zeitalter der Französischen und der Amerikanischen Revolution, der atlantischen Doppelrevolution, wie manche sagen – dieses Zeitalter nimmt seit damals bis heute im Wettbewerb der Argumente bei der Suche nach dem Beginn der Moderne mit weitem Abstand den ersten Platz ein.

In den politischen und intellektuellen Diskursen des 19. Jahrhunderts ist diese Datierung des Beginns der Moderne für breite Bevölkerungsschichten weit über das gebildete Bürgertum hinaus gewissermaßen zum Alltagswissen geworden. So hat z.B. die Sozialdemokratie viel dazu beigetragen, einen Teil der Arbeiter und – in geringerem Maße – der Arbeiterinnen mit der Französischen Revolution bzw. ihrer Interpretation dieser Revolution vertraut zu machen. Mit dieser sozialen Ausweitung, zu der auch diejenigen beitrugen, die einen spezifisch ›deutschen Weg‹ im Kontrast zum westeuropäischen forderten, gewann das Wissen um die Qualität der Französischen Revolution als Epochenscheide eine mentalitätsgeschichtliche Qualität. In zeitlicher Distanz zum Ereignis entstand eine mentalitätsgeschichtliche Basis, die – das mag paradox erscheinen – nicht auf eigener Erfahrung und eigenem Erleben beruhte, sondern über eigene oder durch andere vermittelte nachträgliche Reflexion erzeugt wurde. Mit wachsendem zeitlichem Abstand zur Französischen Revolution wuchs die Überzeugung, in ihr den Beginn der Moderne sehen zu müssen, gesellschaftlich in die Breite.[15] Am Ende des 19. Jahrhunderts dürften weit mehr Menschen vom Zeitenumbruch, bewirkt durch die Französische Revolution, überzeugt gewesen sein, ja überhaupt davon Kenntnis gehabt haben, als zu Beginn des Jahrhunderts, als man noch in der Nähe dieses grundstürzenden Ereignisses lebte.

Die Geschichtswissenschaft hat zu diesem Bedeutungswachstum des Zeitalters der Französischen Revolution erheblich beigetragen – auch und gerade in ihren

anspruchsvollen theoretischen Zugriffen. Die Begriffsgeschichte, wie sie das
Lexikon »Geschichtliche Grundbegriffe« präsentiert und wie sie von Koselleck
theoretisch fundiert wurde, ist ein prominentes Beispiel dafür. Ein weiteres Beispiel ist die so genannte *Strukturgeschichte*, wie sie nach dem Zweiten Weltkrieg
entstand. Sie sieht in der industriellen Revolution, die mit der politischen zu einer
Doppelrevolution zusammenwuchs, einen Zeitensprung, durch den erst die Früh-
geschichte der Menschheit beendet worden sei.[16]

Ein anderes außerordentlich wirkungsmächtiges Beispiel bietet die marxistische Geschichtssicht. Damit meine ich nicht nur die dogmatisch erstarrte Variante
des Marxismus-Leninismus, die mit den Staaten, die sie als sakrosankt vorschrie-
ben, untergegangen scheint. Die Grundposition, nach der langfristige evolutionäre
Umformungen innerhalb einer bestimmten Gesellschaftsformation schließlich zu
einem revolutionären Umbruch in eine neue, höherrangige Gesellschaftsformation
führen, teilt der Marxismus mit vielen Entwicklungstheorien. Die Liberalen des
19. Jahrhunderts waren genauso wie die Sozialisten davon überzeugt, dass dem
Zeitalter des Feudalismus zwangsläufig das der »bürgerlichen Gesellschaft« folgen müsse.[17] In den Modernisierungstheorien der zweiten Hälfte des 20. Jahrhunderts ist diese auf Fortschritt gestimmte Entwicklungssicht ebenso grundlegend.

All diese historischen Entwicklungslehren haben eines gemeinsam: Als geistige Erben der Aufklärung gehen sie von einer Fortschrittsidee aus, die Geschichte
als einen ständig über sich hinausführenden Prozess des Fortschritts in die Zukunft begreift. Wie intensiv diese Fortschrittsidee alten heilsgeschichtlichen Mus-
tern folgte, hat Karl Löwith[18] gezeigt. Geschichte galt als zukunftsoffen, aber
progressiv zielgerichtet: sei es auf die klassenlose Bürgergesellschaft des europäischen Frühliberalismus oder auf die klassenlose Gesellschaft der Marxisten aller
Spielarten, um nur die beiden wirkungsmächtigsten Beispiele zu nennen.

Die sozialwissenschaftlichen Modernisierungstheorien des 20. Jahrhunderts,
die auf die Geschichtswissenschaft der westlichen Welt einen überaus starken
Einfluss ausgeübt haben, stehen ebenfalls in dieser Tradition. Ihre Zielvorgabe
war eine Modernisierung nach dem anglo-amerikanischen Modell. Daran wurden
alle anderen historischen nationalgeschichtlichen Entwicklungen gemessen, vor
allem der deutsche Katastrophenweg in den Nationalsozialismus. Das westliche
Entwicklungsmodell wurde aber auch der Dritten Welt als von der Ersten bereits
erfolgreich erprobter Königsweg in die Zukunft vorgegeben.

Neuere Fassungen der sozialwissenschaftlichen Modernisierungstheorien haben sich bemüht, das Entwicklungsmodell Modernisierung so zu bestimmen, dass
der anglo-amerikanische Weg in die Moderne nicht mehr als eine Art säkularisier-
te Spielart der altvertrauten Heilsgeschichte der ganzen Welt als Zukunftsziel
verheißen und als Aufgabe aufgetragen wird. Modernisierung in dieser entkoloni-
alisierten Form definiert M. Rainer Lepsius, als Soziologe und Historiker gleichermaßen kompetent, als einen »Prozeß beabsichtigten sozialen Wandels zur
Erreichung eines Zieles, für dessen Erreichung die entsprechenden Modernisie-
rungseliten ausreichende Ressourcen mobilisieren können. In dieser Fassung ist
sowohl der Prozeß der Modernisierung wie der Begriff der Moderne bestimmt
durch die Erwartungen, Zielbestimmungen und ihre Durchsetzungschancen. Der

jeweilige konkrete Inhalt ist abhängig von je unterschiedlichen kulturellen, politischen, ökonomischen und sozialen Wertvorstellungen in einer historischen Konstellation von sozialen Kräften einer Gesellschaft. Diese relationale Bestimmung der Modernisierung impliziert keinen übergreifenden Entwicklungssinn und keine notwendige Entwicklungstendenz.«[19]

Die Aufgabe, den Begriff Moderne inhaltlich zu füllen, wird damit zurückgegeben an die jeweiligen Gesellschaften mit ihren je eigenen Wertvorstellungen und materiellen Möglichkeiten. In dieser relationalen Bestimmung von Modernisierung und Moderne ist eine allgemeine Definition von Moderne nicht mehr möglich und auch nicht notwendig. Moderne, ihr Beginn und ihr eventuelles Ende können in dieser Sicht nur noch kontextbezogen definiert werden. Soweit geht Lepsius in seiner Entkolonialisierung der Modernisierungstheorien aber doch nicht. Er nimmt vielmehr an, dass trotz des Fehlens eines allgemeinen »Entwicklungssinns« »dennoch die Entwicklungsprozesse in einer gewissen Tendenz ablaufen«. Das bedinge erstens der »Prozeß internationaler Vergleiche und Abhängigkeiten« und zweitens die »Einführung demokratischer Herrschaftsformen«. Letzteres institutionalisiere den Prozess der Modernisierung, stelle ihn also auf Dauer, da die Eliten Macht nur gewinnen oder behaupten können, wenn sie die Leistungskraft des gesellschaftlichen Systems für die Nichteliten ständig erhöhen.[20]

Auch dieser relationalen Form der Modernisierungstheorie ist also ›Fortschritt‹ als ständige Aufgabe eingeschrieben. Ein gesellschaftliches System, das keinen Fortschritt mehr erzeuge, verliere seine politische Legitimation. Das besagt auch diese relativierte Fassung der Modernisierungstheorie, und darin stimmt sie mit allen anderen modernen Entwicklungslehren überein, einschließlich der marxistischen. Sie alle sind der Fortschrittsidee verpflichtet, die seit der Aufklärung als Kern der Moderne gilt und deren Beginn historisch datiere.

2. Wann begann die Krise der *Moderne*?

Nachdem zunächst einige Antworten auf die Frage nach dem Beginn der Moderne in der Geschichte oder – genauer gesagt – in unseren Geschichtsbildern skizziert wurden, soll nun in einem zweiten Schritt gefragt werden: Wann wurde das auf Fortschritt gestimmte Geschichtsbild der Moderne erschüttert? Wann also beginnt die Krise der Moderne?

Wie skizziert, gilt nach gesellschaftlicher Übereinkunft, die im 18. Jahrhundert entstand, eine Gesellschaft als modern, wenn sie nach Fortschritt strebt. Hans Freyer hat dafür eine erhellende Formulierung gefunden, als er in seiner »Weltgeschichte Europas« den »Entschluß zur Zukunft« »das geschichtliche Wesen des 19. Jahrhunderts« nannte.[21] Wenn wir diesen Ausgangspunkt akzeptieren, bedeutet Krise der Moderne: Das überkommene Fortschrittsbewusstsein wird in Frage gestellt. Das aber ist ein zentrales Kriterium in den Definitionen von Posthistoire und Postmoderne. Damit sollen diese beiden Positionen nicht gleichgesetzt werden. *Posthistoire* dünkt sich in einem Raum ohne geschichtliche Zeit. *Postmo-*

derne glaubt sich dagegen nur nach der Moderne, aber doch neue, vielfältige Entwicklungen erwartend und erhoffend. In den Worten von Wolfgang Welsch: »Die Posthistoire-Diagnose ist passiv, bitter und zynisch und allemal grau. Die Postmoderne-Prognose hingegen ist aktiv, optimistisch bis euphorisch und jedenfalls bunt.«[22] Aber auch Welsch betont, die Postmoderne habe dem Fortschrittsglauben der ›alten‹ Moderne abgesagt. In seiner Begrifflichkeit heißt das: Absage an den »Modernismus – der paradoxen Verbindung von Ausschließlichkeit und Überholung«.[23]

»Ausschließlichkeit und Überholung« halte ich für eine gute Umschreibung des Fortschrittsglaubens der Moderne, wie sie im 18. Jahrhundert entstanden ist:

Ausschließlichkeit: Seit damals meinte »Entschluß zur Zukunft« stets Kampf gegen konkurrierende Zukunftsmodelle, nicht etwa deren Pluralität, wie es das Hauptmerkmal des Begriffs Postmoderne ist.

Überholung: Das Fortschrittsmodell der Moderne war linear, war auf Progression fixiert. Das Bestehende wird ständig überholt und als Geschichte abgelagert. Pluralität in dem Sinne, dass Ungleichzeitiges als gleichermaßen legitim nebeneinander bestehen kann, war nicht eingeplant.

Die Vorstellung von Moderne, die dem 20. Jahrhundert vom achtzehnten und neunzehnten vererbt wurde, ist nicht pluralistisch, sondern im Gegenteil final und agonal. Das gilt sogar für den Liberalismus, der zwar tolerant gegenüber den Zufällen der Wirklichkeit, aber doch zugleich zutiefst überzeugt war, als einziger die ›wirklichen‹ Interessen der gesamten Gesellschaft zu kennen und zu vertreten. Als dann seit der zweiten Hälfte des 19. Jahrhunderts mit dem Darwinismus eine naturwissenschaftliche Entwicklungslehre in die unterschiedlichsten gesellschaftlichen Fortschrittsideologien einfloss, schien deren Kampfcharakter durch die Natur selber beglaubigt zu werden. Das gilt z.B. für den marxistischen Sozialismus, so wie er sich im späten 19. Jahrhundert ausformte. Es gilt in weitaus aggressiverer Weise für den Kommunismus der Zeit nach dem Ersten Weltkrieg. Und es gilt erst recht für alle Formen des Nationalismus, einschließlich seiner rassistisch-biologistischen Zuspitzung in Form des Nationalsozialismus. Final und agonal waren auch die Entwicklungslehren, mit denen der Westen und der Osten nach dem Zweiten Weltkrieg weltweit konkurrierten. Auch diese Entwicklungslehren waren aus dem Modernitätsrepertoire des 19. Jahrhunderts geschöpft. Sie verfolgten zwar unterschiedliche Ziele, wandten zu deren Durchsetzung unterschiedliche Mittel an und zeigten sich in unterschiedlicher Weise lernfähig. Aber gemeinsam war ihnen doch die Vorstellung von der agonal voranschreitenden Moderne.

Wann wurde diese Vorstellung brüchig? Anders gesagt, in der Begriffssprache der Gegenwart und mit Blick in die Zukunft, aber ohne den Historiker mit dem Verlangen nach Prognose zu überfordern: Wann begann sich die Postmoderne anzukündigen? Postmoderne verstanden als eine Gesellschaftsform der bejahten Pluralität.

Bei meinem Versuch, eine Antwort zu geben, werde ich mich auf Deutschland beschränken. Das ist zum einen pragmatisch begründet – es geht um Kompetenz und Darstellbarkeit –, hat aber auch einen theoretischen Grund. Nimmt man die

Definition von Postmoderne als Gesellschaftsform der Pluralität ernst, wird man
deren Vorgeschichten nicht im globalen Zugriff entschlüsseln können, sondern
nur im Blick auf die vielen Besonderheiten in diesen Vorgeschichten. Die Bauform des Bunten braucht auch bunte Geschichten.

3. Deutschland: Zur gesellschaftlich nicht akzeptierten postmodernen Pluralität seit dem späten 19. Jahrhundert

Nutzen wir für die Suche nach der Entwicklungsgeschichte der Postmoderne in
Deutschland noch einmal die Analyse von Wolfgang Welsch. Die Postmoderne
sei, argumentiert er, kein Gegensatz zur Moderne, sondern in der Postmoderne
werde zur Alltagsform, was in der Moderne nur in kleinen Zirkeln erprobt werden
konnte. »Der einschneidende Pluralismus, den die Postmoderne erkennt und
vertritt, war als Möglichkeit sogar schon vor der Moderne entdeckt, kam aber
nicht zum Tragen.«[24] Den Versuch zu verwirklichen, was zuvor als Möglichkeit
schon gedacht worden war, unternehme erst die Postmoderne.

Von dieser Definition ausgehend, wird man sagen dürfen, eine postmoderne
Gesellschaft begann sich in der deutschen Geschichte erstmals in Westdeutschland während der sechziger und siebziger Jahren abzuzeichnen.[25] In Ostdeutschland gab es dazu keinen Spielraum, weil die DDR an einer der finalen und agona-
len Entwicklungslehren der Moderne als verbindlicher Staatsideologie festhielt.
Eine Gesellschaft mit postmodernen Werten zu fordern, wäre in der DDR ein
Staatsverbrechen gewesen, denn es hieße, einen anderen Staat zu verlangen. Ob
sich unterhalb der offiziellen Staatsideologie einer alt gewordenen, versteinerten
Moderne, ob sich in der viel beschworenen Nischengesellschaft der DDR bereits
postmoderne pluralistische Verhaltensmuster entwickeln konnten, wird erst zu
erkennen sein, wenn die Ergebnisse der nun boomenden Forschung zur DDR-
Geschichte vorliegen.

Postmoderne Wertemuster begannen sich zwar erst seit den sechziger Jahren in
Westdeutschland durchzusetzen, doch deren Geschichte reicht weiter zurück.
Historische Vorläufer postmoderner Einstellungen in der deutschen Gesellschaft –
und zwar nicht nur bei einzelnen Vordenkern oder in elitären, auf sich selber
begrenzten Zirkeln, sondern in sozial breiteren, in der Gesellschaft wahrgenom-
menen, sie beeinflussenden Bewegungen – lassen sich erstmals im wilhermini-
schen Deutschland nachweisen. Die deutsche Gesellschaft war in den letzten
beiden Jahrzehnten vor dem Ersten Weltkrieg in Bewegung geraten. Sie empfand
das auch selber so. Auf die Bismarckära blickte man schon wie auf eine vergangene Epoche zurück, mit der man nicht mehr viel gemein habe. Ich nenne nur
einige Stichworte, um anzudeuten, das damals sich in einer ersten Welle ankün-
digte, was man heute als postmoderne Verhaltensmuster bezeichnen würde:

Lebensreformbewegungen vielfältigster Art, von Heimat- und Naturschützern
über Förderern von Reformkleidung bis zu Vegetariern und Anhängern einer Na-
turmedizin, erfassten mehrere Millionen Menschen. Sie wollten die Fortschritts-
vorstellungen der Moderne korrigieren, propagierten aber nicht simple antimoder-

nistische Vorstellungen – die gab es auch, aber sie waren nicht das Charakteristische. Gefordert wurde vielmehr eine Korrektur innerhalb der Moderne. Themen, die heute der Postmoderne zugerechnet werden, kamen damals auf, angestoßen durch diese Bewegungen: zum Beispiel die Forderung nach sparsamerem Verbrauch von Natur durch die Industrie und die wuchernden Städte.[26] Bei den Vegetariern findet man sogar eine Art ökologischer Imperialismustheorie. Zur gleichen Zeit entwickelten Marxisten ihre ökonomische Theorie vom Imperialismus als der letzten Phase des Kapitalismus – eine Theorie, die lange überdauerte und mit dazu beigetragen haben dürfte, dass für die sowjetkommunistische Variante des Marxismus Ökologie stets ein Fremdwort geblieben ist.

Eine andere Reformbewegung, die inzwischen fest etablierte Gesellschaftsbilder der Moderne aufbrechen wollte, waren die Emanzipationsbewegungen der Frauen, die damals organisatorisch, nach ihrer Mitgliederzahl und in ihrem Auftreten in der Öffentlichkeit einen ersten Höhepunkt erreichten. Der Soziologe Ulrich Beck hat in seinem Buch »Risikogesellschaft. Auf dem Weg in eine andere Moderne«[27] plausibel argumentiert, dass die gesellschaftliche Rollenverteilung zwischen den Geschlechtern ein ständegesellschaftliches Element in der Moderne konserviert hat. Ob es konstitutiv für die Moderne und erst durch sie so entstanden ist, muss hier nicht erörtert werden. Unbestreitbar ist aber, dass unter dem Blickwinkel geschlechtsspezifischer Rollenzuweisung die auf Individualisierung angelegte Gesellschaft der Moderne eine Ständegesellschaft geblieben war – d.h. eine Gesellschaft mit angeborener Statuszuweisung. Die moderne Gesellschaft erlaubte also in ihrem Fundament keine Pluralität eigenverantworteter Lebenswege und Lebensentwürfe. Aber die Forderung danach wurde nun drängender als je zuvor.[28]

Ein anderer Bereich, in dem eine neuartige Form von Pluralität entstand, war die Kunst. Davon war vor allem das Bildungsbürgertum peinlich berührt, oder doch große Teile davon. Sie reagierten zutiefst verstört, als nun Künstler ständig neue Kunststile kreierten und Kunst das wurde, was Künstler Kunst nannten. Die Reaktionen von Bildungsbürgern darauf waren symptomatisch dafür, wie die Gesellschaft insgesamt auf die Tendenzen zur Pluralisierung der Moderne reagierte: mit tiefer Verunsicherung.[29]

Wenn man die wilhelminische Ära als den ersten Schritt in Richtung postmoderner Pluralität versteht – das ist meine These –, dann heißt das zugleich: Die Entstehungsgeschichte der Postmoderne verlief in Deutschland als eine Geschichte der Verunsicherung und der Gegenwehr.[30]

Der Erste Weltkrieg, genauer: die Verlusterfahrung, die dieser Krieg und seine Folgen vor allem für das Bürgertum bedeutete, hat die Abwehr gegen eine neue, eine pluralistische Form der Moderne noch gesteigert. Gleichwohl lässt sich die erste deutsche Demokratie, die aus dem Zusammenbruch des Kaiserreichs im Ersten Weltkrieg hervorging, als ein weiterer großer Schritt in Richtung einer neuen gesellschaftlichen Pluralität verstehen. Als Stichworte seien nur genannt: Auflösung oder Abschwächung der alten sozialmoralischen Milieus, mehr politische Beweglichkeit, Experimente mit neuen Lebensformen – Kameradschaftsehe, freiere Sexualität auch für Frauen, Erziehungsreformen.[31]

Auch in dieser zweiten Phase auf dem Weg in eine postmoderne Moderne dominierte die Abwehr. Der Nationalsozialismus profitierte davon am meisten. Aber
auch die nationalsozialistische Diktatur blockierte diesen Weg nicht gänzlich. Wie
auch immer man zu der These von der Modernisierung der deutschen Gesellschaft
durch den Nationalsozialismus stehen mag[32] – es ist nicht zu bestreiten, dass sich
in dieser Zeit charakteristische gesellschaftliche Großstrukturen der Moderne
weiter auflösten. Das gilt z.B. für die Klassenstrukturen, die Klassenideologien
und Klassenorganisationen – in der heutigen Diskussion um die Postmoderne stets
ein markantes Unterscheidungsmerkmal gegenüber der Moderne. Die Postmoderne, so wird argumentiert, unterscheide sich von der Moderne nicht zuletzt durch
das Fehlen solcher Großstrukturen. In Deutschland sind sie teilweise durch die
Nationalsozialisten gewaltsam zerschlagen worden, ohne dass sie in der Lage
gewesen wären, etwas Neues und ›Modernes‹ an deren Stelle zu setzen. Nach dem
Zweiten Weltkrieg entstanden diese Strukturen und Organisationen nicht wieder
in der alten Form. Auch die Konfessionsgrenzen, eine der schärfsten Trennlinien
in der deutschen Gesellschaft, schotteten sich nach dem Zweiten Weltkrieg nicht
mehr so rigide voneinander ab wie zuvor.

Die Gründe für diese Entwicklungen sind komplex. Nicht alles, was sich während der nationalsozialistischen Herrschaft entwickelte, wurde durch sie verur-
sacht. Viele Entwicklungen liefen durch sie hindurch. Dieses Gemenge aufzufä-
chern, muss hier nicht versucht werden. Es geht lediglich darum, markante Etappen herauszuarbeiten auf dem Wege zur Umformung der Moderne in eine
Gesellschaft, die heute als postmodern bezeichnet wird.

4. Nutzen und Grenzen des Epochenbegriffs *Postmoderne*

Weil Geschichte immer eine von Menschen erinnerte, von Menschen konstruierte
Geschichte ist, sind auch Epochenschwellen Setzungen, die davon abhängen,
unter welcher Perspektive »Gedächtnisbilder«[33] geschaffen werden. Eine Pluralität
von Epochenschwellen ist deshalb nichts Beunruhigendes; sie muss nicht einmal
Konkurrenz um die höhere Angemessenheit bedeuten. Jede Perspektive auf die
Geschichte mit ihren je eigenen, perspektivenbedingten Epochenschwellen kann
plausibel sein. Welche Epochenschwellen sich im Geschichtsbewusstsein einer
Gesellschaft durchsetzen und warum diese und nicht andere, die auch plausibel
gemacht werden können, sagt viel über die Gesellschaft aus, über ihre Selbstein-
schätzung und ihre Zukunftsvorstellungen. Gründungsmythen – so lassen sich
Epochenschwellen auch definieren – sind Orientierungshilfen bei der Arbeit an
der Zukunft. Es ist ein großer Unterschied, ob eine Nation sich auf eine Revolution zurückführt, wie die französische, oder ob sie ihren Gründungsmythos bindet
an einen Staat, seine Herrschaftsdynastie und an die von dieser geführten Einigungskriege, wie es lange Zeit in Deutschland geschah.

Thomas Nipperdeys Fanfarenstoß, mit dem er seine Geschichte des modernen
Deutschland beginnen ließ, verweist auf die nationalgeschichtlichen Eigenheiten
bei der Suche nach Epochenschwellen. Franzosen streiten sich darüber, ob Napo-

leon noch zur Revolutionsära zu zählen ist oder diese abschloss, aber es ist schwer vorstellbar, dass ein französischer Historiker auf die Idee kommen könnte zu schreiben: Am Anfang war Napoleon. Wer über deutsche Geschichte schreibt, kann das tun; wer über spanische schreibt – auch. Die Moderne in Spanien lassen die Historiker in aller Regel 1808 beginnen: mit dem Einmarsch napoleonischer Truppen und dem Beginn des Volkskrieges, der revolutionäre Züge annahm. Beides, die französischen Reformen und die Revolution begannen nun, die gesellschaftliche Bauform Spaniens zu verändern.[34]

Die Verortung des Beginns der Moderne im Umkreis der Französischen und der Amerikanischen Revolution entspricht der Konvention, der zwar oft widersprochen wird, die sich aber zumindest im europäisch-nordatlantischen Geschichtsbewusstsein durchgesetzt hat. Begründet wird diese Epochenschwelle sehr unterschiedlich. Viele haben die Legitimation von staatlicher Herrschaft vor Augen, die nun fundamental umbricht oder doch fundamental in Frage gestellt wird, wenn auch die Realisierung der neuen Ansprüche, die damit verbunden sind, zu einem langfristigen Prozess wurde. Er ist bis heute unabgeschlossen, so dass in dieser Perspektive die Moderne weiterhin ein Zukunftsversprechen ist.

Beginn der Moderne im späten 18. Jahrhundert – diese Konvention lässt sich aber auch mentalitätsgeschichtlich begründen. Diese Sicht wurde hier in den Vordergrund gestellt – Fortschrittsbewusstsein als Chiffre für die neue Zeit. Allerdings, das wurde nur beiläufig angedeutet, ist diese mentalitätsgeschichtliche Sicht bislang vornehmlich geistes- und begriffsgeschichtlich eingelöst worden. Eine Mentalitätsgeschichte der Moderne ist nach wie vor eine Zukunftsaufgabe aller historisch ausgerichteten Wissenschaftsdisziplinen.

Ende der Moderne – diese Frage kann für Historiker nur heißen: Welche Zäsuren lassen sich in der Entwicklungsgeschichte der Moderne erkennen? Es gab, so lautet die zentrale Argumentationslinie dieser Studie, einen Umbruch, der das Fundament der Moderne angreift: ihre Fortschrittsidee oder doch zentrale Elemente dieser Idee, vor allem die Erwartung ständig wachsender gesellschaftlicher Ressourcen. Die Vorgeschichte dieses Umbruchs in der Moderne, für den sich der Begriff Postmoderne eingebürgert hat, konnte mangels einschlägiger Forschungen nur nationalgeschichtlich skizziert werden. Es dürfte aber deutlich geworden sein: Der Einbruch postmoderner Zweifel in die Moderne war an den großen Krisen des 20. Jahrhunderts beteiligt.

Zum Abschluss sei noch ein Punkt hervorgehoben, der bislang nicht angesprochen wurde, obwohl er auf einen zentralen Schwachpunkt der Diskussion um die Postmoderne zielt: Die Künder und Analytiker der Postmoderne sprechen meist so, als handle es sich um eine universale Entwicklung. Ob aber außerhalb des industriegesellschaftlichen reichen Teils der Welt überhaupt Voraussetzungen für eine Gesellschaft der Postmoderne bestehen, ist durchaus fraglich. Die Risikogesellschaft, von der Ulrich Beck schreibt, besteht weltweit. Die Theorie der Postmoderne hingegen könnte sich als eine weitere Spielart von Entwicklungsmodellen erweisen, die der Westen in der eigenen Geschichte entdeckt und dann universalisiert.

Dann wäre die Theorie der Postmoderne nur eine neue Form der altvertrauten Modernisierungstheorien: Beide würden kolonialisieren, indem sie der Welt als

Zukunftsaufgabe vorgeben, was sie in ihrem Kulturkreis wahrnehmen oder wünschen. Das würde in anderer Weise als sie es selber wahrnehmen, diejenigen bestätigen, die in der Postmoderne keinen Bruch mit der Moderne sehen, sondern eine Fortentwicklung. Denn der europäisch-nordatlantischen Moderne fehlte es nie an dem Willen, ihre Werte und Lebensformen als universell gültig zu erklären. Ob die Postmoderne mit diesem Universalisierungsanspruch bricht – es wäre ein wahrhaft radikaler Bruch –, ist eine Frage an die Zukunft.

Anmerkungen

*   Überarbeitet. Erstveröffentlichung in: Gestaltungskraft des Politischen. Festschrift für Eberhard Kolb, hg. v. Wolfram Pyta / Ludwig Richter, Berlin 1998, S. 331–347. Der Aufsatz geht auf einen Vortrag zurück in dem Kolloquium »Epochenschwellen. Anfang und Ende der Moderne«, das auf Einladung von Hans Küng 1992 Theologen Philosophen, Musikwissenschaftler, Kunsthistoriker, Literaturwissenschaftler und Historiker zusammenführte, um darüber nachzudenken, was in ihrer Disziplin »Postmoderne« und »Moderne« bedeuten mag.

1   Vgl. in diesem Buch: »›Zeitwende‹ – eine Grundfigur neuzeitlichen Geschichtsdenkens: Richard Koebner im Vergleich mit Francis Fukuyama und Eric Hobsbawm«.

2   Davon abzugrenzen ist die Verwendung des Begriffs *Postmoderne* in Sinne von *Poststrukturalismus*, wie er mit dem *linguistic turn* auch in der Geschichtswissenschaft verbunden ist. Zu dieser Herausforderung der »große[n] Geschichtserzählung« durch eine »Geschichte ohne Zentrum« vgl. den gleichnamigen Einführungsaufsatz von Christoph Conrad und Martina Kessel in dem von ihnen herausgegebenen Band: Geschichte schreiben in der Postmoderne. Beiträge zur aktuellen Diskussion, Stuttgart 1994. Der Band enthält auch eine Bibliographie zu dem Thema.

3   Wolfgang Welsch, Unsere postmoderne Moderne, Weinheim 1988 (3. Aufl. 1991).

4   Lutz Niethammer, Posthistoire. Ist die Geschichte zu Ende?, Reinbek 1989. Unergiebig für die hier erörterten Fragen, weil er nur auf die Geschichtsschreibung blickt, nicht aber nach der Bedeutung des Begriffs Postmoderne für den Geschichtsverlauf fragt, ist hingegen der Aufsatz von Jörn Rüsen, Historische Aufklärung im Angesicht der Post-Moderne. Geschichte im Zeitalter der ›neuen Unübersichtlichkeit‹, in: Ders., Zeit und Sinn. Strategie historischen Denkens, Frankfurt/M. 1990. Das gilt auch für die einschlägigen Aufsätze in den Bänden *Geschichtsdiskurs*; zuletzt Bd. 4: Krisenbewußtsein, Katastrophenerfahrungen und Innovationen 1880–1945, hg. v. Wolfgang Küttler u.a., Frankfurt/M. 1997.

5   Niethammer, S. 158.

6   Francis Fukuyama, Das Ende der Geschichte. Wo stehen wir?, München 1992 hat wohl doch nur eine kurzfristige Aufmerksamkeit in der Öffentlichkeit gefunden. Vgl. allgemein Lothar Gall, Das Argument der Geschichte. Überlegungen zum gegenwärtigen Standort der Geschichtswissenschaft, in: HZ 264 (1997), S. 1–20. Zu Fukuyama in diesem Buch die in Anm. 1 genannte Studie.

7   Wolfgang Köllmann, Zur Bevölkerungsentwicklung der Neuzeit, in: Reinhart Koselleck (Hg.), Studien zum Beginn der modernen Welt, Stuttgart 1977, S. 68–77.

8   Hans-Jürgen Teuteberg, Zur Frage des Wandels in der deutschen Volksernährung durch die Industrialisierung, ebd., S. 78–96.

9   Friedrich-Wilhelm Henning, Der Beginn der modernen Welt im agrarischen Bereich, ebd., S. 97–114.

10   Reinhart Koselleck, Vergangene Zukunft. Zur Semantik geschichtlicher Zeiten, Frankfurt/M. 1989, S. 367.

11   David Pinkney, Decisive Years in France, 1840–1847, Princeton 1986.

12 Auch hier ist aber eine genaue zeitliche Differenzierung angebracht. Dass die Gebildeten erst mit zeitlicher Distanz zur Französischen Revolution diese als weltgeschichtliche Zäsur ›erfahren‹ haben, zeigt: Ernst Wolfgang Becker, Zeit der Revolution! – Revolution der Zeit? Zeiterfahrungen in Deutschland in der Ära der Revolutionen 1789–1848/49, Göttingen 1999.

13 O. G. Oexle, Luhmanns Mittelalter, in: Rechtshistorisches Journal 10 (1991), S. 53–66, 59. Oexle bezieht sich insbes. auf N. Luhmann, Gesellschaftsstruktur und Semantik. Studien zur Wissenssoziologie der modernen Gesellschaft, Bd. 3, Frankfurt/M. 1989.

14 Oexle, S. 61.

15 Genauere Analysen dieses Prozesses fehlen noch. Für die Diskurse der Gebildeten und für die sozial breiter unterfütterten Diskurse der 1848er-Revolution vgl. die Studie von Becker (Anm. 12); für die deutsche Sozialdemokratie s. Beatrix Bouvier, Französische Revolution und die deutsche Arbeiterbewegung. Die Rezeption des revolutionären Frankreich in der deutschen sozialistischen Arbeiterbewegung von den 1830er Jahren bis 1905, Bonn 1982.

16 Unter den wichtigen Studien von Werner Conze vgl. vor allem: Die Strukturgeschichte des technisch-industriellen Zeitalters als Aufgabe für Forschung und Unterricht, Opladen 1957. Als Überblick: Jürgen Kocka, Sozialgeschichte. Begriff – Entwicklung – Probleme, Göttingen ^{2}1986.

17 Vgl. Dieter Langewiesche, »Fortschritt« als sozialistische Hoffnung, in: Klaus Schönhoven / Dieter Staritz (Hg.), Sozialismus und Kommunismus im Wandel. Hermann Weber zum 65. Geburtstag, Köln 1993, S. 39–55; Langewiesche, Liberalismus und Marxismus in Deutschland: Gegensätze und Gemeinsamkeiten in historischer Perspektive, in: Ders., Liberalismus und Sozialismus. Gesellschaftsbilder – Zukunftsvisionen – Bildungskonzeptionen. Ausgewählte Aufsätze, hg. v. Friedrich Lenger, Bonn 2003.

18 Karl Löwith, Weltgeschichte und Heilsgeschehen. Die theologischen Voraussetzungen der Geschichtsphilosophie, Stuttgart 1953.

19 M. Rainer Lepsius, Soziologische Theoreme über die Sozialstruktur der »Moderne« und die »Modernisierung«, in: Koselleck (wie Anm. 7), S. 10–29, 23. Als Überblick mit weiterer Literatur: Thomas Mergel, Geht es weiterhin voran? Die Modernisierungstheorie auf dem Weg zu einer Theorie der Moderne, in: Ders. / Thomas Welskopp (Hg.), Geschichte zwischen Kultur und Gesellschaft, München 1997, S. 203–232.

20 Ebd.

21 Hans Freyer, Weltgeschichte Europas, 2 Bde., Wiesbaden 1948, Bd. 2, S. 901.

22 Welsch (wie Anm. 3), S. 18.

23 Ebd., S. 83.

24 Ebd.

25 Vgl. dazu insbes. die Political-Culture-Forschung mit den Pionierstudien von G.A. Almond und S. Verba; als Einstieg und mit der wichtigsten Literatur: Martin und Sylvia Greiffenhagen, Ein schwieriges Vaterland. Zur politischen Kultur im vereinigten Deutschland, München 1993.

26 Franz J. Brüggemeier, Das unendliche Meer der Lüfte. Luftverschmutzung, Industrialisierung und Risikodebatten im 19. Jahrhundert, Essen 1996.

27 Ulrich Beck, Risikogesellschaft. Auf dem Weg in eine andere Moderne, Frankfurt/M. 1986.

28 Vgl. als Überblick Ute Frevert, Frauen-Geschichte. Zwischen Bürgerlicher Verbesserung und Neuer Weiblichkeit, Frankfurt/M. 1986.

29 Vgl. dazu Dieter Langewiesche, Bildungsbürgertum und Liberalismus im 19. Jahrhundert, in: Bildungsbürgertum im 19. Jahrhundert, Bd. IV, hg. v. Jürgen Kocka, Stuttgart 1989, S. 95–121. Thomas Nipperdey (Wie das Bürgertum die Moderne fand, Berlin 1988) hebt dagegen auf den aktiven Teil des Bildungsbürgertums ab, der jedoch in seiner Aufgeschlossenheit für die kulturelle Avantgarde nicht verallgemeinert werden darf. Grundlegend zu den Entwicklungen, die hier als Ansätze zu einer postmodernen Pluralität gedeutet werden: Panajotis Kondylis, Der Niedergang der bürgerlichen Denk- und Lebensform. Die liberale Moderne und die massendemokratische Postmoderne, Weinheim 1991.

30   Das hat früh Detlev Peukert in seinen zahlreichen Studien hervorgehoben; s. v.a.: Die Wei-
      marer Republik. Krisenjahre der Klassischen Moderne, Frankfurt/M. 1987; vgl. Frank Ba-
      johr, Detlev Peukerts Beiträge zur Sozialgeschichte der Moderne, in: Ders. u.a. (Hg.), Zivili-
      sation und Barbarei. Die widersprüchlichen Potentiale der Moderne. Detlev Peukert zum Ge-
      denken, Hamburg 1991, S. 7–16.
31   Als Einstieg mit der weiterführenden Literatur s. vor allem Eberhard Kolb, Die Weimarer
      Republik, München ⁶2002.
32   Eine präzise Bilanz der Diskussionen bietet Norbert Frei, Wie modern war der Nationalsozia-
      lismus?, in: Geschichte und Gesellschaft 19 (1993), S. 367–387.
33   George H. Mead, Das Wesen der Vergangenheit (1929), in: Ders., Gesammelte Aufsätze, Bd.
      2, hg. v. Hans Joas, Frankfurt/M. 1987, S. 337–346, 337.
34   Vgl. etwa Raimond Carr, Spain 1808–1939, Oxford 1966 u.ö.

Die Geschichtsschreibung und ihr Publikum

Zum Verhältnis von Geschichtswissenschaft und Geschichtsmarkt[*]

1. Zur Theorie historischer Erfahrung und ihrer Vermittlung

Die akademische Geschichtsschreibung besaß nie ein Monopol auf dem öffentlichen Geschichtsmarkt. Heute ist er größer und vielfältiger als jemals zuvor. Wer sich über Geschichte informieren will, muss nicht zu Büchern greifen. Auch Fernsehen und Hörfunk halten ständig ein buntes Angebot bereit. Für den Monat Juli 2005 registrierte die Zeitschrift »Damals. Das Magazin für Geschichte und Kultur«[1] allein für einige der öffentlich-rechtlichen Sender 67 zum großen Teil mehrteilige Fernsehsendungen zur Geschichte von der Antike bis zur Gegenwart. Museen und Gedenkstätten, Jubiläen und sonstige Inszenierungen von Geschichte in den Festkalendern von Städten und vieles mehr – Geschichtspräsentation ist allgegenwärtig und die Art der Darstellung mannigfaltig. Welche Geschichtsbilder auf diesen Wegen vermittelt werden und welche Wirkungen davon auf das Publikum ausgehen, ist unbekannt. Erhofft wird, durch Inszenierung von Geschichte »Identität« zu schaffen. Doch wessen »Identität« ist gemeint, wenn zur Erinnerung an die 1848er Revolution über 800 Feiern in Baden-Württemberg stattfinden und der Ministerpräsident das Land in die Tradition dieser Revolution stellt?[2]

Einheitliche Geschichtsbilder sind es sicherlich nicht, die auf diesem unübersichtlichen Geschichtsmarkt angeboten werden. Das war auch früher nicht anders. Geschichtsdeutungen sind stets umstritten, denn sie werden von Gegenwartswahrnehmung und Zukunftserwartung geprägt. Warum das so ist, haben Klassiker des Fachs Geschichte wie Johann Martin Chladenius und Johann Gustav Droysen schon vor mehreren Jahrhunderten grundlegend dargelegt. Chladenius' Lehre vom »Sehepunckt« schließt die Annahme aus, eine einheitliche Wahrnehmung geschichtlicher Ereignisse sei möglich, und er wusste auch bereits um die »Verwandelung der Geschichte im erzehlen«.[3] Um dies zu erkennen, bedurfte es keines *linguistic turn* und keiner neurowissenschaftlichen Aufklärung über die Unfähigkeit des menschlichen Gehirns, sich verlässlich zu erinnern. Neurowissenschaftliche Gedächtnisforschung mündet keineswegs in die »Destruktion bislang verbreiteter Gedächtnisbilder« durch eine neuartige »gedächtniskritische Geschichtswissenschaft«[4] – vorausgesetzt sie trifft auf Historiker, denen vertraut ist, dass »Gedächtnisbilder« (memory images) Teil der »konstruktiv gewonnenen Vergangenheiten menschlicher Gemeinschaften« sind.[5] Droysen hat diese Einsicht in seiner »Historik« so formuliert: »Das Ergebnis unserer historischen Forschung ist

[...] nicht die Herstellung der Vergangenheit, sondern ein Etwas, dessen Elemente, wie latent und eingehüllt auch immer, in unserer Gegenwart liegen.«[6] Die Vorstellung, der Historiker habe die Aufgabe, eine untrügliche Erinnerung an Geschehenes aufzufinden, hätte er wohl zu jener »Art eunuchischer Objektivität« gerechnet, gegen die er »die relative Wahrheit seines Standpunktes« setzte.[7]

Reinhard Koselleck hat die Reflexion über die Entstehung historischer Erfahrung, welche die Geschichtswissenschaft seit ihren Anfängen begleitet, zu einer historisch-anthropologischen Theorie verdichtet, indem er die drei Typen von Geschichtsschreibung – Aufschreiben, Fortschreiben und Umschreiben von Geschichte – verbindet mit den drei Temporalstrukturen geschichtlicher Erfahrung kurzfristiger, mittlerer und langfristiger Dauer. Letztere gehen, wenn auch unterschiedlich gewichtet, in alle Formen der Geschichtsschreibung ein.[8] Und nur wenn das so ist, fügen wir hinzu, entsteht eine Geschichtsschreibung, welche die Mitmenschen erreicht, weil sie in dieser Geschichtsschreibung ihre Erfahrung wieder finden und – vielleicht – neue Einsichten hinzugewinnen, nämlich das, was Koselleck die Fremderfahrung durch Geschichtsschreibung nennt, sei es wissenschaftliche oder auch mythische.[9]

Die Postmodernisten verneinen diese Möglichkeit, eine Geschichte schreiben zu können, die auf übergreifenden Erfahrungen beruht, weil, so argumentieren sie, jede Gruppe aufgrund ihrer spezifischen Erfahrungen eine eigene Vorstellung von Geschichte entwickelt und diese vielen Geschichten sich nicht mehr zusammenführen lassen. Die Idee einer Einheit der Geschichte in den Geschichten müsse deshalb zugunsten einer kaleidoskopischen Geschichtsschreibung aufgegeben werden: Bei jeder Drehung des Kaleidoskops entsteht ein neues Bild, und die vielen Bilder, die man erzeugt, fügen sich nie zu einem Gesamtbild.[10] Kosellecks Theorie der historischen Erfahrung in der Geschichtsschreibung vermag hingegen einsichtig zu machen, dass auch radikal subjektive Erfahrungen einen kollektiven Erfahrungszusammenhang stiften und Geschichtsschreibung eine Fremderfahrung zu vermitteln vermag, die nicht in individuellen Erfahrungen aufgeht.

Dies zu leisten ist jedoch kein Privileg wissenschaftlicher Geschichtsschreibung. Sie tritt nur als ein Anbieter unter vielen auf dem Geschichtsmarkt auf. Dieses weite Feld soll nun in zwei schmalen Ausschnitten betrachtet werden. Zunächst wird nach der Offenheit von Geschichtsmärkten für konkurrierende Geschichtsschreibungen gefragt, und dann soll in einem abschließenden Schritt an einem konkreten Beispiel die theoretische Kraft nichtwissenschaftlicher Geschichtsdeutung erörtert werden. In beiden Fällen geht es darum, die Verbindungen zwischen Geschichtsschreibung und gesellschaftlicher Erfahrung zu betrachten.

2. Konkurrierende Geschichtsschreibung in konkurrierenden Geschichtsmilieus: Zur Offenheit des Geschichtsmarktes

Als Heinrich von Treitschke gemeinsam mit Friedrich Meinecke 1896 Herausgeber der »Historischen Zeitschrift« wurde, trat er sein neues Amt an mit Überlegungen zu den Aufgaben des Historikers und seiner Verantwortung gegenüber dem Publikum. »Fachgenossen und Laien« will er im »ernsten wissenschaftlichen und vaterländischen Geiste« ansprechen, um fortzuführen, was sich die Historie seit ihren Anfängen stets zum Ziel gesetzt habe: »unserem Geschlechte ein denkendes Bewußtsein seines Werdens erwecken«.[11] Es gehe um die »Welt des Wollens und des Handelns«, und deshalb stünden auch künftig »die Thaten der Staaten und ihrer führenden Männer« im Mittelpunkt der Geschichtsschreibung. Treitschke forderte zwar »politische Geschichte in ihrem weitesten Sinne«, aber doch »nur so weit sie das thätige Leben der Gesellschaft berührt« und nicht von den »großen Machtkämpfen der Geschichte« ablenkt – Entscheidungssituationen, in denen die »Männer der That«, die nicht in dem aufgehen, was die Völker wollen, Geschichte gestalten.

Treitschke fand mit diesem Programm, das auf Staat und Nation, keineswegs jedoch nur auf deren »große Männer« ausgerichtet war,[12] weit über den Kreis der Fachleute hinaus ein großes Publikum. Es honorierte jedoch auch Autoren, die vom entgegengesetzten »Sehepunckt« die Vergangenheit erschlossen. Zu ihnen gehörte Henry Thomas Buckle, dessen »History of Civilisation in England« (2 Bände, 1857/61) in Deutschland rasch in zwei Übersetzungen erschien und in der erfolgreicheren Ausgabe von Arnold Ruge bis zur Jahrhundertwende sieben Auflagen erreichte. Ruge begrüßte Buckles Werk als entschiedenes Gegenprogramm zu einer Geschichtsschreibung, wie sie Treitschke forderte: nicht der Staat, sondern die Gesellschaft als die Hauptmacht einer Geschichte, deren Zentrum die »Heldenthaten der civilen Entwicklung« bilden. Ruge wies dem gelehrten englischen Dilettanten, der sich sein Wissen im Selbststudium erschlossen hatte, gerade »auch für Deutschland einen reformatorischen Beruf« zu, da er der »falschen Geschichte« die »wahre« entgegenstelle.[13] Die »angelernte Verehrung« der Mächtigen, die generell in der kontinentalen Geschichtsschreibung und erst recht in den Schulen immer noch vorherrsche, rechnete Ruge zu den Folgen jener »Geisteskrankheiten der Gewaltherrschaft, des Kriegs und des Aberglaubens«, von denen sich die Gesellschaft nur auf den Spuren der Wissenschaft befreien könne.[14] Da dies in England am frühesten gelungen sei, schöpfe Buckle aus einer »Erfahrung bürgerlicher Freiheit und ungehinderter praktischer Entwicklung«,[15] die den kontinentalen Historikern noch nicht zur Verfügung stehe und durch keine philosophische Reflexion zu ersetzen sei.

Ruge geht von einem wechselseitigen Austausch zwischen dem Historiker und der Gesellschaft aus. Die gesellschaftlichen Erfahrungen legen fest, wie der Historiker die Geschichte wahrzunehmen vermag, doch die Art, wie er darüber schreibt, wirke zurück auf die Erfahrungen seiner Leser. Buckles Buch habe in England zu einem »Ereignis« werden können, weil die Nation »den Geist adoptirt, der es durchweht«; in Deutschland hingegen führe es seine Leser in »eine ganz neue Welt« und ermögliche es ihnen, den Briten in »allen Punkten des freien und civilisierten Daseins nach Vermögen gleich zu tun«.[16] Geschichtsschreibung kann also, darauf vertraute Ruge, den gesellschaftlichen Erfahrungsraum erweitern, indem sie aus der Geschichte einer fremden Nation Handlungslehren für die eigene entwickelt.

Buckles Erfolg auf dem deutschen Buchmarkt führt auf eine Spur, die bislang nicht eingehend erforscht wurde: Die Gesellschaft des Kaiserreichs zeigte sich weitaus offener für konkurrierende Geschichtsdeutungen als die universitäre Geschichtswissenschaft. Wenn es um Versuche zur Überwindung der nationalpolitischen Geschichtsschreibung preußisch-protestantischer Provenienz geht, blickt man meist auf den so genannten Lamprecht-Streit und seine Wirkungen. Hier gelang es den Einflussreichen in der Historikerzunft, die Herausforderung der »Staatsgeschichte« durch eine »sociale Geschichte« abzuwehren. Wie radikal die Innovatoren die Hierarchie in der Geschichtswissenschaft umkehren wollten, lässt Kurt Breysigs Grundsatzartikel »Über Entwicklungsgeschichte« erkennen, der sich, veröffentlicht im Konkurrenzorgan zur »Historischen Zeitschrift«, wie ein Gegenprogramm zu Treitschkes Kontinuitätsaufruf liest. Breysig forderte eine Geschichtswissenschaft, die in Zusammenarbeit mit den »systematischen Wissenschaften« – er nennt Psychologie, Soziologie und Ethik – nach der »Totalität der historischen Erscheinungen« zu fragen imstande ist. Die »vorwiegend politische Geschichtsschreibung« wollte er entthronen und zu einer der »Zweigwissenschaften der Historie« zurückstufen.[17]

Dieser Griff nach der Macht im Fach Geschichte missglückte. Doch die Verteidigung der Deutungshoheit geschichtswissenschaftlicher Traditionalisten, die innerhalb der Universitätsmauern in beträchtlichem Maße, wenngleich keineswegs vollständig gelang, misslang außerhalb völlig. Die Gesellschaft des Kaiserreichs ließ sich nicht auf jene Geschichtsbilder einengen, die ihnen der nationaldominante Teil der akademischen Geschichtsschreibung anbot. Nicht nur Karl Lamprechts von den Zunftmächtigen abgelehnte Schriften behaupteten sich auf dem Buchmarkt. Ein großes Publikum fanden dort auch Autoren, die man in den deutschen Universitäten von den Geschichtsprofessuren fernhalten wollte: Juden, Sozialisten und Katholiken.[18] Der Markt honorierte in der Geschichtsschreibung wie auch in der Kunst Neuerungen, von denen die Gralshüter der Kontinuität das Fundament der deutschen Nation gefährdet wähnten. Wer in der »Verbrüderung von Militarismus und Wissenschaft« in protestantischem Geiste (Ulrich von Wilamowitz-Moellendorf) die Grundlage sah für »staatliche Macht und wissenschaftliche Freiheit in dem Jahrhundert, das dem deutschen Geiste gehörte« (Max Lenz), musste jeden Versuch, den Staat aus dem Mittelpunkt des Geschichtsdenkens zu rücken, als existentielle Gefährdung des jungen deutschen Nationalstaates empfinden. Das Gefühl, bedroht zu sein, steigerte sich noch, wenn die Angreifer die »Präponderanz evangelischer Ordinarien« und »protestantischer Wissenschaftsauffassung« herausforderten, wie es Katholiken, Juden und auch Sozialisten in jeweils anderer Weise taten.[19] Den universitären Zunftmeistern gelang es jedoch nicht, die Gesellschaft des Kaiserreichs in ihre akademischen Geschichtsbilder zu zwingen. Die »sozialmoralischen Milieus« (M. Rainer Lepsius), welche die deutsche Gesellschaft politisch prägten, wirkten als Geschichtsmilieus mit je eigenem Publikum, das sich der wissenschaftlichen Autorität akademischer Geschichtsdeutungen nicht fügte.

Das sozialdemokratische Geschichtsmodell, das gänzlich außerhalb der akademischen Geschichtsschreibung entstand und verbreitet wurde, nahm damals bereits die Sonderwegsdeutung vorweg, die nach den Katastrophenerfahrungen des 20. Jahrhunderts die westdeutsche Geschichtsmoral bestimmte. Die deutsche Geschichte als einen demokratisch defizitären Sonderweg in die Moderne zu sehen, durchzog früh das sozialdemokratische Geschichtsdenken. Im Kaiserreich war es aus dem Kanon der anerkannten Geschichtsdeutungen verbannt, im sozialdemokratischen Segment der Öffentlichkeit aber erfolgreich. Nach dem Scheitern des monarchischen Nationalstaates in der Kriegsniederlage von 1918 gewann das Geschichtsbild des sozialdemokratischen Außenseiters in der Gesellschaft an Überzeugungskraft und konnte in den Verfassungsdebatten der Weimarer Nationalversammlung offensiv vertreten werden. Nach dem Zweiten Weltkrieg bot es – und bietet es auch heute, wie die öffentliche Resonanz auf Heinrich August Winklers Nationalgeschichte des vereinten Deutschland auf dem »langen Weg nach Westen« nahe legt – ein festes Leitseil, das durch alle Räume der jüngeren deutschen Geschichte führt, auch durch die dunklen, ohne das »vergangenheitspolitische Grundgesetz«[20] der alten und der neuen Bundesrepublik zu gefährden.

Diese Geschichtsdeutung verspricht, mit einer Katastrophengeschichte brechen zu können, ohne sie aus dem Hauptstrom deutscher Geschichte ausgrenzen zu müssen.[21] Die Geschichtswissenschaft ging mit diesem kreativen »Umschreiben« (Koselleck) von Geschichte keineswegs dem Geschichtsdenken in der Öffentlichkeit voraus. Sie erhob vielmehr in den Rang wissenschaftlich gesicherter Erkenntnis, was auf dem nichtakademischen Geschichtsmarkt schon seit rund einem Jahrhundert diskutiert worden war und dort in einem begrenzten Milieu ein festes Publikum hatte.

Zur gleichen Zeit, als in der deutschen Geschichtswissenschaft die Staatengeschichte herausgefordert wurde und eine nichtakademische sozialdemokratische Geschichtsschreibung florierte, erstarkten auch im jüdischen Geschichtsdenken konkurrierende Vergangenheitsdeutungen, die ebenfalls mit methodologischen Debatten einhergingen.[22] Das Deutungsmodell Emanzipation, welches das moderne Judentum konfessionalisierte und zugleich entnationalisierte, geriet nun unter den Druck von innerjüdischen Konzeptionen, die Juden als eine Nation bestimmten, die auf Autonomie im multinationalen Staat oder auf einen eigenen jüdischen Nationalstaat zielt. Das Emanzipationsmodell überwog zwar unter den deutschen Juden des Kaiserreichs, doch die anderen Positionen gab es auch, und man beobachtete sorgfältig die Entwicklungen im Judentum anderer Staaten.[23]

So gegensätzlich diese Vorstellungen von jüdischer Existenz waren, alle stimmten darin überein, dass seit dem Ende jüdischer Staatlichkeit das Überleben des Judentums allein den »talmudischen Umzäunungen« zu verdanken war. Sie machten, so schrieb Heinrich Graetz 1846 bildmächtig, »in der Welt aus jedem jüdischen Haus ein scharf umgrenztes Palästina« und zogen »inmitten des lebhaftesten Weltverkehrs […] unverrückbare Grenzen zwischen der judentümlichen Lebensrichtung und der ihr gegenüberstehenden Weltanschauung.«[24] Dieses »Isolierungssystem« wollte keine der konkurrierenden Richtungen erneuern. Doch was an seine Stelle treten sollte, war außerordentlich umstritten. Im Kern stand – und steht weiterhin in den Debatten bis zur Gegenwart[25] – die umstrittene Bewer-

tung der jüdischen Diaspora: das Exil als Galut oder Domizil, als Martyrium oder
Heimat, wie Jizchak Fritz Baer und Yosef Hayim Yerushalmi die zionistische und
die pluralistische Konzeption von Judentum formuliert haben.[26] Gegenwartdiag-
nose und Zukunftserwartung bestimmen hier das Geschichtsdenken, wie umgekehrt das Vergangenheitsbild enthüllt, wie man die Gegenwart einschätzt und die
Zukunft gestalten will.

Wissenschaftliche und politische Argumentation lassen sich in diesen innerjüdischen Debatten nicht trennen. Sie kommen aus der Gesellschaft heraus und
korrespondieren mit wissenschaftlichen Erörterungen. Sie finden ihr jüdisches
Publikum und formen mit an dessen Geschichtsbildern, während die nichtjüdische
akademische Geschichtsschreibung im Kaiserreich und auch nach dem Ersten
Weltkrieg davon unberührt blieb. Die meisten Deutschen werden damals von
diesem Umschreiben der jüdischen Geschichte und des Judentums der Gegenwart
– Nation, Stamm oder Religion?[27] – nur durch den Zerrfilter antisemitischer Po-
lemik Kenntnis erhalten haben.

Auch im Katholizismus behauptete sich im Kaiserreich ein konkurrierendes
Geschichtsdenken zum dominanten protestantisch-preußischen Geschichtsbild.
Und erneut war dies mit dem Versuch einer methodologischen Erweiterung des
geschichtswissenschaftlichen Instrumentariums verbunden. Die katholische Konkurrenz fand ihr Publikum, weil sie sich dem nationalpolitisch Neuen nicht ver-
weigerte. Sie verschloss sich zwar der protestantisch-preußisch kontaminierten
universitären Geschichtsschreibung, nahm aber den kleindeutschen Nationalstaat
als Ergebnis der Geschichte an und trauerte nicht mehr dem Ausscheiden der
katholischen Hauptmacht des Alten Reichs nach.[28] Der große Markterfolg von
Johannes Janssens »Geschichte des deutschen Volkes«[29] zeugt von der Attraktivität einer Geschichtsdeutung, die nicht die gesamte deutsche Geschichte auf ihr
jüngstes Ergebnis ausrichtet. Dem habilitierten Historiker blieb zwar als Katholiken (und Priester) eine Universitätsprofessur in Deutschland versagt, doch die
Kritik bis hinauf zu den protestantischen Höhen der Lehrstühle, die nach anfängli-
cher Anerkennung mit dem Fortschreiten des Werkes in die Zeit der Reformation
anschwoll, konnte nicht verhindern, dass sein Gegenbild zur protestantischen
Siegesgeschichte zum Bestseller auf dem Büchermarkt wurde. Selbst seine beiden
Verteidigungsschriften erzielten ansehnliche Auflagen. Er verteidigte seine Deutung der Reformation als Bruch mit der christlichen Einheit Europas und auch
seine methodologische Entscheidung, eine Volksgeschichte »vorzugsweise vom
culturhistorischen und socialpolitischen Standpunkt« zu schreiben.[30] Da er »nicht
vorwiegend die sogenannten Haupt- und Staatsactionen, die Kriegszüge und
Schlachten, sondern das deutsche Volk in seinen wechselnden Zuständen und
Schicksalen«[31] ins Zentrum rückte, konnte er eine Geschichte verfassen, die nicht
als historisch umkleidete katholische Absage an den kleindeutschen Nationalstaat
auftrat und dennoch nicht der protestantisch-preußischen Siegeslinie folgte. Ihr
entzog seine Sicht der Reformation den Ausgangspunkt. So trug er zu einem
katholischen Geschichtsbild bei, das den akademisch nobilitierten protestantischen Geschichtsdeutungen in nicht minder schwerer wissenschaftlicher Rüstung
entgegentrat und dennoch ein großes Publikum fand.[32]

Nicht auf dem Geschichtsmarkt durchsetzen konnte sich die historische Fachwissenschaft auch mit ihrer Abwendung von einer »Weltgeschichte«, die als Universalgeschichte zeitlich von den Anfängen bis zur Gegenwart führen und räumlich den gesamten Erdkreis umfassen wollte. Diese Form von Weltgeschichte genügte im Laufe des 19. Jahrhunderts immer weniger den steigenden fachlichen Standards und wurde zur »Methodisierungsverliererin«.[33] Doch auf dem Buchmarkt blieben diese Weltgeschichten erfolgreich, und im späten 19. Jahrhundert stieg die Nachfrage, als Kolonialismus und Imperialismus den Erfahrungsraum der Menschen enorm erweiterten und keinen Winkel der Welt aussparten:

»Lange schon bleibt niemand mehr unbekümmert, wenn ›hinten weit in der Türkei die Völker aufeinander schlagen‹, denn die Türkei ist nicht ›hinten‹ mehr, und nichts mehr ist ›hinten‹, nichts mehr ist ›weit‹. Die Welt ist rund geworden ringsum. Unsere Soldaten, unsere Söhne und Brüder haben in China gefochten und kämpfen in Südwestafrika, gegen Völker, deren Namen unsere Väter kaum jemals haben aussprechen hören.«[34]

1900 waren in Deutschland zwanzig Weltgeschichten auf dem Markt, meist mehrbändig, für ein großes Publikum bestimmt, populär geschrieben und reich bebildert. Hinzu kamen zahlreiche weltgeschichtliche Lehrbücher für Schulen. 1895 waren es dreiundvierzig.[35]

Weltgeschichten dieser Art bedienten einen Markt, den die Fachhistoriker aufgaben. Rankes Altersrückkehr zu diesem Metier fand nicht den Beifall der Kollegen.[36] Die neuen populären Weltgeschichten folgten weiterhin wie ihre Vorläufer einer von Europa ausgehenden Fortschrittslinie, doch was Droysen noch als Zukunftsmöglichkeit umschrieben hatte, war nun unübersehbar geworden:

»Es scheint auch darin das Werk der Geschichte erkennbar, daß der Kreis derer, die in dies rechte und hochberufene Leben der Geschichte einzutreten haben, fort und fort größer wird, ja daß das geschichtliche Leben, nachdem es den Erdkreis zu umfluten begonnen hat, auch in die tieferen Schichten hinabdringen, auch diese bewegen und erheben wird. Vielen freilich erscheint ein solcher Gedanke entsetzlich, und sie ziehen lieber vor, die Geschichte zu verleugnen, und womöglich stille stehn zu machen. Aber jeder Tag lehrt, daß die nicht zu hemmen ist; und es kommt nur darauf an, was ist, und geschichtlich zu verstehen und demgemäß zu handeln.«[37]

Geschichte als Fortschrittsprozess zu schreiben, verlange nicht – hier sprach Droysen eine Überzeugung der europäischen Gebildeten seiner Zeit aus –, alles zu erfassen, was sich in der Geschichte ereignet hat. Es gehe vielmehr um »die höher berufenen Völker«, die fähig sind, an »der Schöpfung einer neuen, der sittlichen, der geschichtlichen Welt« mitzuwirken. »Also nicht jedes Volk, jedes Land zählt mit, sondern nur die geschichtlich bewegten, sie zählen nur in dem Maße, also sie von der großen gemeinsamen Bewegung ergriffen waren.«[38]

Dieser rote Faden, an dem Droysen die Weltgeschichte erschließen und zugleich den Blickwinkel begrenzen will, konnte schon vor der »Revolutionierung des Raumbewußtseins«[39] im 19. Jahrhundert in ferne Teile der Welt führen und das eigene Geschichtsbild über den nationalen und auch den europäischen Raum erweitern. Historiker ohne wissenschaftlichen Anspruch blickten hier über jene Grenzen hinweg, die der Fachhistoriker zwischen den »geschichtlichen beweg-

ten« und vermeintlich geschichtslosen Völkern ziehen wollte.[40] Auch sie fanden
ein großes Publikum, das sich außerhalb der Universitätshistorie welthistorisch
informierte. Zu diesen Laienhistorikern gehörten Geistliche der protestantischen
Erweckungsbewegung wie Christoph Blumhardt, der auf den Spuren der christlichen Mission seinen Lesern – er wollte die gesamte Familie erreichen – die Welt
erschloss. Sein »Handbüchlein der Weltgeschichte«, das zwischen 1835 und 1882
acht Auflagen erreichte, beginnt mit einer Definition von Weltgeschichte, die weit
über die Fixierung der Universitätshistorie auf politische Geschichte hinausgeht:

»Die Sitte, die Religion, die Bildung, die Denkweise, die Sprache, die Regierung. Alles
was ihr wahrnehmt, ist erst durch die Länge der Zeit geworden, was es ist; [...] Die
Geschichte dieser Veränderungen, die mit der Menschheit vorgegangen sind, nennt man
die *Weltgeschichte*. Natürlich gehört nicht alles, was die Menschen je gethan haben, in
den Kreis der Weltgeschichte, sondern nur das, was auf das Ganze der Menschheit
Einfluß gehabt hat. Stellet euch die Entwicklung der Menschheit unter dem Bilde eines
Baues vor, der allmählich zu Stande kommen soll, so hat, nachdem der Grund dazu durch
die Schöpfung gelegt war, ein Geschlecht um das andere an dem Bau fortgeholfen, freilich so, daß Gott als Baumeister allezeit die Leitung behielt.«[41]

Nicht alle Menschen, so der Autor, tragen zu dem großen Bau der Weltgeschichte
bei. Viele schauen bloß zu, wirken nur in kleinstem Kreis oder fügen einen Stein
hinzu, der heraus fällt, ohne eine Spur zu hinterlassen: »Von allen diesen Menschen weiß die Weltgeschichte nichts zu sagen. Die Hauptarbeit am Bau der
Weltgeschichte ist einigen Geschlechtern zugewiesen, welche man die Kulturvölker nennt, und deren Kreis sich zusehends erweitert.«[42]

Auch in diesem Geschichtsdenken findet sich die Vorstellung, dass nur bestimmte Kulturvölker geschichtswürdig sind. Doch dieser Kreis erweitere sich
zusehends. Auch hier erscheint Weltgeschichte also als Fortschrittsgeschichte. Bei
dem Pietisten Blumhardt hat der Fortschritt einen Namen: Krieg als Werk Gottes.

»Denn die Weltgeschichte ist fast nur eine Kriegsgeschichte zu nennen, wie es nicht
anders sein kann, da im Grunde doch der Geist der Welt in ihr obenan steht. Durch
Kriegsgewitter aber reinigt Gott immer wieder die sich verdumpfende Atmosphäre der
Welt. Dennoch steuert die Geschichte, wie wir finden werden, immer mehr dem Welt-
frieden entgegen, dem Zeitpunkte, da Christus alle seine Feinde sich zum Schemel seiner
Füße gelegt haben wird.«[43]

Ohne die religiöse Rechtfertigung besitzt diese Deutung, die militärische Macht
und Krieg als Fortschrittskräfte versteht, auch heute kundige Fürsprecher. Es sei
nur an Michael Manns Universalgeschichte der Macht oder an Christopher Baylys
Weltgeschichte des 19. Jahrhunderts erinnert. Bayly sieht die Sonderstellung, die
der »Westen« in diesem Jahrhundert weltweit erreichte, in dessen Effizienz im
Töten (»efficiency in killing other human beings«) begründet.[44]

Diese Sicht der Weltgeschichte war in der Erweckungsbewegung der protestantischen Länder weit verbreitet. Ihr Geschichtsdenken blieb zwar europäisch-
nordamerikanisch geprägt, doch ihr Engagement in der Mission führte über europäische oder gar nationalstaatliche Grenzen hinaus. Von der weltgeschichtlichen
Bedeutung ihrer Missionsarbeit überzeugt, setzte Blumhardt sie in Parallele zur
Französischen Revolution:

»Napoleon wird Kaiser; und in demselben Jahr (1804) entsteht die Bibelgesellschaft in England, welche die h. Schrift in hunderte von Sprachen übersetzen und in Millionen von Exemplaren verbreiten sollte. In dem Jahr endlich (1815), da Napoleons Sonne unterging, siegte die Rechte des Herrn in Tahiti. Ein schlagender Beweis, wie auch unter den erschütternden Weltstürmen das Reich Gottes seinen sicheren Fortgang hat!«[45]

Dann erschließt der Autor seinen Leserinnen und Lesern entlang der Missionsarbeit die ferne Welt: »die Missionsfreunde dachten wie Napoleon: ›Wir müssen die Welt erobern.‹ Darum sieht man die Missionare alle Meere durchkreuzen, alle Länder aufsuchen«.[46] Überall, wo es keine Protestanten gibt oder sie in der Minderheit sind, sieht er Missionsraum, nicht nur bei den Muslimen oder den Juden, auch in den katholischen Ländern Südamerikas, ebenso in Italien oder Spanien, auch in Afrika und Nordamerika.

In diesem Geschichtsdenken, das die gesamte Welt seit ihren Anfängen bis zur Gegenwart in den Blick nimmt, bedeutet Fortschritt, mit dem Christentum in Berührung zu kommen. Deshalb kann diese Art von Weltgeschichte, die bunte kulturelle Vielfalt, die sie darbietet, lehrhaft ordnen, indem sie die Weltkulturen hierarchisiert. Ihr Leitstern ist das Christentum und dessen Ausbreitung in der Welt. Auf diesen Spuren führt der Autor seine Leser von der biblischen Schöpfung bis in die Gegenwart.

Geboten wird keine wissenschaftliche Geschichtsschreibung, aber sie stimmt mit ihr, wie sie sich im 19. Jahrhundert ausbildet, in wesentlichen Punkten des Geschichtsdenkens überein: Die christliche bzw. seit der Reformation die protestantische Welt ist der Raum des historischen Fortschritts, in dem die Weltgeschichte voranschreitet. Der Rest der Welt verharrt in der Peripherie und wartet darauf, in die Weltgeschichte einzutreten, indem diese Räume durch die Mission für die christlich-europäische Welt erschlossen werden. Dieses Geschichtsdenken bietet Sicherheit durch klare Orientierung, und es kann sich politisch problemlos in die räumliche Expansion Europas in die Welt einfügen. Insofern gehört auch die Erweckungsbewegung mit ihrem universalgeschichtlichen Geschichtsdenken zu dem Prozess der Wissenspopularisierung in immer weitere Sozialkreise hinein.[47] Die populäre Geschichtsschreibung folgte hier nicht der nationalen Begrenzung des dominanten Teils der universitären Geschichtsschreibung. Das Publikum honorierte diesen Mut, die fachwissenschaftlichen Standards beiseite zu rücken, um in die historische Welt blicken zu können.

Die Fortschrittssicht dieser Weltgeschichte verbreitete die Vorstellung einer okzidentalen Einzigartigkeit gegenüber allen anderen Weltteilen. Entwickelt wurde diese Überzeugung, wie Jürgen Osterhammel an der »Entzauberung Asiens« gezeigt hat, nicht allein aus der eigenen Geschichte, sondern mit Blick auf die Gegenwart Asiens. »Europa distanzierte sich von Asien, in das es gleichzeitig immer tiefer eingriff.«[48] Die Urteilsmaßstäbe verschoben sich, Asien galt nicht mehr als rätselhaft und exotisch, sondern das Fremde, das zuvor faszinierte, wurde mehr und mehr als rückständig wahrgenommen. Asien erschien dem 19. Jahrhundert als ein Kontinent der Stagnation. Europa setzte nun die Maßstäbe, in denen sich Macht und Wissenschaft verbanden. Es entstand ein »europäisches Sonderbewußtsein«,[49] das sich einen globalen Fortschritts- und Modernisierungsauftrag zuschrieb.

Diese Erfolgsgeschichte Europas im 19. Jahrhundert, welche die anderen Teile der Welt unter Handlungsdruck setzte, findet sich in den populären Weltgeschichten aller Richtungen, die im deutschen Kaiserreich einen großen Leserkreis gewannen, obgleich sie abgekoppelt von der wissenschaftlichen Geschichtsschreibung entstanden. Die populären Weltgeschichten genügten zwar nicht den methodischen Standards des Fachs Geschichte, doch sie erreichten breite Bevölkerungskreise. Auch hier vermochten also die Angebote der wissenschaftlichen Geschichtsschreibung nur einen begrenzten Teil des Geschichtsmarktes zu erobern.

3. Methodische Reflexion und gesellschaftliche Erfahrung im Geschichtsroman: Martin Walser

Als Martin Walser 1998 den Friedenspreis des deutschen Buchhandels erhalten hatte, führte die traditionelle Rede des Preisträgers[50] zu einem heftigen öffentlichen Streit, wie man Geschichte verstehen und aus ihr lernen soll. Der Schriftsteller, der mit seiner Geschichtsdeutung mehr Aufmerksamkeit fand, als es Historikern vom Fach in aller Regel vergönnt ist, sprach vom Holocaust als dem »Gewissensthema dieser Epoche«. Er nannte den Mord an den europäischen Juden »unsere geschichtliche Last, die unvergängliche Schande, kein Tag, an dem sie uns nicht vorgehalten wird.« Er sprach weiter vom »grausamen Erinnerungsdienst«, von einer »Routine des Beschuldigens«, »vorgehaltener Moralpistole«, von der »Instrumentalisierung unserer Schande zu gegenwärtigen Zwecken«. Er könne diese Dauer-Rhetorik der historischen Schande nicht mehr ertragen und schaue nicht mehr hin. Auschwitz eigne sich nicht, zur »Drohroutine« zu werden. Die deutsche Geschichte in einem »Katastrophenpunkt enden zu lassen«, sei ihm »unerträglich«. Dann wandte er sich gegen das Holocaustdenkmal in Berlin, nannte es die »Betonierung der Hauptstadt mit einem fußballfeldgroßen Alptraum. Die Monumentalisierung der Schande.«

Für Walser bedeutete die Erregung, die er mit seiner Rede auslöste, dass er auch mit seinem Roman »Ein springender Brunnen«, ebenfalls 1998 erschienen, in die Kritik geriet. In beiden Texten, in der Rede und in dem Buch, wie auch in dem Streit um Rede und Buch, geht es um die methodologische Kernfrage einer jeden Geschichtsschreibung: Wie sind Gegenwart und Vergangenheit aufeinander bezogen? In seiner Rede nannte Walser es eine »Instrumentalisierung der Schande zu gegenwärtigen Zwecken«, die deutsche Geschichte auf den Nationalsozialismus und den Holocaust auszurichten. Als er einige Wochen später in der Duisburger Universität in einem Vortrag seinen Kritikern antwortete, hielten diese ihm ein Plakat entgegen: »Deutschland denken heißt Auschwitz denken«[51] – eine geschichtspolitische Aussage ohne Wenn und Aber. Sie legt Gegenwart und Zukunft fest an die Kette der Vergangenheit. Aber an welche Vergangenheit? Davon handelt Martin Walsers Roman.

Johann wächst im nationalsozialistischen Deutschland zum jungen Mann heran, der schließlich, als der Krieg verloren ist, noch Soldat werden muss. Zuvor durchlebt er die Zeit des Nationalsozialismus in einem Dorf, in dem die neuen

Herren vieles verändern, doch der Antisemitismus wird kaum sichtbar, der Vernichtungsantisemitismus gar nicht. Auschwitz tritt nicht in den Gesichtskreis des Jungen in seinem Dorf, und deshalb erzählt Walser nicht davon. Ein Roman über das alltägliche Leben im Nationalsozialismus, ohne auf die schrittweise Entrechtung der Juden in Deutschland, ohne auf den Massenmord an den Juden Europas zu sprechen zu kommen. Darf das sein? Verfälscht das nicht Geschichte? Gehört Walser zu denen, die ihre Gegenwart von der bittersten Seite deutscher Vergangenheit entlasten wollen, indem sie darüber schweigen? So haben viele Kritiker gefragt. Martin Walser antwortet auf diese Frage, bevor sie gestellt werden konnte – in seinem Roman. Er beantwortet sie mit Reflexionen über Geschichte, genauer: wie wir Geschichte wahrnehmen und dadurch gestalten, ein Thema, mit dem sich die Geschichtswissenschaft, und nicht nur sie, seit jeher beschäftigt.

Der Werbetext auf dem Schutzumschlag preist diesen Geschichtsroman über die Zeit des Nationalsozialismus in Deutschland in einem Dorf als eine »Epochengeschichte. *Vergangenheit als Gegenwart* heißt das Schreibprogramm, das dem Buch zugrunde liegt. In der Realisierung dieses Erzprogramms allen Erzählens verarbeitet der Autor eigene und fremde Enttäuschungen. Von der Illusion der *wiedergefundenen Zeit* bis zur *Vergangenheitsbewältigung*.« Mag sein. Doch wenn es hier wirklich um Vergangenheitsbewältigung gehen sollte, wie der Suhrkamp Verlag im Klappentext schreibt: Wessen Vergangenheit soll erzählt und dadurch bewältigt werden? Offensichtlich nicht die Vergangenheit, die alle Deutschen gemeinsam zu verantworten haben – als Nation, kollektiv, ganz gleich in welcher Form sie an dieser Vergangenheit individuell mitgewirkt haben. Martin Walser trennt nämlich scharf zwischen der kollektiven und der individuellen Vergangenheit. »In der Vergangenheit, die alle zusammen haben, kann man herumgehen wie in einem Museum. Die eigene Vergangenheit ist nicht begehbar. Wir haben von ihr nur das, was sie von selbst preisgibt. Auch wenn sie dann nicht deutlicher wird als ein Traum. Je mehr wir's dabei beließen, desto mehr wäre Vergangenheit auf ihre Weise gegenwärtig. Träume zerstören wir auch, wenn wir sie nach ihrer Bedeutung fragen. Der ins Licht einer anderen Sprache gezogene Traum verrät nur noch, was wir ihn fragen. Wie der Gefolterte sagt er alles, was wir wollen, nichts von sich. So die Vergangenheit.«[52]

Eine unangenehme Botschaft, die der Schriftsteller hier verkündet, unangenehm für alle, die Vergangenheit befragen, vor allem für Historiker, die das beruflich tun: der Vergangenheitserkunder als Folterknecht, der aus der Geschichte herausmartert, was er hören will.

Was Walser hier anspricht, treibt mit anderen Begriffen auch die Historiker um, und alle Wissenschaftler, die sich mit der Vergangenheit befassen. Es geht um das Problem, ob wir die Geschichte nur mit unseren eigenen Augen sehen können – Gegenwartsaugen, deutsche, französische, britische, türkische Augen, protestantische, jüdische, muslimische, laizistische Augen, kurz: Augen, die auf eine bestimmte Umwelt eingestellt sind, von ihr geprägt, in ihr haben sie sehen gelernt und deshalb sehen sie ihre Umwelt so, wie sie trainiert worden sind. Dass solche Prägungen stark sind, lehrt die Neurowissenschaft, nicht aber behauptet sie, wir könnten unsere Umwelt (und auch die Vergangenheit) nur in einer Perspektive betrachten, die wir gewohnt sind.[53] Die gesamte Methodenlehre der Geschichtswissenschaft handelt von diesem Problem, indem sie nach Möglichkeiten sucht, das Fremde als fremd zu verstehen, es nicht der eigenen Zeit anzuverwandeln. Auch dies ist ein Weg, die Gegenwart aus der Vergangenheit zu erkennen, aber nicht indem man die Gegenwart an die Kette der Geschichte legt, sondern die eigene Zeit mit einer fremden konfrontiert, deren Fremdheit zu erkennen, helfen kann, die eigene Gegenwart besser zu verstehen, indem man sie anders wahrnimmt als zuvor. Auch die derzeitigen Versuche, die Fixierung auf die eigene Nationalgeschichte zu überwinden durch eine europäische oder gar eine Weltgeschichte, stehen vor diesem Problem der Gegenwarts- und Kulturgebundenheit eines jeden Blicks zurück in die Geschichte.

Mit diesem Kernproblem jeder Geschichtserkenntnis ringt auch Martin Walser, wenn er in seinem Roman »Ein springender Brunnen« die gemeinsame von der »eigenen Vergangenheit« trennt und – Leopold von Rankes berühmte Formulierung aufgreifend – »Erzählen wie es war« einen »Traumhausbau« nennt.[54] Was soll das heißen? Die Geschichte abgelöst von der Gegenwart? Ohne Bedeutung für sie? Geschichtsschreibung eine Imagination, gleichberechtigt neben vielen anderen Imaginationen, die sich wechselseitig nicht ausschließen, auch wenn sie sich widersprechen, so wie Träume unverbunden nebeneinander stehen können? In der internationalen wissenschaftlichen Debatte ist dies, wie bereits angedeutet, die radikale Position von postmoderner Geschichte als einer unüberschaubaren Folge von Kaleidoskop-Geschichten, die niemand zu einem Gesamtbild zusammensetzen kann.

Martin Walsers Geschichtskonstruktion als »Traumhausbau« berührt sich mit dieser Sicht von Geschichte als Imagination. Doch seine Motivation ist eine andere als die der postmodernistischen Dekonstruktivisten. Walser lenkt unsere Aufmerksamkeit darauf, dass die Geschichte, obwohl sie nicht im »Erzählen wie es war« wiederhergestellt werden kann, dennoch jeden einzelnen verändert. Mit dieser Erkenntnis setzt der Roman ein: »Solange etwas ist, ist es nicht das, was es gewesen sein wird. Wenn etwas vorbei ist, ist man nicht mehr der, dem es passierte.«[55] Geschichte ist also, so sieht sie Walser, immer ein Fremdes. Sobald Gegenwart in Vergangenheit übergeht, wird sie uns fremd, doch sie hat uns verändert. »Vergangenheitsbewältigung« geschieht bei Martin Walser, indem man als einzelner aus der Vergangenheit heraustritt. Denn als Vergangenheit lebe sie nur in denjenigen Strängen weiter, die in der Gegenwart fortgeführt werden. In seinen Worten: »Die Vergangenheit als solche gibt es nicht. Es gibt sie nur als etwas, das in der Gegenwart enthalten ist, ausschlaggebend oder unterdrückt, dann als unterdrückte ausschlaggebend.«[56]

Der kurze Romanabschnitt »Vergangenheit als Gegenwart« (S. 281–283), dem dieses Zitat entnommen ist, liest sich wie ein Text zur Theorie der Geschichte und vor allem dazu, wie die Gesellschaft mit Geschichte umgeht. Vergangenheitssuche, so Walser, ist Gegenwartserklärung; genauer: ist der Versuch, sich durch Vergangenheit in der Gegenwart eine bessere Position zu verschaffen, ist also »Vergangenheitspolitik« (Norbert Frei). In Walsers Worten:

»Man sucht Gründe, die es rechtfertigen könnten, daß man ist, wie man ist. Manche haben gelernt, ihre Vergangenheit abzulehnen. Sie entwickeln eine Vergangenheit, die jetzt als günstiger gilt. Das tun sie um der Gegenwart willen. Man erfährt nur zu genau, welche Art Vergangenheit man gehabt haben soll, wenn man in der gerade herrschenden Gegenwart gut wegkommen will. Ich habe einige Male zugeschaut, wie Leute aus ihrer Vergangenheit förmlich herausgeschlüpft sind, um der Gegenwart eine günstigere Vergangenheit anbieten zu können. Die Vergangenheit als Rolle.«[57]

Je stärker der »Umgang mit der Vergangenheit« normiert werde – etwa dadurch, so können wir mit Blick auf seine Friedenspreisrede hinzufügen, dass man Auschwitz als Fluchtpunkt der deutschen Geschichte vorgebe – desto stärker werde das,

»was als Vergangenheit gezeigt wird, Produkt der Gegenwart. Es ist vorstellbar, daß die Vergangenheit überhaupt zum Verschwinden gebracht wird, daß sie nur noch dazu dient, auszudrücken, wie einem jetzt zumute ist beziehungsweise zumute sein sollte. Die Vergangenheit als Fundus, aus dem man sich bedienen kann. Nach Bedarf. Eine komplett erschlossene, durchleuchtete, gereinigte, genehmigte, total gegenwartsgeeignete Vergangenheit. Ethisch, politisch durchkorrigiert. Vorexerziert von unseren Gescheitesten, Einwandfreisten, den Besten. Was immer unsere Vergangenheit gewesen sein mag, wir haben uns von allem befreit, was in ihr so war, wie wir es jetzt nicht mehr möchten. Vielleicht könnte man sagen, wir haben uns emanzipiert. Dann lebt unsere Vergangenheit in uns als eine überwundene. Als bewältigte. Wir müssen gut wegkommen. Aber nicht so lügen, daß wir es selber merken.«[58]

Dieser Form, mit Vergangenheit umzugehen, hält Martin Walser eine Geschichte entgegen, »über die wir nicht Herr sind. Nachträglich sind keine Eroberungen zu machen. Wunschdenkens Ziel: Ein interesseloses Interesse an der Vergangenheit. Daß sie uns entgegenkäme wie von selbst.«

Martin Walser sinnt seinem Publikum eine Geschichte an, die in ihrer Fremdheit wahrgenommen und angenommen sein will. Und aus der gerade deshalb, weil sie nicht auf die Gegenwart, wie wir sie sehen wollen, ausgerichtet wird, mehr über die eigene Zeit zu erfahren ist als aus einer Geschichte, aus der uns nur entgegenhallt, was wir zuvor in sie hineingerufen haben. Dieses Ideal, das Walser entwirft, ist auch das Ideal einer Geschichtsschreibung, die jede Zeit aus sich heraus verstehen will. Das bedeutet nicht, Kontinuitätslinien abzuschneiden, doch es verlangt, einzugestehen, dass niemand, kein Historiker und nicht einmal der Dichter, in seiner »Wiederherstellung der Vergangenheit [...] das Unerwartete zurückbringen [kann]. Dieses ist genau die Eigenschaft der Vergangenheit, wie sie sich vom Übergang der Gegenwarten ineinander unterscheidet.« Deshalb schreibt, so fährt der amerikanische Sozialphilosoph George H. Mead in seinem sensiblen Essay über das »Wesen der Vergangenheit« (1929) fort, jede Generation »ihre Geschichte neu – und ihre Geschichte ist die einzige, die sie von der Welt hat.«[59]

An dieser Daueraufgabe der Geschichtsschreibung sind unüberschaubar viele an unüberschaubar vielen Orten beteiligt. Der Geschichtsmarkt verdaut sie alle. Zu untersuchen, welche Positionen die Geschichtswissenschaft auf ihm einnimmt und über welche Wirkungsmöglichkeiten sie verfügt, wäre jeder Anstrengung wert.

Anmerkungen

*   Erschienen in: Historie und Leben. Der Historiker als Wissenschaftler und Zeitgenosse. Fest-
      schrift für Lothar Gall zum 70. Geburtstag, hg. v. Dieter Hein u.a., München 2006, S. 311–326.
1   Damals. Das Magazin für Geschichte und Kultur 37 (2005), H. 7, S. 50f.
2   Vgl. Langewiesche, Populare und professionelle Historiographie zur Revolution von 1848/49
      im Jubiläumsjahr 1998, in: Zeitschrift für Geschichtswissenschaft 47 (1999), S. 615–622.
3   Johann Martin Chladenius, Allgemeine Geschichtswissenschaft, Wien 1985 (1752), S. 115.
4   So Johannes Frieds (Der Schleier der Erinnerung. Grundzüge einer historischen Memorik,
      München 2004, S. 151f.) hochgespannte Erwartung. Kritik daran in historiographischer und
      neurowissenschaftlicher Sicht: Niels Birbaumer / Langewiesche, Neuropsychologie und His-
      torie – Versuch einer empirischen Annäherung, in: Geschichte und Gesellschaft 3 (2006),
      S. 153–175.
5   Georg H. Mead, Das Wesen der Vergangenheit (1929), in: Gesammelte Aufsätze, Bd. 2,
      Frankfurt/M. 1983, S. 337–346, 344.
6   Johann Gustav Droysen, Historik. Vorlesungen über Enzyklopädie und Methodologie der
      Geschichte, hg. v. Rudolf Hübner, Darmstadt [7]1972 ([1]1858), S. 273.
7   Ebd., S. 287.
8   Reinhard   Koselleck,   Erfahrungswandel   und   Methodenwechsel.   Eine   historisch-
      anthropologische Skizze, in: Ders., Zeitschichten. Studien zur Historik, Frankfurt/M. 2000, S.
      19–26.
9   Grundlegend zur Rationalität mythischen Denkens Peter Hübner, Die Wahrheit des Mythos,
      München 1985.
10   Ausführlicher in diesem Buch: Geschichtswissenschaft in der Postmoderne? Die Ikone dieses
      Deutungsmodells ist Homi Bhabha, The Location of Culture, London 1994 u.ö.
11   Treitschke, Vorbemerkung, in: Historische Zeitschrift 79 (1896), S. 1–5; auch die folgenden
      Zitate.
12   Zum Kulturhistoriker Treitschke, der »nicht nur anschaulicher Kulturgeschichte« schrieb als
      »die Kulturhistoriker vom Fach«, sondern sie auch in die Geschichte der Nation einfügte,
      s. Eduard Fueter, Geschichte der neueren Historiographie, München 1911, S. 545.
13   Henry Thomas Buckle's Geschichte der Civilisation in England. Deutsch von Arnold Ruge.
      Dritte rechtmäßige Ausgabe. Erster Band, Leipzig 1868, S. VI: Vorwort des Uebersetzers
      (zur 1. Auflage 1860).
14   Arnold Ruge, Ueber Heinrich Thomas Buckle und zur zweiten Auflage, in: Ebd. S. VII–
      XVIII, Zitate S. XVI–XVII. Zur großen Wirkung Buckles s. Eckhardt Fuchs, Henry Thomas
      Buckle. Geschichtsschreibung und Positivismus in England und Deutschland, Leipzig 1994.
      Zu den Kritikern gehörte Droysen (Historik, S. 386–405), der an Buckles historischen Geset-
      zen eine »außerordentliche Seichtigkeit« diagnostizierte (S. 399).
15   Henry Thomas Buckle's Geschichte der Civilisation in England. Deutsch von Arnold Ruge.
      Dritte rechtmäßige Ausgabe. Zweiter Band, Leipzig 1868, S. V (Vorwort).
16   Ruge, Vorwort, 1. Band, S. V–VI.
17   Kurt Breysig, Über Entwicklungsgeschichte, in: Deutsche Zs. für Geschichtswissenschaft
      (1896/97), S. 161–174, S. 193–211, S. 171, S. 204, S. 209f. Die Konkurrenz der Zeitschriften
      spricht der Herausgeber offen an: Ludwig Quidde, Zur Einführung, in: Ebd. 1889, S. 1–9.
      Vgl. Bernhard vom Brocke, Kurt Breysig, Lübeck 1971; Horst Walter Blanke, Historiogra-
      phiegeschichte als Historik, Stuttgart 1991.
18   Zur Behinderung von Juden und Katholiken – Sozialisten hatten keine Chance – s. Notker
      Hammerstein, Antisemitismus und deutsche Universitäten 1871–1933, Frankfurt/M. 1995.
19   Alle Zitate ebd., S. 40, 53 (Wilamowitz), S. 42 (Lenz).
20   Norbert Frei, Vergangenheitspolitik. Die Anfänge der Bundesrepublik und die NS-Vergan-
      genheit, München 1996, S. 405.
21   Zum sozialdemokratischen Geschichtsmodell in den Debatten der Weimarer Nationalver-
      sammlung und nach 1945 s. in diesem Buch die Studie: Der »deutsche Sonderweg«. Defizit-

geschichte als geschichtspolitische Zukunftskonstruktion nach dem Ersten und Zweiten Weltkrieg.

22   Zugang zu den Quellen: Michael Brenner u. a. (Hg.), Jüdische Geschichte lesen. Texte der jüdischen Geschichtsschreibung im 19. und 20. Jahrhundert, München 2003.

23   Einen Eindruck davon vermittelt Gustav Kappeles, Jews and Judaism in the Nineteenth Century, Baltimore 1905 (Übersetzung nach dem deutschen Manuskript einer Vortragsreihe 1899–1900 vor dem »Verein für jüdische Geschichte und Litteratur« zu Berlin).

24   Heinrich Graetz, Die Konstruktion der jüdischen Geschichte, Berlin 1936 (1846), S. 56f.; auch das folgende Zitat.

25   Vgl. Brenner u. a., Geschichte lesen; Michael Brenner / David N. Myers (Hg.), Jüdische Geschichtsschreibung heute, München 2002.

26   Baer, Galut, Berlin 1936; Yerushalmi, Ein Feld in Anatot. Versuche über jüdische Geschichte, Berlin 1993.

27   Vgl. Michael Brenner, Religion, Nation oder Stamm: zum Wandel der Selbstdefinition unter Juden, in: Heinz-Gerhard Haupt / Langewiesche (Hg.), Nation und Religion in der deutschen Geschichte, Frankfurt/M. 2001, S. 587–601.

28   Zu den konkurrierenden nationalen Geschichtsbildern Stefan Laube, Konfessionelle Brüche in der nationalen Heldengalerie. Protestantische, katholische und jüdische Erinnerungsgemeinschaften im deutschen Kaiserreich, in: Haupt / Langewiesche, S. 293–332; Willibald Steinmetz, Die ›Nation‹ in konfessionellen Lexika und Enzyklopädien (1830–1940), ebd., S. 217–292.

29   Johannes Janssen, Geschichte des deutschen Volkes seit dem Ausgang des Mittelalters, 8 Bde., Freiburg im Breisgau 1876–1894. Die ersten drei Bände erzielten 18, die folgenden 16 Auflagen. Angaben nach Ludwig von Pastor: Janssen, in: Allgemeine Deutsche Biographie Bd. 50, Leipzig 1905, S. 733–741; ders., Johannes Janssen 1829–1891. Ein Lebensbild, vornehmlich nach ungedruckten Briefen und Tagebüchern desselben, Freiburg im Breisgau 1892 (mit Zusammenstellung der Kritiken). Janssen stand in den 1860er Jahren hinter der preußischen Politik, die er erst unter dem Eindruck des Kulturkampfes kritisierte.

30   Johannes Janssen, An meine Kritiker. Nebst Ergänzungen und Erläuterungen der ersten drei Bände meiner Geschichte des deutschen Volkes. Neuntes Tausend, Freiburg im Breisgau 1883, S. 3. Vgl. Janssen, Ein zweites Wort an meine Kritiker. Nebst Ergänzungen und Erläuterungen der ersten drei Bände meiner Geschichte des deutschen Volkes. Zwölftes Tausend, Freiburg im Breisgau 1883.

31   Janssen, Geschichte des deutschen Volkes, 1. Band. Dreizehnte verbesserte und vierzehnte Auflage, Freiburg im Breisgau 1887, S. VIII.

32   Wie sehr Janssen Wert darauf legte, seine Geschichtsschreibung von derjenigen abzugrenzen, die Fachstandards nicht genügte, zeigt seine Studie: Schiller als Historiker. Zweite neu bearbeitete Auflage, Freiburg im Breisgau 1879.

33   Jürgen Osterhammel, »Höherer Wahnsinn«. Universalhistorische Denkstile im 20. Jahrhundert, in: Ders., Geschichtswissenschaft jenseits des Nationalstaats. Studien zur Beziehungsgeschichte und Zivilisationsvergleich, Göttingen 2001, S. 173.

34   Julius von Pflugk-Hartung (Hg.), Weltgeschichte. Die Entwicklung der Menschheit in Staat und Gesellschaft, in Kultur und Geistesleben, 6 Bde., Berlin 1907–1910, Bd. 4, 1907, Einführung S. IV–V, zitiert nach Hartmut Bergenthum, Weltgeschichten im Zeitalter der Weltpolitik. Zur populären Geschichtsschreibung im wilhelminischen Deutschland, München 2004, S. 11.

35   Ebd., S. 13.

36   Ebd., S. 61.

37   Günter Birtsch / Jörn Rüsen (Hg.), Johann Gustav Droysen. Texte zur Geschichtstheorie, Göttingen 1972, S. 24 (aus den ungedruckten Materialien zur »Historik«).

38   Ebd., S. 20f.

39   Osterhammel, Raumerfassung und Universalgeschichte, in: Ders., Geschichtswissenschaft, S. 57.

40   Dazu mit dem Blick des Ethnologen Eric Wolf, Europe and the People without History, London 1982, [2]1997.

41   Christoph Blumhardt, Handbüchlein der Weltgeschichte. Mit vielen Abbildungen, hg. v. Calwer Verlagsverein, Calw 8. verbesserte Aufl. 1882 ([1]1835), S. 1.

42   Ebd., S. 2.

43   Ebd.

44   C. A. Bayly, The Birth of the Modern World, 1780–1914, Oxford 2004, S. 469; Michael Mann, The Sources of Social Power, Bde. 1–2, Cambridge 1986, S. 1993.

45   Blumhardt, S. 303.

46   Ebd., S. 309.

47   Andreas W. Daum, Wissenschaftspopularisierung im 19. Jahrhundert, München 1998.

48   Jürgen Osterhammel, Die Entzauberung Asiens. Europa und die asiatischen Reiche im 18. Jh., München 1998, S. 380.

49   Jürgen Osterhammel, Kulturelle Grenzen in der Expansion Europas, in: Ders., Geschichts- wissenschaft jenseits des Nationalstaats, S. 233.

50   Alle Zitate aus seiner Rede: http://www.boersenverein.de/fpreis/mw_rede.htm_(01.12.98).

51   Walsers Rede und das Plakat am Ort der Rede, dem Auditorium Maximum der Universität Duisburg, in: FAZ 277 v. 28.11.1998, S. 35.

52   Martin Walser, Ein springender Brunnen, Frankfurt/M. 1999, S. 9.

53   Vgl. etwa Wolf Singer, Was kann ein Mensch wann lernen?, in: Ders., Der Beobachter im Gehirn. Essays zur Hirnforschung, Frankfurt/M. 2002, S. 43–59; ders., Vom Gehirn zum Bewußtsein, ebd., S. 60–76.

54   Walser, Ein springender Brunnen, S. 10.

55   Ebd., S. 9.

56   Ebd., S. 281.

57   Ebd., S. 282.

58   Ebd., S. 282f.; dort auch das folgende Zitat.

59   Mead, S. 344.

Geschichte als politisches Argument

Vom Wert historischer Erfahrung in einer Zusammenbruchsgesellschaft: Deutschland im 19. und 20. Jahrhundert*

Die Geschichte des modernen Deutschland ist durch eine ungewöhnliche Kette tiefer politischer und gesellschaftlicher Brüche geprägt, die immer auch historische Erfahrungen umwerteten. Nur wenigen Generationen war es vergönnt, in die Lebenswelt der Eltern und Großeltern ohne dramatische Zäsuren hineinzuwachsen. Dies ist der Grund, warum der Wert historischer Erfahrung in der deutschen Geschichte viel schwerer zu bestimmen ist als in der französischen, der englischen oder der italienischen. Meine Hauptthese lautet deshalb: Die vielen Brüche in der deutschen Geschichte der letzten beiden Jahrhunderte gestatteten keine Kontinuität nationaler Geschichtsbilder – bis heute und gerade heute wieder.

Geschichtsbilder sind Ursprungsmythen, die Gegenwart und Zukunft vor den Richterstuhl der Vergangenheit stellen. An ihnen wird die Gegenwart gemessen und mit ihnen wird Zukunft eingefordert. Jede Nation hat solche Ursprungsmythen, in denen sie ihre Geschichte deutet und gegenwärtig hält. Sie sagen viel über das Selbstverständnis einer Gesellschaft. Historische Zäsuren können dazu zwingen, Ursprungsmythen zu verändern, um das Neue mit der Geschichte zu versöhnen. Je tiefer die Zäsur, umso gründlicher der Mythenwechsel. Doch auch der neue Mythos schöpft Legitimation aus der Geschichte, denn auch der revolutionäre Bruch verlangt eine historische Weihe.

Dieses Zusammenspiel von Brüchen und Kontinuitätsstiftungen in den deutschen Geschichtsbildern soll nun im Längsschnitt auf drei großen Themenfeldern skizziert werden: 1. Zusammenbruch und Neuordnung des Staates; 2. Nation und Europa; 3. republikanische Staats- und Gesellschaftsordnungen.[1]

1. Zusammenbrüche und Neuordnungen: 1806–1848 · 1866/71–1918 · 1933–1945 · 1989

Das moderne Deutschland ist eine Zusammenbruchsgesellschaft. Dem Zusammenbruch folgte stets der Versuch einer Neuordnung, doch lange Phasen staatlicher Kontinuität sind ihr nicht gegönnt gewesen. Begonnen hatte die Kette von Zusammenbrüchen zu Beginn des 19. Jahrhunderts, als mit dem *Heiligen Römischen Reich Deutscher Nation* ein für die deutsche Staatenwelt und für Europa gleichermaßen zentrales Institutionengefüge zusammenbrach. Damit beginnt eine lange Phase der Suche nach einer neuen Ordnung. Der Deutsche Bund gehört ebenso dazu wie die achtundvierziger Revolution. Erst die Reichsgründung von 1871 beendet diese Zeit, die geprägt war durch den Versuch, etwas Neues an die

Stelle des Alten Reiches zu setzen, das über Jahrhunderte hinweg das Grundmuster der staatlichen Ordnung in Deutschland bestimmt hatte und in der Lebenswelt vieler Menschen unmittelbar präsent gewesen war.

Die Revolution von 1848/49 hat in der kollektiven Erfahrungsgeschichte der Deutschen keinen herausragenden Platz erhalten, obwohl auch sie Zusammenbruch und Neubeginn in einem war.[2] Im Jubiläumsjahr [1998/99] wird die achtundvierziger Revolution zwar allerorten als Wiege der deutschen Demokratie gefeiert, doch zum nationalen Geschichtsmythos zu werden fehlte ihr die Kraft. Auch diejenigen, die 1848 als den Beginn von etwas Neuem begriffen, verlegten das Neue, das Epochale in die Zukunft. 1848 – ein unerfülltes Epochenjahr, so könnte man pointiert sagen, ein Epochenjahr der Verheißung, die zu erfüllen Aufgabe der Nachfahren sei. Diese Deutung zieht sich von Zeitgenossen der Revolution über die ersten Präsidenten der Weimarer Republik und der Bundesrepublik Deutschland, Friedrich Ebert und Theodor Heuss, und ebenso über Repräsentanten der Deutschen Demokratischen Republik bis zu politischen Festrednern in den derzeitigen Jubiläumsfeiern.

Dass 1848 nicht zum Ursprungsmythos des modernen Deutschland werden konnte, lag nicht daran, dass diese Revolution scheiterte. Das Jahr 1848 konnte vielmehr deshalb keinen zentralen Platz im deutschen Geschichtsbild erhalten, weil kurz darauf mit der Nationalstaatsgründung von 1871 ein Gravitationszentrum entstand, das alle Geschichtslinien auf sich ausrichtete. Dieser Kraft hatte die gescheiterte nationalstaatliche Demokratiegründung von 1848 nichts Gleichwertiges entgegenzusetzen. Sie verblasste 1871 zu einem historischen Orientierungspunkt für oppositionelle Minderheiten.

Mit der Reichsgründung von 1871 erhielt die Kette von Zusammenbruch und Neuordnung in der Geschichte des modernen Deutschland ihr zweites Hauptglied, neben dem sich die Erinnerung an 1848 nicht behaupten konnte. Doch die Reichsgründung schuf nicht nur Neues. Dieses Neue, das schon Zeitgenossen eine »Revolution von oben« genannt haben, begann für viele als ein Zusammenbruch. In vier Bereichen ist dieser Zusammenbruch in der Gestalt des deutschen Nationalstaates klar zu erkennen:

Deutschland schrumpfte territorial, indem Österreich, die alte deutsche Kaisermacht, aus der deutschen Geschichte ausschied. Das mag heute kaum mehr erwähnenswert erscheinen. Damals jedoch wurde dieser Bruch mit der deutschen Geschichte als so radikal empfunden, dass viele Organisationen ihn nicht mit vollzogen – z.B. Studentenverbände, Turner, Sänger. Vor allem in der Kultur blieb das alte Deutschland noch als Einheit sichtbar, doch auch politische und wirtschaftliche Verbände stellten sich nicht sofort auf den neuen, engeren Nationalstaat um. Nach dem Ersten Weltkrieg wurde in dem nochmals verkleinerten Deutschland und in dem zum Kleinstaat reduzierten Österreich der Wunsch, die nationalstaatliche Trennung von 1867 aufzuheben, revitalisiert. Das nationalsozialistische Deutschland konnte daran anknüpfen, zerstörte jedoch mit seiner Gewaltpolitik definitiv die alten historischen Klammern. Österreich wurde nun zu einer eigenständigen Nation, die sich von der deutschen dezidiert abgrenzte.

Deutschland wurde mit dem militärisch erzwungenen Ausscheiden Österreichs protestantischer als es je gewesen war. Die Katholiken wurden zu einer Minderheit, die den Verlust des Alten nur langsam überwand. Für viele Katholiken begann also die Gründung des deutschen Nationalstaates mit dem Zusammenbruch des Vertrauten, während viele Protestanten sie als die staatliche Vollendung der Reformation feierten. Erst die territorialen Verluste nach dem Zweiten Weltkrieg beseitigten in der Bonner Republik das quantitative Gefälle zwischen Protestantismus und Katholizismus, das mit der Reichsgründung von 1867/71 entstanden war, als der katholische Bevölkerungsanteil auf etwa ein Drittel schrumpfte. Die Berliner Republik markiert schließlich in der deutschen Konfessionsgeschichte eine weitere Zäsur, denn mit dem Ende der DDR wurde die starke Entkirchlichung der ostdeutschen Bevölkerung zu einem gesamtdeutschen Erbe, das der gescheiterte Sozialismus hinterließ.

In der Gründung des deutschen Nationalstaates gingen einige traditionsreiche deutsche Staaten unter. Auch dies spielt im heutigen Geschichtsbewusstsein kaum mehr eine Rolle. Damals waren es jedoch tiefe und verstörende Einschnitte. Preußen, die Hegemonialmacht des neuen Nationalstaates, tat, was 1848/49 die Revolution nicht gewagt hatte: Sie löschte einige Staaten aus, was viele lange nicht vergessen haben. Doch so tief diese Verlusterfahrung auch war, sie hat den jungen deutschen Nationalstaat nicht gefährdet, sondern eher gestärkt. Denn sie verwandelte sich in ein föderatives Nationsbewusstsein, das sich in den föderativ-staatenbündischen Grundzug der deutschen Geschichte einfügte. Die Idee einer föderativen deutschen Nation ist im Alten Reich entstanden und hat als moderner Föderalismus im neuen Nationalstaat überlebt. Er trug dazu bei, auch diejenigen zu versöhnen, die diesen Nationalstaat zunächst als geschichtswidrigen Zentralismus im Dienste Preußens abgelehnt hatten.[3]

Die Geschichte der bürgerlichen Demokraten als einer eigenständigen parteipolitischen Kraft neben Liberalen und Konservativen endete mit der Gründung des Nationalstaates abrupt und dauerhaft. Die bürgerlichen Demokraten, 1848/49 zur stärksten politischen Kraft in Deutschland geworden, hatten ihren Schwerpunkt im Süden und Südwesten, wo sie sich als unerbittliche Gegner einer »Verpreußung« Deutschlands profilierten. Als der preußisch-protestantisch geprägte deutsche Nationalstaat aus den drei Einigungskriegen der sechziger Jahre hervorging, gehörten sie 1871 zu den Verlierern im Kampf um die künftige Gestalt der deutschen Nation. Von dieser Niederlage haben sie sich nie wieder erholt. Dieser Zusammenbruch ging zwar nicht in das deutsche Geschichtsbewusstsein ein, war jedoch von kaum zu überschätzender Wirkung für den weiteren Verlauf der deutschen Geschichte.

Angesichts dieser Anfänge ist der monarchische Nationalstaat überraschend schnell von der deutschen Bevölkerung angenommen worden – einschließlich der vielen, die ihn so nicht gewollt hatten. Aber nur zwei bis drei Generationen blieb es vergönnt, sich in dem jungen Nationalstaat einzurichten und an seiner inneren Gestalt mitzuformen. Dann kam mit dem revolutionären Untergang des Kaiserreichs, in den der Erste Weltkrieg mündete, bereits der nächste Zusammenbruch. Er wurde als viel tief greifender empfunden als Zusammenbruch und Neuaufbau von 1871.

Die Revolution von 1918/19 mag stecken geblieben oder unvollendet geblieben
sein, wie viele Historiker hervorheben. Doch das sollte nicht den Blick verstellen,
wie tief dieser Bruch wirkte. Der Übergang von der Monarchie zur Republik
wurde vor allem im Bürgertum als ein Bruch mit der Geschichte und als ein Zusammenbruch der eigenen Lebenswelt empfunden. Für die politischen Eliten war
es eine Zäsur von revolutionärer Radikalität. Denn die Amts- und Funktionseliten
des Kaiserreichs hatten nicht den Weg über Parteien und Parlament gehen müssen, wenn sie ihre Interessen im Staat durchsetzen wollten. Zumindest war das
nicht der einzige Weg. Die Nähe zum Monarchen und zur Bürokratie war vielfach
wirksamer. Damit war es nun vorbei. Erstmals in der deutschen Geschichte mussten sich alle politischen Eliten in der öffentlichen Arena behaupten. Parlament und
Parteien rückten ins Zentrum der politischen Macht. Das Etikett »Parteienstaat«,
damals abwertend gemeint, drückt das Neue durchaus präzise aus. Die Folgen
waren unübersehbar.

Sozialdemokraten und Katholiken – diejenigen also, die zuvor dem protestantischen Bürgertum, das sich selber als Kern der deutschen Nation sah, als national
nicht ganz zuverlässig gegolten hatten – wurden nun zu den politischen Trägern
der neuen Republik. Es war eine Republik, die aus einer militärischen Niederlage
hervorging, mit der kaum jemand gerechnet hatte, eine Republik, die von den
alliierten Siegern mit dem moralischen Makel der Kriegsschuld belastet schien
und deshalb über mehrere Generationen hinweg Reparationen leisten sollte, die
von nahezu allen Deutschen als unerträglich hoch angesehen wurden, eine Republik, die Gebiete abtreten musste und mit den Kolonien das damals übliche Zerti-
fikat verlor, Großmacht zu sein, eine Republik, die eine Inflation und damit die
Vernichtung bürgerlicher Lebenssicherheit erlebte.

Dies stiftete eine deutsche Grunderfahrung, deren Wirkungen bis in die Gegenwart reichen. Selbst kundige Menschen waren auf dieses Knäuel von Zusammenbrüchen nicht vorbereitet. Der Nationalökonom und Soziologe Werner Sombart z.B., Autor eines grundlegenden Werkes über die Geschichte des Kapitalismus, mit dem er dieses Wort *Kapitalismus* geprägt und in die öffentliche Debatte
eingeführt hat, verkaufte mitten in der Inflation seine wertvolle Privatbibliothek
nach Japan, um dann feststellen zu müssen, mit dem Erlös nur noch ›die Wände
tapezieren‹ zu können. Für die neue Republik hat ihn das nicht erwärmt.[4]

Diese Bürden, mit denen die junge parlamentarische Demokratie überlastet wurde, müssen hier nicht weiter ausgeführt werden. Wichtig ist für die Frage nach
dem Wert historischer Erfahrung: Die demokratische Republik als Erbe des monarchischen Nationalstaates konnte nur von Teilen der deutschen Gesellschaft als
ein verheißungsvoller Anfang begriffen werden. Für große Bevölkerungsgruppen
begann das Neue hingegen mit einem Zusammenbruch, der alles zu vernichten
schien, worauf sie sich verlassen hatten. Die Geburt der ersten deutschen Republik aus dem Zusammenbruch hat ihre Fähigkeit zum Überleben zwar nicht von
Beginn an vernichtet, aber doch schwer geschwächt. Es ist bewundernswert, was
diese Republik geleistet hat, aber die Lasten, insbesondere die Weltwirtschaftskri-
se mit ihren verheerenden Auswirkungen auf dem Arbeitsmarkt, verhinderten es,

die junge Republik so in der Bevölkerung zu verankern, dass sie mit Loyalität auch in schweren Krisen rechnen konnte. Neue Generationen von Republikanern konnten nicht heranwachsen, denn die drei Jahrzehnte nach dem Ersten Weltkrieg waren eine einzige Phase der Zusammenbrüche, jeweils verbunden mit dem Versuch, etwas grundsätzlich Anderes aufzubauen – erst der Nationalsozialismus, den viele zunächst durchaus als eine verheißungsvolle Alternative zur Weimarer Republik begrüßt hatten, dann die doppelte Staatsgründung nach dem Zweiten Weltkrieg.

Aus einer solchen Geschichte ständiger Zusammenbrüche, die angestammte oder gerade erst erlernte Leitbilder immer wieder entwerteten, vermochte keine historische Erfahrung hervorzugehen, die der Gesellschaft einen Konsens in den Grundwerten hätte stiften können. Dazu bestand in der jüngeren deutschen Geschichte nur zweimal die Chance: zunächst im Kaiserreich, einer glanzvollen Zeit, in der sich die Lebensverhältnisse der gesamten Bevölkerung grundlegend verbesserten, und dann in den beiden deutschen Staaten, die aus der Katastrophe des nationalsozialistischen Unrechtsregimes und des Zweiten Weltkrieges hervorgingen. Nur diese beiden Phasen währten lange genug, um historisch gesättigte Erfahrungen entstehen zu lassen. Im zweiten Fall verliefen die Entwicklungen in der Bundesrepublik und in der DDR jedoch so unterschiedlich und auf beiden Seiten so prägend, dass mit dem Zusammenbruch des einen Staates und seiner Vereinigung mit dem anderen keine gesamtdeutsche Gesellschaft mit gleichgerichteten historischen Erfahrungen entstehen konnte. Dafür waren die Entwicklungen zuvor zu gegensätzlich gewesen. Die oft beschworene mentale Mauer, die nicht sofort mit der staatlichen gefallen sei, könnte man auch eine historisch begründete Erfahrungsmauer nennen, welche die westdeutsche von der ostdeutschen Gesellschaft weiterhin trennt. Ihre Überwindung erfordert Zeit, die es ermöglicht, gemeinsame Erfahrungen zu sammeln und historisch zu verarbeiten. Denn, noch einmal, historische Erfahrungen als Orientierungshilfen für Gegenwart und Zukunft brauchen Zeit zum Werden. Diese Zeit hat die spezifisch deutsche Zusammenbruchsgeschichte des 19. und 20. Jahrhunderts nur ganz wenigen Generationen gewährt, und jede dieser Phasen endete bislang mit einem erneuten Zusammenbruch – zunächst 1918/19 und dann 1989/90. In diese Kette von Zusammenbrüchen sind jedoch auch Kontinuitäten in den kollektiven Erfahrungen eingewoben. Dies sei nun für die beiden anderen Bereiche erläutert, die zu Beginn genannt wurden: Nation und Europa sowie republikanische Staats- und Gesellschaftsordnungen.

2. Nation und Europa

Zu diesem Themenbereich, dessen politische Aktualität das Kriegsgeschehen in den vergangenen Monaten erneut auf die Tagesordnung der Geschichte gerückt hat, liegen eine Fülle neuerer Studien vor. Hier genügt eine knappe Skizze zu den historischen Erfahrungen, die sich damit seit 1848 verbinden. Auch wenn sie sich nationsspezifisch ausformten, waren es doch stets europäische Erfahrungen.

1848 schienen Nation und Europa zunächst eine widerspruchslose Einheit zu bilden. Demokratische Revolution und »Völkerfrühling«, ein Hoffnungswort, das alle europäischen Sprachen damals aufnahmen, galten als zwei Seiten einer Medaille.[5] Das künftige demokratische Europa werde ein Europa der Nationalstaaten sein, und die demokratischen Nationalstaaten werden die europäische Kriegsgeschichte beenden. Mit dieser Erwartung begann die Revolution. Viele Reden und Gemälde bezeugen es. Doch es kam binnen weniger Wochen und Monate ganz anders. Die Revolution europäisierte den Erfahrungsraum auch von Menschen, die es bis dahin nicht gewohnt waren, in europäischen Dimensionen zu denken. Denn diese Revolution war ein europäisches Ereignis. Das konnte niemand übersehen. Die Europäisierung war jedoch zugleich mit einer durchgreifenden Nationalisierung des politischen Erfahrungs- und Handlungsraumes verbunden. Das künftige Europa wird ein Europa der Nationen und der Nationalstaaten sein, und es wird sich in Konflikten und Kriegen formieren. Diese Zukunft wurde in der Revolution von 1848 erstmals mit voller Schärfe sichtbar. Das Wissen darüber gehörte seit der achtundvierziger Revolution zum kollektiven Erfahrungshaushalt in Europa.

Der Nationalisierungsprozess verschonte keinen europäischen Staat. Nur Staaten, die es schafften, sich als Nationalstaaten neu zu definieren, überlebten. ›Eine Nation – ein Staat‹ wurde zum europäischen Ordnungsmuster. Die militärische Gewalt, mit der es durchgesetzt wurde, verschonte nur wenige Kleinstaaten wie Luxemburg und Liechtenstein.

Nahezu alle europäischen Nationalstaaten sind Kriegsgeburten. Als Ausnahme hebt sich von diesem Grundmuster europäischer Geschichte nur die friedliche Trennung Norwegens von Schweden im Jahre 1905, Islands von Dänemark im Umfeld der beiden Weltkriege und dann erst wieder in unserer Gegenwart der zumindest teilweise friedliche Zerfall des Sowjetimperiums ab. Dass sich Großreiche ohne Krieg auflösen, dass sich die tschechoslowakische Republik friedlich in zwei Staaten geteilt hat, ist historisch neu und einzigartig für das Europa der modernen Nationen. Der gegenwärtige gewaltreiche Zerfall Jugoslawiens in staatliche Teile, die sich selber als Nationalstaaten verstehen, folgt hingegen dem historischen Normalweg, dem bis 1945 nur die erwähnten Ausnahmen im glücklichen Norden Europas entronnen sind. Ob Balkankrieg als ein weiterer Einigungskrieg wirken und in die kollektive Erfahrung der Bevölkerung in der *Europäischen Union* eingehen wird – als eine europäische Variante in der dicht bestückten Tradition nationaler Einigungskriege –, kann nur die Zukunft erweisen.

Die Kriegsgeschichte ist jedoch nur die eine Seite historischer Erfahrung, die sich in Europa und insbesondere in Deutschland mit Nation und Nationalstaat als dominantem Ordnungsmuster verbindet. Die andere Seite lautet: Nation und Nationalstaat sind demokratische Partizipationsverheißungen. Entstanden in der Ära der französischen und der amerikanischen Revolution entwickelte sich der Nationalismus zu der wohl wirkungsmächtigsten Veränderungskraft des 19. und 20. Jahrhunderts. Die jüngste deutsche Geschichte – nicht nur sie, aber hier besonders deutlich – zeigt, dass die demokratische Veränderungskraft, die von der Idee der Nation ausgehen kann, alle historischen Brüche überdauert hat.

Hartmut Zwahr, Teilnehmer und Analytiker der Ereignisse von 1989 in Leipzig, wo er Historiker war und ist, spricht gegen alle, die meinen, das Ziel der »Bürgerrevolution« sei nur eine erneuerte DDR gewesen: von der Bürgerrechtsbewegung, welche die Zweistaatlichkeit nicht in Frage stellte, zur »nationaldemokratischen Revolution«, welche die DDR aufgab; von der Selbstbestimmungsforderung »Wir sind das Volk« im Oktober zu der Wiedervereinigungsforderung »Deutschland einig Vaterland« im November. Dieser auf wenige Wochen verdichtete Prozess entfesselte eine neue Dynamik und schuf neue Mehrheiten. Erst diese nationaldemokratische Revolution habe es ermöglicht, dass »Mehrheiten innerhalb der DDR-Bevölkerung [...] die DDR preisgaben.«[6] Von der »Minderheit von DDR-Erneuerern« zur »Mehrheit von DDR-Überwindern«[7] – darin sieht Zwahr das Hauptmerkmal der nationaldemokratischen Revolution, die sich nicht mehr mit einem Machtwechsel begnügen wollte, sondern den Systemwechsel forderte und ermöglichte.

Folgt man dieser Deutung, so darf man den Zusammenbruch der DDR als eine eindrucksvolle Bestätigung für die Demokratisierungskraft sehen, die von Beginn an der modernen Idee der Nation eingeprägt war und sich bis heute nicht verloren hat, obwohl diese Idee stets und von Beginn an auch eine ganz andere Seite hatte und weiterhin hat: undemokratisch, gewaltbereit, eine Existenzbedrohung für alles, was als fremd definiert wird. Die deutsche Geschichte – nicht nur sie, doch sie in besonders krasser Weise – umfasst beide Seiten. Eine einheitliche Botschaft hält auch hier die historische Erfahrung nicht bereit, wohl aber Veränderungen, die hier nicht ausgeführt werden können. Die Offenheit und Uneindeutigkeit historischer Erfahrung in Deutschland zeigt sich auch in dem letzten Bereich, der angesprochen werden soll:

3. Republikanische Staats- und Gesellschaftsordnungen

Was »Republik« im historischen Erfahrungshaushalt der Deutschen meint, ist schwer zu fassen und veränderte sich in den letzten zwei Jahrhunderten dramatisch. Sichtbar wird eine Geschichte der großen Hoffnungen und Enttäuschungen, doch auch der Gleichgültigkeit und Inhaltsleere.[8]

Es ist nicht unfair, die Geschichte deutscher Republiken als eine Leidensgeschichte zu erzählen. 1848 sahen deutsche Republikaner erstmals die Chance für den Griff nach der politischen Macht. Er endete mit einem Fiasko. Die beiden republikanischen Erhebungen gegen die Mehrheitsentscheidung der Revolutionsbewegung zugunsten eines demokratischen Nationalstaates mit monarchischem Haupt scheiterten kläglich. Die geringe Unterstützung, die sie fanden, lässt sich als eine Art Abstimmung mit den Füßen, als ein stilles Plebiszit gegen die Republik verstehen. Auch danach gab es in Deutschland zwar noch Republikaner aus Prinzip, politisch beheimatet vor allem in der Sozialdemokratie, doch eine reale Möglichkeit, eine Republik an die Stelle der Monarchien zu setzen, ergab sich bis 1914 nicht mehr. Als die zweite deutsche Revolution 1919 dann erstmals in Deutschland eine Republik erzwang, entwickelte sie sich, wie man gesagt hat, zu

einer Republik ohne Republikaner. Das ist zwar überzogen, doch dass die demokratische Republik immer mehr Anhänger verlor, zeigen die Wahlergebnisse
unmissverständlich.

Republik war nun, als diese Staatsform verwirklicht werden konnte, kein Sig-
nalwort mehr für eine spezifische politische Einstellung. 1848/49 hatte die bürgerliche Reformmehrheit noch geglaubt, auf die Monarchie als letztem Bollwerk
gegen die ›rote Republik‹, als Reserveverfassung für den politischen Notfall nicht
verzichten zu können; 1918/19 lernte sie, dass sich die republikanische Staatsform
auch einsetzen ließ, um die »sozialistische Republik« abzuwehren und die überkommene Gesellschaftsordnung zu bewahren. Das französische Bürgertum hatte
diese historische Lektion bereits 1848 begriffen, das deutsche holte sie erst 1918
nach. Der Begriff Republik war nun frei geworden, Gemeingut von links bis
rechts. Kommunistische und nicht-kommunistische Staaten, Demokratien wie
autoritäre Regime, sie alle konnten sich fortan gleichermaßen so nennen. Auch die
beiden deutschen Staaten taten es. ›Republik‹ allein besagte also nichts mehr.
Auch im wiedervereinten Deutschland blieb ›Republik‹ ein Wort ohne Eigen-
schaften. Demokraten besetzten es nicht. Das war auch nicht zu erwarten, denn
die Geschichte des 20. Jahrhunderts hatte das Wort Republik politisch entleert.
Deshalb, und nur deshalb, konnten sich die heutigen ›Republikaner‹ von rechts
dieses Begriffs ohne öffentlichen Meinungskampf bemächtigen. Es war kein Begriffsraub, eher das Aufgreifen eines Begriffs, den alle anderen politischen Richtungen aufgegeben hatten. Deshalb meint in der heutigen deutschen Sprache
›Republikaner‹ das Gegenteil dessen, was es früher bedeutet hat: vom demokratischen Bekenntnisbegriff zum Rechtsaußen jenseits des Minimalkonsenses aller
Demokraten.

Diesem Ende einer langen Geschichte verlorener Hoffnungen ging eine lange
Phase der Begriffsentwertung voraus. Im Westen wie im Osten Deutschlands
hatten deshalb lange vor der Wiedervereinigung die Zukunftshoffnungen andere
Namen erhalten. Soziale Marktwirtschaft und sozialistischer Wohlfahrtsstaat sind
zwei von ihnen. Sie fügen sich in Deutschland in eine lange sozialstaatliche Tradi-
tionslinie, die über die vielen politischen Brüche des 20. Jahrhunderts hinweg
läuft, und sie konstituierten zugleich gänzlich verschiedenartige politische Erfah-
rungsräume in den beiden deutschen Staaten.

In Westdeutschland ermöglichte es das gesellschaftspolitische Erfolgsmodell
Soziale Marktwirtschaft, aus einer Demokratie ohne Demokraten, wie man die
frühe Bundesrepublik genannt hat, eine Gesellschaft zu formen, die den demokratischen Verfassungsstaat nicht mehr vorrangig an dessen wirtschaftlicher Leistungsfähigkeit misst. Die politischen Institutionen gewannen eine eigenständige
Legitimität, verankert in einer politischen Mentalität, die es bis dahin in Deutschland als Mehrheitshaltung nicht gegeben hatte. Dolf Sternberger hat sie Verfassungspatriotismus getauft.

Eine solche Entwicklung konnte sich in der DDR nicht vollziehen. Der sozialistische Wohlfahrtsstaat blieb die Kehrseite des Überwachungsstaates. Als er
zusammenbrach, konnte zwar die Institutionenordnung Westdeutschlands übernommen werden, ihr ein mentales Fundament in der Bevölkerung zu geben,

braucht jedoch Zeit.[9] Es muss eine Zeit der politischen, aber auch der sozialen und ökonomischen Bewährung dieser neuen institutionellen Ordnung sein. Eine solche Bewährungsfrist dauert mehr als nur eine einzige Generation. Das lehrt die Geschichte der Zusammenbrüche und Neuordnungen im Deutschland des 19. und 20. Jahrhunderts.

4. Gegensätzliche deutsche Geschichtserfahrung und ihr Wandel

Einheitliche Erfahrungen sind in der deutschen Zusammenbruchs- und Neuordnungsgeschichte auch früher nie entstanden. »Wodurch hat man die Gnade Gottes verdient, so große und mächtige Dinge erleben zu dürfen? Und wie wird man nachher leben?«[10] Mit diesen emphatischen Worten feierte Heinrich von Sybel die deutsche Reichsgründung von 1871 als die erfüllte Sehnsucht seines Lebens. August Bebel, der Sozialist, erlebte dasselbe Ereignis hingegen im Gefängnis als vermeintlicher Staatsfeind der erstmals staatlich vereinten deutschen Nation. Er hatte es gewagt, am Verteidigungscharakter des deutschen Nationalkrieges Zweifel anzumelden. Es waren also höchst unterschiedliche Erfahrungen, die sich mit diesem Zentralereignis deutscher Nationalgeschichte verbanden. Solche Erfahrungen haben sich aber auch verändert, und mitunter korrigierte sich ein und dieselbe Person im Laufe ihres Lebens. Thomas Mann bietet dafür ein Beispiel. Noch 1917, mitten im Ersten Weltkrieg, hatte er sich in seinen »Betrachtungen eines Unpolitischen« mit dem »vielbeschrieenen ›Obrigkeitsstaat‹«, wie er ihn verteidigend nannte, identifiziert. Alle Versuche, ihn zu demokratisieren, lehnte er ab. 1945 urteilte er völlig anders: »Durch Kriege entstanden, konnte das unheilige Deutsche Reich preußischer Nation immer nur ein Kriegsreich sein. Als solches hat es, ein Pfahl im Fleische der Welt, gelebt, und als solches geht es zugrunde.«[11] Auch die Geschichtswissenschaft hat diese beiden Gesichter des Deutschen Reiches nicht harmonisieren können. Es gab und gibt sie beide. Die unterschiedlichen Gesichter der Geschichte gilt es auszuhalten, denn sie beruhen auf unterschiedlichen Erfahrungen, die nachfolgende Generationen nicht harmoniesüchtig glätten sollten.

Auch die jüngste deutsche Geschichte birgt gegensätzliche Erfahrungen. Sie reflektieren nicht nur die unterschiedlichen Erfahrungsbedingungen im Leben von Ostdeutschen und Westdeutschen. Auch innerhalb Westdeutschlands und Ostdeutschlands sind die Vergangenheitserfahrungen unterschiedlich. Zudem verändern sich die Bilder der Vergangenheit ständig mit den neuen Erfahrungen, die hinzukommen. Die beiden Zitate Thomas Manns illustrieren diesen Wandel der selber erlebten Zeitgeschichte im Lichte jeweils neu hinzukommender Erfahrungen. Am Beispiel der jüngsten Forschungen zum Ersten Weltkrieg ließe sich dieses Phänomen näher ausführen. Stattdessen sei zum Abschluss an den Streit zwischen Martin Walser und Ignaz Bubis um die ›richtige‹ Erinnerung der Deutschen an den Holocaust erinnert. Damit sei, schrieb Ulrich Raulff jüngst,[12] »der Schleier zerrissen, den eine trügerische Vorstellung von ›Gedächtniskultur‹ vor der Tatsache aufgespannt hatte, daß das Gedächtnis alles andere als einheitlich ist.« Die Betonung muss auf »trügerische Vorstellung« liegen, denn ein einheitliches Gedächtnis hatte es auch vor diesem Streit nie gegeben. Deshalb würden wir auch vergeblich nach einer einheitlichen Erfahrung von Geschichte suchen.

Die Uneinheitlichkeit historischer Erfahrung ist allen Gesellschaften gemeinsam, von denen Zeugnisse ihrer Geschichtsbilder überliefert sind. Nur demokratische Gesellschaften ertragen es jedoch, darüber offen zu sprechen, hoffend, bessere Antworten und neue Fragen zu finden. Dieses Streitgespräch über die eigene Geschichte gehört zur Pluralität einer Demokratie. Wir sollten deshalb nicht ungeduldig werden, wenn im wiedervereinten Deutschland die Geschichtsbilder noch bunter und fragiler geworden sind, als sie es schon zuvor gewesen waren. Die spezifisch deutsche Zusammenbruchs- und Neuordnungsgeschichte des 19. und 20. Jahrhunderts und die so unterschiedlichen Erfahrungen der Deutschen in Ost und West in den letzten fünfzig Jahren lassen nichts anderes zu. Damit umzugehen lernen, kann auf die Probleme vorbereiten, die entstünden, sollte in der Zukunft ein vereintes Europa sich vor die Notwendigkeit gestellt sehen, seine so unterschiedlichen historischen Erfahrungen auszuhalten.[13]

Anmerkungen

*   Erschienen in: Berliner Journal für Soziologie 9, 1999, H. 3, S. 303–311.

1   Diese drei Themenfelder standen im Zentrum eines Symposiums in Erfurt. Der Text geht auf einen Vortrag zurück, den ich dort gehalten habe: Deutsche Republiken 1848–1998. Vom Wert historischer Erfahrungen in einer Zusammenbruchsgesellschaft, in: Bestandsaufnahme 1848–1998. Ein historischer Blick nach vorn. Ettersburger Gespräche 1998, hg. v. der Thüringer Ministerin für Bundesangelegenheiten in der Staatskanzlei, Weimar 1998, S. 12–19. Er wurde für diese Veröffentlichung stark überarbeitet und erweitert.

2   Die Überlegungen zur Traditionswirkung der Revolution 1848/49 in der deutschen Geschichte habe ich näher ausgeführt in: 1848 – ein Epochenjahr in der deutschen Geschichte? In: Geschichte und Gesellschaft 25 (1999), S. 613–625. Den umfassendsten Einblick in den gegenwärtigen Forschungsstand vermittelt: Dieter Dowe / Heinz-Gerhard Haupt / Langewiesche (Hg.), Europa 1848. Revolution und Reform, Bonn 1998.

3   Vgl. zu dieser bislang wenig erforschten Besonderheit des deutschen Nationalismus D. Langewiesche / Georg Schmidt (Hg.), Föderative Nation. Deutschlandkonzepte von der Reformation bis zum Ersten Weltkrieg, München 1999; für das 19. und 20. Jahrhundert s. darin meinen Beitrag: Föderativer Nationalismus als Erbe der deutschen Reichsnation. Über Föderalismus und Zentralismus in der deutschen Nationalgeschichte.

4   Vgl. dazu grundlegend Friedrich Lenger, Werner Sombart 1863–1941. Eine Biographie, München 1994.

5   Das Folgende wird näher erläutert in: Langewiesche, Kommunikationsraum Europa 1848, in: Ders. (Hg.), Demokratiebewegung und Revolution 1847 bis 1849. Internationale Aspekte und europäische Verbindungen, Karlsruhe 1998, S. 11–35; Nationalismus im 19. und 20. Jahrhundert: zwischen Partizipation und Aggression, Bonn 1994 (Überarbeitet in: Langewiesche: Nation, Nationalismus, Nationalstaat in Deutschland und Europa, München 2000).

6   Die Revolution in der DDR im Demonstrationsvergleich. Leipzig und Berlin im Oktober und November 1989, in: Hartmut Zwahr, Revolutionen in Sachsen, Weimar 1996, S. 438–455, 438.

7   Bürgerrechtsbewegung und Bürgerbewegung 1989–1990, in: Ebd., S. 456–473, 457.

8   Vgl. zum Folgenden in diesem Buch: »Republik« und »Republikaner«. Zur historischen Entwertung eines politischen Begriffs.

9   Vgl. Wolfgang Schluchter, Neubeginn oder Anpassung? Studien zum ostdeutschen Über-
    gang, Frankfurt/M. 1996.
10 Heinrich von Sybel an Hermann Baumgarten, 27.1.1871, in: Julius Heyderhoff (Hg.), Die
    Sturmjahre der preußisch-deutschen Einigung 1859–1870. Politische Briefe aus dem Nachlaß
    liberaler Parteiführer, Bonn 1925, S. 494.
11 Thomas Mann, Deutschland und die Deutschen (1945), in: Essays. Bd. 2. Politische Reden
    und Schriften, hg. v. Hermann Kurzke, Frankfurt/M. 1986, S. 295. Das Zitat aus den »Be-
    trachtungen eines Unpolitischen« findet sich in der »Vorrede«.
12 Frankfurter Allgemeine Zeitung 10.11.98, Nr. 281, S. 43. Zu Martin Walsers Geschichtstheo-
    rie s. in diesem Buch: Die Geschichtsschreibung und ihr Publikum. Zum Verhältnis von Ge-
    schichtswissenschaft und Geschichtsmarkt
13 Dazu in diesem Buch: Erinnerungsgeschichte und Geschichtsnormierung

Vergangenheitsbilder als Gegenwartskritik und Zukunftsprognose: Die Reden der deutschen Bundespräsidenten[*]

1. Zum öffentlichen Streit über Geschichtsbilder

Kampf um Herrschaft, vor allem um ihre Dauerhaftigkeit, war immer auch ein Kampf um die Herrschaft über Geschichte, über Geschichtsdeutungen und Geschichtsbilder. Dynastien etwa ließen sich mit langen Stammbäumen versehen, um ihrer Herrschaft die Weihe der Ewigkeit in der Generationenfolge zu sichern; fromme Mönche hüllten neue Ansprüche in alte Urkunden, um gottwohlgefälligen Zielen die Legitimität guten alten Rechts zu stiften. Diese Form, erdachte, aber subjektiv für wahr gehaltene Geschichte einzusetzen, um das Gute zu fördern, nennen quellenkritische Historiker dann Fälschung.[1]

Diese schon vormoderne Nutzung von Geschichte starb nicht aus, doch im 18. Jahrhundert entstanden neue Möglichkeiten. Damals veränderte sich die semantische Bedeutung des Wortes Geschichte. Es entwickelte sich zu einem Kollektivsingular, der nun zweierlei meinte: die Ansammlung vergangenen Geschehens und die Reflexion darüber. Reinhart Koselleck hat dazu grundlegende begriffsgeschichtliche Studien vorgelegt.[2] Hier genügen deshalb einige wenige Bemerkungen, um anzudeuten, wie sich damals die Möglichkeiten, Geschichte als politisches Argument zu nutzen, grundsätzlich erweiterten. In einem zweiten längeren Schritt wird dann untersucht, wie die deutschen Bundespräsidenten in ihren öffentlichen Reden in die Geschichte blicken, um sich über die eigene Gegenwart Rechenschaft abzulegen und zugleich Perspektiven für die Zukunft zu entwickeln.

Zunächst der Rückblick: Als im 18. Jahrhundert der Reflexionsbegriff Geschichte entstand, verfiel der alte Topos von der Geschichte als der Lehrmeisterin des Lebens, denn neuartige Erfahrungen schienen es unmöglich zu machen, weiterhin aus historischen Beispielen Lehren für das eigene Handeln abzuleiten. Geschichte, so erkannte man, vollzieht sich nicht als Wiederkehr des immer Gleichen, sondern als ein offener Prozess. Und vor allem zog man aus der geschichtsphilosophischen Verarbeitung der Französischen Revolution den Schluss: Geschichte ist machbar. Geschichte wandelte sich zu einem Erwartungsbegriff, der die Erfahrungen der Vergangenheit grundsätzlich überstieg.[3] Damit wurde Geschichte offen für konkurrierende Deutungen in zwei Richtungen: in die Zukunft, denn Geschichte, verstanden als ein prinzipiell unabgeschlossener, sich beschleunigender Prozess, weist stets über sich hinaus; offen aber auch in die Vergangenheit, denn die Vorstellung von der Geschichte als machbarer, also nicht determinierter Prozess führte zu der Einsicht, dass auch die Vergangenheit nicht eindeutig

festgelegt ist. Wie Geschichte verstanden werde, hänge vom Standpunkt des Be-
trachters ab.

Mit diesem Wandel der Geschichte von einer lehrhaften Beispielsammlung zu
einer Reflexionswissenschaft, die lehrhaft nur in dem Sinne sei, als sie zum »selbständigen Nachschöpfen anleitet und begeistert« – so formulierte es Theodor
Mommsen in seiner »Römischen Geschichte«[4] –, öffnete sich die Geschichte zu
einem Kampfplatz der Vergangenheitsinterpretationen und der Zukunftserwartungen. Denn wer die Macht hat, Geschichte festzulegen, indem er seine Sicht der
Vergangenheit durchsetzt, bietet damit zugleich Sinnstiftung für die Gegenwart
und Orientierung für die Zukunft. Deshalb sind seit diesem neuen Verständnis von
Geschichte politische Weltanschauungskämpfe stets auch Kämpfe um Geschichtsbilder, aus denen heraus Forderungen an die Gegenwart und die Zukunft
gerichtet werden.[5]

Der so genannte Historikerstreit bot dafür erneut ein Beispiel. Neue Ergebnisse
der Geschichtsforschung standen nicht zur Debatte, es ging um den öffentlichen
Gebrauch von Geschichte.[6] Man versuchte, den Standort der deutschen Gesellschaft hier und jetzt historisch zu bestimmen und damit Zukunftserwartungen zu
prägen, die in politisches Verhalten umgesetzt wiederum die künftige Entwicklung mitgestalten würden. Man rang also um die Verfügungsmacht über die deutsche Geschichte.

Ähnliches vollzieht sich zur Zeit in dramatischerer Weise in den Ländern des
früheren sowjetischen Machtblocks. Den Weg aus der Misere der Gegenwart
sucht man durch Rückgriffe auf die Vergangenheit – genauer: auf Vergangenheitsbilder, in denen man Grundmuster zu erkennen meint, die auch heute für die
Gestaltung der Zukunft taugen.[7] Geschichtsdeutung geht in diesen Geschichtsbildern unmittelbar über in Zukunftsvisionen. Nicht das einzelne historische Beispiel
wird als magistra vitae betrachtet, sondern das Gesamtarsenal nationaler Geschichte dient als Orientierungsmarke für die Zukunft. Die geschichtsphilosophische Deutung vergangener Zukunft soll den Weg in die neue Zukunft weisen.

Dieser Umgang mit Geschichte, der in den Sezessionskriegen, in denen Jugoslawien unterging, auf allen Seiten extrem gesteigert wurde und in den Medien
täglich mitzuerleben war, hatte schon das 19. Jahrhundert erfüllt. Es hatte wie
wohl kein anderes erstmals permanent die neuartige Erfahrung einer nicht enden-
den Kette von Fortschrittsaufbrüchen zu verkraften. Fortschritt wurde zum Leit-
wort dieses Jahrhunderts.[8] Und deshalb die ständige Rückversicherung an der
Vergangenheit. Die großen Weltanschauungsrichtungen, die damals entstanden,
die vielen ›Ismen‹ – Liberalismus, Republikanismus, Demokratismus, Konserva-
tivismus, Sozialismus und alle an Wirkungskraft übertreffend: Nationalismus – sie
alle argumentierten historisch, um ihre Sicht von Fortschritt zu legitimieren.
Geschichtsdeutungen als Kampf um Gestaltungsmacht über die Zukunft.

Das war überall so. In Frankreich der Streit um das Erbe der Revolution, die
Whig-History schrieb an der bürgerlich-liberalen-parlamentarischen Erfolgsgeschichte Englands, in Italien die konkurrierenden Aneignungen des Risorgimento.
In Deutschland wurde die nationale Geschichte preußisch-protestantisch eingefärbt. Wer den kleindeutschen, preußisch bestimmten Nationalstaat als die Erfül-

lung deutscher Geschichte anerkannte, argumentierte historisch, wer anderer Meinung war, opponierte ebenfalls historisch – z.B. Johannes Janssen, dessen Geschichte des deutschen Volkes ab 1876 erschien. Sie provozierte, denn Janssen frevelte wider den nationalprotestantischen Geschichtsmythos, der die staatliche Reichsgründung als politische Vollendung der Reformation sakralisierte, und sie wurde zu einem Bestseller, denn sie gab den Katholiken ihren Anteil an der deutschen Geschichte zurück.[9] Bei Janssen begann mit der Reformation der Verfall von Kultur und Sitte inmitten einer blühenden deutschen Kulturlandschaft. Das war weit mehr als nur eine historische These, über die sich mit wissenschaftlichen Argumenten streiten ließ. Die Öffentlichkeit empfand diese Behauptung als einen katholischen Fundamentalangriff auf die historische Legitimität des jungen deutschen Nationalstaates.

Auch der andere Außenseiter des neuen Deutschland, die Sozialdemokratie, begründete ihre Gegenwartskritik und Zukunftshoffnungen historisch. Im Marxismus verfügte sie über eine Weltdeutung, die das bürgerliche Zeitalter als eine historisch notwendige Durchgangsphase in eine bessere Zukunft auswies. Die Arbeiterklasse als der wahre historische Erbe der europäischen Kultur, die sozialistische Zukunftsgesellschaft als die Vollendung der Geschichte durch die Überwindung von Herrschaft und Not – dieses Selbstverständnis verschaffte der sozialdemokratischen Tagespolitik eine historisch beglaubigte Zukunftsgewissheit, die man zu Recht mit dem christlichen Erlösungsglauben verglichen hat.[10] »Das Proletariat hat das Werk Gregors aufgenommen, sein Gotteseifer ist in ihm, und sowenig wie er wird es seine Hand zurückhalten dürfen vom Blute. Seine Aufgabe ist der Schrecken zum Heile der Welt und zur Gewinnung des Erlösungsziels, der staats- und klassenlosen Gotteskindschaft.« Mit diesen Worten hatte schon Thomas Mann im »Zauberberg« den Aufklärer Settembrini geschockt.[11]

Wer über die Geschichte verfügt, gebietet auch über Zukunftserwartungen – daran zweifelte im 19. Jahrhundert kaum jemand, und das ist bis heute so geblieben. Politische Umbrüche zogen auch im 20. Jahrhundert stets historische Umwertungsversuche nach sich. Ein kurzer Blick auf die deutsche Geschichte genügt, um das zu erkennen. Dass es der Weimarer Republik nicht gelang, als ein legitimes Geschöpf der deutschen Geschichte anerkannt zu werden, war ein untrügliches Zeichen für die Distanz, in der viele Menschen zu dieser ersten deutschen Demokratie verharrten. Als die Nationalsozialisten sie zerstörten, riefen auch sie die Geschichte als eine Entscheidungsinstanz an: Liberalistisch, marxistisch, jüdisch – so lautete die ständig bemühte Denunziationsformel, mit der die »Systemzeit«, wie die Nationalsozialisten die kurze demokratische Ära nannten, als undeutscher Fremdkörper in der deutschen Geschichte diffamiert wurde.

Nach dem Zweiten Weltkrieg führte schließlich die staatliche Teilung Deutschlands auch zu einer Teilung der deutschen Geschichte. Die DDR mit ihrer verbindlichen Weltanschauung schuf sich eine Geschichtswissenschaft nach ihrem Bilde.[12] Wohl keinem anderen Wissenschaftsfach wurde eine so hohe politische Verantwortung aufgebürdet wie ihr. Weil dieser Staat sich der offenen Befragung seiner Bürger nicht aussetzen konnte, suchte er die Zustimmung der Geschichte:

Geschichte als Ersatz für die fehlende politische Legitimation durch die Bürger. Die DDR-Historiker hatten durchaus beträchtliche Interpretationsspielräume, die je nach Fachgebiet unterschiedlich waren, von den Einzelnen unterschiedlich genutzt wurden und auch bedeutende Leistungen hervorbrachten. Pauschale Abwertungen[13] sind unangebracht. Doch die Geschichtswissenschaft insgesamt erhielt die Aufgabe zugewiesen, aus dem Gesamterbe der deutschen Geschichte die positiven Traditionen herauszuschälen, als deren vorläufiges Ziel die DDR vorgegeben wurde. Weil die DDR und ihre Zukunftserwartungen aus der Geschichte legitimiert wurden, konnte die Geschichtsdeutung nicht freigegeben werden. Indem man das weltanschaulich verordnete Ziel aus der Geschichte ableitete, musste die Geschichte selber an dieses Ziel gekettet werden. Eine Konkurrenz von Geschichtsbildern hätte die Verbindlichkeit des Zieles und damit die Letztbegründung des Staates und seiner Weltanschauung gefährdet – eine Letztbegründung, die der individuellen politischen Zustimmung seiner Bürger nicht bedurfte, weil sie sich in der Zukunft und in der Geschichte verankert wähnte. Wer die Richtmarken der Vergangenheit und der Zukunft verbindlich vorgibt, entmündigt die Gegenwart, indem er ihr das Recht abspricht, nach alternativen Deutungen und Handlungsmöglichkeiten zu suchen.

In der Bundesrepublik erlaubte und förderte die Entstehung einer pluralistischen Demokratie den offenen Diskurs über Geschichte. Natürlich gab und gibt es immer wieder Versuche der historischen Konsensstiftung, aber ein einheitliches, zielgerichtetes, staatlich beglaubigtes Geschichtsbild vorzugeben, gelang nie. Die Konkurrenzdemokratie verträgt und fordert konkurrierende Geschichtsdeutungen. Ohne historische Rückversicherung kommt aber auch sie nicht aus. Das lehren nicht nur die mitunter erbitterten öffentliche Kontroversen über die Bewertung der nationalen Geschichte. Als Stichworte seien nur die Fischer-Kontroverse über die Ursachen des Ersten Weltkrieges und der so genannte Historikerstreit um den Ort der nationalsozialistischen Diktatur in der Geschichte des 20. Jahrhunderts genannt.

Auch Ansätze wie die Alltagsgeschichte oder die Geschlechtergeschichte dienen der historischen Selbstvergewisserung für Forderungen, die an Gegenwart und Zukunft gerichtet werden. Sie sind Ausdruck sich verändernder gesellschaftlicher Wertvorstellungen, deren Gegenwartsdiagnosen und Zukunftserwartungen neue »Sehepunkte« (J.M. Chladenius) auf die Geschichte eröffnen und zugleich an diese zurück gebunden werden, um sie historisch zu legitimieren. Es ist kein Zufall, dass die Alltagsgeschichte populär wurde, als in der Bevölkerung die Kritik an der Unbeweglichkeit der Großinstitutionen in Staat und Gesellschaft wuchs. Wer nach mehr politischen Mitwirkungsmöglichkeiten in seinem unmittelbaren Lebensbereich verlangte, fand sein Politikmodell durch eine Geschichtsschreibung beglaubigt, die nach den Leiden, aber auch nach der Gestaltungskraft von Alltagswelten in früheren Zeiten fragt.

Noch offenkundiger mit Gegenwartsforderungen und Zukunftserwartungen verknüpft ist das Programm der Geschlechtergeschichte. Sie bietet dem Feminismus eine historische Grundlage. Wer die heutigen Machtverhältnisse zwischen den Geschlechtern kritisiert, wird auch entsprechende Fragen an die Geschichte richten. Das ist keine Manipulation der Vergangenheit. Der Wertewandel in einer Gesellschaft verändert stets auch deren Geschichtsbilder. Das war immer so. Unsere Altvorderen wussten es. »Daß die Weltgeschichte von Zeit zu Zeit umgeschrieben werden müsse, daran ist in unseren Tagen wohl kein Zweifel übrig geblieben«. Die Begründung, die Goethe nannte, ist unverändert gültig:

»Eine solche Notwendigkeit entsteht aber nicht etwa daher, weil viel Geschehenes nachentdeckt worden, sondern weil neue Ansichten gegeben werden, weil der Genosse einer fortschreitenden Zeit auf Standpunkte geführt wird, von welchen sich das Vergangene auf eine neue Weise überschauen und beurteilen läßt.«[14]

Aus dem Programm zur Gesellschaftsveränderung durch Frauenemanzipation veränderte Zugänge zur Geschichte zu gewinnen, folgt einem altvertrauten, geradezu historisch ehrwürdigen Muster: Machtkämpfe sind auch Geschichtskämpfe, Kämpfe um Geschichtsbilder. Zur Geschichtsmanipulation wird dies nur dann, wenn nicht neue Fragen an die Geschichte gerichtet, sondern zeitfremde Antworten in sie hineingedeutet werden. Das wäre eine unwissenschaftliche Geschichtsschreibung im Optativ, die aus der Geschichte nur heraushört, was sie selber in sie hineingerufen hat.

Der öffentliche Gebrauch von Geschichte, um aus ihr für die Zukunft zu lernen, sei es, um Bestehendes zu bewahren oder Gegenwärtiges zu verändern, läuft immer Gefahr, der Geschichte ihre Eigenheit zu nehmen und sie dadurch zum bloßen politischen Argument zu entwerten. Die Beispiele dafür sind zahllos. Auch in der Gegenwart. Sie werden hier nicht vorgestellt.[15] Es soll vielmehr ein Einblick gegeben werden, wie Geschichte in der bundesrepublikanischen Öffentlichkeit als politisches Argument eingesetzt wird – nicht in der theoretischen Reflexion durch Fachleute, sondern in der politischen Praxis. Politiker greifen ständig zurück auf historische Einsichten, oder was sie dafür halten, um ihre Meinungen in der Öffentlichkeit zu untermauern. Aus diesem Kontinuum politisierender Geschichte oder historisch beglaubigter Politik wird eine besondere Form des öffentlichen Umgangs mit Geschichte in der deutschen Gesellschaft herausgegriffen: die Reden der Bundespräsidenten. Dabei geht es nicht nur um die großen Geschichtsreden, welche die Öffentlichkeit vom Bundespräsidenten zu bestimmten Anlässen erwartet, sondern auch um die vielen eher beiläufigen historischen Verweise in Reden, die keinem geschichtlichen Thema gewidmet sind und durchaus ohne historische Bezüge auskommen könnten.

2. ›Geschichte‹ in den Reden der deutschen Bundespräsidenten

Der Bundespräsident ist in seinem Amt arm an politischer Macht. Deshalb redet er. Seine Rede, so schrieb Dolf Sternberger 1979 in einer schönen Studie, »hat keine weitere Handlung zum Ziel, sie ist selbst die Handlung.« »Sie ist eine Art weltlicher Predigt. Sie will Geister ergreifen, ein moralisch-politisches Gemeingefühl erzeugen.«[16] Zu dieser »Rolle der symbolischen Einigungsfigur«[17] gehört essentiell die Rede. Ohne sie wäre der Bundespräsident ein Gesetzes-Notar, den die Öffentlichkeit nur zur Kenntnis nehmen müsste, wenn er eine Unregelmäßigkeit feststellt und nicht unterschreibt. Allein durch die Rede gewinnt er politische Gestalt. Wie wurde und wird in ihr Geschichte als politisches Argument verwendet?

a. Grundpositionen: deutsche Nation – NS-Zeit – Europa

Eine erste Antwort lautet: Alle Bundespräsidenten traten als historische Lehrmeister der Nation vor die Öffentlichkeit. Wo immer sich die Möglichkeit bot, imprägnierten sie ihre Reden mit geschichtlichen Einsichten oder was sie dafür hielten. Es geht nun aber nicht um eine Bewertung dieser Einsichten, ob sie dem Forschungsstand entsprechen, eine bestimmte Richtung innerhalb der Geschichtsschreibung favorisieren usw. Gefragt wird: Welche Einsichten werden in diesen Reden mit der Autorität des hohen Amtes geäußert, und wie werden sie politisch verwendet?

Geschichte speichert Erfahrungen für die Zukunft, daran hegen die Präsidenten nicht den geringsten Zweifel. Überraschen mag aber, dass die beiden Grundlehren, die sie aus der deutschen Geschichte ziehen, weitestgehend übereinstimmen – trotz aller politischen und intellektuellen Unterschiede zwischen den neun Präsidenten und trotz der großen gesellschaftlichen und politischen Veränderungen im Verlauf von mehr als sechs Jahrzehnten deutscher Nachkriegsgeschichte. Diese beiden Grundlehren heißen:

1. Was Deutsche während der nationalsozialistischen Diktatur taten, veranlassten oder schweigend hinnahmen, muss in der Erinnerung wach gehalten und an die nachfolgenden Generationen weitergegeben werden. Wie das geschehen kann, verändert sich mit den Generationen und den neuen politischen Herausforderungen, doch einen »Schlußstrich« werde es nicht geben, wie auch der gegenwärtige Bundespräsident Horst Köhler bekräftigt, der stärker als alle Vorgänger in seinen Reden über Europa hinaus schaut.[18]

2. Deutsche Geschichtserinnerung darf nicht auf die Zeit der NS-Diktatur verengt werden. Um für die Zukunft offen zu sein, bedürfe jedes Volk, auch das deutsche, einer langen historischen Identität. Sie müsse national sein, um die nationalgeschichtlichen Besonderheiten und die vielen Konflikte, die daraus hervorgingen, ebenso verarbeiten zu können wie die europäischen Gemeinsamkeiten. Seit Roman Herzog fügen die Bundespräsidenten die nationale Identität in eine europäische ein, die es zu entwickeln gelte, um den europäischen und globalen Zukunftsaufgaben gewachsen zu sein.

b. Das Geschehen der NS-Zeit als dauerhaftes Erinnerungsgebot

In einem Aufsehen erregenden Aufsatz rechnete Hermann Lübbe 1983 »die öffentliche Anerkennung der politischen und moralischen Niederlage der nationalsozialistischen Herrschaft zu den zentralen legitimatorischen Elementen« der Bundesrepublik.[19] Er fuhr fort: »Im Vergleich mit diesen normativen Selbstverständlichkeiten öffentlicher, bekennender Abgrenzung dem Dritten Reich gegenüber« habe jedoch in der »kulturellen und politischen Öffentlichkeit« eher »eine gewisse Stille« geherrscht. Sie war, so vermutete er, »das sozial-psychologisch und politisch nötige Medium der Verwandlung unserer Nachkriegsbevölkerung in die Bürgerschaft der Bundesrepublik Deutschland.«[20] Diese Deutung trug ihm den Vorwurf von Jürgen Habermas ein, die deutsche Vergangenheit »entsorgen« zu wollen.

Zu den Schweigern gehörten die Bundespräsidenten nicht. Das offizielle politische Selbstverständnis der jungen Bundesrepublik, das sie formulierten, bekannte sich stets zur Verantwortung für die historische Erblast der nationalsozialistischen Verbrechen. Dass aber unterhalb dieses staatsoffiziellen Bekenntnisses in den fünfziger Jahren kollektiv verdrängt wurde, trotz der vielen historischen Studien, die erschienen, lassen auch die Reden der Bundespräsidenten erkennen. Sie sprechen behutsam jenen Prozess an, den Alexander und Margarete Mitscherlich 1967 in ihrem berühmten Buch »Die Unfähigkeit zu trauern« als psychische »Notfallreaktionen« bezeichneten, die mit dem »biologischen Schutz des Überlebens« zu vergleichen seien.[21] Die Bundespräsidenten registrierten diese Entwicklung und reagierten darauf, indem sie seit Theodor Heuss bis heute redend der Geschichtsverdrängung entgegenzuwirken suchen. Heuss variierte mehrfach sein Wort von der »Kollektivscham« der Deutschen,[22] von seinen Nachfolgern immer wieder aufgenommen, er sprach gegen jene, »die meinen, die Gnade des Vergessen-Könnens zur Schnell-Technik des Vergessen-Sollens ausbilden zu dürfen«,[23] und er wandte sich auch gegen die Flucht in das entschuldende Nicht-Wissen. Auch er habe 1945 erstmals die Namen Bergen-Belsen und Auschwitz gehört. Aber, so fügte er hinzu:

»Wir *haben* von den Dingen gewußt. Wir wußten auch aus den Schreiben evangelischer und katholischer Bischöfe, die ihren geheimnisreichen Weg zu den Menschen fanden, von der systematischen Ermordung der Insassen deutscher Heilanstalten.«[24]

So sehr sich Heinrich Lübke in seinem Habitus und in seinen Reden von Heuss unterschied – diese Haltung hat er in seiner Amtszeit fortgesetzt. Seine Reden über die Deutschen waren Erinnerungsreden, Geschichtsreden. Wenn er allerdings die NS-Verbrechen »einer kleinen Minderheit«[25] oder gar »wenigen Rädelsführern«[26] anlastete, so mögen das viele als erlösende Entlastung von höchster Stelle verstanden haben. Lübke selber versuchte diesem Missverständnis entgegenzusteuern. Auch er nahm Heuss' Wort von der Scham[27] auf, und er sprach vom historischen »Schuldbuch« der Deutschen, das nie geschlossen werden könne.[28] Die weit verbreitete Forderung, »die geschichtliche und politische Auseinandersetzung mit dem Nationalsozialismus und seinen Untaten«[29] abzubrechen, wies er entschieden zurück. Dies änderte sich unter seinen Nachfolgern bis heute nicht. Alle Inhaber des höchsten Staatsamtes sahen es als ihre Aufgabe, die kollektive Erinnerung der Deutschen an die Zeit der nationalsozialistischen Diktatur wach zu halten und vor allem daraus für die Gegenwart zu lernen.

Der Kern dieser Geschichtslehre blieb unverändert, alle Präsidenten werteten ihn als überzeitlich gültig: Jede Demokratie benötigt einen Grundkonsens, der in der Lebenswelt der Menschen verankert sein muss. Demokratische Verfassungsinstitutionen sind unentbehrlich, aber überlebensfähig werden sie nur in einer demokratischen Gesellschaft. Entscheidend sei das Verhalten des einzelnen Men-

schen. Diese politische Grundüberzeugung gewannen sie aus der Geschichte der
NS-Diktatur und der Weimarer Republik. Lernen aus der Geschichte der deutschen Diktatur und ihrer Entstehung gehört zu den zentralen Geschichtsbotschaf-
ten aller Bundespräsidenten.[30] Sie überdauerte, wenngleich sie immer wieder
zeitgemäß variiert wurde: etwa zur Geschichtswaffe gegen den Kommunismus –
das »Götzenbild vom Herrenmenschen« dürfe nicht durch das »Götzenbild vom
Kollektiv« ersetzt werden, mahnte Heinrich Lübke[31] – oder zur Mahnung, den
legitimen Wunsch nach Veränderung nicht mit terroristischer Gewalt vollstrecken
zu wollen. Das wurde zum Leitmotiv der Reden Walter Scheels.

Die Eigenart der Geschichtsargumentation in den Reden der Bundespräsiden-
ten tritt noch schärfer hervor, kontrastiert man sie mit vergleichbaren Reden ihres
Gegenübers in der DDR. Dazu bieten sich diejenigen Reden an, in denen an den
Beginn oder das Ende des Zweiten Weltkrieges erinnert wurde.

Walter Scheel 1975,[32] Karl Carstens 1979,[33] Richard von Weizsäcker 1985[34] –
sie alle beschrieben den Zweiten Weltkrieg als einen »Passionsweg von Völkern«,
wie Theodor Heuss ihn einmal genannt hat.[35] Gustav Heinemanns politisches Leben
war ohnehin von der Überzeugung durchdrungen: »Hinter dem Frieden gibt es
keine Existenz mehr.«[36] Seine Antrittsrede als Bundespräsident, aus der dieser
Satz stammt, war ein einziger Aufruf zur »Verpflichtung dem Frieden zu dienen«.[37]

Richard von Weizsäcker hat 1985 in seiner im In- und Ausland viel beachteten
Rede zum 40. Jahrestag des Endes des Zweiten Weltkrieges der Leiden aller
Völker gedacht, und vor allem erinnerte er an die Gesamtverantwortung der Deutschen, die seit 1933 diesen Weg in den Krieg und in die innerstaatliche Gewalt
möglich gemacht hatten. Er sprach von »schuldhafter Verstrickung« aller:

»Wer konnte arglos bleiben nach den Bränden der Synagogen, den Plünderungen, der
Stigmatisierung mit dem Judenstern, dem Rechtsentzug, von kalter Gleichgültigkeit über
versteckte Intoleranz bis zu offenem Haß.«[38]

Zehn Jahre zuvor hatte Walter Scheel den Deutschen aus demselben Anlass das
gleiche Schreckensbild von Krieg und innerer Gewalt vor Augen gestellt. Warum
Scheels Rede, die nicht weniger selbstkritisch und nicht weniger bedeutend war
als Weizsäckers, kaum Aufmerksamkeit gefunden hat, während die gleiche Botschaft zehn Jahre später wie etwas unerhört Neues, Mutiges empfunden wurde,
wäre wert, untersucht zu werden. Man würde wahrscheinlich viel über den Wandel des Selbstbildes der Deutschen und des deutschen Fremdbildes im Ausland
erfahren.

Hier muss ein kurzer Vergleich mit den Reden und Schriften genügen, in denen
Walter Ulbricht und Erich Honecker des Kriegsendes gedachten.[39] Auch für sie
lautete die Geschichtslehre des Krieges: den Frieden bewahren. Aber in der Möglichkeit, dies zu tun, unterschieden sie sich radikal von den Bundespräsidenten,
weil sie die historischen Ursachen des Krieges und der nationalsozialistischen
Diktatur radikal anders beurteilten. Im Geschichtsbild der Bundespräsidenten ist
jeder Einzelne verantwortlich für die Gesellschaft, in der er lebt, und was aus ihr
wird. Im Geschichtsbild der höchsten Repräsentanten der DDR waren es Systeme,
welche die Welt beherrschen und Geschichte machen. Sozialismus oder Kapita-

lismus – mehr Alternativen sahen sie nicht. Sozialismus garantiere Gerechtigkeit und Frieden für alle, Kapitalismus bedinge notwendig Unrecht und Krieg. Der Zweite Weltkrieg, dies sagte Erich Honecker 1975, einen Tag nachdem Walter Scheel seine eindrucksvolle, damals aber wohl nur wenige beeindruckende Rede über die Bilanz des Leidens der inneren und der äußeren Kriege des nationalsozialistischen Deutschland gehalten hatte – der Zweite Weltkrieg war »die bis dahin härteste und folgenschwerste Kraftprobe zwischen zwei sozialen Systemen. Es ging um die Zukunft des Sozialismus, des Fortschritts und der Demokratie, um Sein oder Nichtsein der Zivilisation.«[40]

Dieses Geschichtsbild entlastet den Einzelnen, entmündigt ihn aber auch. Es nimmt ihm die persönliche Verantwortung, übergeht jedoch auch das individuelle Leid, das erlitten wurde. Leiden wurden in diesen DDR-Reden nie konkret. Es leidet die »Zivilisation« unter der »Barbarei«. Als Täter dieses Systems, das zum Frieden unfähig sei, wurden soziale Großgruppen namhaft gemacht. In den Worten Ulbrichts aus seinem Grundsatzartikel vom 7. Mai 1955: »raubgierige deutsche Konzernherren, Bankherren und Großgrundbesitzer« und vom Rassenhass erfüllte »deutsche Militaristen«.[41] Diese Täter, die apokalyptischen Reiter des Imperialismus, verwüsteten die Völker und die Länder. Aufgehalten wurden sie von der Sowjetarmee – die Anti-Hitlerkoalition tauchte erst in den Reden Honeckers auf, aber sie blieb auch bei ihm blass –, und dauerhaft überwinden könne sie nur der Sozialismus.

Das System entscheidet, nicht das Verhalten des Einzelnen. So lautete die stets aufs Neue wiederholte Geschichtslehre der höchsten DDR-Repräsentanten, wenn sie auf den Zweiten Weltkrieg und seine Ursachen zurückblicken. Die Präsidenten der Bundesrepublik zogen die entgegengesetzte Lehre aus der Geschichte: Die Institutionen sind wichtig, aber was aus ihnen wird, entscheidet das Verhalten der Menschen. Sie sind verantwortlich, nicht irgendein anonymes System mit seinen Sachzwängen zum Guten oder Bösen.[42]

So gegensätzlich diese beiden deutschen Geschichtsbilder inhaltlich auch sind, eines war ihnen doch gemeinsam. Auf diesen Geschichtsbildern gründeten das Verständnis der Gegenwart und die Erwartungen für die Zukunft. Geschichtsbild sowie Gegenwartsdiagnose und Zukunftsvorstellungen wurden von den Staatsoberhäuptern der Bundesrepublik und der DDR untrennbar verwoben. Zerbricht das eine, zerfällt das andere. Das ist der Preis für ein Geschichtsdenken, das kaum nach dem Anderssein vergangenen Geschehens, nach dem Fremden in der Vergangenheit fragt, sondern in erster Linie nach ihrer Moral für heute. Geschichte als politisches oder weltanschauliches Moralreservoir für Gegenwart und Zukunft ist in hohem Maße ideologieanfällig. Schlagartig sinnfällig wurde dies, als die DDR zusammenbrach. Mit diesem Staat verschwand auch sein offizielles Geschichtsbild, das ihm den legitimatorischen Unterbau bereitzustellen hatte.

c. Deutsche Geschichtsidentität – nicht auf die NS-Zeit verkürzen

»Die deutsche Geschichte gehört nur dem, der vor der Welt auch ihre Folgen trägt«, bekannte und forderte Walter Scheel am 6. Mai 1975 und nannte es »ein Lebensgesetz der Bundesrepublik Deutschland von Anfang an«, die nationalsozialistische Diktatur »in unser Bewußtsein aufnehmen und sie nicht verdrängen« zu wollen.[43] Doch zugleich verkündeten alle Bundespräsidenten, deutsche Identität erwachse aus erinnerter Geschichte, die nicht auf die notwendige Vergegenwärtigung der NS-Zeit verkürzt werden dürfe.

Geschichte als Lehrmeisterin des Lebens wird von den Bundespräsidenten in zweierlei Form präsentiert: als große Geschichtsrede, wenn der Präsident als historischer Lehrmeister, mitunter auch als Zuchtmeister der Nation vor die Öffentlichkeit tritt, um – so hat es Johannes Rau ironisch gebrochen – als eine »Ein-Mann-Geschichts-Agentur des Staates« »besonderen Gedenktagen oder Jubiläen eine Deutung für das Heute zu geben«.[44] Und daneben als eher beiläufig eingestreuter Geschichtsverweis, um das jeweilige Thema historisch zu fundieren. Geschichtliche Verweise gelten offensichtlich als geeignet, politische Aussagen jedweder Art zu beglaubigen. Die vielen Reden, die z.B. bei den traditionellen Antrittsbesuchen in den deutschen Bundesländern – das moderne Äquivalent zum mittelalterlichen Königsumritt – und bei Staatsbesuchen gehalten werden müssen, stecken voller historischer Erinnerungen und Anspielungen. Ihr Zweck ist es, aus der Geschichte Wege in die Zukunft zu weisen, aus Gemeinsamkeiten oder auch nur aus gelegentlichen sporadischen Berührungen in der Vergangenheit eine Grundlage für künftige Entwicklungen zu gewinnen.

Es genügen wenige Beispiele, um die Art dieses beiläufigen, von allen Bundespräsidenten gepflegten lehrhaften Umgangs mit Geschichte zu verdeutlichen. Im Angesicht des Speyrer Domes beschwor Walter Scheel die europäische Architektur des Mittelalters als Unterpfand für die Hoffnungen auf die künftige Einheit Europas;[45] in Saudi-Arabien nutzte er die Erinnerung an die Kontakte Harun al Raschids zu Karl dem Großen, um die »deutsch-arabische Freundschaft« mit tiefen »Wurzeln« zu versehen.[46] Karl der Große taugte aber auch dazu, um der jungen deutsch-französischen Aussöhnung in diesem »Ahnherrn beider Nationen«, so Karl Carstens 1980 in Paris,[47] ein würdevolles historisches Fundament zu stiften. In Rom stellte Carstens die Europäische Gemeinschaft in die Nachfolge Dantes, dessen Reichsidee nun verwirklicht werde.[48] Als Richard von Weizsäcker Rheinland-Pfalz besuchte, baute er in seine Rede historische Signalwörter ein, die bis zu Cusanus zurückführten.[49] Die Botschaft ist klar: Das junge Land blickt auf eine lange Geschichte zurück, die deutsch und zugleich europäisch sei.

Schon in seinem Rückblick auf die ersten vier Bundespräsidenten hat Dolf Sternberger zu Recht hervorgehoben, dass sie um ein wiederbelebtes deutsches Nationalbewusstsein warben, wenngleich sie das belastete Wort Nation mieden und lieber vom »Vaterland« sprachen.[50] Das galt auch für Gustav Heinemann. Stärker als seine Vorgänger forderte er einen an das Grundgesetz gebundenen Verfassungspatriotismus. Doch stärker als sie verlangte er auch, ihn historisch zu verankern. Während Theodor Heuss 1952 noch die »Geschichte der deutschen Freiheitsbewegungen [...] eine Geschichte der Niederlagen«[51] genannt hatte, rief Gustav Heinemann unermüdlich dazu auf, diese demokratischen Traditionen als eigenständige deutsche Vorleistungen zur Staats- und Gesellschaftsordnung der Bundesrepublik aufzuspüren und in das Geschichtsbewusstsein der Deutschen einzusenken. Die deutsche Geschichte dem verzerrenden Blick der undemokratischen Sieger der Vergangenheit entreißen und ihre demokratischen Traditionen nicht der Geschichtspropaganda der DDR überlassen – dies mahnte Heinemann ständig an. Deshalb setzte er sich dafür ein, dass in Rastatt eine Erinnerungsstätte an die Revolution von 1848/49 geschaffen wurde.[52] »Es ist Zeit, daß ein freiheitlich-demokratisches Deutschland unsere Geschichte bis in die Schulbücher hinein anders schreibt«, hatte er 1970 in einer Rede über »Geschichtsbewußtsein und Tradition« gefordert.[53] »Wir dürfen aus ihr nichts ausklammern, auch nicht das Widerwärtige, nicht einmal das Verbrecherische«, aber – so rief er auf: »Wir dürfen [...] auch das, was uns genutzt und vorangebracht hat, hervorheben und in Ehren halten.«[54]

Dass Gustav Heinemann die deutsche Reichsgründung von 1871 in seiner Gedächtnisrede zu ihrem 100. Jahrestag der Erblast deutscher Geschichte zuschlug, erinnerungswürdig nur, um aus ihren Fehlern zu lernen, hat damals viele schockiert. »Hundert Jahre Deutsches Reich« – so provozierte er über alle Rundfunk- und Fernsehanstalten jene Deutsche, die den Nationalsozialismus als eine kurze Schreckensphase in einer ansonsten ehrwürdigen Geschichtstradition betrachteten – »das heißt eben nicht einmal Versailles, sondern zweimal Versailles, 1871 und 1919, und dies heißt auch Auschwitz, Stalingrad und bedingungslose Kapitulation von 1945.«[55]

Rund zehn Jahre zuvor, um 1960, hatte Fritz Fischer mit seiner These von der deutschen Allein-Verantwortung für den Ersten Weltkrieg die Öffentlichkeit geschockt und eine erbitterte Kontroverse ausgelöst, in der seine Gegner auch mit politischen Mitteln gegen ihn vorgingen. Zehn Jahre später macht sich ein deutsches Staatsoberhaupt diese Geschichtsdeutung zu Eigen – vom Höhepunkt deutscher Nationalgeschichte, daran hatten die Schulbücher und die meinungsprägenden Geschichtswerke nie einen Zweifel gehegt, sinkt das deutsche Kaiserreich herab zum Beginn eines politischen Weges, der in die Katastrophe führt.

Mit dieser Sicht steht Heinemann unter den Bundespräsidenten allein, wenngleich auch Walter Scheel das Kaiserreich außerordentlich kritisch beurteilt hat. Vor allem seine bedeutende Rede zur 100-Jahr-Feier Bayreuths (1976) stand in ihrer Kritik hinter der Reichsgründungsrede Heinemanns kaum zurück.[56] Scheel hat aber keine direkte Linie zum Nationalsozialismus gezogen.

Heinemann hat nicht nur die Kritik an bestimmten Linien deutscher Geschichte verschärft. Mit ihm intensivierten sich auch die Bemühungen der Präsidenten, das Geschichtsgedächtnis der Deutschen zeitlich auszuweiten und auf die demokratischen Linien in der deutschen Geschichte zu verweisen, an die es anzuknüpfen gelte, um auch in der deutschen Vergangenheit aus Vorbildern für die Zukunft lernen zu können.

Mit seinen Vorgängern und Nachfolgern verbindet Heinemann auch das ständige Bemühen, Nationalbewusstsein und europäisches Gemeinschaftsgefühl zu verknüpfen. Der »Weg zum Nationalstaat«, so hatte Theodor Heuss schon 1951 differenzierter gesagt, als es Heinemann gegeben war, Geschichte zu betrachten, war kein »Irrweg«, aber auch nicht die »geschichtliche Erfüllung«. Das Ziel sei ein gemeinsames Europa, aber das bedeute nicht, »den genormten und typisierten Europäer« zu schaffen.[57] Die eigene Identität, das »Ich« bewahren[58] – diesen

Zukunftsauftrag entnahm Heuss der Katastrophengeschichte des Kollektivismus im 20. Jahrhundert.[59] Für den Einzelnen gelte das ebenso wie für die Nation. Dem stimmte auch Gustav Heinemann zu:

»Es gibt schwierige Vaterländer. Eines davon ist Deutschland. Aber es ist *unser* Vaterland. Hier leben und arbeiten wir. Darum wollen wir unseren Beitrag für die *eine* Menschheit mit diesem und durch dieses unser Land leisten.«[60]

Heinemann kritisierte den Verlauf der deutschen Nationalgeschichte, doch sein Geschichtsbild war durch und durch nationalstaatlich geprägt. Die staatliche Vielfalt Deutschlands vor 1871 galt ihm nicht als Ideal, im Gegenteil, auch sprachlich ist sie bei ihm stets negativ besetzt: »Dutzende von Fürstenstaaten«, »in die Deutschland zerrissen blieb«, hätten den »Ruf nach Einheit« »erstickt«.[61] Heinrich Heine feierte er als »Patrioten«, dessen »Liebe zu Deutschland« ihn nach Einheit und Freiheit verlangen ließ.[62] Patriotische Liebe zum Vaterland – Gustav Heinemann scheute sich nicht, diese Worte zu verwenden[63] – erfordere, das Grundgesetz zu verteidigen und die sozialstaatliche Ordnung der Bundesrepublik auszubauen.[64] Dass sich diese Zukunftsaufgabe im Rahmen des deutschen Nationalstaates, den er Vaterland nannte, vollziehen müsse, stand für Heinemann außer Zweifel – ein Erbe der deutschen Geschichte, dem sich niemand entziehen könne.

Zu diesem deutschen Geschichtserbe zählte für ihn auch die Verpflichtung zur europäischen Zusammenarbeit. »Das Gegeneinander vergangener Jahre muß jetzt zu einem Miteinander in der Zukunft werden«[65] – dieser Appell in seiner Rede vom 23. Mai 1972 anlässlich der Ratifizierung der Ostverträge spricht die Grundeinsicht seiner Beschäftigung mit der deutschen Geschichte aus. Es ist zugleich der Kern der Geschichtslehren, die alle Bundespräsidenten von 1949 bis heute ihrer Zeit vermitteln wollten. Die Nation, meinte Scheel, »ist ja so etwas wie das gemeinsame geschichtliche und kulturgeschichtliche Ergebnis eines Volkes«.[66] ›Deutsche Nation‹ müsse von »einem Begriff der Macht zu einem Begriff des Friedens«[67] werden. Möglich sei das nur, wenn Vielfalt und Einheit der europäischen Kultur auch in der deutschen Geschichte sichtbar gemacht werden. Europa dürfe nicht zum »Ersatz für die eigene Nation«, nicht zum »Ersatzvaterland« stilisiert werden,[68] sondern müsse als politisches Einigungsgebot begriffen werden, das – wie die Geschichte lehre – kulturelle Vielfalt gebiete. Nur die Erinnerung an die nationale Kultur schütze davor, überfremdet zu werden und damit seine Identität einzubüßen.[69] Richard von Weizsäcker sah es nicht anders, wenn er zum Aufbau eines gemeinsamen Europa und dennoch zur Bewahrung der Nationen aufrief. Nationen seien nicht zu ersetzen, nur sie befähigen zur internationalen Zusammenarbeit.[70] »Nation und Europa werden zwei Schichten unserer Identität, die sich gegenseitig brauchen und durchdringen.«[71]

Viele mögen befürchtet oder erhofft haben, je nach politischem Standort, dass unter Karl Carstens das staatsoffiziöse deutsche Geschichtsbild revidiert würde. Sein Dauerplädoyer, stolz zu sein auf »viele helle Kapitel unserer Geschichte«,[72] schien für diese Erwartungen zu sprechen, auch sein für Missverständnisse offenes Wort: »Zwölf Jahre dürfen sich nicht wie ein Riegel vor unsere ganze Geschichte schieben«,[73] konnte so verstanden werden. Geschichte als »geistige und seelische Heimat«[74] mochte nach verdrängender Idylle klingen. Doch auch Carstens scherte nicht aus der Kontinuität der Geschichtslehren aus, welche die Bundespräsidenten von Beginn an öffentlich darboten.

Bei Karl Carstens kam aber eine Variante politischer Geschichtsargumentation hinzu, die so in den Reden der anderen Amtsinhaber nicht zu finden ist: Nationales Geschichtsbewusstsein, um den Schmerz über den Verlust von Land und Heimat europäisch zu sublimieren und damit politisch in den europäischen Einigungsprozess einzubinden, den auch er als eine Lehre der Geschichte begründete. Als er sich 1980 der schwierigen Aufgabe unterzog, zum dreißigsten Jahrestag der Charta der deutschen Heimatvertriebenen zu sprechen, pries er das Geschichtsbewusstsein der Vertriebenen als einen Beitrag zur historischen Identitätswahrung aller Deutschen. Die Erinnerung an den deutschen Osten müsse als »ein Teil der deutschen Geschichte« im kollektiven Gedächtnis des deutschen Volkes bewahrt werden. Aber nicht als Unterpfand für Revisionshoffnungen. »Dieses Erbe gehört uns allen, uns Deutschen und uns Europäern. Kein Land kann darauf einen alleinigen Anspruch erheben.«[75]

Indem Carstens – wie auch die anderen Bundespräsidenten, am wenigsten Heinemann – Nation vornehmlich kulturell definierte, als Identifikation mit Sprache, Musik, bildender Kunst, mit Landschaften, mit naturwissenschaftlichen, technischen, wirtschaftlichen Leistungen und »mit jenen Epochen unserer Geschichte, in denen Deutsche das abendländische Erbe bewahrt und fortentwickelt haben«,[76] löste er die deutsche Nation vom Staat und erklärte sie zu einer kulturellen Wirkkraft in europäischer Verflechtung. Damit distanziert er diese kulturelle Gestalt der deutschen Nation zugleich vom aggressiven Nationalismus der Vergangenheit.

Im Grunde versuchten die Bundespräsidenten durchweg – am wenigsten Gustav Heinemann – die jüngere Staatsnation mit der älteren Idee der Kulturnation zu versöhnen und damit europäisch zu öffnen, ohne aber auf ihre historisch gewachsene und erprobte Fähigkeit zur nationalen Identitätsbildung verzichten zu müssen. Denn historische Identität sei, diese Überzeugung teilen die bundesrepublikanischen Staatsoberhäupter bis heute ohne Ausnahme, unverzichtbar für verantwortungsvolle Politik. Geschichte biete, so Richard von Weizsäcker 1985 auf dem Evangelischen Kirchentag in seiner Rede über »Die Deutschen und ihre Identität«, den »wichtigsten Beleg menschlicher Freiheit, den wir haben.«[77] Beschäftigung mit Geschichte helfe, an nationalen »Neurosen zu arbeiten«[78] – der Historiker als Nervenarzt der Nation.[79] Walter Scheel drückte diesen Glauben an die verhaltensprägende Kraft der Geschichtsdeutung 1978 in seiner Rede zum »Tag der deutschen Einheit« negativ gewendet aus: »Eine Wiederbelebung des Geschichtsbewußtseins in der falschen Richtung könnte katastrophale Folgen für unser Land haben.«[80] Diese Sorge teilte Roman Herzog, wenn er für einen »unverkrampften« Umgang mit der Nation plädierte, die man »nicht irgendwelchen Rattenfängern überlassen« dürfe.[81]

d. Nation und Europa

Historische Vielfalt der Nationen und Regionen und dennoch eine gemeinsame kulturelle Vergangenheit Europas – dieses Geschichtsbild prägten und prägen die

Bundespräsidenten ständig in großer und kleiner Münze, wenn sie als Geschichtsredner vor die Öffentlichkeit treten oder wenn sie bei vielen anderen Gelegenheiten historische Reminiszenzen und Erinnerungsformeln einstreuen. Politik kann trennen und hat oft getrennt, bis hin zu blutigen Kriegen, Kultur verbindet über Grenzen hinweg, lautet ihre Geschichtsbotschaft. In großen Namen, Bauwerken und Kunst sehen sie das gemeinsame europäische Erbe dokumentiert. Die Kultur geht seit Jahrhunderten voraus, die Politik muss endlich folgen – diese Geschichtslehre ist den Reden aller Bundespräsidenten eingewoben. Das hat sie nie daran gehindert, die nationalen Staaten zu verteidigen und ihnen eine lange Zukunft vorauszusagen. Sie sollen die Glieder eines gemeinsamen Europas bilden, nicht in diesem aufgehen. Auch diese Grundhaltung ist allen Bundespräsidenten gemeinsam. Doch seit 1994, als Roman Herzog das Amt übernahm, rückte Europa ins Zentrum der Geschichtsreden der Bundespräsidenten. Sie werben bei den deutschen Staatsbürgern, aber auch im Ausland für das neue Europa und begleiten die neuen institutionellen Anläufe, die Integration Europas zu intensivieren und auf neue Mitglieder zu erweitern, indem sie diesen Entwicklungen historische Fundamente stiften. Der deutsche Bundespräsident wurde zum unermüdlichen Werber für ein vereintes Europa.

Roman Herzog ging bei seinem Amtsantritt auf die neue Aufgabe schnörkellos direkt zu, wie er generell einen Redestil pflegte, mit dem er sich von der fein ziselierten Redekunst seines Vorgängers Richard von Weizsäcker abzuheben suchte. »Ungeniert«, »kein Blatt vor den Mund nehmen«, »unverkrampft«, »Probleme beim Namen nennen« – mit solchen Selbstcharakterisierungen signalisierte er seinen Zuhörern, burschikos zugreifen zu wollen: »nicht vornehm« umschreiben, sondern alles »ganz offen frontal« ansprechen. Er bekenne sich zur deutschen Nation, der »Nationalstaat aber als alleinige Form politischer Gestaltung, der hat sich überlebt; das erfahren wir an allen Ecken und Enden.«[82]

Roman Herzogs Leitthema wurde es, die westdeutsche Erfolgsgeschichte seit 1945 mit dem »Geschenk des Jahres 1989«[83] so zu verbinden, dass daraus eine neue Dynamik im »Prozeß der europäischen Einigung«,[84] eine neue »Vision« als Handlungsstrategie[85] erwächst. Die geläufigen Chiffren deutscher geschichtlicher Selbstverortung – verspätete Nation, Sonderweg[86] – und Stationen deutscher und europäischer Geschichte rief er auf, um die Gegenwart als »Epochenwechsel«[87] oder gar »Zeitenwende«[88] auszuweisen und daraus Handlungsanforderungen abzuleiten. Der Nationalstaat, wie er sich im 19. Jahrhundert als staatliche Organisationsform durchzusetzen begann, sei mit seinem Konstruktionsprinzip, das auf Abgrenzung und Expansion beruhte, nicht mehr zeitgemäß. Der »Nationalstaat ist dabei, sich zu verabschieden, nicht die Nation.«[89] Nationen werden »natürlich« auch weiterhin »in ihren eigenen Staaten leben«, doch die nationalstaatlichen Souveränitätsvorstellungen haben sich überlebt, weil deren Grundlage, Militär- und Wirtschaftskraft, heute nicht mehr von einem einzelnen Staat bereitgestellt werden könnten. Den alten Nationalstaat gibt es nicht mehr, und »es sollte ihn auch nicht mehr geben. Er ist dabei, zu klein zu werden für die großen Probleme des Lebens und zu groß für die kleinen. Das sehen wir doch täglich: Der Weg in die Zukunft kann für uns nur lauten: Europa.« Die Geschichtswissenschaft habe sich darauf einzustellen und sich der »Kontinental- und Weltgeschichte« zuzu-wenden.

Roman Herzogs Reden als Bundespräsident zielten auf Entscheidungen in der Politik und in der Gesellschaft.[90] Dezisionistisch ist auch sein Umgang mit der Geschichte. Die Lehren, die er ihr entnimmt, sind eindeutig. In seinem Rückblick auf den Reichstag von 1495 zu Worms entwirft er ein Heiliges Römisches Reich, das staatliche und kulturelle Vielfalt zu vereinen wusste. Wie damals »zur Zeit der Reichsreform« stehe Europa heute erneut vor einem »Epochenwechsel«.[91] Die gleiche Geschichtsbotschaft entnahm er der Revolution von 1848/49, die er in ihrer Bedeutung mit dem Fall der Berliner Mauer 1989 verglich: »Beides sind Sternstunden deutscher Geschichte«, denn sie verwirklichten Demokratie im europäischen Verbund.[92]

Das Europa der Zukunft kann und muss auf historischen Grundlagen aufbauen, denn »jede historische Zukunft ist […] zugleich immer eine Renaissance.«[93] Um das Europa der konkurrierenden Nationalstaaten zu überwinden, findet das neue Europa der vereinten Nationen seine Fundamente in der europäischen Geschichte – diese beruhigende Botschaft auf dem Weg in die Zukunft suchte Roman Herzog der Öffentlichkeit nahe zu bringen. Geschichte als ein bewährter Zukunftsratgeber.

Johannes Rau führte dieses Werben um eine europäische Föderation aus dem Geiste der Geschichte Europas fort. Die Nationalstaaten galten ihm jedoch wei-terhin als unverzichtbar. »Wir brauchen sie als Rahmen der Demokratie auf der Ebene der Nationen. Wir brauchen sie als Garanten der Vielfalt in Europa.«[94] Trotz dieser entschiedenen Festlegung formulierte Rau behutsamer und offener als Herzog. »Die Kenntnis der Geschichte schafft Identifikation und bietet emoti-onale Bezüge«, aber sie ist kein »Rezeptbuch für die Probleme der Gegenwart.«[95] Sein Rückblick auf Karl den Großen fiel ambivalenter aus als der seines Amts-vorgängers. Er erinnerte an die arabisch-islamische Kultur, die ebenfalls zu den »Wurzeln des heutigen Europa« gehöre, die »gegenwartsorientierte Interessen« »einseitig im lateinisch-christlichen Mittelalter« gesucht hätten.[96]

»Diese Einseitigkeit zu überwinden, das könnte ein wichtiger Beitrag zu einer zukunfts-orientierten Vorstellung von Europa sein, zu einer Vorstellung, die nicht voraussetzt, dass viele seiner gegenwärtigen oder potentiellen zukünftigen Mitglieder einen Teil ihrer jeweiligen Geschichte vergessen oder verleugnen müssen; zu einer Vorstellung, die sie nicht dazu zwänge, im nachhinein die Geschichte des lateinisch-christlichen Mittelalters als die eigene Geschichte umzudeuten.«

Rau warb, Herzog plädierte. 1996 auf dem Historikertag zu München forderte Roman Herzog eine Abkehr von der Nationalgeschichtsschreibung, Johannes Rau dachte sechs Jahre später auf dem Historikertag zu Halle darüber nach, wie sich deutsche Geschichte verändern wird, wenn im Einwanderungsland Deutschland das »Wir« der Geschichte sich ändert, weil es viele Menschen umfasst, deren historische und kulturelle Wurzeln anderswo liegen. Wer trägt dann die von allen Bundespräsidenten bekräftigte Verantwortung der Deutschen für die deutsche Geschichte? Wird gar »die ›Verantwortungsfrage‹ der letzte Hort des jus san-guinis?«[97]

Mit Horst Köhler schien sich ein Bruch in der Tradition der Geschichtsreden der Bundespräsidenten anzukündigen. Seine Antrittsrede blickte auf das Deutschland der Zukunft, das »um seinen Platz in der Welt des 21. Jahrhunderts« kämpfen müsse. »Deutschland soll ein Land der Ideen werden. Im 21. Jahrhundert bedeutet das mehr als das Land der Dichter und Denker, mehr als Made in Germany, mehr als typisch deutsche Tugenden.«[98] Doch der »gelernte Ökonom« – ihn werde er nicht verstecken, erklärte er zum Amtsantritt – ging in seinen Reden behutsam mit der Geschichte um und bewahrte den Traditionskern seiner Amtsvorgänger: kein Schlussstrich unter die deutsche Katastrophengeschichte, keine Geschichtsverengung auf sie.

»Wir werden die zwölf Jahre der Nazidiktatur und das Unglück, das Deutsche über die Welt gebracht haben, nicht vergessen, im Gegenteil: Wir fassen gerade aus dem Abstand heraus viele Einzelheiten schärfer ins Auge und sehen viele Zusammenhänge des damaligen Unrechts besser. Aber wir sehen unser Land in seiner ganzen Geschichte, und darum erkennen wir auch, an wie viel Gutes wir Deutsche anknüpfen konnten, um über den moralischen Ruin der Jahre 1933 bis 1945 hinauszukommen. Unsere ganze Geschichte bestimmt die Identität unserer Nation. Wer einen Teil davon verdrängen will, der versündigt sich an Deutschland.«[99]

Einzelheiten schärfer sehen – darauf sind viele seiner Geschichtsreden zugeschnitten. Sie beginnen mit konkreten Beobachtungen oder Erinnerungen von Zeitzeugen, schließen daran allgemeine Reflexionen an, um dann den Blick in die Zukunft zu richten.[100] Dieser Zukunftsblick ist bei Horst Köhler stärker global gerichtet als bei allen seinen Amtsvorgängern. Hier, nicht in einem Zurückdrängen der Verantwortung vor der Geschichte, verschiebt Horst Köhler die Akzente, die er mit seinen Reden zu setzen sucht. »Es gibt keinen Ausstieg aus der Globalisierung. Gefordert ist aber ein verbesserter Einstieg in die Gestaltung der Globalisierung, die politische Gestaltung der Globalisierung.« Für diese Aufgabe findet auch er Unaufgebbares in der Geschichte. Die Verpflichtung, sich gegen »massive Menschenrechtsverletzungen« zu engagieren, wo auch immer sie geschehen, nennt er »die wichtigste Schlussfolgerung aus der Zeit des 3. Reiches« für die künftige »Weltinnenpolitik« als »Handlungsauftrag«.[101]

3. Geschichtsbotschaft der Bundespräsidenten –
Geschichtsdeutung der Geschichtswissenschaft

Vergangenheitsbilder üben eine gewaltige Gestaltungsmacht auf die Zukunft aus – das ist die Geschichtsbotschaft, welche die Bundespräsidenten den Menschen in Deutschland und anderswo in ihren Reden seit mehr als sechzig Jahren unermüdlich nahe zu bringen suchen. Reden über Geschichte war und ist für sie eine Form des politischen Handelns ohne institutionelle Macht. Welchen Anteil die Geschichtsreden der Bundespräsidenten an den Geschichtsbildern der Deutschen haben, weiß niemand – ebenso wenig wie man den Anteil der Historiker daran kennt. Denn Geschichtsbilder speisen sich aus ungemein vielen Quellen, trüben und weniger trüben. Wissenschaftlich erarbeitete Geschichtskenntnisse fließen auch ein – auch; mehr nicht.[102] Dass sie die Gewähr böten, klarer und verlässlicher zu sein als wissenschaftlich ungefilterte Geschichtsdarstellungen, wird gerade der Historiker aufgrund seiner Kenntnis der Geschichte seines Fachs und der methodischen Grundlagen über die Entstehung von Geschichtserkenntnissen redlicherweise nicht behaupten können. Historiker waren stets ebenso wie Geschichtslaien Schöpfer und Opfer von zeitbedingten Geschichtsbildern.[103] Sich dieser Tatsache zu erinnern, ist eine wichtige Einsicht, um sich kritikfähig zu halten angesichts der Unvermeidbarkeit von Geschichte als politischem Argument.

Anmerkungen

*   Überarbeitet, erweitert und aktualisiert um die Reden der letzten drei Bundespräsidenten bis Mitte 2007. Die Erstfassung (in: Geschichte in Gesellschaft und Wissenschaft, hg. v. Dieter Langewiesche, Themenheft von: Saeculum. Jahrbuch für Universalgeschichte 43 (1992), H. 1, München 1992, S. 36–53) ist damit überholt.

1   Lesevergnügen bietet die »Seelenkunde der mittelalterlichen Fälscher« von Fritz Kern: Recht und Verfassung im Mittelalter, Tübingen 1952, Zitat S. 51f.; in jeder Hinsicht gewichtig: Fälschungen im Mittelalter. Internationaler Kongreß der Monumenta Germaniae Historica, München 1986 (Schriften, Bd. 33, S. 1–5).

2   Reinhart Koselleck, Vergangene Zukunft, Frankfurt/M. 1979; ders., Zeitschichten, 2000; ders., Begriffsgeschichten, 2006.

3   Koselleck, ›Erfahrungsraum‹ und ›Erwartungshorizont‹ – zwei historische Kategorien, in: Vergangene Zukunft, S. 349–375.

4   Zit. nach ders., Historia Magistra Vitae. Über die Auflösung des Topos im Horizont neuzeitlich bewegter Geschichte, in: Vergangene Zukunft, S. 65.

5   Zu Deutschland s. Edgar Wolfrum, Geschichte als Waffe. Vom Kaiserreich bis zur Wiedervereinigung, Göttingen 2001; zur USA Ian Tyrrell, Historians in Public. The Practice of American History, 1890–1970, Chicago 2005; breit zum 20. Jh.: Lutz Raphael, Geschichtswissenschaft im Zeitalter der Extreme, München 2003; in diesem Buch s.: Die Geschichtsschreibung und ihr Publikum. Zum Verhältnis von Geschichtswissenschaft und Geschichtsmarkt.

6   In weiter Perspektive: Charles S. Maier, Die Gegenwart der Vergangenheit. Geschichte und die nationale Identität der Deutschen, Frankfurt/M. 1992 (englisch 1988).

7   Die Literatur ist kaum noch zu überschauen. Vgl. Dietrich Geyer, Osteuropäische Geschichte und das Ende der kommunistischen Zeit, Heidelberg 1996; ders. (Hg.), Die Umwertung der sowjetischen Geschichte, Göttingen 1991.

8   Vgl. Reinhart Koselleck, Fortschritt, in: Geschichtliche Grundbegriffe, Bd. 2, Stuttgart 1975, S. 351–423; Dieter Langewiesche, ›Fortschritt‹, ›Tradition‹ und ›Reaktion‹ nach der Französischen Revolution bis zu den Revolutionen von 1848, in: Aufklärung und Gegenaufklärung in der europäischen Literatur, Philosophie und Politik von der Antike bis zur Gegenwart, hg. v. Jochen Schmidt, Darmstadt 1989, S. 446–458.

9   Bequem zugänglich sind die Einwände und seine Entgegnung in: Johannes Janssen, An meine Kritiker. Nebst Ergänzungen und Erläuterungen zu den drei ersten Bänden meiner Geschichte des deutschen Volkes, Freiburg i.Br. 1883. In diesem Buch dazu: Die Geschichtsschreibung und ihr Publikum. Zum geschichtsreligiösen Fundament des preußisch-deutschen Geschichtsbildes als »säkularisierter Theodizee« vgl. Wolfgang Hardtwig, Geschichtsreligion – Wissenschaft als Arbeit – Objektivität. Der Historismus in neuer Sicht, in: Historische Zeitschrift 252 (1991), S. 1–32, 6.

10   Karl Löwith, Weltgeschichte und Heilsgeschehen, Stuttgart 1953; vgl. Lucian Hölscher, Weltgericht oder Revolution. Protestantische und sozialistische Zukunftsvorstellungen im deutschen Kaiserreich, Stuttgart 1989.

11   Thomas Mann, Der Zauberberg, Frankfurt/M. 1988, S. 426 ([1]1924).

12   Überblick: Johannes Schradi, Die DDR-Geschichtswissenschaft und das bürgerliche Erbe, Frankfurt/M. 1984; Erbe und Tradition in der DDR. Diskussion der Historiker, hg. v. Helmut Meier / Walter Schmidt, Köln 1988 (eine Bilanz des Selbstverständnisses der DDR-Historiographie). Als Fallstudien: Jeffrey Herbst, Divided Memory. The Nazi Past in the two Germanys, London 1997; Klaus Neumann, Shifting Memories. The Nazi Past in the New Germany, Ann Arbor 2000.

13   Lothar Mertens, Priester der Clio oder Hofchronisten der Partei? Kollektivbiographische Analysen zur DDR-Historikerschaft, Göttingen 2006.

14   Zit. nach Reinhart Koselleck, Geschichte, in: Geschichtliche Grundbegriffe, Bd. 2, Stuttgart 1979, S. 699.

15   Vgl. dazu in diesem Buch: Erinnerungsgeschichte und Geschichtsnormierung.

16   Reden der deutschen Bundespräsidenten Heuss, Lübke, Heinemann, Scheel. Eingeleitet von Dolf Sternberger, München 1979, S. XI. Zur Literatur über die bisherigen Bundespräsidenten und ihr Amt vgl. Eberhard Jäckel u.a. (Hg.), Von Heuss bis Herzog. Die Bundespräsidenten im politischen System der Bundesrepublik, Stuttgart 1999; zum Umfeld: Hans Vorländer (Hg.), Zur Ästhetik der Demokratie. Formen politischer Selbstdarstellung, Stuttgart 2003.

17   Sternberger, Reden (Anm. 16), S. XIV.

18   Rede zum 60. Jahrestag des Endes des II. Weltkrieges im Bundestag, 8.5.2005. Vgl. etwa: Grußwort zur Einweihung der Hauptsynagoge München, 9.11.2006.
     Die Reden der Bundespräsidenten seit Johannes Rau sind im Internet als Volltexte bequem zugänglich: http://www.bundespraesident.de/-,11057/Reden-und-Interviews.htm. Sie werden deshalb nur mit dem Datum und Anlass zitiert. Seit der Amtszeit Walter Scheels wurden die Reden gedruckt und vom Presse- und Informationsamt der Bundesregierung herausgegeben.

19   Hermann Lübbe, Der Nationalsozialismus im deutschen Nachkriegsbewußtsein, in: Historische Zeitschrift 236 (1983), S. 579–599, 584.

20   Ebd., S. 585.

21   Alexander und Margarete Mitscherlich, Die Unfähigkeit zu trauern, München [13]1980, S. 58.

22   Theodor Heuss, Die großen Reden. Der Staatsmann, Tübingen 1965, S. 101 (1949); vgl. ders., An und über Juden. Aus Schriften und Reden zusammengestellt u. hg. v. Hans Lamm. Vorwort Karl Marx, Düsseldorf 1964, S. 138 (1952). Zu den Heuss-Reden s. Ulrich Baumgärtner, Reden nach Hitler. Theodor Heuss – Die Auseinandersetzung mit dem Nationalsozialismus, Stuttgart 2001.

23   Die großen Reden. Der Humanist, Tübingen 1965, S. 133 (1952).

24   An und über Juden (Anm. 22), S. 136 (1952).

25   Reden der deutschen Bundespräsidenten (Anm.16), S. 109 (1961).

26   Ebd., S. 107.

27   Ebd., S. 132 (1964).

28   Heinrich Lübke, Aufgabe und Verpflichtung, Frankfurt 1965, S. 59 (1965).

29   Ebd., S. 60.

30   Vgl. etwa Heuss, große Reden (Anm. 22), S. 217f.; Lübke, Aufgabe (Anm. 28), S. 63 (hier wird den Siegermächten die Hauptlast aufgebürdet, da sie »Deutschland Lasten auferlegten, die zu erdrücken drohten.«); Gustav Heinemann, in: Reden Bundespräsidenten (Anm. 16), S. 155, 194f.; Walter Scheel, Reden und Interviews, Bd. 4, Bonn 1978, S. 138, 173f.; Bd. 1, 1975, S. 194; Carl Carstens, Reden und Interviews, Bd. 2, Bonn 1981, S. 199–202; Richard von Weizsäcker, Reden und Interviews, Bd. 1, Bonn 1986, S. 102, 214–217 (zum Erbe E-berts für die Gegenwart), 308–311; Roman Herzog, Rede zum Amtsantritt, 1.7.1994; Rede Bergen-Belsen, 27.4.1995; Johannes Rau, Abschiedsrede im Bundestag, 1.7.2004; Horst Köhler, 60. Jahrestag Ende II. Weltkrieg, 8.5.2005.

31   Reden Bundespräsidenten (Anm. 16), S. 132 (1964).

32   Scheel, Reden, Bd. 1, S. 231–243 (6.5.1975).
33   Karl Carstens, Reden und Interviews, Bd. 1, Bonn 1980, S. 40–42 (1.9.1979).
34   Weizsäcker, Reden, Bd. 1, S. 279–295 (8.5.1985) (diese Rede, und einige andere, auch im Internet (s. Anm. 18).
35   Theodor Heuss, Reden an die Jugend, hg. v. Hans Bott, Tübingen 1956, S. 92 (1951).
36   Reden Bundespräsidenten (Anm. 16), S. 146 (1969).
37   Ebd.
38   Weizsäcker (Anm. 34), S. 283.
39   Walter Ulbricht, Zur Geschichte der deutschen Arbeiterbewegung. Aus Reden und Aufsätzen, Bd. V, Berlin/DDR 1960, ²1964, S. 302–326 (1955); Erich Honecker, Reden und Aufsätze, Bd. 3, Berlin/DDR 1976, S. 416–428 (1975); Bd. 10 (1986), S. 593–597, 598–601, 602–604, 605f., 607–610, 611–613, 614–626 (1985).
40   Honecker, Bd. 10, S. 417.
41   Ulbricht (Anm. 39), S. 302.
42   In seiner Rede zur Vereinigung der beiden deutschen Staaten am 3.10.1990 in Berlin stellte allerdings auch Richard von Weizsäcker die Kraft des Systems in den Vordergrund, um den Ost-West-Gegensatz der Vergangenheit für die Gegenwart zu entpersonalisieren: »Es sind die Systeme, die sich in ihrem Erfolg unterscheiden, nicht die Menschen. Dies wird sich deutlich zeigen, wenn die Deutschen in der bisherigen DDR endlich die gleichen Chancen bekommen, die es im Westen seit Jahrzehnten gab.« Zitiert nach dem Abdruck in: Frankfurter Allgemeine Zeitung Nr. 231 v. 4.10.1991, S. 5. Dagegen betonte Roman Herzog, dass auch in der SED-Diktatur jede Schuld »höchstpersönlich« sei; Rede vor Enquete-Kommission »SED-Diktatur«, 26.3.1996.
43   Scheel, Reden, Bd. 1, S. 235.
44   Rede v. 10.9.2002 auf dem Historikertag in Halle.
45   Scheel, Reden, Bd. 1, S. 151.
46   Scheel, Reden, Bd. 4, S. 349.
47   Carstens, Reden, Bd. 2, S. 16. Zu den ausführlichen Reden Raus und Herzogs auf Karl d. Großen weiter unten.
48   Carstens, Reden, Bd. 1, S. 44.
49   Weizsäcker, Reden, Bd. 1, S. 75–80.
50   Reden Bundespräsidenten (Anm. 16), S. XVIf.
51   Heuss, Große Reden (Anm. 22), S. 220.
52   Gustav Heinemann, Allen Bürgern verpflichtet. Reden des Bundespräsidenten 1969–1974, Frankfurt/M. 1975 (Reden und Schriften, Bd. 1), S. 36–44 (Eröffnungsrede vom 26.6.1974).
53   Ebd., S. 34.
54   Wie Anm. 52, S. 39f.
55   Reden Bundespräsidenten (Anm. 16), S. 155.
56   Scheel, Reden, Bd. 3, S. 30–42. Diese Rede konnte – in Bayreuth gehalten – als eine Art Publikumsbeschimpfung verstanden werden. In den Berichten der großen Zeitungen klang dies nur verhalten an. Zu untersuchen, warum Scheels Rede so gelassen hingenommen wurde, während Heinemanns Rede einen Aufschrei ausgelöst hatte, gäbe Aufschluss über den Wandel der politischen Kultur in der Bundesrepublik. Vgl. als Pressestimmen v. 24.7.1976: FAZ u. Süddeutsche Zeitung; 26.7.: Frankfurter Rundschau u. Welt; Zeit 30.7.; Spiegel 2.8. Scheel wird oft als der Diplomat unter den Bundespräsidenten bezeichnet – so z.B. von Dolf Sternberger (Anm. 16, S. XXI) –, der »offen und liebenswürdig« über »Grundfragen unseres Zusammenlebens gesprochen« habe, wie es sein Amtsnachfolger umschrieb; Carl Carstens, Reden, Bd. 1, S. 17. Seine Reden stimmen mit diesem Bild des diplomatischen Causeurs jedoch nicht überein. Ein Beispiel: Während Heuss in seiner Rede zum 80. Geburtstag Otto Hahns politische Fragen umging, stellte sie Scheel in seiner Rede zum 100. Geburtstag von Albert Einstein, Otto Hahn, Lise Meitner und Max von Laue in den Mittelpunkt, wobei er vor deutlichen Worten nicht zurückschreckte. Vgl. Theodor Heuss, Politiker und Publizist. Aufsätze und Reden. Ausgewählt und kommentiert von Martin Vogt. Mit einem einleitenden Essay von Ralf Dahrendorf, Tübingen 1984, S. 485–487; Scheel, Reden, Bd. 5, S. 233–246.

57 Heuss, Reden an die Jugend (Anm. 35), S. 92.

58 Ebd., S. 93.

59 Vgl. etwa seine historisch tief schürfende Rede »Formkraft einer politischen Stilbildung« (1952), in: Heuss, Die großen Reden (Anm. 22), S. 184–223.

60 Reden Bundespräsidenten (Anm. 16), S. 151 (Antrittsrede im Bundestag, 1.7.1969).

61 Ebd., S. 153; vgl. S. 173. Korrektur dieses einseitig nationalstaatlichen Geschichtsbildes bei James J. Sheehan, German History 1770–1866, Oxford 1989. Zur deutschen Idee einer Föderativnation, die Heinemann, aber auch Heuss fremd war, wenngleich sie bis 1871 wirkungsmächtig blieb, vgl. Dieter Langewiesche, Nation, Nationalismus, Nationalstaat in Deutschland und Europa, München 2000; ders., Liberalismus und Demokratie im Staatsdenken von Theodor Heuss, Stuttgart 2005.

62 Reden Bundespräsidenten (Anm. 16), S. 173–177 (1972).

63 Ebd., S. 177.

64 Ansprache zum Festakt »25 Jahre Grundgesetz«, 24.5.1974, ebd., S. 190–201.

65 Ebd., S. 170.

66 Scheel, Reden, Bd. 1, S. 325 (Interview).

67 Scheel, Reden, Bd. 3, S. 57 (Rede vor dem Deutschen Historikertag 1976).

68 Ebd., S. 289.

69 Vgl. Scheel, Reden, Bd. 5, S. 278–281.

70 Richard von Weizsäcker, Reden und Interviews, Bd. 2, Bonn 1986, S. 30f. (Internationaler Historikerkongress in Stuttgart 1976).

71 Ebd., S. 119 (1985).

72 Carl Carstens, Reden und Interviews, Bd. 3, Bonn 1982, S. 172 (1981); vgl. etwa Bd. 2, 1981, S. 34 (1980); Bd. 1, 1980, S. 15–26. (Antrittsrede, 1.7.1979); Bd. 5, 1984, S. 60–63 (1983).

73 Bd. 4, 1983, S. 89 (Rede vor dem 34. Deutschen Historikertag, 6.10.1982).

74 Ebd., S. 90.

75 Carstens, Reden, Bd. 2, S. 34.

76 Carstens, Reden, Bd. 4, S. 347 (17.6.1983).

77 Weizsäcker, Reden, Bd. 1, S. 321.

78 Ders., Grundkonsens und Orientierung. Reden des Bundespräsidenten 1986 und 1987, Kiel 1988, S. 161 (Rede in der Universität Heidelberg »Nachdenken über Patriotismus«, 6.11.1987).

79 Diese Idee entwickelte der Philosoph Paul Ricœur zu einer komplexen Theorie. Vgl. dazu in diesem Buch: Erinnerungsgeschichte und Geschichtsnormierung.

80 Scheel, Reden, Bd. 4, S. 337.

81 Herzog, Ansprache zum Amtsantritt, 1.7.1994; »unverkrampft«: Podiumsgespräch im Deutschen Nationaltheater Weimar, 1.10.1995; Rede zur Vereidigung von Johannes Rau, 1.7.1999.

82 Herzog, Ansprache zum Amtsantritt, 1.7.1994.

83 Ebd.

84 Herzog, Rede anlässlich des 350jährigen Jubiläums des Westfälischen Friedens in Münster, 24.10.1998.

85 Berliner Rede, 26.4.1997 (Herzogs Ruck-Rede).

86 Rede Westfälischer Frieden, 24.10.1998; Rede Amtsantritt, 1.7.1994.

87 Rede auf dem deutschen Historikertag in München, 17.9.1996.

88 Rede Westfälischer Frieden, 24.10.1998. Zu diesem historischen Deutungsmuster s. in diesem Buch: »Zeitwende« – eine Grundfigur neuzeitlichen Geschichtsdenkens: Richard Koebner im Vergleich mit Francis Fukuyama und Eric Hobsbawm.

89 Rede auf dem deutschen Historikertag in München, 17.9.1996; auch die folgenden Zitate.

90 Am stärksten wohl in seiner Ruck-Rede (Anm. 85).

91 Rede zum Reichstagsjubiläum in Worms, 20.8.1995.

92 Rede anlässlich der Veranstaltung »150 Jahre Revolution von 1848/49« in der Paulskirche, 18.5.1998.

93 Rede anlässlich des Karlsfestes 1999 der Europäischen Stiftung für den Aachener Dom, 31.1.1999.

94 Rede beim Europa Forum der Quandt Stiftung, Schloss Bellevue, 25.11.2000.

95 Rede in Bad Schussenried anlässlich des 200. Jahrestages der Säkularisation, 11.5.2003.

96 Rede zur Eröffnung der Ausstellung »Krönungen. Könige in Aachen – Geschichte und Mythos«, 11.6.2000; auch das folgende Zitat.

97 Johannes Rau, Rede zum Historikertag 2002 zu Halle, 10.9.2002.

98 Horst Köhler, Antrittsrede, 23.5.2004. Dort auch das folgende Zitat.

99 »Begabung zur Freiheit«. Rede bei der Gedenkveranstaltung im Bundestag, 60. Jahrestag Ende II. Weltkrieg, 8.5.2005.

100 Vgl. etwa Rede beim Tag der Heimat des Bundes der Vertriebenen, 2.9.2006; Rede beim Abendessen für die Staats- und Regierungschefs der Mitgliedsstaaten der EU zum 50. Jahrestag der Unterzeichnung der Römischen Verträge, Berlin 24.3.2007; Rede bei der Gedenkfeier zum 60. Jahrestag der Bombardierung von Halberstadt, 8.4.2005 (Rede verlesen von Alexander Kluge); Laudatio zur Verleihung des Ludwig Börne Preises 2006 an Wolfgang Büscher, 25.6.2006; Rede zum 50. Jahrestag der Rückkehr der letzten deutschen Gefangenen aus der UdSSR und zum 60jährigen Bestehen des Lagers Friedland, 12.10.2005.

101 Rede zum 50. Jahrestag der Gründung der Deutschen Gesellschaft für Auswärtige Politik, 3.6.2005.

102 Vgl. dazu in diesem Buch: Die Geschichtsschreibung und ihr Publikum. Zum Verhältnis von Geschichtswissenschaft und Geschichtsmarkt; Erinnerungsgeschichte und Geschichtsnormierung; Verfassungsmythen und ihr Ende; »Republik« und »Republikaner«. Von der historischen Entwertung eines politischen Begriffs; Vom Wert historischer Erfahrung in einer Zusammenbruchsgesellschaft: Deutschland im 19. und 20. Jahrhundert.

103 Vgl. dazu in diesem Buch: Der »deutsche Sonderweg«. Defizitgeschichte als geschichtspolitische Zukunftskonstruktion nach dem Ersten und Zweiten Weltkrieg; Über das Umschreiben der Geschichte. Zur Rolle der Sozialgeschichte; »Zeitwende« – eine Grundfigur neuzeitlichen Geschichtsdenkens: Richard Koebner im Vergleich mit Francis Fukuyama und Eric Hobsbawm.

Verfassungsmythen und ihr Ende

Die Präambeln des Grundgesetzes der alten und neuen Bundesrepublik Deutschland und des Verfassungsentwurfs der Europäischen Union im Vergleich[*]

Das politische Geschehen, das 1989 Europa verändert und die Vereinigung der beiden deutschen Staaten ermöglicht hat, lässt sich als ein historisch-empirischer Test der Wirkungsmacht eines nationalen Mythos verstehen. Denn der Ruf »Wir sind *ein* Volk«, der von den Leipziger Demonstrationen aus 1989 durch die DDR ging und zum Fanal ihres Einsturzes wurde,[1] enthüllte die Stärke des mythischen Kerns der Vorstellung *deutsche Nation*. Dieser Ruf beschwor eine nationale Identität jenseits aller staatlichen Realität.

Dies konnte der Philosoph Kurt Hübner noch nicht wissen, als er 1985 in seinem grundlegenden Werk »Die Wahrheit des Mythos« als ein Beispiel für die »Gegenwart des Mythischen« in der heutigen Politik das Grundgesetz der Bundesrepublik Deutschland betrachtete. »Mythisches, Nichtmythisches und Mythenneutrales« stünden dort nebeneinander. Doch das Mythische rangiere an oberster Stelle, denn in der Präambel des Grundgesetzes werde ein nationaler Mythos erzählt, aus dem ein verfassungsrechtlich verbindlicher Auftrag abgeleitet wird.[2]

Diese Beobachtung des Mythenforschers, der den Mythos als eine spezifische Art von Wirklichkeitserfahrung entschlüsselt – anders als die wissenschaftliche, aber nicht weniger geeignet, die eigene Lebenswelt zu beobachten und zu ordnen –, soll hier als Ausgangspunkt dienen, um die Präambeln des Grundgesetzes der alten und der neuen Bundesrepublik und der (zumindest vorläufig) gescheiterten Verfassung der Europäischen Union vergleichend auf ihren Mythengehalt zu befragen. Zunächst aber einige wenige Bemerkungen zur mythischen Konstruktion nationaler Selbstbilder.

1. Mythos Nation

Worin liegt die Beharrungskraft mythischer Vorstellung von nationaler Identität begründet, ihre Fähigkeit, sich selbst dann zu behaupten, wenn die staatlichen und gesellschaftlichen Verhältnisse sich konträr zu dem Bild, das der Mythos entwirft, entwickeln? Wie das geschieht, ist ein außerordentlich komplexer Vorgang. Geschichte, genauer: Vorstellungen von Geschichte spielen dabei eine bedeutende Rolle. Anthony D. Smith hat solche in die Geschichte versenkten Ewigkeitsbilder, die jede Nation von sich entwirft, vom Israel des Alten Testaments bis in die Gegenwart weltgeschichtlich verfolgt.[3] Er sieht ihre Dauerhaftigkeit religiös verankert. Nur diese religiöse Fundierung ermögliche es der Nation, sich jenseits von Ethnizität, Sprache und Staat als ein ›modernes Glaubenssystem‹ zu behaupten. Dessen Kern, gewissermaßen das Allerheiligste des Mythos Nation, bilden – so Smith – Gemeinschaft, Territorium, Geschichte und Bestimmung. Die religiöse Grundlage, aus der Smith die erstaunliche, allen historischen Widrigkeiten trotzende Überlebenskraft der Idee Nation erklärt, verweist auf deren mythische Konstruktion, die Hübner in den Mittelpunkt rückt. Theodor Heuss hatte diese überzeitliche Grundlage nationaler Selbstdeutung ebenfalls vor Augen, als er 1948 im Parlamentarischen Rat um einen sakralen Ton in der Grundgesetz-Präambel warb.[4]

Reiches Anschauungsmaterial für die mythische Konstruktion von Geschichte haben zwei Ausstellungen des Deutschen Historischen Museums in Berlin geboten. Die zweite zeigte Mythen der Nationen am Ende des Zweiten Weltkrieges; die vorausgehende dokumentierte die Geschichtsmythen der europäischen Nationen und der USA im 19. Jahrhundert.[5] Den Experten, die an der ersten Ausstellung mitgewirkt haben, war die Aufgabe gestellt worden, für jede der 18 Nationen, die berücksichtigt wurden, die in den Augen der Zeitgenossen des 19. Jahrhunderts fünf wirkungsmächtigsten Mythen zu erkunden, um das – so die Annahme – emotionale Fundament der Nationen zu erfassen.

Die fünf Hauptmythen je Nation reichen weit in die Geschichte zurück. Die damalige Zeitgeschichte, das 19. Jahrhundert, ist auch vertreten, aber die meisten der Mythen verweisen auf eine Goldene Zeit. Damals, so die Botschaft des Mythos, wurden die Grundlagen der Nation gelegt. Dieses ferne geschichtliche Ereignis, nicht selten in legendenhaftes Dunkel gehüllt, schafft Verpflichtung auf Dauer; die Zeit wird stillgestellt, indem der Ursprung Gegenwart und Zukunft verpflichtet. Es geht um Archetypen. Die Geschichte, genauer: der Geschichtsmythos erschafft ein Grundmuster, das Wiederholung heischt und dem sich die Gegenwart verpflichtet fühlt, eine heilige Zeit, mit der die Gegenwart unmittelbar kommuniziert. In dieser mythischen Zeit wird meist auch das angestammte Land festgelegt – heiliges Land, es darf nie aufgegeben werden, es zu verteidigen oder wiederzugewinnen rechtfertigt jedes Opfer. Auf diesem Land lebt die Nation als eine mythische Gemeinschaft: die Gemeinschaft der Lebenden mit den Toten und den noch Ungeborenen, eine Schicksals- und Verantwortungsgemeinschaft, wie sie auch Ernest Renan, der Künder der Willensnation, die im ›täglichen Plebiszit‹ (»plébiscite de tous les jours«) immer aufs Neue entstehe, beschrieben hat.[6]

Wie die Tabelle zeigt, welche die von der Berliner Ausstellung identifizierten neunzig Hauptmythen der 18 Nationen in einigen Aspekten erfasst, wurde die Grundlage für die mythische Einheit der Nation meist im Krieg gelegt. Deshalb gehört die Totenverehrung als notwendiger Teil zum Selbstverständnis einer jeden Nation.[7] Jeder, der für die Nation sein Leben geopfert hat, geht in die Erinnerung der Nation ein. Sie gewährt ihm ewiges Gedenken. Geschichtserinnerung gehört deshalb zu den zentralen Ritualen, in denen die Nation sich immer wieder ihrer Einheit versichert, einer mythischen Einheit mit der Geschichte. Die Toten vergangener Kriege verlangen die Fortführung dessen, wofür sie gekämpft haben und gefallen sind.[8] Die Gegenwart wird an die Geschichte gebunden – eine mythische Geschichte, auch wenn sie von professionellen Historikern erzählt und als empirisch ›wahr‹ beglaubigt wird. Es sind nicht die Historiker, die Geschichtsmythen erfinden;[9] von ihnen wird vielmehr erwartet, sie wissenschaftlich zu legitimieren. Die Geschichtswissenschaft konnte im 19. Jahrhundert zu einer nationalen Leitwissenschaft aufsteigen, weil sie die Geschichtsfundamente, nach denen jede Nation verlangt, wissenschaftlich unangreifbar zu machen versprach.

Geschichtsmythen europäischer Nationen und der USA – Selbstbilder des 19. Jahrhunderts[10]

Nation	Kriegsmythen	davon Bürgerkrieg Revolution Aufstand	Jahrhundert, in dem die Ereignisse stattfanden (kein Krieg: __)	Kriegsziel Nation Christenheit Befreiung Einheit Freiheit Freiheit Expansion Verteidigung			Ohne Krieg
Belgien	5	1	11. 13. 16. 19. (2x)	3	1	1	
Dänemark	4		10. 12. 14. 18. 19.	2	1	1	1 Bodenreform
Deutschland	3		9. 12. 16. 19. (2x)	2	1		2 Kyffhäuserschlaf, Luther
Frankreich	5	1	1. v.Chr. 5. 15. 18. (2x)	3	1	1 +	
Griechenland	5		5. 4. v.Chr. 15. 19. (2x)	2	2	1 ++	
Großbritannien	4	1	11. 13. 16. 17. 19.	3	1		1 Magna Charta
Italien	4	2	12./13. 13. (2x) 18. 19.	3	1		1 Dante
Niederlande	4	1	1. 16. (2x) 17. 19.	2	2		1 Rembrandt
Norwegen	3		10. 11. (2x) 17. 19.	1	2	1 ~	2 Wikinger u. Verfassung von 1814
Österreich	2		13. 16. 17. 18. 19.	1		1	3 xx
Polen	3	1	9. 15. 17. 18. 18.	2		1	2 Piast-Legende u. Verfassung von 1791
Russland	2		10. 13. 15. 16. 17./18.	2			3 xxx
Schweden	4		15. 16. 16. 17. 18.	3		1 ~~	1 Reichstag 1527
Schweiz	4	1	13. 14. 16. 18. 19.*	2	1		1 Pestalozzi
Spanien	5	1	1 v.Chr. 8. 15. 16. 19.	4	1		
Tschechien	2	2	7. 13. 14. 15. 17.	2			3 xxxx
Ungarn	2	1	9. 11. 15. 16. 19.	1	1		3 xxxxx
USA	4	1	17. 18. (2x) 19. (2x)	1	2	1	1 puritanische Gründung als göttliche Mission

+ Republikanismus　　++ Expansion Alexander der Große　　~ Wikinger
~~ Lützen 1632: Rettung der Glaubensfreiheit in Europa
xx Rudolf v. Habsburg u. der Priester; Tu felix Austria nube (Doppeltrauung 1515);
Maria Theresia als Mutter der Nation
xxx Wladimir der Heilige: Christianisierung; Iwan der Schreckliche; Peter der Große
xxxx Berufung Premysls; Karl IV. als Pater Patriae; Hus
xxxxx »Landnahme«; Krönung Stephans des Heiligen: Christianisierung;
König Matthias der Gerechte

Nationale Mythen werden in der Gesellschaft von Medien jeder Art erzählt. Dass auch Verfassungstexte als Mythenerzähler auftreten können, soll nun an der Präambel des Grundgesetzes der alten Bundesrepublik Deutschland skizziert werden, um dann den Wandel des erzählten Mythos und den Verzicht zu betrachten.

2. Die Präambel des Grundgesetzes der alten Bundesrepublik Deutschland als Mythenerzählung

»Im Bewußtsein seiner Verantwortung vor Gott und den Menschen, von dem Willen beseelt, seine nationale und staatliche Einheit zu wahren [...] hat das deutsche Volk [...], um dem staatlichen Leben für eine Übergangszeit eine neue Ordnung zu geben, kraft seiner verfassungsgebenden Gewalt dieses Grundgesetz der Bundesrepublik Deutschland beschlossen. Es hat auch für jene Deutsche gehandelt, denen mitzuwirken versagt war. Das gesamte deutsche Volk bleibt aufgefordert, in freier Selbstbestimmung die Einheit und Freiheit Deutschlands zu vollenden.«

Aus dieser mit Pathos durchtränkten Präambel des Grundgesetzes von 1949 – Theodor Heuss warb im Parlamentarischen Rat darum, sie mit der »Magie des Wortes« zu einer »profanen Liturgie« zu gestalten, um ihr »etwas Numinoses« zu verleihen[11] – spricht keine subjektive Nationsvorstellung, die der Einzelne annehmen oder auch verwerfen kann. Es wird vielmehr eine überzeitlich gültige, politischer Realität trotzende Vorstellung von Nation und Volk entworfen, die Kurt Hübner zu recht mythisch nennt. Dem deutschen Volk werden zwar das Recht und die Aufgabe zugesprochen, irgendwann einmal »in freier Selbstbestimmung die Einheit und Freiheit Deutschlands zu vollenden«. Doch was dieser künftige Verfassungsakt vollenden soll, ist dem Willen des Einzelnen entzogen, unterliegt nicht seiner subjektiven Entscheidung. Die nationale und staatliche Einheit der Deutschen erscheint in dieser Präambel vielmehr als etwas objektiv Vorgegebenes, sie muss nicht erst geschaffen werden, sie ist »zu wahren«. Sie besteht, ist zur Zeit allerdings nicht staatliche Realität; genauer: keine empirische Realität, wohl aber eine mythische. Denn die deutsche Nation bestehe »vor Gott und den Menschen«. Ihr wird so eine unzerstörbare Identität zugesprochen, und diese Identität stellt Forderungen an jeden Einzelnen und an die gesamte Politik. Das ist ein Hauptcharakteristikum mythischen Denkens.

Wie konnte diese mythische Vorstellung einer nationalen Identität aller Deutschen aufrechterhalten werden, wenn die staatlichen und gesellschaftlichen Verhältnisse, erzwungen durch die internationale Politik, sich gänzlich konträr dazu entwickelten? Da der Mythos in einem Geschichtsbild verankert wird, das nicht der historischen Realität verpflichtet ist, kann eine Einheit zwischen einer imaginierten Vergangenheit und der konkreten Gegenwart hergestellt werden. Das deutsche Volk bildet, so die Grundgesetz-Präambel, eine solche Einheit seit jeher. Diese Einheit, die schon immer bestand, muss gewahrt werden auch gegen die politische Faktizität.

Die Einheit des deutschen Volkes, die der Verfassungstext postuliert, ist mythisch strukturiert. Das ist die Voraussetzung, um sie künftiger »freier Selbstbestimmung« überantworten und gleichwohl den Unwägbarkeiten einer offenen politischen Mehrheitsentscheidung entziehen zu können. Denn die Verfassungsordnung legt das Volk fest auf eine staatliche Einheit, die nicht aus einer Volksabstimmung hervorgeht, sondern aus einer überzeitlichen Verpflichtung – »vor Gott und den Menschen«, eine sakrale Formel, die zeitgemäß auch säkular übersetzt werden kann in eine Metapher für ›jetzt und immerdar‹. Sie wird aufgerufen, um die Einheit herzustellen zwischen einer geschichtlichen Existenz, die nicht mehr besteht, und dem Daseinszweck des heutigen Volkes in beiden deutschen Staaten.

Dieses deutsche Volk wird von der Präambel des Grundgesetzes in die Pflicht genommen, die »nationale und staatliche Einheit«, die es einmal gegeben habe, wiederherzustellen. Geschichte wird hier zu einer mythischen Gestalt, die mühelos die vielen staatlichen Brüche in der deutschen Nationalgeschichte in einer überzeitlichen Kontinuität aufgehen lässt. Die staatlich-nationale Einheit der Deutschen, der die Grundgesetz-Präambel mythisch Ewigkeit stiftet, hatte bekanntlich nur ein Dreivierteljahrhundert gewährt, 1871 bis 1945, und selbst in dieser Zeit lebten die Deutschen zweistaatlich, wenn man die lange Geschichte der deutschen Nation, zu der stets auch Österreich, die alte deutsche Kaisermacht gehört hatte, als historischen Maßstab nähme. Die reale Geschichte der deutschen Nation wird also von dem Geschichtsmythos, den die Grundgesetz-Präambel erzählt, auf die kurze Ära des kleindeutschen Nationalstaates begrenzt, und diese wird zur überzeitlichen staatlichen Lebensgrundlage der Deutschen erhoben, auf welche Gegenwart und Zukunft »vor Gott und den Menschen« verpflichtet werden. Dass die Deutschen den weitaus längsten Teil ihrer Geschichte in staatlicher Vielfalt gelebt und deshalb eine spezifisch deutsche Form von Föderativnation[12] entwickelt haben, die erst 1866/71 einer zentralstaatlichen Gestalt unter Ausschluss der Deutschen in Österreich weichen musste, blendet der staatlich-nationale Einheitsmythos der Grundgesetz-Präambel aus, um der Geschichte eine eindeutige Handlungsanweisung, die sich den Machtverhältnissen der Gegenwart verweigert, abgewinnen zu können.

In der Grundgesetz-Präambel entwirft ein Verfassungstext einen Geschichtsmythos in dem strengen Sinn, wie ihn Kurt Hübner als Kern mythischer Wirklichkeitserfahrung offen gelegt hat. Nationszugehörigkeit wird erfahren als transzendentale Fügung, in der die »Gegenwärtigkeit des Vergangenen« – genauer: die Gegenwärtigkeit eines Vergangenheitsbildes – präsent bleibt. »Die Wirksamkeit des Vergangenen als immer noch oder immer wieder Gegenwärtiges zeigt eine das Sterbliche, Irdische und Vergängliche überragende Dauer und Ewigkeit. Nicht eine Ewigkeit im absoluten Sinne, die auch die mythischen Götter nicht haben, [...] wohl aber in dem Sinne, daß das Leben der Nation über dasjenige vieler Generationen in nicht überschaubarer Weise hinausgeht. Alle nationalen Heiligtümer [...] werden in Wahrheit unter einem transzendenten, die unmittelbar gegebene Welt sinnlicher Erscheinungen übersteigenden Aspekt betrachtet. In der Gegenwärtigkeit des Vergangenen, das diese Heiligtümer bedeuten, ist die Kette ›profaner‹ Kausalität ausgeschaltet, für die es ja nur eine seriell abzählbare Zeitfolge gibt. Sie alle vermitteln daher die Botschaft von Schicksal und die Anwe-

senheit der Toten. Das aber bedeutet nichts anderes als das Vorliegen eines Nu-
minosen.«[13]

3. Entmythologisierung im Akt der erfüllten Mythenverheißung: Die Grundgesetz-Präambel der neuen Bundesrepublik Deutschland

»Im Bewußtsein seiner Verantwortung vor Gott und den Menschen, von dem Willen
beseelt, als gleichberechtigtes Glied in einem vereinten Europa dem Frieden der Welt zu
dienen, hat sich das Deutsche Volk kraft seiner verfassungsgebenden Gewalt dieses
Grundgesetz gegeben.

Die Deutschen in den Ländern Baden-Württemberg, Bayern, Berlin, Brandenburg, Bremen,
Hamburg, Hessen, Mecklenburg-Vorpommern, Niedersachsen, Nordrhein-Westfalen,
Rheinland-Pfalz, Saarland, Sachsen, Sachsen-Anhalt, Schleswig-Holstein und Thüringen
haben in freier Selbstbestimmung die Einheit und Freiheit Deutschlands vollendet. Damit
gilt dieses Grundgesetz für das gesamte Deutsche Volk.«

Als sich nach vier Jahrzehnten in einer von niemandem vorausgesehenen politischen Konstellation wider Erwarten doch noch erfüllte, was die Grundgesetz-
Präambel der alten Bundesrepublik als Zukunftspflicht festlegt hatte – »Das gesamte deutsche Volk bleibt aufgefordert, in freier Selbstbestimmung die Einheit
und Freiheit Deutschlands zu vollenden.« –, wagten die staatlichen Entscheidungsinstitutionen keine Volksabstimmung über die künftige Verfassungsordnung. Der Ruf der Leipziger Demonstranten »Wir sind *ein* Volk« hätte zwar
Anlass sein können, eine Brücke zu dem mythisch begründeten staatlich-natio-
nalen Geschichtsverständnis zu schlagen, das die alte Grundgesetz-Präambel als
Handlungsanweisung für Gegenwart und Zukunft formuliert hatte. Davon wurde
jedoch abgesehen zugunsten des Beitritts der DDR zum Grundgesetz der BRD.
Doch mit diesem Beitritt, der die deutsche Vereinigung verfassungsrechtlich
abschloss, wurde die alte Grundgesetz-Präambel radikal entmythologisiert.

Die Selbstverpflichtung zur nationalen und staatlichen Einheit, deren Mythengehalt skizziert worden ist, wurde nun getilgt. Die Verpflichtung zur nationalen
und staatlichen Einheit ist vollendet, der Mythos zu Ende erzählt und erfüllt. Und
deshalb ist er kein Mythos mehr. Ein Mythos hat nur Kraft, Wirklichkeit zu gestalten, wenn er mehrdeutig offen und umkämpft ist; in diesem Sinne: nicht zu
Ende erzählt.[14] Ein erfüllter Mythos ist keiner mehr. Deshalb konnte die neue
Präambel des deutschen Grundgesetzes den Mythos nicht weitererzählen.

Die neue Präambel ruft ebenfalls eine Verantwortung vor Gott und den Menschen auf, aber diese aus dem alten Text übernommene sakrale Formel dient nun
dazu, den Willen des deutschen Volkes zu bekräftigen, sich in das Friedenswerk
eines vereinten Europas einzuordnen. Das neue Deutschland wird durch diese
Präambel auf eine offene, unbekannte Zukunft, historisch ohne Vorbild und deshalb geschichtsmythologisch nicht festzulegen, ausgerichtet. Das neue Deutschland muss ohne Geschichtsmythos auskommen, weil das vereinte Europa, das
angestrebt wird, auf keine historische Erfahrung zurückblicken kann, aus der
gemeineuropäische Ursprungsmythen entstehen konnten. Vorsichtiger gesagt:

Seine Verfassungsurkunde stellt im Gegensatz zur Verfassung der alten Bundesrepublik nicht mehr einen Geschichtsmythos als kollektive nationale Selbstverpflichtung, die auch die Bürger der DDR in die Pflicht genommen hat, den konkreten Verfassungsbestimmungen in Form einer Präambel voraus.

4. Ein neues Europa ohne Geschichtsmythos?

Die historischen Europathemen, die gegenwärtig Konjunktur haben und auf offene Förderhände rechnen dürfen, signalisieren den Wunsch, dem historisch vorbildlosen neuen Europa in Gestalt der Europäischen Union ein gemeinsames Geschichtsfundament zu stiften. Es wird ohne einen Ursprungsmythos auskommen müssen. Die Geschichtsmythen in Europa sind auf die Nationen ausgerichtet. Darin spiegelt sich die Dominanz der Nationen in der europäischen Geschichte. Wenn ihre Mythen heute allerorten wissenschaftlich bilanziert werden,[15] ist das ein Indiz für den Bedeutungsverlust nationaler Mythen und für die Bemühungen, ihnen die Kraft zu nehmen, weiterhin als Handlungsanleitung zu dienen. Indem die nationalen Mythen gesammelt, registriert, in allen Facetten durchleuchtet, verglichen werden, leisten die Wissenschaften, die daran beteiligt sind, einen Beitrag zur Entmythologisierung.

Dass dies auch in einem offiziellen Text, der in die Öffentlichkeit wirken will, gelingen kann, lässt die EU-Verfassung erkennen, deren Ratifizierung in einigen Mitgliedsstaaten gescheitert ist. Auch sie blickt weit in die Geschichte zurück.[16] Ihre Präambel beginnt mit einem Thukydides-Zitat im griechischen Original und in der jeweiligen heutigen Nationalsprache:

Die Verfassung, die wir haben ... heißt Demokratie, weil der Staat nicht auf wenige Bürger, sondern auf die Mehrheit ausgerichtet ist. (Thukydides, II, 37)

In dem Bewusstsein, dass der Kontinent Europa ein Träger der Zivilisation ist und dass seine Bewohner, die ihn seit Urzeiten in immer neuen Schüben besiedelt haben, im Laufe der Jahrhunderte die Werte entwickelt haben, die den Humanismus begründen: Gleichheit der Menschen, Freiheit, Geltung der Vernunft;

Schöpfend aus den kulturellen, religiösen und humanistischen Überlieferungen Europas, deren Werte in seinem Erbe weiter lebendig sind und die zentrale Stellung des Menschen und die Unverletzlichkeit und Unveräußerlichkeit seiner Rechte sowie den Vorrang des Rechts in der Gesellschaft verankert haben;

In der Überzeugung, dass ein nunmehr geeintes Europa auf diesem Weg der Zivilisation, des Fortschritts und des Wohlstands zum Wohl all seiner Bewohner, auch der Schwächsten und der Ärmsten, weiter voranschreiten will, dass es ein Kontinent bleiben will, der offen ist für Kultur, Wissen und sozialen Fortschritt, dass es Demokratie und Transparenz als Wesenszüge seines öffentlichen Lebens stärken und auf Frieden, Gerechtigkeit und Solidarität in der Welt hinwirken will;

In der Gewissheit, dass die Völker Europas, wiewohl stolz auf ihre nationale Identität und Geschichte, entschlossen sind, die alten Trennungen zu überwinden und immer enger vereint ihr Schicksal gemeinsam zu gestalten;

In der Gewissheit, dass Europa, »in Vielfalt geeint«, ihnen die besten Möglichkeiten bietet, unter Wahrung der Rechte des Einzelnen und im Bewusstsein ihrer Verantwortung

gegenüber den künftigen Generationen und der Erde dieses große Abenteuer fortzusetzen, das einen Raum eröffnet, in dem sich die Hoffnung der Menschen entfalten kann;
In dankender Anerkennung der Leistung der Mitglieder des Europäischen Konvents, die diese Verfassung im Namen der Bürgerinnen und Bürger und der Staaten Europas ausgearbeitet haben,

[Sind die Hohen Vertragsparteien nach Austausch ihrer in guter und gehöriger Form befundenen Vollmachten wie folgt übereingekommen:]

Mit der vorangestellten Demokratiedefinition durch Thukydides wird ein EU-Europa entworfen, das sich in die europäische Geschichte einordnet, doch das geschieht nicht mythisch. Das Zitat erinnert an die Demokratie der griechischen Polis, die als gemeinsame historische Wurzeln aller Europäer in Anspruch genommen wird. Daraus wird keine mythische Einheit zwischen damals und heute konstruiert. Auch die dann folgende Präambel ruft Geschichte auf, ohne sie in Geschichtsmythen zu hüllen: keine mythisch imaginierte Einheit zwischen einer goldenen Urzeit und heute, keine Verpflichtung des Heute auf die Geschichte. Geschichte wird hier vielmehr aufgerufen, um zu zeigen, was heute anders ist als früher und auf welchem Fundament das neue Europa in die Zukunft schreiten sollte. Das neue Europa beruft sich nicht auf einen mythischen Archetyp, der aus der Geschichte erschaut wird und Wiederholung verlangt, sondern Geschichte dient als ein Lernfeld für die Zukunft, indem sie Gutes und Schlechtes zeigt.

Das Europa der EU ist gemäß seiner Verfassung, die es sich zu geben hofft, ein Gebilde ohne Geschichtsmythos. Es verspricht, die »nationale Identität und Geschichte« ihrer Glieder zu respektieren, knüpft daran jedoch die Hoffnung, das Trennende in diesen nationalen Traditionen zu überwinden. Die Verfassungspräambel verkündet hier eine Art Selbstverpflichtung, die nationalen Geschichtsmythen zu überwinden, denn in ihnen hat sich die europäische Geschichte als eine Geschichte von Konflikten und Kriegen kristallisiert.

Niemand kann wissen, ob die Europäische Union ein Gebilde ohne Geschichtsmythen bleiben wird. Und ob ein Mythenfundament hilfreich wäre, weil es nicht rational begründet werden muss, sondern die europäische Einheit jenseits aller historischen Empirie als Auftrag aus der Geschichte ableiten könnte, ist keine Frage, die der Historiker durch Rückschau beantworten könnte. Was sich feststellen lässt: Die europäische Verfassung sieht ein solches Mythenfundament nicht vor. Darin stimmt sie mit der Verfassung der neuen Bundesrepublik überein.

In einem stimulierenden Essay hat jüngst Tony Judt die Vernichtungsgeschichte des 20. Jahrhunderts, mit der Shoa als Zentrum, die erinnerungsgeschichtliche Grundlage des neuen Europa genannt: das Europa der Zukunft als »das Haus der Toten«.[17] Das wäre ein historisches Fundament, das durch ständige Erinnerungsarbeit jeder Generation aufs Neue vermittelt werden müsste, kein Geschichtsmythos. Ein gemeinsamer Ursprungsmythos für das neue Europa ist auch hier nicht im Werden.

Ein Europa ohne Geschichtsmythen verspricht eine neue politische Freiheit gegenüber der Geschichte, für welche die europäischen Nationalgeschichten keine Vorbilder bieten. Auch hier ist Europa auf einem Weg, der keinen historischen

Markierungen folgt. Die Europäische Union als ein politisches Gebilde ohne historische Vorläufer zu erkennen und als einen Bruch mit der Geschichte verständlich zu machen, ist für die Geschichtsschreibung weitaus anspruchsvoller als nach Vordenkern des Heute im Europa der Vergangenheit zu suchen.

Anmerkungen

*   Unveröffentlicht.

1   Eindringlich dazu in teilnehmender Beobachtung Hartmut Zwahr, Ende einer Selbstzerstörung. Leipzig und die Revolution in der DDR, Göttingen 1993.

2   Kurt Hübner, Die Wahrheit des Mythos, München 1985, S. 354–357; vgl. ders., Das Nationale. Verdrängtes, Unvermeidliches, Erstrebenswertes, Graz 1991, S. 282–284.

3   Anthony D. Smith, Chosen Peoples. Sacred Sources of National Identity, Oxford 2003.

4   Vgl. Hübner, Das Nationale, S. 284 und weiter unten.

5   Monika Flacke (Hg.), Mythen der Nationen: ein europäisches Panorama, München 1998, ²2001; Flacke (Hg.), Mythen der Nationen 1945 – Arena der Erinnerungen, 2 Bde., Mainz 2004.

6   Qu'est-ce qu'une nation? (1882), in: Ernest Renan, Œuvres Complètes de Ernest Renan. 2 Bde. Édition définitive établie par Henriette Psichari, Paris 1947, Bd. 1, S. 887–906, 904.

7   Reinhart Koselleck / Michael Jeismann (Hg.), Der politische Totenkult. Kriegerdenkmäler in der Moderne, München 1994.

8   Wie unterschiedlich diese nationale Pflicht gegenüber den Kriegsgefallenen gedeutet werden kann, wird vorgeführt bei Sonja Levsen, »Heilig wird uns Euer Vermächtnis sein!« Tübinger und Cambridger Studenten gedenken ihrer Toten des Ersten Weltkrieges, in: Horst Carl u. a. (Hg.), Kriegsniederlagen. Erfahrung und Erinnerung, Berlin 2004, S. 145–161.

9   Vgl. Langewiesche, Was heißt ›Erfindung der Nation‹? Nationalgeschichte als Artefakt – oder Geschichtsdeutung als Machtkampf, in: Historische Zeitschrift 277 (2003), S. 593–617.

10   Tabelle, verändert, aus Langewiesche, Krieg im Mythenarsenal europäischer Nationen und der USA. Überlegungen zur Wirkungsmacht politischer Mythen, in: Nikolaus Buschmann / Dieter Langewiesche (Hg.), Der Krieg in den Gründungsmythen europäischer Nationen und der USA, Frankfurt/M. 2004, S. 13–22.

11   Zit. nach Hübner, Das Nationale, S. 284.

12   Vgl. dazu Langewiesche / Georg Schmidt (Hg.), Föderative Nation. Deutschlandkonzepte von der Reformation bis zum Ersten Weltkrieg, München 2000; Langewiesche, Zentralstaat – Föderativstaat: Nationalstaatsmodelle in Europa im 19. und 20. Jahrhundert, in: Zeitschrift für Staats- und Europawissenschaften 2 (2004), S. 173–190; ders., Das *Heilige Römische Reich deutscher Nation* nach seinem Ende. Die Reichsidee im Deutschland des 19. und 20. Jahrhunderts in welthistorischer Perspektive, in: Schwäbische Gesellschaft, Schriftenreihe 57–61, Stuttgart 2007, S. 97–133.

13   Hübner, Das Nationale, S. 282.

14   Vgl. dazu mit breitem Literaturüberblick Rudolf Speth, Nation und Revolution. Politische Mythen im 19. Jahrhundert, Opladen 2000.

15   Vorbild ist das von Pierre Nora herausgegebene achtbändige Werk »Les lieux de mémoire« (Paris 1984–1992) zur französischen Erinnerungsgeschichte, das in vielen Staaten Europas Nachfolgeprojekte gefunden hat.

16   Der Text ist Online bequem zugänglich: http://european-convention.eu.int/docs/Treaty/cv00850.de03.pdf.

17   »From the House of the Dead«, Epilogue, in: Tony Judt, Postwar. A History of Europe since 1945, New York 2005, S. 803–831.

»Republik« und »Republikaner«
Von der historischen Entwertung eines politischen Begriffs[*]

1. Begriffsokkupation von rechts

Als 1976 seine »Republikanischen Reden« erschienen, konnte Walter Jens sicher sein, dass ihn sein Publikum nicht missverstehen würde. Ein Republikaner, so wusste jeder, ist ein radikaler Demokrat, dem es nicht genügt, bloßer Wahlbürger zu sein, jemand, der Demokratie leben will, tagtäglich, auch gegen Widerstände. Sich als Republikaner zu bekennen – das hieß, Prinzipien der Aufklärung verwirklichen wollen, sich demokratischen Bürgertugenden verpflichtet fühlen, Sorge tragen, dass niemand in seinen Menschenrechten verletzt wird, egal durch wen. Revolutionäre Traditionen hochzuschätzen, gehörte ebenso zum Republikaner wie Widerborstigkeit gegen Obrigkeiten. Republikaner wollten immer etwas mehr Demokratie als vorhanden. ›Republik‹ war für Republikaner ein Zukunftsprojekt, an dem jeder einzelne unaufhörlich Hand anlegen muss.

Dieses Verständnis von ›Republikaner‹ ist heutzutage gründlich vergangen. Vielleicht könnte nicht einmal Walter Jens sicher sein, keinen unerwünschten Zulauf zu erhalten, wenn er sich heute als Republikaner ankündigen ließe. Dieser Begriff, früher einmal ein demokratisches Ehrenprädikat und ein Schreckwort für Konservative, aber auch für Liberale – dieses historisch scheinbar so eindeutig gefüllte Wort ist nun von politischen Rechtsaußen besetzt. Ein Demokrat kann sich ohne erklärenden Zusatz nicht mehr Republikaner nennen. Es wäre eine wohl vergebliche Trotzreaktion gegen die Begriffsokkupation von rechts – vergeblich, denn die Öffentlichkeit, wir alle, haben diese begriffliche Umwertung in der politischen Sprache mit vollzogen. Es gibt zwar noch Gegenwehr, und vereinzelt sehen demokratische Intellektuelle neue Hoffnungsfunken. Jürgen Habermas beharrte jüngst darauf, die in vielen Konflikten mühsam erworbenen Bürgertugenden der ›alten‹ Bundesrepublik weiterhin mit dem demokratischen Ehrentitel ›republikanisch‹ zu belegen. »Hinter den Särgen der Opfer der rechten Gewalt scheint das republikanische Bewusstsein wieder wach zu werden.«[1] Ob jedoch die Lichterketten gegen Ausländerhass den Worten ›Republik‹ und ›Republikaner‹ ihren früheren demokratischen Glanz zurückgewinnen können, bleibt abzuwarten. Zur Zeit spricht nichts für diese Vermutung. ›Republikaner‹ meint heute in der deutschen Sprache das Gegenteil dessen, was es früher bedeutet hat. Anders als in Frankreich. Dort gibt es ebenfalls nationalistische Gruppierungen und Parteien. Sie sind erfolgreich in den Wahlen, erfolgreicher sogar als in Deutschland, bislang jedenfalls, aber sie nennen sich anders. Wer sich in Frankreich als Republikaner bekennt, muss kein Gesinnungsgenosse deutscher Rechtsaußen sein.

Warum geschah diese politische Umwertung eines vertrauten Wortes in Deutschland, nicht in Frankreich, nicht in den USA oder in anderen Staaten? Ich meine, diese Frage lässt sich nur historisch beantworten. Deshalb möchte ich Sie zu einem Krebsgang durch die Geschichte einladen. Denn es ist ein Ergebnis deutscher Geschichte, dass die deutschen Demokraten sich den Begriff ›Republik‹ ohne Gegenwehr haben entwenden lassen. Dieser erfolgreiche Begriffsraub von rechts hängt zusammen mit der Schwäche demokratisch-republikanischer Traditionen und mit deren Entwicklungsgeschichte in Deutschland.[2] Nicht alles lässt sich jedoch mit spezifisch deutschen Traditionen begründen. Manches beruht auf gemeineuropäischen Voraussetzungen. Denn möglich wurde die sinnwidrige, dem eingebürgerten Wortsinn widersprechende Okkupation eines demokratischen Bekenntnisbegriffs nur, weil das Wort ›Republik‹ in vielen Staaten Europas begrifflich längst entleert gewesen ist. Nicht nur in Deutschland. Doch nur in Deutschland konnte es von rechts besetzt werden. Dies gilt es zu erklären.

Aufschlüsse verspricht vor allem ein Vergleich mit Frankreich, dem Mutterland der modernen Idee ›Republik‹, Vorbild und zugleich Schreckbild seit der großen Französischen Revolution.[3] In Nordamerika, dem zweiten Stammland der revolutionären Republik, verlief die Bedeutungsgeschichte dieses Wortes gänzlich anders. Hier richtete es sich nicht gegen verkrustete Feudalgesellschaften, nicht gegen eine Vielzahl von monarchischen und auch ständischen Bollwerken auf dem Wege zu mehr Liberalität und Demokratie. Deshalb konnte in den USA ›Republikaner‹ zu einer Parteibezeichnung werden, die in keiner Weise mit dem Geruch von Radikalität behaftet war, sei es radikale Hoffnung oder radikale Furcht.

In Europa meint ›Republik‹ spätestens seit dem Ende des Zweiten Weltkrieges nur noch ›nicht Monarchie‹. Eine spezifische verfassungsrechtliche oder weltanschauliche Qualität ist damit nicht mehr verbunden. Kommunistische und nichtkommunistische Staaten, Demokratien wie auch autoritäre Regime – sie alle konnten sich gleichermaßen so nennen. Deshalb mussten sich die Staaten zusätzliche Prädikate zulegen, um trotz des gleichen Namens für die Staatsform die Unterschiede auszuweisen. Das Etikett ›sozialistisch‹ oder die Erweiterung zu ›Volksrepublik‹ sollten abgrenzen von der ›bürgerlichen Republik‹ – einer meist negativ, allenfalls defensiv gemeinten Benennung. Im Grundgesetz der alten Bundesrepublik Deutschland hatten die Attribute ›demokratisch‹ und ›sozial‹ diese abgrenzende Präzisierung gegenüber der sozialistischen Konkurrenz zu leisten, die sich ebenfalls Republik nannte. ›Republik‹ allein besagte nichts mehr. Der Begriff erschöpfe sich in der Negation und sei deshalb »zum verfassungsrechtlichen Fossil geworden«, zu dem der deutschen Staatsrechtslehre nichts mehr einfalle, schrieb der Jurist Josef Isensee 1981.[4]

Diese Begriffsentleerung vollzog sich in einem langen Prozess. Ins öffentliche Bewusstsein drang er immer dann, wenn eine Staatsordnung zusammenbrach und eine neue an ihre Stelle gesetzt werden musste. In Deutschland also nach 1945 und zuvor 1918. Auch 1990, wenngleich jetzt keine Diskussion über die Staatsform einsetzte, weil innerhalb der staatlich zweigeteilten Nation die eine durch Erfolg legitimierte Form der Republik bereitstand, um die andere zusammengebrochene Republik aufzunehmen. Wer auf eine »›Republik Deutschland‹ aus eigenem Wollen und Verstehen, also buchstäblich aus Volkswillen«[5] hoffte, wie der Philosoph Dieter Henrich, sah sich enttäuscht. Es kam nicht zum Volksentscheid über eine gemeinsame Verfassung, sondern die Deutsche Demokratische Republik wurde in das unveränderte Verfassungsgehäuse der Bundesrepublik Deutschland aufgenommen.

Wie tief dieser Einschnitt werden wird, kann erst die Zukunft lehren, doch er wird nicht die Staatsform zur Disposition stellen. Auch im vereinigten Deutschland blieb das Wort ›Republik‹ herrenlos, wurde nicht von den Demokraten beansprucht. Die wenigen Intellektuellen, die gegen diesen Verzicht anschrieben, konnten es nicht ändern. Ihre Stimmen waren zu schwach. Vielleicht hätte ein Volksentscheid über eine erneuerte republikanische Verfassung den Begriff ›Republik‹ der Rechten wieder genommen. Vielleicht. Wissen können wir es nicht.

2. 1918: Grenzziehung gegen die monarchische Vergangenheit – umstrittene Zukunftsbedeutung

1918 war dies anders gewesen, damals, als Monarchien in einer Revolution untergingen, nachdem sie im Ersten Weltkrieg bereits ihre Legitimation bei großen Teilen der Bevölkerung weitgehend eingebüßt hatten. Die deutschen Monarchien, bis dahin immer noch das Zentrum der politischen Macht und gesellschaftlicher Glanzpunkt ohnegleichen, nur wer zur Hofgesellschaft Zugang fand, durfte sich zu den Spitzen der Gesellschaft zählen[6] – diese Monarchien, Bollwerke deutschen Sonderbewusstseins, hinter denen sich das deutsche Überlegenheitsgefühl gegenüber dem »Westen« verschanzte,[7] sie verschwanden nun ohne ernsthafte Gegenwehr. Unter den großen Parteien sprach sich nur die Deutschnationale Volkspartei offen für Rückkehr zur Hohenzollern-Monarchie aus. Den Ländern wollte sogar sie die Entscheidung freistellen.[8] Die anderen Parteien fanden sich mit der Republik ab, die wie selbstverständlich an die Stelle der Monarchie getreten war, oder begrüßten sie. Doch ein bestimmter, allen bewusster politischer oder gar gesellschaftlicher Inhalt – über die Verneinung der Monarchie hinaus – war mit dem Wort ›Republik‹ auch damals schon nicht mehr verbunden. Im Gegenteil, es entbrannten nun erbitterte Auseinandersetzungen über den materiellen Gehalt der neuen Republik. Die politische Sprache gibt sie getreulich wieder. Es war ein Kampf um die Attribute, mit denen ›Republik‹ versehen werden sollte, Signalworte, die notwendig wurden, weil das Wort ›Republik‹ selber inhaltlich vieldeutig geworden war – ja, Gegensätzliches meinen konnte.

Symbolhaft einprägsam wurde die semantische Vieldeutigkeit des politischen und sozialen Sinns von ›Republik‹, als am 9. November 1918 der Mehrheitssozialdemokrat Philipp Scheidemann die »deutsche Republik« ausrief, der Linkssozialist Karl Liebknecht hingegen die »freie sozialistische Republik Deutschland«.[9] In den Anfängen der Revolution sprach zwar auch der Rat der Volksbeauftragten noch von »der deutschen sozialistischen Republik«,[10] doch dann ging die Verbindung von »sozialistisch« oder »Räte« mit »Republik« ganz in die Sprache der

Kommunisten und Linkssozialisten über. Die Ausrufung von »Räterepubliken« betonierte schließlich vollends den Graben, der nun zwischen den ›Republikanern‹ verlief. Das gemeinsame Bekenntnis zur Republik trug als Brücke nicht. Die Proklamation der Räterepublik Baiern z.B. enthielt eine Absage an das »fluchwürdige Zeitalter des Kapitalismus« und versprach, ein »wahrhaft sozialistisches Gemeinwesen« mit einer »gerechten sozialistisch-kommunistischen Wirtschaft« aufzubauen durch die »Diktatur des Proletariats« nach »dem Beispiel der russischen und ungarischen Völker«.[11]

Auch die Mehrheitssozialdemokraten forderten die Republik, und die Liberalen nahmen sie hin, ohne darunter das Gleiche zu verstehen. In ihrem Görlitzer Programm von 1921 verteidigte die Sozialdemokratie »die demokratische Republik als die durch die geschichtliche Entwicklung unwiderruflich gegebene Staatsform«, doch zugleich verlangte sie ihre innere Ausgestaltung: der »freie Volksstaat« als Voraussetzung zur »Erneuerung der Gesellschaft im Geiste sozialistischen Gemeinsinns«.[12]

Die demokratische Republik als Abschlagszahlung, die sozialistische Republik als Zukunftsaufgabe. So lautete das Programm der Sozialdemokratie in der Weimarer Republik. Das schied sie von den Liberalen, verband aber beide auch – in der Abgrenzung nach rechts, gegen diejenigen, die in der monarchischen Vergangenheit die Zukunft suchten, vor allem aber in der gemeinsamen Frontstellung gegen links. Denn das Bekenntnis zur »demokratischen Republik«, zum »freien Volksstaat« diente ihnen als Schutzschild gegen eine sozialistische Revolution und gegen rätesozialistische oder kommunistische Spielarten der Republik. Der linksliberale Gründungsaufruf sprach diese doppelte Aufgabe und den erhöhten Abwehrwillen gegen links unmissverständlich aus:

Unser »erste[r] Grundsatz besagt, dass wir uns auf den Boden der republikanischen Staatsform stellen, sie bei den Wahlen vertreten und den neuen Staat gegen jede Reaktion verteidigen wollen, dass aber eine unter allen nötigen Garantien gewählte Nationalversammlung die Entscheidung über die Verfassung treffen muss. Der zweite Grundsatz besagt, dass wir die Freiheit nicht von der Ordnung, der Gesetzmäßigkeit und der politischen Gleichberechtigung aller Staatsangehörigen zu trennen vermögen, und dass wir jeden bolschewistischen, reaktionären oder sonstigen Terror bekämpfen, dessen Sieg nichts anderes bedeuten würde als grauenvolles Elend und die Feindschaft der ganzen zivilisierten, vom Rechtsgedanken erfüllten Welt.«[13]

In die gleiche Richtung zielten die Leitsätze der Zentrumspartei – keine »sozialistische«, sondern »eine demokratische Republik«,[14] während die rechtsliberale Deutsche Volkspartei in ihren »Grundsätzen« vom Oktober 1919 offen für eine autoritäre Republik warb. In ihr werde die »volle politische Gleichberechtigung aller Staatsbürger« verbunden mit »der freiwilligen, vertrauensvollen Gefolgschaft, die das Volk seinen selbstgewählten Führern leistet«.[15]

Die Republik bejahen, hieß also schon 1918 nur noch, den Sturz der Monarchien anerkennen – eine staatsrechtliche Formel, die den Weg zurück abschnitt. Das war damals für viele eine schwer zu verkraftende Einsicht und sollte deshalb auch im Rückblick nicht als unerheblich beiseite geschoben werden. Übergang zur Republik – vor allem für das Bürgertum bedeutete dies einen der tiefsten

Einschnitte in der jüngeren deutschen Geschichte, Ende all dessen, was mehrere Generationen als den glanzvollen Höhepunkt in der Geschichte der deutschen Nation gefeiert hatten.

Nach rückwärts kündete sie also eine klare, für viele herbe, verbitternde Botschaft, doch mit dem Blick in die Zukunft war ›Republik‹ zur bloßen Leerformel geworden. Deren inhaltliche Füllung ließ die politischen Auseinandersetzungen der Weimarer Republik zu Weltanschauungskämpfen werden, die Kompromisse so überaus erschwerten, oft unmöglich machten. Die großen Hoffnungen, die der ›Vernunftrepublikaner‹ Friedrich Meinecke 1925 noch mit der Republik verbunden hatte, sollten sich nicht erfüllen: »Die Republik ist das große Ventil für den Klassenkampf zwischen Arbeiterschaft und Bürgertum, es ist die Staatsform des sozialen Friedens zwischen ihnen.«[16]

3. 1848: Höhepunkt und Wendepunkt: Von einer Geschichte der Hoffnungen und Ängste zum konturlosen Republikbegriff

In Deutschland wurde in der Revolution von 1918/19 eine Erfahrung nachvollzogen, die man in Frankreich schon rund sieben Jahrzehnte früher erlebt hatte. Die Franzosen hatten nämlich bereits in der Revolution von 1848 gelernt, dass ›Republik‹ als ein politisch mehrdeutiges Kampfinstrument zu nutzen war. Als »soziale Republik« forderte sie eine neue Gesellschaftsordnung, als »bürgerliche Republik« diente sie dazu, die politische Revolution zu schließen, um die soziale Revolution zu verhindern.[17]

In den europäischen Revolutionen von 1848 wurde der entscheidende Schritt auf dem Weg zu einem entschärften, politisch konturlosen Verständnis von ›Republik‹ getan. In ihr gipfelten alle Hoffnungen und Ängste, die sich seit der Französischen Revolution von 1789 mit dem Wort ›Republik‹ verbanden. Von diesem Gipfel erfolgte der Absturz in die politische Bedeutungslosigkeit. Jedenfalls in Deutschland, nicht hingegen in Frankreich, wo die Revolution von 1789 und der Streit um ihr Erbe zu tief reichten, als dass es zu einer völligen politischen Entleerung des Wortes ›Republik‹ hätte kommen können. Aber auch in Frankreich verlor der Begriff nun seine jakobinische Färbung.[18] Natürlich gab es auch in Deutschland in der zweiten Jahrhunderthälfte weiterhin Republikaner, aber nur noch eine politisch unerhebliche Minderheit wählte für ihre Träume von einer gerechten Gesellschaft ›Republik‹ als Erkennungszeichen. Die Zukunftshoffnungen erhielten nun andere Namen: vor allem Demokratie und Sozialismus.[19]

Die Sozialdemokraten dachten sich ihren »Zukunftsstaat« als das ganz Andere – keine Monarchie selbstverständlich, vielleicht sogar eine Gesellschaft ohne Staat, jedenfalls ohne einen Staat alter Art.[20] Alle anderen Reformgruppen von politischem Gewicht bejahten die Monarchie aus Überzeugung oder lernten, mit ihr zu leben. Letzteres lernte selbst die Sozialdemokratie, oder doch größere Teile ihrer Mitglieder und Wähler. Als Wolfgang Heine 1897 in zwei viel beachteten Reden vor Studenten in Berlin für die Sozialdemokratie warb, nannte er drei »Punkte [...], wegen deren die Schichten der Studirten bisher mit wenigen Ausnahmen sich von uns getrennt halten«: »unser Internationalismus, unsere Stellung zur Monarchie und unsere revolutionäre Richtung«.[21] Internationalismus, so erläuterte er, stehe in einer großen universalistischen Tradition und »verträgt sich sehr gut mit wirklicher Liebe zur Nation und zum Vaterland«;[22] revolutionär sei nicht ihre praktische Politik, sondern ihr Endziel, »die Unterwerfung der Produktion unter die Leitung und Ausnutzung der demokratischen Gesellschaft«;[23] und »die Frage, ob Monarchie oder Republik, [habe] in der Praxis nicht die große Bedeutung für die Entwicklung demokratischer Tendenzen [...], die man erwarten sollte.« Doch »abstrakt genommen« sei »die Republik die rationellere Staatsform«, und das in Deutschland verbreitete »monarchische Gefühl«[24] lehne die Sozialdemokratie aus der Überzeugung heraus ab, »dass nur ein um seine Rechte kämpfendes, nie ein um Geschenke bittendes Volk fähig ist, auf eine höhere soziale, geistige und sittliche Stufe emporzusteigen.«[25] Als das Kaiserreich 1918 im revolutionären Kriegsende unterging, hätten aber auch Sozialdemokraten zumindest in einigen Einzelstaaten eine parlamentarische Monarchie der Republik vorgezogen.[26] So sehr hatte die Staatsform ›Republik‹ in Deutschland inzwischen ihre frühere Rolle als visionäre Zukunftskraft eingebüßt.

In Deutschland wurde der Sieg der Monarchien von 1849 über die Revolution durch die Reichsgründung von 1871 besiegelt. Bismarck hatte ihnen das Bündnis mit dem Nationalismus ermöglicht, der wirkungsmächtigsten politisch-sozialen Bewegung des 19. Jahrhunderts.[27] Diese ›Revolution von oben‹, wie schon Zeitgenossen die Reichsgründung genannt hatten, stiftete den Monarchien, vor allem der preußischen, eine neue, nun nationale Legitimation, die sich als der sicherste antirepublikanische Schutzschild erwies.[28] Der nationale Nimbus, mit dem der preußische König und deutsche Kaiser umhüllt wurde, begrenzte zugleich wirksam die Entwicklung hin zur parlamentarischen Demokratie, wenn sie auch nicht gänzlich verhindert werden konnte.[29] Die konstitutionelle Monarchie galt jedenfalls spätestens seit der Reichsgründung als »die typische deutsche Staatsform«.[30] Am wenigsten den Konservativen! Denn sie wandten sich gegen jede Aushöhlung der monarchischen Gewalt durch parlamentarische Mitwirkungsansprüche. »Es ist aber schwer,« hieß es 1863 im konservativen »Staats- und Gesellschaftslexikon«,[31]

»eine M[onarchie] ohne monarchisches Princip zu denken, und wenn der neueste preußische Liberalismus gegen das letztere Sturm rennt, um – wie er sagt – die M[onarchie] zu kräftigen, so erinnert diese Taktik an das Verfahren eines Menschen, der sich die Augen ausstechen lässt, um dadurch seinen Gehörsinn zu stärken.«

Im liberalen Konkurrenz-Lexikon, das zur gleichen Zeit erschien, wird ebenfalls die Monarchie der Republik vorgezogen, allerdings aus anderen Gründen und mit anderem Ziel. Seit »dem Erdbeben des Jahres 1848«, schrieb das liberale »Deutsche Staats-Wörterbuch«[32] 1861, kann »der dauernde Sieg der konstitutionellen Monarchie als der normalen *Verfassungsform für die deutschen Staaten* datirt werden.« Der Autor Johann Caspar Bluntschli, einer der Herausgeber des Lexikons, begrüßte diese Entwicklung ausdrücklich. Das war zwar eine Absage an die »Parlamentsregierung« nach englischem Muster, für die, so meinte er, die Grundlagen fehlten, vor allem die dazu erforderlichen »parlamentarischen Parteien«.[33] Aber die politischen Mitwirkungsansprüche der Liberalen gab er damit nicht auf. Er sah nämlich, wie viele seiner liberalen Zeitgenossen, demokratische und republikanische Prinzipien in der konstitutionellen Monarchie hinreichend aufgehoben und zugleich gegen Missbrauch geschützt. Die gesamte gesellschaftliche Entwicklung folge den »Ideen bürgerlicher Freiheit und Gleichheit«,[34] auch die Monarchen müssten ihnen Tribut zollen – bis in ihre Lebensgewohnheiten hinein.

Die deutschen Liberalen glaubten noch, die Zukunft an ihrer Seite zu haben. Wer die Gesellschaft durchdringt, gewinnt auch die politische Macht – sie also. Davon waren sie überzeugt. Der »republikanisch (bürgerliche) Zug unserer Zeit [zeige sich nicht zuletzt darin], dass auch die Fürsten den höhern bürgerlichen Volksklassen in der Tracht, Lebensweise und Haltung wesentlich gleich geworden sind, und dass das hochmüthige Ceremoniell der frühern Zeiten ermäßigt worden ist.«[35] Auch dies trage dazu bei, dass »die heutige konstitutionelle Monarchie« in die Nähe »der repräsentativen Demokratie«[36] rücke.

Diese gesellschaftliche Verschleifung von Hochadel und höherem Bürgertum, die Bluntschli bereits erreicht sah, pries er als notwendige soziale Voraussetzung, um es wagen zu können, die Monarchie zu demokratisieren.[37] Denn nur so könne sie ihre Ordnungsfunktion in der Klassengesellschaft der Gegenwart erfüllen:

»In dem alten Europa erscheint die *Ungleichheit* auch der socialen Verhältnisse so groß, dass eine auf Gleichheit gebaute Staatsform sofort zur Lüge würde. Die socialen Gegensätze in der europäischen Bevölkerung zu gleichzeitiger Herrschaft berufen, hieße einen innern Bürgerkrieg entzünden. Sollen sie friedlich in den engen Räumen neben einander bestehen, so bedürfen sie einer starken obrigkeitlichen Gewalt, die über ihnen ist und den Frieden schützt.«[38]

Dies hatte Bluntschli zwar noch unter dem frischen Eindruck der Revolution von 1848/49 geschrieben, die den »dritten Stand« überzeugt habe, »dass die öffentliche Ordnung und die allgemeinen Interessen dauernder und besser in Verbindung mit der Monarchie als ohne die Monarchie zu schützen seien.« Doch der Liberale dachte nicht nur an den Schutz des Bürgertums vor dem Proletariat. Er misstraute auch der sozialen Friedfertigkeit seiner eigenen Klasse. »Der größte, der vierte Stand« könne kein Interesse daran haben,

»die Monarchie mit der Demokratie als Staatsform zu vertauschen. Da er niemals selbst regieren kann, so hieße das an der Stelle des einen Fürsten sich den zahlreichen dritten Stand zum Herrn zu setzen. Der vierte Stand hält die Monarchie, wenn sie nicht selbst ihn von sich stößt.«[39]

Diese Vorstellung vom sozialen Königtum durchzieht das gesamte 19. Jahrhundert, und noch Friedrich Naumann gründete darauf – vergeblich – seine Hoffnungen auf eine sozial-liberale nationale Reformallianz.[40]

Auch im katholischen Milieu schätzte man die soziale Integrationskraft und die politische Funktion der nationalen Monarchie als Garanten für politische Notfälle hoch ein. Republikanische Sympathien hatte der kirchentreue Katholizismus ohnehin nicht gehegt, und im wilhelminischen Deutschland verringerte sich die Distanz zum preußisch-protestantischen Nationalstaat trotz dessen kulturkämpfe-

rischen Anfängen zunehmend.[41] Als den »Hauptvorzug der Monarchie« bestimmte
das katholische »Staatslexikon«, dass in ihr das Staatsoberhaupt »jedem Wider-
streit der Klasseninteressen, jeder Eifersucht der Parteien und jedem Ehrgeiz
politischer Streber entrückt« sei. »So wird in Zeiten ausgebildeter Klassengegen-
sätze und Klassenkämpfe die Monarchie am leichtesten *unparteilich* sein und für
unparteilich gelten. Viel eher wird es in einer Republik geschehen, dass ein einzelner übermächtiger Stand die Gesetzgebung in egoistischer Weise handhabt und
das ganze Land den eigenen Interessen dienstbar macht. Wo ein Monarch in die
Klassenkämpfe eingreift, wird er es immer als seine erste Aufgabe ansehen, die
Interessen der wirtschaftlich Schwachen zu schützen«.[42]

Diese Sprache der führenden deutschen Weltanschauungs-Lexika ist unmissverständlich: Die Realität der Klassengesellschaft, die in der zweiten Hälfte des
19. Jahrhunderts entstand, hat zum politischen Bedeutungsverlust der republikanischen Staatsform erheblich beigetragen. Ihre politische Attraktivität sank angesichts der gesellschaftlichen Begleiterscheinungen der Hochindustrialisierung, das
Ansehen der Monarchie stieg[43] – ein politisch außerordentlich tief wirkender
Vorgang. Als Staatsform schien die Monarchie den neuen Konflikten der industri-
ekapitalistischen Klassengesellschaft besser standzuhalten als die Republik. Ein
Triumph der Monarchie, der sie jedoch zugleich einem hohen Erwartungsdruck
aussetzte. Denn geschätzt wurde sie nicht mehr, weil man in ihr die gottgewollte
Herrschaft sah, sondern weil man von ihr Leistungen erwartete, die man der Republik oder dem Parlament allein nicht zutraute. Das galt für die meisten Liberalen ebenso wie für die Katholiken. Die Republik, so lautete ihre Begründung, die
in langer Tradition stand und bald durch die Leidensgeschichte der Weimarer
Republik bestätigt zu werden schien, – die Republik sei im Prinzip gut, erfordere
aber eine »wahrhaft republikanische Gesinnung«,[44] und daran fehle es in Deutschland. Die Monarchie sollte diesen Mangel an republikanischer Mentalität gesell-
schafts- und staatspolitisch erträglich machen.

Das katholische Lexikon pflichtete dieser Sicht grundsätzlich bei, stimmte jedoch den Wert der Monarchie im antirevolutionären Erhaltungspakt kräftig herab,
indem es sie zum Juniorpartner an der Seite der Kirche erklärte. Der »Bestand
einer Socialordnung, welche den Menschen durch glückliche Verbindung von
Freiheit und Ordnung vor Umsturzgelüsten bewahrt«, werde durch »das Christentum und die katholische Kirche« wirksamer gesichert als durch die »formale
Gestaltung der Staatsordnung«.[45] Dass auch sie für die Monarchie waren, daran
ließen der politische Katholizismus und die katholische Kirche aber nie Zweifel
aufkommen.

Während der Friedensjahrzehnte erfüllte das deutsche Kaiserreich die hohen
gesellschaftlichen Erwartungen, die an die Monarchie gerichtet wurden, in einem
solchen Maße, dass die Anhänger der Republik nie eine ernsthafte Chance hatten,
in der Bevölkerung eine größere Unterstützung zu finden – von den Machtverhältnissen, die den Übergang zur Republik nicht zugelassen hätten, ganz abgesehen. Die deutschen Monarchien scheiterten nicht an den riesigen, bis dahin bei-
spiellosen Problemen, die einhergingen mit der raschen Industrialisierung, dem
explosiven Bevölkerungswachstum, der rasanten Verstädterung, dem bislang

unbekanntem Ausmaß der Wanderungsbewegungen, dem steigenden Demokrati-
sierungsverlangen in Staat und Gesellschaft. Sie scheiterten *am* Krieg und *im*
Krieg, als sie jene Leistungserwartungen nicht mehr erfüllten, auf denen ihre
Legitimität gründete. Zugespitzt könnte man von einer *stillen inneren Republikanisierung der Monarchien* während des Kaiserreichs sprechen: Sie wurden abhängig von dem Wert, den ihnen die Gesellschaft zumaß. Die Weihe der Geschichte
und des gelegentlich noch beanspruchten Gottesgnadentums verbürgten nicht
mehr die Gehorsamsbereitschaft der Gesellschaft, als sich diese in ihren Erwartungen zutiefst enttäuscht sah. Als das volle Ausmaß des Kriegsdesasters sichtbar
war, wurden die Monarchien gewissermaßen abgewählt wie ein republikanisches
Staatsoberhaupt, dem das Volk das Vertrauen entzieht, indem es einen anderen
wählt. »Das Kaisertum ruhmlos und elend versunken«, schrieb ein Linksliberaler
im Rückblick: »Auch sonst nirgends Führung, nirgends Widerstand.« »Wir gingen in die nun anbrechende Republik aus Pflicht und Verantwortung hinein, ohne
alle Illusion.«[46]
Diese Form der Republikanisierung der Monarchie hatten diejenigen Staats-
rechtler aber nicht vor Augen, die nach der Revolution hervorhoben, das Deutsche
Reich sei immer eine Republik gewesen, auch schon vor dem revolutionären
Wechsel der Staatsform, weil sein Hauptorgan, der Bundesrat, ein mehrköpfiges
Gremium gewesen war, gebildet von den einzelstaatlichen Regierungen.[47] Wer so
argumentierte, berief sich zwar zu Recht auf eine lange Begriffstradition,[48] doch er
hatte sie von allen Bindungen an das politische und soziale Leben der Gegenwart
gelöst. Wenn diese realitätsleere Definition, die das deutsche Kaiserreich zur Republik stilisierte, gleichwohl von renommierten Staatsrechtlern ernsthaft erwogen
wurde, so verweist das einmal mehr darauf, wie tief die Zäsur der europäischen
Revolutionen von 1848 in die Begriffsgeschichte von ›Republik‹ eingeschnitten
hatte. Als die Ängste und die Hoffnungen, die 1848 in diesem Wort kulminierten,
mit der Revolution untergingen, blieb ein politisch gebrochener Begriff übrig. Er
sank ab ins Arsenal gelehrter Abhandlung. Zwar überdauerte er als demokratischer Erinnerungswert, doch Politik ließ sich mit diesem Wort nicht mehr machen. Die Republikaner aller Richtungen, bürgerliche wie sozialistische, rechte
wie linke, versuchten es vergeblich. Bis heute.

4. 1789–1848: Hoffnungswort für eine bessere Zukunft –
Angstwort für die Auflösung aller Ordnungen

Welche Hoffnungen und Ängste waren das, die sich im europäischen Revoluti-
onszeitalter zwischen 1789 und 1848 für die Menschen unlösbar mit dem Wort
›Republik‹ verbanden? Mit der Betrachtung dieser Frage soll der Krebsgang durch
die Bedeutungsgeschichte eines Wortes abschließen, das wie kein anderes Hoffnungen und zugleich Ängste gebündelt hat.
Die eindringlichste Verdichtung der zeitgenössischen Aura, die dieses Wort
umgab, habe ich in Gustave Flauberts »Lehrjahren des Gefühls« gefunden, in den

Passagen zu 1848. Ein Pariser Barrikadenkämpfer, der voller Begeisterung seine Verwundung nicht spürt, berichtet:

»Die Republik ist ausgerufen worden. Jetzt wird man glücklich sein! Polen und Italien sollen befreit werden, hörte ich vorhin Journalisten sagen. Keine Könige mehr, wissen Sie! Die ganze Erde frei! Die ganze Erde frei!«[49] Alle erklärten sich mit »wunderbar schneller Bereitwilligkeit« für die Republik: »die Beamtenschaft, der Staatsrat, das Institut, die Marschälle von Frankreich, Changarnier, Herr von Falloux, alle Bonapartisten, alle Legitimisten und viele Orléanisten. Der Sturz der Monarchie hatte sich so rasch vollzogen, dass, nachdem die erste Verblüffung überwunden war, die Bourgeoisie gleichsam staunte, noch am Leben zu sein.«[50] Doch das änderte sich rasch. »Nun stieg der Besitz im öffentlichen Respekt so hoch wie die Religion und wurde eins mit Gott. Die Angriffe, die man gegen ihn richtete, galten als Frevel am Heiligtum, beinahe als Menschenfresserei. Trotz der mildesten Gesetzgebung, die es jemals gab, drohte der Schemen von 1793«.

Dann folgt die glänzendste Charakterisierung, die ich je gelesen habe, für all jene Ängste, die so viele Menschen, auch Demokraten, keineswegs nur Konservative und Liberale, bei dem Wort ›Republik‹ erschaudern ließen: »und das Beil der Guillotine blitzte in allen Silben des Wortes Republik«.[51] Diese Erinnerung an die Französische Revolution war nicht verblasst. Im Gegenteil, das Drohgebilde ›republikanischer Terror‹ schien mit wachsender zeitlicher Distanz zu dieser Modellrevolution, an der alle ihr Bild von den Entwicklungsstadien einer Revolution gewonnen hatten, eher noch zu wachsen.

Die ursprüngliche, bis in die Antike zurückreichende Bedeutung von ›Republik‹ – die Interessengemeinschaft aller Bürger und zugleich die Geltung öffentlicher Normen und Institutionen – diese alte Wortbedeutung wurde in der Französischen Revolution zu einem demokratischen Kampfbegriff radikalisiert.[52] Das vorrevolutionäre Ideal der Bürgergemeinde als Republik verschwand im Deutschland der ersten Hälfte des 19. Jahrhunderts zwar nicht völlig,[53] konnte sich jedoch gegen die suggestive Kraft des neuen Sinns von ›Republik‹ nicht behaupten. Das gekrönte Haupt, das unter der Guillotine gefallen war, hatte die revolutionäre Kraft, die sich nun mit ›Republik‹ verband, den Zeitgenossen blutig eingeschärft, und jede der zahlreichen Revolutionen, die zwischen 1820 und 1848 das vermeintliche Zeitalter der Restauration erschütterten, rief den Europäern diese Seite der Republik in Erinnerung.

Der neue, aus der Revolution geborene Kampfbegriff richtete sich nicht nur gegen die Monarchie, sondern verlangte von jedem Menschen republikanische Bürgertugenden. Die Republik sollte in den staatlichen Institutionen, aber auch in den gesellschaftlichen Verhaltensweisen und in der Lebensführung eines jeden Einzelnen verankert sein. Dieses Ideal versuchten die deutschen Jakobiner, wie die Republikaner in der Forschung oft genannt werden, nach Deutschland zu verpflanzen. »Republikaner sein, heißt ein rechtschaffener Mann sein, heißt gerecht, billig sein. Republik und Reich der Gerechtigkeit sind einerlei.«[54] An diesen Worten eines Mainzer Klubbisten ist zweierlei charakteristisch für viele deutsche Republikaner: Ablehnung des Terrors, und der Republikaner als ein Mann. Zwar wurden oft ›das Volk‹ oder ›die Menschen‹ als der republikanische Souverän tituliert, doch die Sprache machte stets hinreichend klar, wer gemeint war: der Mann, die ›Brüder‹. Die politische Gesellschaft blieb auch für die meisten Republikaner männlich.

Die Republik wurde von den Republikanern als eine Erziehungsgesellschaft entworfen, die es dem Menschen ermöglichen werde, seine guten Anlagen zu verwirklichen:

»Man betrachte den Menschen als sinnliches oder als vernünftiges Wesen, in jeder Rücksicht wird er eine republikanische Verfassung für seine Bestimmung zweckmäßiger finden als eine andere. [...] Der Menschenwert wird nicht nach Sternen und Ordensbändern, sondern nach Taten berechnet, deren Absicht echt republikanisch war; es gibt keine Vorzüge ohne Verdienst, kein Verdienst ohne Tugend. Jeder muss sich daher bestreben, an Selbstbildung, an Tugend und Patriotism mit seinen Brüdern zu wetteifern.«

Dieser Lobpreis der Republik durch Johann Baptist Geich aus dem Jahre 1795 mündete in eine Apotheose:

»Alles Schöne und Gute gedeiht nur auf einem freien Boden. Freiheit, durch Vernunftgesetz geleitet, bringt Schönheit und Tugend hervor, und hierin liegt der Keim der menschlichen Glückseligkeit. Heil den Völkern, die solch ein gemeinschaftliches Interesse verbindet, wo alle für einen und einer für alle wacht, wo die Vernunft allein die Gesetze gibt! Hier allein kann die Menschheit ihrem Zweck durch Vervollkommnung ins Unendliche entgegenreifen; hier allein hat der Mensch seine ursprüngliche Würde, seinen wahren Menschenwert.«[55]

›Republik‹ war aber auch eine soziale Verheißung. Die fränkische Republik, pries einer ihrer Anhänger 1798, werde eine starke und gerechte Nation schaffen, indem sie vollende, was den Franzosen vorerst misslungen sei:

»Welches Glück für Euch und Eure Nachkommenschaft, Bürger einer Nation zu sein, die mächtig genug ist, Euch gegen alle Anfälle kräftigst zu schützen! [...] – Einer Nation, wo die hochsportulierenden Plusmacher nicht statthaben; wo weder die Erlaubnis zur rechtmäßigen Befriedigung des von dem Schöpfer zur Fortpflanzung des Menschengeschlechts in die Natur gelegten Triebes, noch die Beseitigung bald dieses, bald jenes Hindernisses mit großem Geldaufwande erkauft werden müssen. Hier sagt das Volksgesetz: Was mit Geld erlaubt ist, muss auch ohne Geld erlaubt sein. Das Geld kann schlechterdings nichts, was unerlaubt ist, erlaubt machen. – Einer Nation, wo alle Gelderpressungen und Plackereien in Zukunft aufhören und der Bürger gegen eine erträgliche jährliche Abgabe die Früchte seines Schweißes in dem Schoß seiner Familie mit Ruhe und Zufriedenheit genießen wird. – Auf den Fluren, auf welchen des Himmels Segen am meisten ruht und Euch glücklich machen können, werden die schön gesternten und wohlgemästeten Taugenichtse nicht mehr sitzen und schwelgen. – Das Sklavenjoch der Hof-, Zwang- und Frohndienste, wo der Edelmannsbauer und Edelmannsochs in gleichem Range standen, wird von dieser Nation zertrümmert«[56]

Für die Zeitgenossen bot diese Republikverheißung eine soziale Utopie, die sich gegen konkret erfahrene feudale, ständische und staatliche Zwänge richtete. In der ersten Hälfte des 19. Jahrhunderts passte sich die Stoßrichtung dann der gesellschaftlichen Entwicklung an. ›Republik‹ forderte weiterhin politische Gleichheit für alle Männer, und sie versprach, das soziale Erzübel der damaligen Zeit zu beseitigen, die Massenarmut, den Pauperismus. Ein einheitliches soziales Akti-

onsprogramm entwickelten die Republikaner aber nicht. Dazu fehlten alle Voraussetzungen. ›Republik‹ wurde vielmehr zu einem politisch-sozialen Hoffnungs-
begriff, der die Gräben, die sich zwischen den politischen und den sozialen Republikanern auftaten, nicht zuschütten konnte, sie aber doch überwindbar hielt.
Die politischen Republikaner hatten zwar eine mittelständische Gesellschaft vor
Augen, aber sie sollte sozial sein. Johann Georg August Wirth z.B. warb für einen
Staat, der Wohngemeinschaften für Alte und Arbeitsunfähige unterhält, die Fabri-
ken beaufsichtigt, die Arbeitszeit festlegt, den Mindestlohn garantiert, die allgemeinen Schulen einrichtet.[57] Julius Fröbel, ein anderer prominenter Republikaner,
nannte den Eigentumserwerb ein »demokratisches Lehnsrecht«, das nicht beliebig
vermehrt und nicht vererbt werden dürfe. »Solange es die Vererblichkeit der
Güter gibt, solange wird es Erbfürsten geben und die Republik eine Inkonsequenz
sein.«[58] Dieses sozialpolitische Engagement und das Bekenntnis zur Republik ließ
die Kontakte zu den Frühsozialisten trotz aller Konflikte nicht abreißen.[59]
    Die soziale Aufladung des Republikbegriffs, die seit der Französischen
Revolution anstieg, erreichte in der Revolution von 1848/49 ihren Höhepunkt –
und ihr Ende. In diesem Begriff wurde die Frage nach einer neuen Verfassungs-
und der Sozialordnung unlösbar verschweißt. Man konnte nun nicht mehr über
das eine sprechen, ohne auch das andere zu meinen.[60] Republik – das hieß nun für
die Liberalen und erst recht für die Konservativen aller Richtungen: Herrschaft
des Pöbels und Vernichtung des Eigentums, Auflösung der Familie und Sittenver-
fall, Untergang aller Kultur. Wie tief sich diese Ängste einnisteten, lehrt jeder
kurze Blick in die Zeitungen aus den Jahren der Revolution und unmittelbar
danach. Als 1851 im württembergischen Heidenheim ein Sparverein um den
»Arbeiterstand« warb, wusste er präzise anzugeben, wo die Trennlinie zwischen
Gut und Böse verlief: auf der einen Seite »unverdrossene Arbeit und
gottwohlgefälliger Wandel« im »Vertrauen auf einen Vater im Himmel«; auf der
anderen Seite »eitle Hoffnungen auf gebratene Tauben, welche einem die
Republik in das Maul treiben werde«, oder gar »das noch schlimmere Vertrauen
auf den sogenannten Sozialismus, der bei dem jetzigen Zustand des
Menschengeschlechtes nicht anderes heißt, als Freiheit mit Raub und Mord«.[61]
    Unter den Republikanern blieb das Wort weiterhin positiv besetzt, aber auch
sie verbanden mit ›Republik‹ höchst Unterschiedliches. Als Gustav von Struve am
31. März 1848 im Frankfurter Vorparlament beantragte, sich für eine deutsche
Republik auszusprechen, umriss er das Programm der politischen, der bürgerlichen Republikaner.[62] Es zielte auf einen demokratischen Rechtsstaat, politisch
egalitär für alle Männer – einen Staat, den er für fähig hielt, die großen sozialen
Probleme der Gegenwart zu lösen. Ein konkretes sozialpolitisches Aktionsprogramm war damit nicht verbunden. Der Staat sollte billiger werden – »Aufhebung
des stehenden Soldatenheeres«, »Aufhebung der bestehenden Heere von Beam-
ten«, »Abschaffung der stehenden Heere von Abgaben«. Aber der Staat sollte
auch mehr für die Gesellschaft leisten: kein Schulgeld mehr, bessere Besoldung
der Lehrer und Pfarrer und vor allem »Ausgleichung des Mißverhältnisses zwischen Arbeit und Kapital vermittelst eines besonderen ArbeiterMinisteriums,
welches dem Wucher steuert, die Arbeit schützt und derselben namentlich einen

Anteil an dem Arbeitsgewinne sichert.« An die Stelle der vielen bisherigen Abgaben sollten Schutzzölle treten und »eine progressive Einkommens- und Vermögenssteuer«, die den »notwendigen Lebensunterhalt« unbelastet lässt.

Struves Programm war typisch für die sozialen Erwartungen, die sich mit der ›bürgerlichen Republik‹ verbanden: mehr staatliche Leistungen, aber weniger Staatsapparat zugunsten ehrenamtlicher Verwaltung. Darin klang das alte Ideal der Bürgergemeinde nach, die sich selber republikanisch verwaltet und deshalb auf Bürokratie verzichten kann. Sich für die Republik aussprechen, hieß zugleich, Front machen gegen das Vordringen des Staates in zuvor staatsfreie Räume. Vor allem aber hieß es, sich gegen den gegenwärtigen Staat zu stellen. Dem Obrigkeitsstaat und den feudalständischen Relikten wurde die gesellschaftliche Misere der Gegenwart angelastet. Wird der Staat demokratisiert, lösen sich auch die sozialen Probleme. Für diese Zukunftshoffnung stand der bürgerlich-demokratische Erwartungsbegriff ›Republik‹.

5. Republikanischer Heilsglaube an die »rote Republik« und Programm zur Schließung der Revolution

Mit ihm begnügten sich aber längst nicht alle Republikaner, vor allem nicht diejenigen, die sich in der jungen Arbeiterbewegung zusammenfanden. Sie konnte sich in Deutschland erstmals 1848 in großem Umfang organisieren und als politisch-gewerkschaftliche Reformkraft auftreten. Wer sich ihr anschloss, verlangte zusätzliche staatliche Hilfen, teilte aber doch das Vertrauen der bürgerlichen Demokraten in die soziale Reformkraft der demokratischen Republik.[63] Es gab jedoch in der Arbeiterbewegung neben diesem politisch-sozialen Republikanismus einen republikanischen Heilsglauben, dessen religiöse Wurzeln unter der säkularen Hülle zu erkennen blieben. Mit den Versprechungen der bürgerlichen Republikaner gab er sich nicht zufrieden. Ein 1849 veröffentlichtes Buch über die Revolution im deutschen Südwesten bietet ein Beispiel. Es gestaltet den Weg der Pfälzer Revolutionäre zu einer Nachfolge in der Passion Christi – eine eindrucksvolle Schrift, geschrieben in unbeholfenen Versen, die von dem säkularreligiösen Sendungsbewusstsein der republikanischen Revolutionäre mit sozialistischen Erwartungen zeugen:

> Ich schwang mit zitternder Hand den Spott,
> Die Dornengeißel ob deinem Haupt;
> O wäre es doch lorbeerumlaubt,
> Bekränzt von der Freiheit seligem Gott!
>
> Und meine Tinte war heißes Blut,
> Aus hundert Wunden gequollen vor,
> Das Herzblut vom heil'gen Fechterkorps,
> Das die Sünden der Bourgeois auf sich lud.
>
> Und die Helden haben zu spotten ein Recht,
> Die diese Sünden im Tod gebüßt;

Denn ihrem Grab' eine Blume entsprießt,
Das rothe Republikanergeschlecht.[64]

Vom »Golgathaweg« des deutschen Proletariats sprachen später auch Rosa Luxemburg und Karl Liebknecht.[65] 1848 wurde die »rote Republik« in Europa zu einem festen Begriff, dessen Bedeutung vom säkularreligiösen Erlösungsglauben bis zu Untergangsängsten reichte. Karl Marx hatte zumindest einen Teil dieser Spannweite vor Augen, als er in seiner Schrift *»Die Klassenkämpfe in Frankreich 1848 bis 1850«* (1850) die »Bourgeoisrepublikaner« und »die bürgerliche Republik« der »Republik mit sozialen Institutionen«, dem »Traumbild, das den Barrikadenkämpfern vorschwebte«, gegenüberstellte.[66]

In Frankreich spaltete sich 1848 die politisch-gesellschaftliche Bedeutung des Wortes ›Republik‹ in einen sozialrevolutionären und einen sozialkonservativen Strang. Das hat Marx richtig gesehen. Anders als in Deutschland wurde die »bürgerliche Republik« im Februar 1848 zu einem Schutzschild, hinter dem sich die Gegner der »sozialen Republik« versammelten, als die Monarchie nicht mehr zu retten war.[67] Der »Bürgerkönig« Louis-Philippe wurde auch von den französischen Bürgern, die ein Weitertreiben der Revolution verhindern wollten, nicht verteidigt, und seinen Sohn wollten sie als Nachfolger ebenfalls nicht. Die gemäßigten Reformer akzeptierten die Republik, um den Rückfall in eine reformverweigernde Monarchie zu verhindern und zugleich den Weg in die Sozialrevolution zu versperren.

Diese doppelte Aufgabe, Reformen zu ermöglichen und zugleich die Revolution zu schließen, bürdeten die deutschen Liberalen nicht der Republik auf, sondern der konstitutionellen Monarchie. Sie wirkte in Deutschland noch als Reformhoffnung, während sie in Frankreich in der Ära der »Julimonarchie« als Reformkraft bereits abgewirtschaftet hatte. Republik als Revolutionsprophylaxe – dieses politische Programm konnte sich in Deutschland nicht durchsetzen, da jede Form von ›Republik‹ in den Augen der liberalen und erst recht der konservativen Reformer als unrettbar mit dem Odium des Terrors und des Verfalls aller Sitten belastet galt.

Es war für deutsche Bürger aber auch nicht nötig, sich auf das Experiment einer konservativen Reform-Republik als Bollwerk gegen sozialrevolutionäre Gefahren einzulassen. Denn während in Frankreich 1848 das Festhalten an der Monarchie als Kriegserklärung an die gesamte Revolutionsbewegung gewirkt hätte, gefährdete in den deutschen Staaten die Revolution die Monarchien nicht ernsthaft. Konsequente Republikaner blieben in der Minderheit. Ihre mehrfachen Versuche, die Revolution notfalls mit Gewalt weiterzutreiben und zumindest den künftigen deutschen Nationalstaat zu ›republikanisieren‹, misslangen alle. Das lag nicht nur daran, dass die Monarchien sich 1848 hinter ihrem Militär verschanzen konnten. Die Mehrheit der deutschen Bevölkerung hatte antirepublikanisch mit den Füßen abgestimmt, indem sie sich nicht an der Revolution der Republikaner beteiligte.

Kompromisslose Republikaner stellten 1848/49 in Deutschland nur eine kleine Schar. Viele Demokraten bejahten jedoch prinzipiell die Republik als ideale Staatsform, wenngleich sie in der politischen Praxis ihr Reformziel auf die »parlamentarische Monarchie« herabstimmten. Ihr grundsätzliches Ja zur Republik reichte jedoch bereits, um sie in der Wahrnehmung der Liberalen und der Konservativen als Sozialrevolutionäre abzustempeln. Deshalb konnte der Schlachtruf ›Republik oder konstitutionelle Monarchie‹ die organisierte Revolutionsbewegung in zwei verfeindete Lager teilen, obwohl es in Deutschland kaum entschiedene Republikaner gab. Diese Trennlinie – grundsätzliche Offenheit für die Republik oder nicht – schied 1848/49 Demokraten scharf von Liberalen.

Die deutschen Liberalen hatten die antirevolutionäre Kraft der reformierten Monarchie nicht erst in der Revolution zu schätzen gelernt. Bereits zuvor hatten sie der durch Verfassung und Parlament gezähmten ›konstitutionellen Monarchie‹ den Vorrang vor der Republik eingeräumt. Darin stimmte der sehr gemäßigte sächsische Liberale Pölitz, dem die Monarchie als der notwendige »Schwerpunct« für die »bürgerliche Gesellschaft« galt,[68] mit den Autoren des »Staats-Lexikons« überein. In der Idee sei die republikanische Verfassung vollkommener, doch in der Praxis erweise sich die konstitutionelle Monarchie als die »zur wenigstens annähernd befriedigenden Erreichung des Staatszwecks nach dem Charakter und den Lebensverhältnissen der meisten Völker geeignetste« Staatsform. So Carl von Rotteck 1840 im »Staats-Lexikon«, dem Grundbuch des deutschen Frühliberalismus.[69]

Kants Gleichsetzung von »Republikanismus« mit »bürgerlicher«, gewaltenteiliger Verfassung[70] fand unter den deutschen Liberalen des 19. Jahrhunderts keine Anhänger mehr. Zu gründlich hatte in ihren Augen der Terror der Französischen Revolution die demokratische Republik diskreditiert. Als dann 1848 die »rote Republik« von Frankreich aus nach Europa zu greifen schien – so nahmen die Liberalen, aber auch gemäßigte Demokraten die Ereignisse wahr –, da fand sich unter ihnen niemand mehr, der das Experiment mit der Republik gewagt hätte. Die Republik, das musste jeder wissen, hätte nur in einer zweiten Revolution erzwungen werden können, nachdem die erste vor den Thronen Halt gemacht hatte. Dass diese zweite Revolution, die 1849 doch noch zu drohen schien, eine soziale werden würde, war nicht von der Hand zu weisen. Auch deshalb fand diese republikanische Revolution, die in die ›Reichsverfassungskampagne‹ zur Rettung der Paulskirchenverfassung einfloss, unter den Liberalen und auch bei einem großen Teil der Demokraten keine Unterstützung. Die Reformer im deutschen Bürgertum hatten 1848 gelernt, dass die revolutionär erzwungene Republik unkalkulierbare soziale Gefahren bedeutete; die bürgerlichen und die proletarischen Demokraten mussten erkennen, dass die Republik keineswegs die Erfüllung ihrer Hoffnungen garantierte. Die französische Republik bewies es.

6. Republikaner der Gegenwart als Erben der Angst-Tradition des Begriffs Republik

Diese Ernüchterung überlebte der angstbeladene und zugleich hoffnungsüberfrachtete Begriff ›Republik‹ nicht. Er taugte deshalb nach 1848 nicht mehr als Syndrom der bürgerlichen Ängste vor der Kulturzerstörung durch die soziale

Revolution, und er taugte auch nicht mehr als Hoffnungssyndrom für soziale Demokraten und Sozialisten. ›Demokratie‹ und ›Sozialismus‹ traten als neue Hoffnungs- und Angstbegriffe das Erbe von ›Republik‹ an. Der Begriff ›Republik‹ war frei geworden. Das zeigte sich 1918, als er zum Gemeingut wurde von links bis rechts. Es zeigte sich wieder nach 1945, als er inhaltlich gar nichts mehr besagte. Und es zeigte sich erneut 1990, als nur wenige auf die Idee kamen, ›Republik‹ wieder zu einem demokratischen Hoffnungswort in Deutschland machen zu wollen. Deshalb, und nur deshalb konnten sich die heutigen ›Republikaner‹ von rechts dieses Begriffs bemächtigen – das traurige Ende einer langen Geschichte verlorener Hoffnungen. Geblieben sind nur noch die Ängste, die immer auch mit diesem Kampfbegriff verbunden waren. Die ›Republikaner‹ von heute haben das Erbe dieser einen Linie in der Bedeutungsgeschichte von ›Republik‹ angetreten – die Geschichte der Angst. Angst vor einer offenen Gesellschaft, Angst vor einer demokratischen Zukunft, Angst vor dem Fremden, Angst vor dem Neuen.

Anmerkungen

* Überarbeitet, nach der vergriffenen gleichnamigen Erstveröffentlichung: Essen 1993 (Stuttgarter Vorträge zur Zeitgeschichte, Bd.1).

1 Jürgen Habermas, Die zweite Lebenslüge der Bundesrepublik: Wir sind wieder »normal« geworden, in: Die Zeit, Nr. 51 v. 11.12.1992, S. 48.

2 Einen breiten, gegenwartsbezogenen Überblick bietet: Paul Mog / Hans-Joachim Althaus (Hg.), Die Deutschen in ihrer Welt. Tübinger Modell einer integrativen Deutschlandkunde, Berlin 1992, [2]1993; s. darin D. Langewiesche, Demokratische Traditionen in Deutschland, S. 191–212.

3 Mehr als einige knappe Hinweise sind hier allerdings nicht möglich. Überblicke bieten die in Anmerkung 18 genannten Titel.

4 Josef Isensee, Republik – Sinnpotential eines Begriffs. Begriffsgeschichtliche Stichproben, in: Juristenzeitung 36 (1981), S. 1, zitiert nach Wolfgang Mager, Republik, in: Geschichtliche Grundbegriffe. Historisches Lexikon zur politisch-sozialen Sprache in Deutschland, hg. v. Otto Brunner u.a., Bd. 5, Stuttgart 1984, S. 549–651, 650. Dieser Artikel ist grundlegend für die Begriffsgeschichte.

5 Dieter Henrich, Eine Republik Deutschland. Reflexionen auf dem Weg aus der deutschen Teilung, Frankfurt/M. 1990, S. 66.

6 Wie sehr die Aristokratie weiterhin den Ton angab, zeigt – scharf zuspitzend und überzeichnend – im europäischen Vergleich Arno J. Mayer, Adelsmacht und Bürgertum. Die Krise der europäischen Gesellschaft 1848–1914, München 1984 (engl. 1981); vgl. auch die zurückhaltendere Darstellung von Dominic Lieven, The Aristocracy in Europe, 1815–1914, London 1992.

7 Zur geschichtswissenschaftlichen Verarbeitung dieses Sonderbewusstseins grundlegend: Bernd Faulenbach, Ideologie des deutschen Weges. Die deutsche Geschichte in der Historiographie zwischen Kaiserreich und Nationalsozialismus, München 1980.

8 Grundsätze der DNVP, 1920, in: Die ungeliebte Republik. Dokumente zur Innen- und Außenpolitik Weimars 1918–1933, hg. v. Wolfgang Michalka / Gottfried Niedhart, München 1980, S. 72. Über den Stand der Weimar-Forschung informiert am besten Eberhard Kolb, Die Weimarer Republik, München 1988 u.ö.

9 Die deutsche Revolution 1918–1919. Dokumente: Hg. Gerhard A. Ritter / Susanne Miller, Hamburg 1975[2], S. 77f. Zur Haltung der verschiedenen Fraktionen in der deutschen Arbei-

terbewegung in der Übergangsphase vgl. insbesondere Heinrich August Winkler, Von der Revolution zur Stabilisierung. Arbeiter und Arbeiterbewegung in der Weimarer Republik 1918 bis 1924, Berlin 1984.

10   Vereinbarung zwischen dem Rat der Volksbeauftragten und dem Vollzugsrat des Arbeiter- und Soldatenrats von Groß-Berlin, 22.11.1918, in: Die ungeliebte Republik, S. 35.

11   Proklamation vom 7.4.1919, in: Ebd., S. 60f. Zur Position des Spartakusbundes s. dessen Programm vom 14.12.1918, ebd. S. 65–68, zur USPD s. das Aktionsprogramm (»revolutionäres Rätesystem«) vom 6.12.1919, ebd. S. 68f.

12   Auszug ebd. S. 69f., vollständig in: Programmatische Dokumente der Deutschen Sozialdemokratie, hg. u. eingeleitet von Dieter Dowe / Kurt Klotzbach, Bonn 1990³, S. 203–209.

13   Aufruf in: O. Nuschke, Wie die DDP wurde, was sie leistete und was sie ist, in: A. Erkelenz (Hg.), Zehn Jahre deutsche Republik, Berlin 1928, S. 24–41, 25f.; vgl. zum Liberalismus in der Weimarer Republik mit der umfangreichen Spezialliteratur Dieter Langewiesche, Liberalismus in Deutschland, Frankfurt/M. 1988, S. 251ff.

14   Aufruf und Leitsätze vom 30.12.1918, in: Die ungeliebte Republik, S. 70. Vgl. vor allem Rudolf Morsey, Die Deutsche Zentrumspartei 1917–1923, Düsseldorf 1966.

15   Die ungeliebte Republik (wie Anm. 8), S. 72.

16   Friedrich Meinecke, Politische Schriften und Reden, hg. u. eingeleitet von Georg Kotowski (Werke, Band II), Darmstadt 1979⁴, S. 376.

17   Vgl. Maurice Agulhon, 1848 ou l'apprentissage de la république, 1848–1852, Paris 1973 (englisch 1983); Roger Price, The French Second Republic. A Social History, London 1972; als europäischer Überblick Dieter Langewiesche, Europa zwischen Restauration und Revolution 1815–1849, München 2007⁵, Kap. E.

18   Vgl. C. Nicolet, L'idée républicaine en France 1789–1924, Paris 1982; Georges Weill, Histoire du parti républicaine en France, 1814–1870, Paris ²1928.

19   Immer noch lesenswert ist Arthur Rosenberg, Demokratie und Sozialismus. Zur politischen Geschichte der letzten 150 Jahre, Frankfurt/M. 1962 (1937).

20   Vgl. insbes. Susanne Miller, Das Problem der Freiheit im Sozialismus. Freiheit, Staat und Revolution in der Programmatik der Sozialdemokratie von Lassalle bis zum Revisionismus-Streit, Frankfurt/M. 1964 u.ö.

21   Wolfgang Heine, Die Sozialdemokratie und die Schichten der Studirten. Nach zwei Versammlungsreden, gehalten am 25. Mai und 1. Juni 1897, Berlin ²1898, S. 13.

22   Ebd., S. 14.

23   Ebd., S. 22.

24   Ebd., S. 19.

25   Ebd., S. 21.

26   Vgl. Wilhelm Keil, Erlebnisse eines Sozialdemokraten, Band II, Stuttgart 1948, S. 19f.

27   Vgl. Theodor Schieder, Nationalismus und Nationalstaat. Studien zum nationalen Problem im modernen Europa. Hg. Otto Dann / Hans-Ulrich Wehler, Göttingen 1991. Als neueste Gesamtdarstellung, aber mit vielen schiefen Urteilen Otto Dann, Nation und Nationalismus in Deutschland 1770–1990, München 1992. Knapp und mit anderen Wertungen D: Langewiesche, Reich, Nation und Staat in der jüngeren deutschen Geschichte, in: Historische Zeitschrift 254 (1992), S. 341–381 (auch in: ders.: Nation, Nationalismus, Nationalstaat in Deutschland und Europa, München 2000). Wie einzelstaatliche Monarchien versuchten, sich gegen den Sog des Nationalismus zu behaupten und ihn für sich zu nutzen, zeigt Manfred Hanisch, Für Fürst und Vaterland. Legitimitätsstiftung in Bayern zwischen Revolution 1848 und deutscher Einheit, München 1991.

28   Vgl. Lothar Gall, Bismarck. Der weiße Revolutionär, Frankfurt 1980 u.ö.; D. Langewiesche, »Revolution von oben«? Krieg und Nationalstaatsgründung in Deutschland, in: Ders. (Hg.), Revolution und Krieg. Zur Dynamik historischen Wandels seit dem 18. Jahrhundert, Paderborn 1989, S. 117–133.

29   Die Einschätzung des Deutschen Reichs und seiner Chancen, sich zu einer parlamentarischen Demokratie zu entwickeln, variiert in der Forschung außerordentlich stark. Vgl. als Extrem-

pole Hans-Ulrich Wehler, Das Deutsche Kaiserreich 1871–1918, Göttingen 1973 u.ö. mit Thomas Nipperdey, Deutsche Geschichte 1866–1918, 2 Bde., München 1990, 1992. Wehlers modifiziertes Kaiserreichbild: Wie bürgerlich war das Deutsche Kaiserreich?, in: Jürgen Kocka (Hg.), Bürger und Bürgerlichkeit im 19. Jahrhundert, Göttingen 1987, S. 243–280.

30   Felix Genzmer, Monarchie, in: Politisches Handwörterbuch, hg. v. Paul Herre, Leipzig 1923, Bd. 2, S. 151. Einen wissenschaftlichen Nachhall fand diese zeitgenössische Meinung in der Kontroverse zwischen E. R. Huber und E.-W. Böckenförde; vgl. Ernst-Wolfgang Böckenförde (Hg.), Moderne deutsche Verfassungsgeschichte, Köln 1972, in weiterer Perspektive ders., Recht, Staat, Freiheit. Studien zur Rechtsphilosophie, Staatstheorie und Verfassungsgeschichte, Frankfurt/M. 1991.

31   Hg. v. Hermann Wagener, Bd. 13, Berlin 1863, Artikel »Monarchie, Monarchisches Princip«, S. 535–540, Zitat S. 540. Vgl. Artikel »Staat«, Bd. 19, 1865, S. 578–600.

32   Hg. v. J. C. Bluntschli / K. Brater, Bd. 6, Stuttgart 1861, Artikel »Monarchie« von Bluntschli, S. 704–741, Zitat S. 728f. Vgl. zu diesem Lexikon Monika Faßbender-Ilge, Liberalismus – Wissenschaft – Realpolitik. Untersuchungen des »Deutschen Staats-Wörterbuchs« von J. C. Bluntschli u. K. Brater als Beitrag zur Liberalismusgeschichte zwischen 48er Revolution und Reichsgründung, Frankfurt/M. 1981; Hervorhebung stets im Original. Vgl. zur Entwicklung der Staats- und Gesellschaftsvorstellungen der deutschen Liberalen Langewiesche, Liberalismus, Kap. III-IV.

33   »Monarchie« (wie Anm. 32), S. 736f.

34   Bluntschli, Demokratie, in: Staats-Wörterbuch, Bd. 2, 1857, S. 710.

35   Ders., Republik und republikanische Ideen, ebd., Bd. 8, 1864, S. 604.

36   Ders., Staat, ebd., Bd. 9, 1865, S. 628.

37   Vgl. Langewiesche, Bürgerliche Adelskritik zwischen Aufklärung und Reichsgründung in Enzyklopädien und Lexika, in: Adel und Bürgertum in Deutschland 1770–1848, hg. v. Elisabeth Fehrenbach. München 1994, S. 11–28. (Überarbeitet in: Langewiesche: Liberalismus und Sozialismus. Gesellschaftsbilder – Zukunftsvisionen – Bildungskonzeptionen. Ausgewählte Aufsätze. Hg. Friedrich Lenger, Bonn 2003.)

38   Bluntschli, Demokratie (wie Anm. 34), S. 711.

39   Ebd., S. 711f.

40   Vgl. vor allem Peter Theiner, Sozialer Liberalismus und deutsche Weltpolitik. Friedrich Naumann im Wilhelminischen Deutschland, Baden-Baden 1983.

41   Vgl. vor allem Wilfried Loth, Katholiken im Kaiserreich. Der politische Katholizismus in der Krise des wilhelminischen Deutschlands, Düsseldorf 1984; David Blackbourn, Class, Religion and Local Politics in Wilhelmine Germany. The Centre Party in Württemberg before 1914, Wiesbaden 1980.

42   v. Hertling, Monarchie, in: Staatslexikon von Julius Bachem hg. im Auftrag der Görres-Gesellschaft, Bd. 3, Freiburg i. Br. 1902[2], Sp. 1385–1404, Zitate Sp. 1398f.

43   Vgl. Elisabeth Fehrenbach, Wandlungen des deutschen Kaisergedankens (1871–1918), München 1969.

44   v. Hertling, Republik, in: Staatslexikon, Bd. 4, 1903[2], Sp. 966; vgl. auch die Artikel »Parlamentarismus« (Stöckl), ebd., Sp. 358–367; »Konstitutionalismus« (Kämpfe), ebd., Bd. 3, 1902[2], Sp. 690–713; »Staatsverfassung« (Görtz u. Menzinger), ebd., Bd. 5, 1904[2], Sp. 434–443. Vgl. auch die entsprechenden Artikel in Herders Konversations-Lexikon (die 3. Auflage erschien kurz nach der Jahrhundertwende). In der Realencyclopädie für protestantische Theologie und Kirche, hg. v. Albert Hauck, vgl. den Artikel »Staat und Kirche« von Otto Mayer, Bd. 18, Leipzig 1906[3], S. 714–727, 714ff.

45   Konstitutionalismus (wie Anm. 44), Sp. 701.

46   Johannes Fischer, Aus Fünfzig Jahren. Eine Niederschrift von 1933/34. Mit einem Nachwort von Theodor Heuss. Bearbeitet von Günther Bradler, Stuttgart 1990, S. 58, 59f.

47   So Felix Genzmer, Staatsformen, in: Politisches Handwörterbuch, hg. v. Paul Herre, Bd. 2, Leipzig 1923, S. 687; Genzmer, Republik, ebd., S. 478. Vgl. dagegen Gerhard Anschütz, Die Verfassung des Deutschen Reichs vom 11. August 1919. Ein Kommentar für Wissenschaft

und Praxis, Berlin 3. Bearbeitung 1930, S. 35: »Republik« (Artikel 1) nicht nur als »Begriffsbestimmung«, sondern »auch eine Norm«: keine Monarchie, keine »Fürstenrepublik, als welche man das vorrevolutionäre Reich zuweilen bezeichnet hat« und keine »sonstwie oligarchische« Republik. Eindringlich ist auch Richard Thoma, Staat, in: Handwörterbuch der Staatswissenschaften, hg. v. Ludwig Elster u.a., Bd. 7, Jena [4]1926, S. 724–756.

48   Vgl. vor allem Mager (Anm. 4); vgl. auch Artikel »Republik«, »Republikaner«, »Republikanismus« in: Deutsches Fremdwörterbuch. Begonnen von Hans Schulz, fortgeführt von Otto Baster, weitergeführt im Institut für deutsche Sprache, Bd. 3, Berlin 1977, S. 340–345.

49   Gustave Flaubert, Lehrjahre des Gefühls. Geschichte eines jungen Mannes. Übertragen von Paul Wiegler, Hamburg 1959, S. 218.

50   Ebd., S. 219.

51   Ebd., S. 221.

52   Vgl. im einzelnen Mager (Anm. 4).

53   Darauf hat jüngst zu Recht hingewiesen: Paul Nolte, Bürgerideal, Gemeinde und Republik. »Klassischer Republikanismus« im frühen deutschen Liberalismus, in: Historische Zeitschrift 254 (1992), S. 609–656. Nolte überschätzt aber diese Linie des Republikanismus, die schon vor 1848 durch den neuen, auf die Französische Revolution zurückführenden Republikanismus weitgehend verdrängt wurde.

54   Adam Lux (1793), zit. n. Mager, Republik (wie Anm. 4), S. 602.

55   Johann Baptist Geich, Republikanismus und Kulturfortschritt (1795), in: Jörn Garber (Hg.), Revolutionäre Vernunft. Texte zur jakobinischen und liberalen Revolutionsrezeption in Deutschland 1789–1810, Kronberg/Ts. 1974, S. 149–151. Vgl. etwa die Republikkonzeption von Johann Adam Bergk (1796), in: Zwi Batscha / Jörn Garber (Hg.), Von der ständischen zur bürgerlichen Gesellschaft. Politisch-soziale Theorien im Deutschland der zweiten Hälfte des 18. Jahrhunderts, Frankfurt/M. 1981, S. 335–350.

56   Gregor Köhler, Bekenntnis zur fränkischen Republik, in: Garber (Hg.) (wie Anm. 55), S. 151f.

57   Vgl. Peter Wende, Radikalismus im Vormärz. Untersuchungen zur politischen Theorie der frühen deutschen Demokratie, Wiesbaden 1975, S. 117.

58   Zitiert nach Rainer Koch, Demokratie und Staat bei Julius Fröbel 1805–1893. Liberales Denken zwischen Naturrecht und Sozialdarwinismus, Wiesbaden 1978, S. 152.

59   Vgl. zur Begriffsgeschichte Wolfgang Schieder, Sozialismus, in: Geschichtliche Grundbegriffe, Bd. 5, S. 923–996. Zur französischen Entwicklung vorzüglich: Edward Berenson, Populist Religion and Left-Wing Politics in France, 1830–1852, Princeton, N.J. 1984, S. 105ff. vor allem.

60   Vgl. zum Folgenden ausführlich D. Langewiesche, Republik, Konstitutionelle Monarchie und »soziale Frage«. Grundprobleme der deutschen Revolution von 1848/49, in: Historische Zeitschrift 230 (1980), S. 529–548, erneut in: Ders. (Hg.), Die deutsche Revolution von 1848/49, Darmstadt 1983, S. 341–361.

61   Der Gränzbote v. 29.11.1851, zitiert nach Christoph Bittel, Sozialpolitik im Oberamtsbezirk Heidenheim im 19. Jahrhundert. Ein Beitrag zur Sozialgeschichte einer württembergischen Industrieregion, Tübingen 1991, S. 571.

62   Abgedruckt u. a. in: Hans Fenske (Hg.), Vormärz und Revolution 1840–1849, Darmstadt 1976, S. 276–279.

63   Den besten Überblick über den gesamten Revolutionsverlauf bietet Wolfram Siemann, Die deutsche Revolution von 1848/49, Frankfurt/M. 1985.

64   Die wandernde Barrikade, oder: die württembergische, pfälzische und badische Revolution. Wohl geleimt und wohl gereimt in drei Aufzügen, mit der ganzen türkischen Musik, Bern 1849, zitiert nach Rainer Kessler, »Die wandernde Barrikade«. Aus der Pfälzer Arbeiterbewegung von 1849, in: Pfälzer Heimat 35 (1984), H. 4, S. 154–161, 160.

65   Ebd.

66   Karl Marx – Friedrich Engels Werke, Bd. 7, Berlin (Ost) 1960, S. 29.

67   Vgl. dazu insbes. Agulhon (wie Anm. 17).

68 Karl Heinrich Ludwig Pölitz, Die Staatswissenschaften im Lichte unserer Zeit, Erster Theil, Leipzig 1823, S. 424. Vgl. ders., Die drei politischen Systeme der neuesten Zeit, in: Jahrbücher der Geschichte und Staatskunst. Eine Monatsschrift, in Verbindung mit mehreren gelehrten Männern hg. v. K.H.L. Pölitz, Leipzig 1828, 1. Band, S. 1–21; ders., Die geschichtliche Unterlage des inneren Staatslebens, ebd., S. 262–276; ders., Geschichtliche Andeutungen über die Anwendung des Systems in monarchischen und republikanischen Staaten, ebd., 1829/1, S. 112–123.

69 Artikel »Monarchie«, in: Staats-Lexikon oder Encyklopädie der Staatswissenschaften, Bd. 10, Altona 1840, S. 658–677, 658. Vgl. Carl Theodor Welcker, Staatsverfassung, ebd., Bd. 15, 1843, S. 21–82. Der Artikel »Republik« (K. H. Scheidler) beschäftigt sich speziell mit Platon, ebd., Bd. 13, 1842, S. 690–714. Mit gleichen Wertungen: Staat, in: Bilder-Conversations-Lexikon für das deutsche Volk. Ein Handbuch zur Verbreitung gemeinnütziger Kenntnisse und zur Unterhaltung, Leipzig (Brockhaus) 1841, ND München o.J., S. 260–268; Demokratie, in: Allgemeine Encyklopädie der Wissenschaften und Künste in alphabetischer Reihenfolge von je genannten Schriftstellern bearbeitet und hg. v. Johann Samuel Ersch / Johann Gottfried Gruber, Erste Sektion, 24. Theil, Leipzig 1833, S. 33–35.

70 Vgl. Mager (Anm. 4), S. 608–612.

Der »deutsche Sonderweg«

Defizitgeschichte als geschichtspolitische Zukunftskonstruktion nach dem Ersten und Zweiten Weltkrieg[*]

1. Zur Aktualität eines historischen Sonderweg-Bewusstseins im gegenwärtigen Deutschland

Als Bundeskanzler Gerhard Schröder im Vorfeld der Bundestagswahl 2002 vom »deutschen Weg« sprach, war die Erregung in den Medien groß. Seine nachträgliche Interpretation, die den »deutschen Weg« auf eine spezifisch deutsche Tradition des Sozialstaates begrenzte, die von den damals geplanten Arbeitsmarktreformen nicht angetastet und keinesfalls »amerikanisiert« werden sollte, vermochte die Kritiker nicht recht zu überzeugen. Man wähnte mehr dahinter als eine missglückte Wortwahl in der Hektik des Wahlkampfes seitens eines Politikers, dessen Ämter in der Partei und im Staat Programmatisches erwarten lassen, wenn er zu einem solch verminten Begriff greift, um seine Politik zu begründen. Des Kanzlers Äußerung hatte offensichtlich sofort das gesamte negativ besetzte Begriffsfeld »deutscher Sonderweg« aufgerufen. Heinrich August Winkler hat es jüngst für seine zweibändige deutsche Geschichte des 19. und 20. Jahrhunderts – in der Öffentlichkeit viel beachtet und auch von Historikern hoch gelobt – als Leitlinie genutzt, um die deutsche Katastrophengeschichte in das glückliche Ende der Verwestlichung münden zu lassen. Die neue Normalität der deutschen Gegenwart verheißt in Winklers Werk, das als die Nationalgeschichte der neuen Bundesrepublik gepriesen wurde, eine helle Zukunft, scharf abgehoben von den Vergangenheit*en* – der Plural ist wichtig. Denn Winkler kennt einen dreifachen Sonderweg, von denen der ältere »antiwestliche […] des Deutschen Reiches« 1945 im »deutschen Menschheitsverbrechen« während des Zweiten Weltkrieges ausbrannte, während die beiden jüngeren, die nach dieser Katastrophe einsetzten, mit dem Zusammenbruch der DDR und ihrem Beitritt zur BRD 1990 friedlich ausliefen: der »postnationale Sonderweg der alten Bundesrepublik und der internationalistische Sonderweg der DDR«.[1]

Dieses Geschichtsbild bündelt in wenigen Linien alle Elemente einer Sonderwegsdeutung, in der Defizitgeschichte und zeitlich gestufte Befreiung aus ihr zusammenlaufen.[2] Die beiden Weltkriege stehen im Zentrum dieses Bildes, in dem deutsche Geschichtserfahrungen aus zwei Jahrhunderten vergangenheitspolitisch komprimiert sichtbar werden.[3] Die Konsequenzen, die jeweils aus den Niederlagen gezogen wurden, mit denen beide Kriege für Deutschland geendet hatten, fielen jedoch gegensätzlich aus. Während die Niederlage von 1918 von der deutschen Gesellschaft in einer Weise verarbeitet wurde, welche die Lebensfähigkeit der ersten deutschen Demokratie schwächte, wirkten sich die Erfahrungen, die sich in der deutschen Gesellschaft mit dem nationalsozialistischen Vernichtungskrieg verbanden, entgegengesetzt aus. Sie stärkten in beiden deutschen Nachfolgestaaten die Bereitschaft, mit historischen Traditionen zu brechen, wenn auch in höchst unterschiedlicher Weise, und stabilisierten das Neue, das nun auf beiden Seiten in scharfer Konkurrenz gegeneinander begann.

Doch nicht nur im Vergleich beider Weltkriege waren die geschichtspolitischen Konsequenzen gänzlich unterschiedlich, die aus den Erfahrungen von Krieg und Niederlage hervorgingen. Auch wenn man jeden der beiden Weltkriege getrennt betrachtet, ist nicht zu übersehen, dass sie geschichtspolitisch konträr gedeutet werden konnten.[4] Wie mit diesen geschichtspolitischen Deutungen dem Krieg und der Niederlage ein Sinn abgewonnen wurde, der zukunftsfähig machen sollte und deshalb Handlungsoptionen in die Zukunft hinein anbieten musste, soll nun im Vergleich zwischen Erstem und Zweitem Weltkrieg für Deutschland thesenhaft verkürzt skizziert werden.

2. Die Rolle von Kriegsniederlagen für geschichtspolitische Zukunftskonstruktionen mittels Sonderwegsdeutungen

Kriegsniederlagen stellen überlieferte Geschichtsbilder auf den Prüfstand, fällen jedoch keine eindeutigen Urteile über sie. Da Geschichtsbilder darauf angelegt sind, der Vergangenheit Handlungsanweisungen für die Zukunft (»Lehren der Geschichte«) abzugewinnen,[5] müssen sie zwangsläufig politisch umkämpft sein. »Vergangenheitspolitik« (Norbert Frei) ist ein Teil der allgemeinen Politik und deshalb wie sie umstritten. Die Sonderwegsdeutungen bilden darin keine Ausnahme. Historiker, die meinen, die Angemessenheit von Sonderwegsdeutungen historiographisch eindeutig – objektiv – beurteilen zu können, verkennen die prinzipielle Offenheit von Geschichtsbildern, die sich ändern, wenn sich gesellschaftliche und politische Wertordnungen ändern oder sich aus anderen Gründen der »Sehepunckt« (Johann Martin Chladenius, 1752), von dem aus die Geschichte befragt wird, verlagert. Historiographische Urteile über deutsche Sonderwege nehmen teil an einer politischen Debatte, die aus der »vergangenen Zukunft« (Reinhart Koselleck) künftige Zukunft liest. Sonderwegsdeutungen sind mithin Teil einer Vergangenheitspolitik, die notwendigerweise stets politisch umstritten ist, da sie als Handlungsempfehlung für die Gegenwart auftreten muss, um politisch in die Zukunft wirken zu können.

3. Zur Uneindeutigkeit der Wirkungen von Sieg und Niederlage
auf die Sonderwegsdeutungen

Siegreich beendete Kriege können vergangenheitspolitisch nicht weniger umstritten sein als Kriegsniederlagen. Ein Sieg scheint jedoch das historiographische Deutungsspektrum, das sich in der Gesellschaft durchsetzen lässt, zu verengen, während eine Niederlage es weitet. Insofern kann der Ausgang des Krieges – Sieg oder Niederlage – darüber entscheiden, wie groß der Spielraum für konkurrierende Geschichtsbilder ist bzw. welche Geschichtsbilder sich durchsetzen können und welche marginalisiert oder auch tabuisiert werden. Die Kriegsniederlage bietet vergangenheitspolitisch die Chance zum Sieg oder zumindest zum Positionsgewinn für diejenigen, deren Geschichtsbild zuvor politisch bedingt wenig Beachtung gefunden hatte oder gar geächtet gewesen war. Der Sieg hingegen prämiert das Geschichtsbild des Siegers. Dies war zumindest in der deutschen Geschichte des 19. und 20. Jahrhunderts so. Die Sonderwegsdeutungen bieten dafür Anschauungsmaterial. Dazu einige Hinweise:

Die politischen Wirkungen der preußisch-deutschen Siege in den Einigungskriegen von 1866 und 1870 bilden in der westdeutschen Sonderwegshistoriographie den Startpunkt für den besonderen Weg der Deutschen in die Moderne.[6] Damals, so fasst Winkler diese Sicht pointiert zusammen, bedeutete die Gründung des deutschen Nationalstaates zwar »ein Stück Verwestlichung oder Normalisierung«, doch zugleich grenzte sich das neue Deutschland vom Westen ab, weil es nur die »Einheitsfrage«, nicht aber die »Freiheitsfrage« im Sinne westlicher Modernität – hier gleichgesetzt mit parlamentarischer Demokratie – gelöst hatte.[7] Dass beides nicht zugleich gelang, war eine Folge der Kriegsgeburt des deutschen Nationalstaates. Wer die siegreichen Waffen geführt hatte, bestimmte nun die Gestalt des neuen Staates, den der Sieg ermöglicht hatte. Eine parlamentarische Monarchie hätte den Sieger innenpolitisch dauerhaft entmachtet und war deshalb nicht zu erreichen – *das* Grundübel der jüngeren deutschen Geschichte in der Sicht der Sonderwegshistorie, da diese Entscheidung es verhindert habe, die Modernisierung von Wirtschaft, Gesellschaft und Staat durch eine umfassende Demokratisierung und Parlamentarisierung zu synchronisieren.[8]

Diese Deutung ist im Wesentlichen eine Frucht der Kriegsniederlagen von 1918 und 1945, die jenen Geschichtsbildern politische Wirkungsmöglichkeiten eröffneten, die zuvor aus dem Kanon der als legitim anerkannten Geschichtsdeutungen verbannt geblieben waren. Das sei kurz an der Rede erläutert, mit der Wilhelm Keil in einer großen geschichtspolitischen Debatte der Weimarer Nationalversammlung 1919 ein sozialdemokratisches Geschichtsbild entwickelte, das ein Gegenmodell zu den bis dahin gesellschaftlich vorherrschenden Geschichtsvorstellungen entwarf. Diese Rede ist deshalb so aufschlussreich für die Frage, wie Kriegsniederlagen vergangenheitspolitisch wirken können, weil hier ein Geschichtsbild formuliert wird, das bis 1914 sozialdemokratisch-oppositionell ausgeflaggt war und deshalb als national unzulässig galt, dann aber in zwei Stufen aufgrund der Erfahrung von Krieg und Kriegsniederlage an Überzeugungskraft gewinnt.

Zunächst verschaffte die deutsche Niederlage im Ersten Weltkrieg dem oppositionellen Geschichtsbild politisches Gewicht innerhalb der Gesellschaft der Weimarer Republik, denn mit dem Übergang von der Monarchie zur parlamentarischen Republik, verbunden mit dem Aufstieg der Sozialdemokratie zur Regierungspartei, gewann das Geschichtsbild des sozialdemokratischen Außenseiters an Überzeugungskraft – allerdings nicht für diejenigen, die dem monarchischen Nationalstaat nachtrauerten und aus der als Entehrung empfundenen Niederlage die Pflicht ableiteten, sich auf einen neuen Krieg vorzubereiten, um die erlittene »Schmach« zu tilgen.[9] Erst dreißig Jahre später, nach den Erfahrungen mit der nationalsozialistischen Diktatur und dem Zweiten Weltkrieg, schuf die erneute Niederlage die Möglichkeit, dass sich dieser Außenseiterblick, der in der ersten deutschen Republik zwar in den Kreis der als politisch legitim geltenden Geschichtsbilder rückte, gleichwohl aber den vielen Gegnern des neuen Staates weiterhin als Verfälschung der Vergangenheit galt, in ein Mehrheitsmodell zur Erklärung der jüngeren deutschen Geschichte verwandeln konnte: vom »deutschen Weg«[10] zum »deutschen Sonderweg«, von der positiven zur negativen Wertung der Besonderheiten in der deutschen Geschichte des 19. und 20. Jahrhunderts. Diese fundamentale Umwertung der Geschichte bzw. die gesellschaftliche Akzeptanz, die diese Umwertung erfuhr, waren durch zwei Kriegsniederlagen ermöglicht worden.

Wilhelm Keil hat diese Urteilswende in seiner Rede vorweggenommen und in einer Weise begründet, wie sie später von der professionellen Sonderwegshistorie nicht grundsätzlich überholt worden ist. Diese beglaubigte mit der Autorität wissenschaftlichen Expertenwissens ein Geschichtsbild, das zuvor schon in der Gesellschaft entwickelt und propagiert worden war. Keil zog damals, im Februar 1919, eine direkte Linie von 1848 zu 1918. Erst jetzt sei die gescheiterte »Revolution des Bürgertums« vollendet und Deutschland damit verspätet in die westeuropäische Geschichte eingereiht worden. In den Worten Keils:

»Mit einem Schlage ward das alte konservative Deutschland zu einem freien demokratischen Staatswesen. Die Arbeiterklasse holte damit nach, was das deutsche Bürgertum versäumt hatte. War es England schon vor 300 Jahren gelungen, die Feudalherrschaft zu zertrümmern, war Frankreich vor 130 Jahren mit ihr fertig geworden, so hatte das deutsche Bürgertum nach der mißlungenen Märzrevolution sich mit dem Fortbestehen der Junkerherrschaft abgefunden. Erst die Arbeiterschaft hat der Junkerherrschaft in Deutschland in der Novemberrevolution für immer ein Ende bereitet.«[11]

Keil zweifelte nicht: 1918 geschah, was das Telos der Geschichte verlangte: den »wirtschaftlichen Fortschritt« durch den »politischen Fortschritt«, die demokratische parlamentarische Republik, zu ergänzen. Hier nahm er mit seinem durch und durch auf Modernisierung gestimmtem sozialdemokratischem Geschichtsbild ein zentrales Wertungskriterium der westdeutschen Geschichtsschreibung der sechziger Jahre, soweit sie der Sonderwegsdeutung folgte, vorweg. Es fordert als Normalweg in die Industriegesellschaft den Entwicklungsgleichschritt von Wirtschaft, Gesellschaft und Politik. Und es wertet die sozialdemokratische Arbeiterbewegung als Modernisierungskraft historisch auf und spricht ihr damit einen vergangenheitspolitisch begründeten Führungsanspruch bei der politischen Gestaltung der Zukunft zu.[12]

Die beiden Weltkriege und ihr Ausgang verliehen also einem Geschichtsbild, das zunächst eine nationalpolitisch geächtete Außenseiterposition markierte, politische Plausibilität und machten es gesellschaftlich respektabel. Wer in Opposition zu einer Vergangenheit stand, die nun als verhängnisvoller Sonderweg in die Inhumanität demaskiert schien, wurde zum historischen Repräsentanten eines besseren Deutschland, dem erst Kriegsniederlagen den Zugang zur politischen Macht geöffnet hatten. Gleichwohl schockierte es viele Deutsche, als Bundespräsident Gustav Heinemann die deutsche Reichsgründung von 1871 in seiner Gedächtnisrede zu ihrem 100. Jahrestag der Erblast deutscher Geschichte zuschlug, erinnerungswürdig nur, um aus ihren Fehlern zu lernen: »Hundert Jahre Deutsches Reich – das heißt eben nicht einmal Versailles, sondern zweimal Versailles, 1871 und 1919, und dies heißt auch Auschwitz, Stalingrad und bedingungslose Kapitulation von 1945.«[13]

In diesem Zitat aus einer Rede, mit welcher der oberste Repräsentant der Bundesrepublik 1971 die Sonderwegsdeutung gewissermaßen staatspolitisch nobilitierte, wird präzise benannt, warum die deutschen Kriegsniederlagen 1918 und 1945 unterschiedlich radikal etablierte Geschichtsbilder umdeuten konnten. Gustav Heinemann – ein Sozialdemokrat, der mit der Autorität des Bundespräsidenten ein Geschichtsbild verkündet, das sozialdemokratischer Herkunft ist – zieht zwar eine direkte Verbindungslinie von 1871 über 1919 nach 1945, doch das letzte Datum trägt eine ungleich höhere Geschichtslast, die der Bundespräsident mit den Chiffren Auschwitz und Stalingrad und mit deren unmittelbarer Konsequenz – bedingungslose Kapitulation – umschreibt. Dass Auschwitz und Stalingrad als Erfahrung einer neuen Dimension von Vernichtungskrieg keineswegs ausreichten, die überkommenen deutschen Geschichtsbilder im Sinne der Sonderwegsdeutung radikal umzuformen, ist inzwischen gut erforscht. Erst die bedingungslose Kapitulation schuf die politische Voraussetzung dafür. Denn im Unterschied zur Niederlage von 1918 begrenzte die bedingungslose Kapitulation das Spektrum politisch erlaubter Vergangenheitsdeutungen in Deutschland.

Die Umerziehungsprogramme der Siegerstaaten in West- und Ostdeutschland – welche Folgen das Fehlen solcher Programme haben konnte, lehrt die vergangenheitspolitische Entwicklung in Österreich, die völlig anders als die deutsche verlief[14] – beruhten zwar auf gänzlich konträren Geschichtsdeutungen, doch auf beiden Seiten wandten sie sich gegen Geschichtsbilder, die einen spezifisch »deutschen Weg« in die Moderne positiv bewerteten. Dieser von außen gesetzte vergangenheitspolitische Imperativ, der früheren innerdeutschen Minderheitenpositionen zum Durchbruch verhalf, war geeignet, der deutschen Katastrophengeschichte einen Sinn zu geben, indem er deren Ursachen erklärte und den Ausstieg aus ihr zwingend begründete.

Die bundesrepublikanische Gesellschaft nahm dieses zukunftsoffene Angebot zum Verständnis ihrer Vorgeschichte an und verwendete es als eine Art historische Entschuldung, indem sie das »Recht auf den politischen Irrtum« (Eugen Kogon, 1947) zum »vergangenheitspolitischen Grundgesetz« machte.[15] Dessen historiographisches Fundament wurde die Sonderwegsdeutung. Sie erklärte die deutsche Geschichte zwischen 1871 und 1945 zu einem antiwestlichen Irrweg, der in die Katastrophe führte oder – als radikalisierte Deutungsvariante – führen musste. Ihr stärkstes Plausibilitätsargument sind die beiden Weltkriege und deren Folgen. Weil sie die Vernichtungsdimension des Zweiten Weltkrieges als Kulminationspunkt in der »›schwarzen Linie‹ der historischen Kontinuität« ausweist, die Helga Grebing »von bestimmten Denkstilen der Aufklärung bis zum Nationalsozialismus« auszieht,[16] bietet sie ein Geschichtsmodell, das aus der Niederlage heraus den Bruch mit der bisherigen deutschen Geschichte politisch und auch moralisch begründet und zugleich eine bessere Zukunft auf den Bahnen westlicher Normalität verspricht.

4. Warum die Sonderwegsdeutungen Erfolg hatten

Historiker legitimierten die Sonderwegsdeutung wissenschaftlich, doch sie haben sie nicht geschaffen, und ihren Schriften und Reden ist auch nicht die hohe gesellschaftliche Akzeptanz dieses Geschichtsbildes zu verdanken. Es sind nämlich nicht die Historiker, welche die Geschichtsbilder bestimmen, mit denen eine Gesellschaft Sieg oder Niederlage historisch deutet. Darüber entscheiden vielmehr die vergangenheitspolitischen Diskurse, die darüber in der Gesellschaft geführt werden, und das machtpolitische Umfeld, in dem sie stattfinden. Historiker sind an ihnen beteiligt. Doch wirkungsmächtig werden Beiträge der Experten nur, wenn sie Geschichtsbilder entwerfen, die ohnehin in der Gesellschaft virulent sind – sei es, dass sie breite Zustimmung finden oder eine Minderheitenposition vertreten. Die Geschichte des Deutungsmodells »deutscher Sonderweg« bietet dafür ein Beispiel. Es zeigt, dass Kriege und deren Folgen zur Revision bisheriger Geschichtsbilder zwingen können.

Aus der Niederlage heraus Geschichtsbilder zu entwerfen, die erklären wollen, warum es dazu gekommen ist und womit man brechen muss, damit die Zukunft nicht an eine dunkle Geschichte gekettet bleibt, leistet einen vergangenheitspolitischen Beitrag, um den verlorenen Krieg politisch und moralisch zu verarbeiten. Diese Funktion der Sonderwegsdeutung, die deutsche Katastrophengeschichte der ersten Hälfte des 20. Jahrhunderts als eine historisch folgerichtige Entwicklung verstehen zu können und daraus einen Ausgangspunkt für eine Zukunft zu gewinnen, die sich von der Geschichtslast befreit, indem sie die westliche Wertorientierung akzeptiert, begründete ihren Erfolg in der westdeutschen Nachkriegsgesellschaft.

Darin liegt zugleich der Grund für die starke moralische Aufladung des Sonderwegsmodells zur Erklärung der deutschen Geschichte des 19. und 20. Jahrhunderts. Es zieht eine strikte Moralgrenze zwischen der Zeit vor und nach dem Ende des Zweiten Weltkrieges. Deshalb war – und ist es immer noch – heikel, abseits des »deutschen Sonderweges« nach Kontinuitätslinien über diese Moralgrenze hinweg zu fragen. Das zeigte drastisch die Goldhagen-Debatte, die – ungeachtet der fachlichen Fehler in der Art, wie der Autor eine lange Tradition des antisemitischen Vernichtungsdenkens in der deutschen Geschichte konstruierte – den vergangenheitspolitischen Grundkonsens der deutschen Gesellschaft zu erschüttern schien.[17] Die Sonderwegsdeutung gehört zu diesem gesellschaftlichen Grundkonsens, den die Historiker als Experten untermauert haben – mehr nicht, wenngleich diese wissenschaftliche Beglaubigung für die Wirkungsfähigkeit nicht unwichtig ist. Die Sonderwegsdeutung bietet ein sicheres Leitseil, das Kontinuitäten erschließt, ohne das »vergangenheitspolitische Grundgesetz« (Norbert Frei) der alten und der neuen Bundesrepublik zu gefährden. Heinrich August Winkler hat dieses Leitseil von 1945 bis 1990 verlängert. Deshalb konnte sein Werk als die neue Nationalgeschichte des vereinten Deutschland aufgenommen werden.[18] Es offeriert die Sicherheit, mit einer nationalen Defizitgeschichte, die in Niederlagen und Katastrophen geführt hat, zu brechen, ohne sie zu verleugnen.

Anmerkungen

*   Erschienen in: Horst Carl / Hans-Henning Kortüm / Langewiesche / Friedrich Lenger (Hg.): Kriegsniederlagen. Erfahrungen und Erinnerungen, Berlin 2004, S. 57–65.

1   Heinrich August Winkler, Der lange Weg nach Westen, Bd. 2, Deutsche Geschichte vom »Dritten Reich« bis zur Wiedervereinigung, München 2000, S. 655, 653.

2   Die Sonderwegsdebatte bis 1945 bilanziert Helga Grebing, Der »deutsche Sonderweg« in Europa 1806–1945. Eine Kritik, Stuttgart 1986; als Rückblick aus der Zeit nach der Vereinigung siehe Hans-Ulrich Wehler, Das Ende des deutschen »Sonderwegs«, in: Ders., Umbruch und Kontinuität, Essays zum 20. Jahrhundert, München 2000, S. 84–89; mit Blick auf das Alte Reich Charles W. Ingrao, A Pre-Revolutionary *Sonderweg*, in: German History 20 (2002), S. 279–286. Von Preußen her blickend und auch die neueste Literatur einbeziehend: Hartwin Spenkuch, Vergleichsweise besonders? Politisches System und Strukturen Preußens als Kern des »deutschen Sonderwegs«, in: Geschichte und Gesellschaft 29 (2003), S. 262–293.

3   Vgl. dazu in diesem Buch: Vom Wert historischer Erfahrung in einer Zusammenbruchsgesellschaft: Deutschland im 19. und 20. Jahrhundert.

4   Siehe insbesondere Edgar Wolfrum, Geschichte als Waffe. Vom Kaiserreich bis zur Wiedervereinigung, Göttingen 2001; ders., Geschichtspolitik in der Bundesrepublik Deutschland. Der Weg zur bundesrepublikanischen Erinnerung 1948–1990, Darmstadt 1999; für die Zeit nach dem Zweiten Weltkrieg siehe vor allem Norbert Frei, Vergangenheitspolitik. Die Anfänge der Bundesrepublik und die NS-Vergangenheit, München 1996 u.ö.; zur Erinnerungsgeschichte des Zweiten Weltkrieges und des Holocaust in einer Vielzahl von Staaten siehe nun vor allem Volkhard Knigge / Norbert Frei (Hg.), Verbrechen erinnern. Die Auseinandersetzung mit Holocaust und Völkermord, München 2002.

5   Einen Versuch, dies im Vergleich zwischen dem amerikanischen Bürgerkrieg aus der Sicht des Südens, Frankreich 1871 und Deutschland 1918 zu analysieren, bietet Wolfgang Schivelbusch, Die Kultur der Niederlage. Der amerikanische Süden 1865, Frankreich 1871, Deutschland 1918, Berlin 2001.

6   Die Sonderwegshistoriographie wertet retrospektiv. Wie die Gründungsmythen der Zeitgenossen der deutschen Einigungskriege aussahen, untersucht Nikolaus Buschmann, »Im Kanonenfeuer müssen die Stämme Deutschlands zusammen geschmolzen werden«. Zur Konstruktion nationaler Einheit in den Kriegen der Reichsgründungsphase, in: Ders. / Langewiesche (Hg.), Der Krieg in den Gründungsmythen europäischer Nationen und der USA, Frankfurt/M. 2003, S. 99–119; Buschmann, Einkreisung und Waffenbruderschaft. Die öffentliche Deutung von Krieg und Nation in Deutschland 1850–1871, Göttingen 2003.

7   Winkler, Der lange Weg (wie Anm. 1), Zitate S. 640f.

8   Die Einschätzung des Kaiserreichs ist für die Sonderwegsdeutung zentral. In den gegenwärtigen Forschungsstand führt kompetent ein: Thomas Kühne, Das Deutsche Kaiserreich und seine politische Kultur: Demokratisierung, Segmentierung, Militarisierung, in: Neue Politische Literatur 43 (1998), S. 206–263. Meine Deutung des Kaiserreichs in einer langfristigen Perspektive in diesem Buch: »Postmoderne« als Ende der »Moderne«? Überlegungen eines Historikers in einem interdisziplinären Gespräch, sowie: Politikstile im Kaiserreich. Zum Wandel von Politik und Öffentlichkeit im Zeitalter des ›politischen Massenmarktes‹, Friedrichsruh 2002.

9   Eine solche Gruppe untersucht Sonja Levsen: »Heilig wird uns Euer Vermächtnis sein!« Tübinger und Cambridger Studenten gedenken ihrer Toten des Ersten Weltkrieges, in: Horst Carl / H.H. Kortüm / D. Langewiesche / F. Lenger (Hg.): Kriegsniederlagen. Erfahrung und Erinnerung, Berlin 2004, S. 145–161. Hier fielen die Zusammenhänge von Sieg bzw. Niederlage und den Deutungsspielräumen der Nachkriegsgesellschaft ganz anders aus. Die deutsche Niederlage 1918, so ihre Interpretation, machte die deutschen Studenten in der Nachkriegszeit zu »Geiseln« ihrer gefallenen Kommilitonen, deren nationales »Vermächtnis« die Studenten in der Notwendigkeit zu einem neuen Krieg sahen, während es der britische Sieg den englischen Studenten erleichterte, sich vom Krieg als politischem Handlungsinstrument zu distanzieren.

10   Grundlegend dazu Bernd Faulenbach, Ideologie des deutschen Weges. Die deutsche Geschichte in der Historiographie zwischen Kaiserreich und Nationalsozialismus, München 1980.

11   Verhandlungen der verfassunggebenden Deutschen Nationalversammlung, Bd. 326, Berlin 1920, am 14. Februar 1919, S. 72–76. Keils Rede wird ausführlicher untersucht und in einen Vergleich der Revolutionen 1848 und 1918 eingeordnet bei: Langewiesche, 1848 und 1918 – zwei deutsche Revolutionen, Bonn 1998.

12   Noch Helga Grebing schließt ihre Bilanz der Sonderwegsdebatte 1986 damit, die Arbeiterbewegung der »weißen Linie« in der deutschen Nationalgeschichte – den Gegnern des deutschen Sonderweges – zuzuordnen. Siehe Grebing, »Sonderweg«, S. 199f.

13   Reden der deutschen Bundespräsidenten Heuss, Lübke, Heinemann, Scheel. Eingeleitet von Dolf Sternberger, München 1979, S. 155. Zur Einordnung dieser Rede in die damalige Situation und in die Reden-Tradition der Bundespräsidenten siehe in diesem Buch: Geschichte als politisches Argument: Vergangenheitsbilder als Gegenwartskritik und Zukunftsprognose – die Reden der deutschen Bundespräsidenten.

14   Vgl. Bertrand Perz, Österreich, in: Knigge / Frei (Hg.), Verbrechen erinnern, S. 150–162; Karl Stuhlpfarrer, Österreich, ebd., S. 233–252.

15   Frei, Vergangenheitspolitik, S. 405.

16   Grebing, »Sonderweg« (wie Anm. 2), S. 199. Anregend zu den widersprüchlichen Potentialen der Moderne: Geoff Eley, Die deutsche Geschichte und die Widersprüche der Moderne. Das Beispiel des Kaiserreichs, in: Frank Bajohr u. a. (Hg.), Zivilisation und Barbarei. Die widersprüchlichen Potentiale der Moderne. Detlev Peukert zum Gedenken, Hamburg 1991, S. 17–65.

17   Ein Teil der Debatte ist dokumentiert in: Julius Schoeps (Hg.), Ein Volk von Mördern? Die Dokumentation zur Goldhagen-Kontroverse um die Rolle der Deutschen im Holocaust, Hamburg 1996. Als Blick von außen: Norman G. Finkelstein / Ruth Bettina Birn, Eine Nation auf dem Prüfstand. Die Goldhagen-These und die historische Wahrheit. Mit einer Einleitung von Hans Mommsen, Hildesheim 1998 (New York 1998).

18   Es sei betont, dass es stets noch andere Deutungsmuster der deutschen Geschichte gegeben hat, die Kontinuitäten und Brüche in der deutschen Geschichte des 19. und 20. Jahrhunderts erklären wollen, ohne der Sonderwegsdeutung zu folgen. Doch sie gewannen nicht deren breite gesellschaftliche Akzeptanz – und sie sind nicht das Thema dieses Beitrags.

Geschichte und Universität
in Gesellschaft und Politik

Welche Geschichte braucht die Gesellschaft?*

1. Gesellschaftliche Erwartungen und die Reform des Geschichtsstudiums

Welche Geschichte braucht die Gesellschaft – diese Frauge wird hier an das Universitätsstudium gerichtet, das zur Zeit seine vertraute Form gänzlich verliert. Über den gesetzlich fixierten Zwang, das Vertraute aufgeben zu müssen, um die Studiengänge international homogener anzulegen, wird viel geklagt, doch es bietet sich die Chance, notwendige Reformen durchzuführen, um das Studium endlich auf die veränderte Situation einzustellen.

Veränderte Situation – damit ist zunächst die schiere Zahl der Studierenden gemeint. Auf sie war das historische überkommene deutsche Universitätsstudium nicht vorbereitet. Deshalb musste etwas geschehen. Für das Fach Geschichte kommt etwas anderes hinzu. Das Fach erforscht die Vergangenheit, doch es hat sein Selbstverständnis stets in Auseinandersetzung mit der Gegenwart gebildet. Sie historisch zu verstehen, ist *die* Kernaufgabe, die der Geschichtswissenschaft als Universitätsfach seit seinen Anfängen von der Gesellschaft gestellt worden ist. Das Fach hat sich dieser Erwartung nie entzogen; auf ihr gründen seine gesellschaftliche Wertschätzung, seine Verankerung in Universität und Schule, seine vergleichsweise zahlreichen außeruniversitären Forschungsinstitute, seine beträchtliche Alimentierung aus den staatlichen Haushalten.

Die Bereitschaft, gesellschaftliche Erwartungen aufzunehmen, hält das Fach offen für die Probleme der jeweiligen Gegenwart und befähigt es, die Geschichte so zu ordnen, dass sie der Gegenwart etwas zu sagen hat und Orientierung verspricht. Dieser Gegenwartswille der Historiker hat allerdings eine unangenehme Rückseite: Das Fach ist anfällig für die Rolle einer Legitimationswissenschaft, sei es im Dienste des Staates, einer dominanten Mehrheit oder von Minderheiten. Auch Minderheiten suchen nach Legitimationsbeschaffern.

Mit diesem grundsätzlichen Problem, das sich nicht umgehen lässt, sind wir heute erneut drängend konfrontiert, auch wenn viele Historiker die neuen Erwartungen der Gesellschaft an das Fach unproblematisch finden und sie gerne erfüllen. Zwei gesellschaftliche Erwartungen an die Geschichtswissenschaft stehen derzeit im Zentrum: die Nationalgeschichten europäisieren, und sie globalisieren.

Der Abschied vom souveränen Nationalstaat zieht einen Abschied von der Fixierung auf die Nationalgeschichte nach sich. Das ist unvermeidbar. Umbrüche in staatlichen und gesellschaftlichen Ordnungen erzwingen neue »Sehepunkte« (J.M. Chladenius) auf die Geschichte. Oder mit Reinhart Koselleck zu sprechen: Aufschreiben und Fortschreiben der Geschichte genügen nicht mehr; eine Geschichtsschreibung, die auf der Höhe der Zeit bleiben will, muss sich nun an die innovative Aufgabe des Umschreibens wagen. Dabei ist dann viel Modisches im Spiel, der

Geschichtsmarkt wird mit neuen Markenzeichen besetzt, um Aufmerksamkeit im Fach und in der Gesellschaft zu erreichen und Konkurrenten aus dem Markt zu drängen oder zumindest in Nischen. Doch das sind nur Begleiterscheinungen, die der Geschichtsmarkt mit jedem anderen Markt teilt. Es geht um die unverzichtbare Aufgabe, aus der Gegenwartserfahrung, die anders als früher von der Entstehung eines neuen Europa und einer neuen Form von Globalisierung geprägt ist, die Vergangenheit mit veränderten Augen zu betrachten. Verbindungen zwischen Vergangenheit und Gegenwart werden entdeckt, denen man zuvor wenig Aufmerksamkeit gewidmet und die man Spezialisten überlassen hatte. Das genügt nun nicht mehr. Was als Zentrum und als Peripherie gilt, wird neu bestimmt – ein Prozess, der stets mit Kontroversen und Machtkämpfen im Fach verbunden ist, denn es geht darum, es in seinen Schwerpunkten neu zu gestalten.[1]

Europäisierung und Globalisierung entwerten die bisherige Nationalgeschichte keineswegs, denn ihre Dominanz im Fach reflektiert die zentrale Bedeutung der Nationen für die Entstehung der modernen Welt, doch sie wird für transnationale Prozesse geöffnet, die in den traditionellen Nationalgeschichten meist randständig blieben. Europäisierung und Globalisierung als gesellschaftliche Erfahrung setzen die Geschichtswissenschaft auch deshalb unter Druck, weil sie die vertrauten Geschichtsbilder in der Gesellschaft verändern. Die Menschen stellen neue Fragen an die Geschichte und erwarten Antworten von der Geschichtsschreibung. Das Fach Geschichte an der Universität muss sich damit auseinandersetzen. Dies auch deshalb, weil die Lehrpläne der Schulen die neuen Fragen aufnehmen und die Themenfelder, die unterrichtet werden, verändern.

Auf diese Anforderungen angemessen zu reagieren, fällt der akademischen Geschichtswissenschaft schwer. Nicht nur in Deutschland. Das ist verständlich. Bisher standen andere gesellschaftliche Erwartungen an sie im Mittelpunkt. Darauf sind ihre Kapazitäten zugeschnitten, und ihre Experten sind dafür geschult. Wenn die professionellen Standards gehalten werden sollen, und das sollen sie selbstverständlich, lässt sich die akademische Lehre nur langsam auf neue Schwerpunkte ausrichten. Der Anspruch, Forschung und Lehre zu verbinden, setzt dem Grenzen bzw. macht das Umsteuern zu einem langwierigen Prozess. Von selber wird er sich nicht vollziehen. Entscheidungen im Fach sind notwendig. Wie könnten sie aussehen, damit es zu den Themenfeldern Europäisierung und Globalisierung in der Forschung und in der Lehre etwas zu sagen hat? Dazu muss es mehr als bisher etwas zu sagen haben, wenn es in der heutigen Gesellschaft weiterhin so stark wie bisher gehört werden will; und das heißt eben auch, wenn es in der viel härter gewordenen Konkurrenz um Ressourcen mithalten will.

Um die Dramatik der heutigen Finanzsituation für die künftige Gestalt der deutschen Universität zu erkennen – und ebenso für die künftige Gestalt der Geschichtswissenschaft –, muss man sich vor Augen halten, dass offensichtlich das bisherige Entwicklungsmuster bei der Institutionalisierung fachlicher Differenzierung zu Ende geht.[2] Neue Wissensgebiete gleich neue Professuren und Institute: Diese Form der Problemlösung durch Wachstum scheint der Vergangenheit anzugehören. Neue wissenschaftliche Disziplinen und auch neue Teilgebiete innerhalb von Fächern werden, sofern sich die Finanzierung der Universitäten nicht drastisch verbessern sollte – und dafür spricht trotz aller politischen Bekenntnisse zur Wissensgesellschaft nichts –, nur noch auf Kosten bestehender Disziplinen eingerichtet werden können. Institutionalisierung fachlicher Differenzierung durch Verdrängung wird wohl das neue Entwicklungsmodell heißen – eine Situation, auf die niemand vorbereitet ist. Die Universität muss sich ihr stellen, wenn sie nicht entwicklungsunfähig den gegenwärtigen Stand ihrer Fächer einfrieren will. Und die Fächer müssen sich diesem Problem ebenfalls zuwenden. Wie kann das Universitätsfach Geschichte auf diese Herausforderung reagieren? Eine ernste Herausforderung, denn es geht um seine künftige Struktur und um seinen künftigen Ort in der Gesellschaft.

2. Flexibilität und fachliche Grenzüberschreitungen als Reformprogramm

Ich darf mit einer persönlichen Bemerkung beginnen. Bei der Neugründung der Universität Erfurt konnte ich als Prorektor für die Lehre und Gründungsdekan der Philosophischen Fakultät dafür sorgen, dass die Geschichtswissenschaft dort Professuren erhalten hat, die konsequent nicht auf deutsche Geschichte ausgerichtet sind, sondern auf europäische und auf nicht-europäische Geschichte, mit einem darauf abgestimmten Studienplan.[3] Er zielt auf ein Geschichtsstudium, das die Geschichte Europas in den Mittelpunkt rückt, diese Europäisierung aber zugleich durch ein Curriculum relativiert, das die Beschäftigung mit der Geschichte eines nicht-europäischen Kulturkreises zwingend vorschreibt.

Dieser Weg, eine Antwort auf die Frage ›Welche Geschichte braucht die Gesellschaft?‹ zu finden, wird nur begrenzt beschritten werden können. Abgesehen von der Unmöglichkeit, flächendeckend Fachleute für eine solche Ausrichtung des Faches zu finden – sie würde auch nicht den Anforderungen gerecht, die aus der Gesellschaft an die Geschichtswissenschaft gerichtet werden. Ein erheblicher Teil derjenigen Absolventen des Fachs, die außerhalb der Universität und des Gymnasiums geschichtsnahe Berufe finden, sind im kommunalen und regionalen Kulturbereich tätig, dort insbesondere in Museen und anderen Bildungseinrichtungen: ein attraktives Arbeitsfeld für Historiker, das trotz aller Finanzprobleme weiterhin viele Arbeitsplätze bietet. Dort sucht man keine Experten für Weltgeschichte, nur sehr bedingt Experten für die Geschichte außereuropäischer Regionen und in der Regel auch keine Europa-Generalisten. Wer das bei der Reform der Studiengänge nicht berücksichtigt, plant am gesellschaftlichen Bedarf vorbei.

Der Markt für die Absolventen des Fachs Geschichte ist auch weiterhin keineswegs ein allgemein europäischer oder gar globaler Markt. Die gesellschaftliche Erfahrung von Europäisierung und Globalisierung bildet sich mithin nur sehr begrenzt auf dem Arbeitsmarkt für Historiker ab. Was tun angesichts eines vielfältigen, extrem uneinheitlichen Arbeitsmarktes, wenn es nun darum geht, die neuen Bachelor- und Master-Studiengänge zu gestalten? Antworten sollten von zwei Voraussetzungen ausgehen:

Die Aufgaben des Fachs Geschichte können nicht ausschließlich wissenschaftsimmanent bestimmt werden, sondern müssen die Erwartungen und Anforderungen der Gesellschaft bedienen.

Das Fach Geschichte bildet, wie sehr viele andere Fächer auch, nicht vorrangig für ein bestimmtes Berufsfeld aus. Das Gymnasium ist nicht mehr der Hauptabnehmer der Absolventen eines Geschichtsstudiums, und auch andere geschichtsnahe Berufe nehmen nur einen sehr begrenzten Anteil von ihnen auf. Das ist angesichts der erfreulich starken Nachfrage nach dem Geschichtsstudium nicht zu vermeiden. Der Anteil derer, die sich auf einem offenen, sich ständig verändernden, überwiegend geschichtsfernen Arbeitsmarkt behaupten müssen, wird in Zukunft noch zunehmen, falls die Studierquote weiter steigen sollte, wie es die Absicht der Politik ist, und falls an diesem Wachstum das Fach Geschichte wie bisher teilhaben sollte.

Von diesen beiden Voraussetzungen ausgehend, sollte die Leitlinie für alle jetzt notwendigen Studienreformen im Fach Geschichte heißen: ein Höchstmaß an Flexibilität für die konkrete Ausrichtung des Studiums eröffnen. Einheitliche EU-Normen für die fachlichen Inhalte würden dieses Ziel torpedieren. Über die Vereinheitlichung von Studiengängen nach dem Bachelor- und Master-Modell darf keine inhaltliche Vereinheitlichung eingeschleppt werden.

Viele befürchten, dass Studiengänge nach dem Bologna-Modell diese Flexibilität nicht erlauben werden. Verschulung, Homogenisierung der Lehrinhalte für ein straff reguliertes, in feste Module gezwängtes Studium – diese Gefahr ist sicherlich nicht von der Hand zu weisen. Die deutsche Bürokratietradition, die aus jeder Deregulierung einen neuen Regulierungsschub hervorzutreiben versteht, kann aus ›Bologna‹, gekoppelt mit Akkreditierungs- und Evaluierungsmanie, durchaus ein Zwangsgehäuse errichten. Diese Front hat sich formiert, sie dehnt sich aus, erzeugt Bewertungsbürokratien, deren Kompetenz sich bislang in Zuschreibungen erschöpft und deren Evaluierungen in Papierbergen begraben werden, weil gute Ergebnisse nicht honoriert werden können, da dafür kein Geld zur Verfügung steht. Dennoch – die gesetzlich verordnete Studienreform unter dem europäischen Markennamen Bologna-Prozess bietet Chancen für die Lehre und damit verbunden auch für die Forschung. Über diese Chancen soll nun nachgedacht werden, nicht über das, was schief gehen könnte.

Die größte Chance für das Universitätsfach Geschichte sehe ich darin, die neuen Studiengänge nicht unter der Hand zu Kopien der alten zu machen, sondern darauf anzulegen, die fest etablierten Fachgrenzen durchlässig zu machen. Das sollten wir als eine Herausforderung annehmen, die keineswegs die Einheit des Fachs in Frage stellen muss, wohl aber neue Kooperationschancen in der Lehre, und darauf aufbauend, auch in der Forschung eröffnet. Was ist konkret gemeint?

Ein Höchstmaß an Flexibilität bei der fachlichen Schwerpunktbildung in den neuen Studiengängen schon in der BA-Phase ist zu verbinden mit einer verbindlichen Vorgabe: Im Kern steht die Schulung in den methodischen Grundlagen des Fachs. Das ist notwendig, damit das BA-Kurzstudium nicht zu einem Schmalspurstudium wird, das vergeblich einem Themenkanon nachjagt, sondern an konkreten Beispielen die Methodik des Fachs in der Spannweite, die das Fach heute prägt und künftig prägen wird, eingeübt werden kann. Das ist nach allen Untersuchungen, die zur Berufspraxis von Geisteswissenschaftlern in fachfernen Berufsfeldern vorliegen, zugleich die wichtigste Mitgift für die Absolventen: nicht Expertise in bestimmten fachlichen Themenbereichen, sondern methodische Schulung als Voraussetzung für eine allgemeine Problemlösungskompetenz auf der Grundlage wissenschaftlichen Denkens und der Kenntnis der dafür notwendigen fachspezifischen Verfahren. Diese Kompetenz wird erworben an der Analyse konkreter historischer Untersuchungsbereiche, doch im Zentrum sollte in der BA-Phase die methodische Schulung stehen.

Damit eröffnen sich schon in dem ersten Ausbildungsabschnitt, über den es für viele nicht hinausgehen wird, Möglichkeiten der fächerübergreifenden Verbindung. Wenn alle Fächer ihre Studiengänge modularisiert haben, können methodische Kompetenzen, die ein Geschichtsstudium vermitteln sollte, die aber nicht überall im Fach Geschichte angeboten werden, aus anderen Fächern übernommen werden – z.B. statistische Verfahren; zur Zeit eine Mangelware im Lehrangebot von Historikern, mit entsprechenden Auswirkungen auch auf die Forschungsschwerpunkte des Fachs. Wenn Geschichtsstudenten im Lehrangebot eines anderen Fachs Statistikkompetenz für das Geschichtsstudium erwerben, erhöhen sich ihre Berufschancen und es wird zugleich etwas getan, um das Fach Geschichte zu formen. Denn solche Lehrimporte aus anderen Fächern werden das Fach nicht unberührt lassen.

Das gilt selbstverständlich auch für andere Bereiche, etwa für die Wirtschaftsgeschichte, die mehr und mehr aus dem Geschichtsstudium herauszufallen droht, und auch aus dem Fach Geschichte – mit bösen Folgen für die Fähigkeit der Wirtschaftsgeschichte, sich als Fach an der Universität zu behaupten. Ein anderes Beispiel: Ein Student, der seinen Schwerpunkt in Alter Geschichte setzt, würde in einem BA-Studiengang, in dem die methodische Schulung im Mittelpunkt steht, die Möglichkeit haben, methodische Kompetenzen in anderen Altertumswissenschaften zu erwerben. Wir sollten bereit sein, solche Grenzüberschreitungen, konzentriert auf Methodenschulung, nicht nur zuzulassen, sondern systematisch zu fördern.

3. Grenzüberschreitungen als Erweiterung des Fachhorizonts

Grenzüberschreitung bedeutet nicht, Grenzen aufzulösen. Sie werden zielbewusst überschritten, doch es gibt sie auch weiterhin, verbunden mit Regeln, die zu beachten sind. In einer solchen Grenzüberschreitung sehe ich die beste Möglichkeit, das Fach Geschichte, wie es heute an den deutschen Universitäten existiert, auf die beiden gesellschaftlichen Hauptherausforderungen einzustellen, die eingangs genannt wurden: Europäisierung und Globalisierung; Einbettung nationaler Geschichte in die Geschichte Europas und Relativierung europäischer Geschichte in weltgeschichtlicher Perspektive.

Dass es fachlich und gesellschaftlich wünschenswert ist, die deutsche Geschichtswissenschaft aus ihrer – historisch völlig verständlichen, von der Gesellschaft erwarteten – Fixierung auf die deutsche Geschichte herauszuführen, lässt sich mit vernünftigen Gründen nicht bestreiten. Zu fragen ist, wie dieses Ziel institutionalisiert werden könnte. Die Anlage des Geschichtsstudiums sollte dazu als strategischer Hebel dienen.

Es wäre völlig illusorisch zu meinen, eine solche Form der Öffnung ließe sich allein aus dem Fach Geschichte heraus erreichen – illusorisch hinsichtlich der Historiker, die dafür zur Verfügung stehen, und erst recht illusorisch mit Blick auf die Stellen, die erforderlich wären, um dem Lehrangebot im Bereich deutscher Geschichte, das auch künftig fachlich und erst recht gesellschaftlich notwendig sein wird, jenes weite Feld hinzuzufügen, das mit Europäisierung und Globalisierung umschrieben wird.

Wer realistisch die Möglichkeiten der heutigen Universität und des Fachs Geschichte abschätzen will, diese Ausweitung zu leisten und in das Geschichtsstudium einzubauen, muss Konzeptionen entwerfen, die vom bisherigen Stellenbestand als dem Maximum ausgehen. Neues wird nicht hinzuwachsen. Deshalb muss fachwissenschaftlich das Gespräch und in der Studienorganisation die Kooperation mit denjenigen Fächern gesucht werden, die Teilkompetenzen mit Blick auf Europäisierung und Globalisierung anzubieten haben. Welche Fächer das sein werden, wird in den Universitäten recht unterschiedlich sein, je nach institutionellem Ausbau am jeweiligen Ort. Es wird zu Spezialisierungen kommen, die auf die spezifischen Möglichkeiten der einzelnen Universität zugeschnitten sind. Das Fach Geschichte würde also, wenn seine Studiengänge so angelegt werden, nicht an allen Universitäten gleich ausgerichtet sein.

Ist das eine Gefahr für das Fach Geschichte – fachwissenschaftlich und hinsichtlich seiner Attraktivität für die Gesellschaft? Ich glaube nicht. Geschichte würde sich nicht auflösen in ein Hybridfach, das wissenschaftlich nicht eingeführt ist und unter dem sich die Abnehmer auf dem Arbeitsmarkt nichts vorstellen können. Das Fach Geschichte würde in seinem methodischen Kern scharf konturiert bleiben, und dieser Kern würde durch gezielte fachliche Grenzüberschreitung verstärkt.

Das Fach Geschichte würde sich in seiner thematischen Ausrichtung auf die Herausforderungen Europäisierung und Globalisierung einstellen können, ohne – was gänzlich unrealistisch wäre – die bisherige Stellenstruktur völlig umwandeln und sie gar erweitern zu müssen.

Das Fach Geschichte würde sich in seiner Studienorganisation systematisch zu anderen Fächern öffnen. In dieser Öffnung würden die einzelnen Universitäten unterschiedliche Schwerpunkte setzen können, je nach dem Fächerangebot, über das sie verfügen und nach den tradierten Schwerpunkten in diesen Fächern.

Doch bei allen Unterschieden zwischen den Universitäten – überall wäre die gezielte Grenzüberschreitung des eigenen Fachs angelegt. Das würde ihm wissenschaftlich gut tun, und es würde seine Position in der Gesellschaft stärken, weil es die uneinheitlichen Erwartungen dieser Gesellschaft, abzulesen an der außerordentlich weiten Spanne von geschichtsfernen Berufsfeldern, in die Historiker gehen, durch Differenzierungen und Spezialisierungen bedienen könnte. Ich plädiere deshalb für Mut zur Grenzüberschreitung im Fach und im Studium.

Anmerkungen

*   Ein stark überarbeiteter, großenteils neu verfasster Text. Die ursprüngliche Fassung erschien in: Zeitenblicke 4 (2005), Nr. 1, Die Zukunft des Geschichtsstudiums: neue Studiengänge – neue Inhalte – neue Ziele?, hg. v. Jürgen Kocka u.a. (http://www.zeitenblicke.de/2005/1/ index.htm). Die Texte gehen auf eine Tagung am Wissenschaftszentrum Berlin zurück. Es waren u.a. folgende Leitfragen vorgegeben:
Findet eine explizite oder auch implizite Kanonisierung der Inhalte in den Curricula statt?
Wie beugt man einer zu starken Vernachlässigung von »Rand«-Bereichen und transdisziplinären Aspekten als einer typischen Folge von Studienstraffungen vor?
Wie beugt man umgekehrt, bei fakultätsübergreifend gebildeten Studiengängen, einer falsch verstandenen Verwässerung des Faches Geschichte vor?
Kann eine Reform zur Anpassung inhaltlicher Strukturen an geänderte Wissensordnungen genutzt werden? Hier ist vor allem an das Interesse für europäische und weltgeschichtliche Themen zu denken und an eine kulturwissenschaftliche Neuorientierung der Studiengänge, die scharfe disziplinäre Grenzen überwinden möchte.

1   Vgl. dazu in diesem Buch: »Die Geschichtsschreibung und ihr Publikum. Zum Verhältnis von Geschichtswissenschaft und Geschichtsmarkt«; »Über das Umschreiben der Geschichte. Zur Rolle der Sozialgeschichte«; »Der ›deutsche Sonderweg‹. Defizitgeschichte als geschichtspolitische Zukunftskonstruktion nach dem Ersten und Zweiten Weltkrieg«.

2   Dazu ausführlicher in diesem Buch: »Universität im Umbau«.

3   Vgl. dazu genauer in diesem Buch: »Chancen und Perspektiven: Bildung und Ausbildung«.

Wozu braucht die Gesellschaft Geisteswissenschaften?
Wie viel Geisteswissenschaften braucht die Universität?[*]

1. Wozu Geisteswissenschaften? – Fünf Thesen

Ohne Wissenschaft wäre unsere Gesellschaft nicht zukunftsfähig – dieses Bekenntnis ist zum politischen Gemeinplatz geworden. Doch welche Art von Wissenschaft ist gemeint? Die Politik setzt vor allem auf Wissenschaftszweige, die sofort oder in nicht zu ferner Zukunft gesellschaftlichen Nutzen versprechen – wirtschaftlichen, technologischen und neuerdings vor allem biologisch-medizinischen. Das ist verständlich, denn Politik zielt auf das Wohl aller, und sie braucht die Zustimmung der Öffentlichkeit, um ihre Vorhaben zu finanzieren.

Wer seine gesellschaftliche Nützlichkeit politisch nicht plausibel machen kann, wird in Zeiten schrumpfender Etats zu den Verlierern gehören. Fächer, deren Ausbildung und Forschung unmittelbar auf Anwendung ausgerichtet sind – etwa Informatik, Ingenieurwissenschaften oder die so genannten Lebenswissenschaften –, müssen ihren Nutzen nicht rechtfertigen. Jeder hat eine Vorstellung davon. Anders ist es heute bei den Geisteswissenschaften. Sie gelten als Bildungsfächer. Doch was Bildung ist und wozu sie taugt, darüber ist sich unsere Gesellschaft nicht mehr einig.[1] Deshalb fällt es schwer, sich über den gesellschaftlichen Wert der Geisteswissenschaften zu verständigen. Geisteswissenschaften erzeugen keine Patente, heilen keine Krankheiten und versprechen kein längeres Leben. Dennoch sind sie für das politische Wohl moderner Gesellschaften unverzichtbar. Dazu zunächst fünf Thesen als Ausgangspunkt für die Frage, die danach erörtert wird: Wie viel Geisteswissenschaften braucht die Universität?

Die Geisteswissenschaften sind in sich auf Grenzüberschreitung und zugleich integrativ und dialogisch angelegt (H. R. Jauß).[2] Diese Fähigkeit braucht gerade eine Gesellschaft wie die unsrige, die einen dauerhaften Prozess doppelter Entgrenzung bewältigen muss: Europäisierung und Globalisierung. Es geht nicht darum, diese Entwicklungen als eine Verlustgeschichte zu kompensieren, sondern das eigene Denken systematisch auf Entgrenzungsprozesse einzustellen. Geisteswissenschaften ermöglichen dies, denn sie bieten eine methodische Schulung, die lehrt, wie Gewohntes ständig in Frage gestellt und zugleich das Neue in Kontinuitäten eingefügt werden kann. Geisteswissenschaften führen einen Dialog zwischen Vergangenheit und Heute. Sie fördern in der Gesellschaft eine traditionsverbundene Innovationsbereitschaft, auf die jede zukunftsoffene Politik angewiesen ist.

»Die zentrale Bedeutung, die die Geisteswissenschaften für die Moderne haben, besteht nicht darin, daß sie die Moderne kompensieren, sondern daß sie sie vollziehen: moderne Kultur ist wissenschaftlich reflektierte Kultur« (E. Tugendhat).[3] Kultur umfasst jede Form menschlicher Tätigkeit und ihrer Wirkungen, also auch die Leistungen der Naturwissenschaften, der Technik und der Industrie. Um diese Zusammenhänge zu erkennen und als Wissen in den Lebenswelten der Menschen zu verankern, ist die Gesellschaft auf die Geisteswissenschaften angewiesen. Ihre wissenschaftlichen Analysen kultureller Entwicklung sind politisch auch dann bedeutsam, wenn sie nicht von Politik sprechen.

Geisteswissenschaften, die nach der Entstehung der Moderne fragen, sind auch geeignet, über die ethischen und normativen Implikationen heutiger und künftiger Möglichkeiten menschlichen Handelns wissenschaftlich begründet nachzudenken. Geisteswissenschaften haben zwar kein Monopol darauf, der Gesellschaft Zukunftsorientierung zu bieten, doch es ist ihre Aufgabe, die kulturelle Entwicklung des Menschen zu erforschen und das Wissen darüber gegenwärtig zu halten. Auf diese Aufklärungsarbeit kann keine verantwortungsvolle Politik verzichten.

Die Geisteswissenschaften bilden kein fest gefügtes Ensemble bestimmter Fächer. Die Fragen, die sie stellen, und ihre fachlichen Schwerpunkte werden vielmehr durch Veränderungen innerhalb der Wissenschaft und der Gesellschaft gesteuert. Dabei gab es stets auch Eingriffe der Politik. Die Hochschule war immer ein politischer Raum, nie ein Elfenbeinturm, auch wenn dies ein wohlfeiles Gerede behauptet. Nie zuvor war jedoch die Verkoppelung der Wissenschaft mit Politik, Wirtschaft und Medien so eng wie heute.[4] Dies bürdet der Politik künftig eine höhere Verantwortung als früher für die Entwicklungsfähigkeit gerade der Geisteswissenschaften auf. Denn diese geraten durch die neuen Formen einer Ökonomisierung der wissenschaftspolitischen Ressourcensteuerung stärker als andere Wissenschaftszweige unter Druck. Doch für alle gilt, wenn auch die Auswirkungen unterschiedlich stark sind: Werden die Wissenschaft und die Hochschulen als der Ort, an dem Forschung und wissenschaftsbezogene Lehre vereint sind, durch politisch gesetzte Vorgaben zu stark den Regeln unterworfen, denen die Wirtschaft folgt, so wird auf Dauer der Nutzen von Wissenschaft für die gesamte Gesellschaft verspielt.[5] Wirtschaft und Wissenschaft sind unterschiedliche Teilsysteme unserer Gesellschaft. Deren Eigenständigkeit zu ermöglichen, ist Aufgabe der Politik. Sie sollte neue Freiräume für die Hochschulen schaffen, damit neue Formen der Selbststeuerung erprobt werden können. Das würde es ermöglichen, auch auf die Besonderheiten der Geisteswissenschaften angemessen einzugehen.

Geisteswissenschaften bereiten die Studierenden flexibel auf den Arbeitsmarkt vor, *weil* – nicht: obwohl – sie meist nicht für bestimmte Berufsbereiche ausbilden. Dies einzusehen, fällt der Politik schwer, die Studiengänge fordert, die unmittelbar berufsbezogen sind. Geisteswissenschaftliche Ausbildung zeichnet sich jedoch dadurch aus, dass sie im Studium früh einübt, sich selbständig auf wissenschaftlicher Grundlage, also forschend, mit ungelösten Problemen auseinanderzusetzen. Forschungsbezogen zu studieren und zu lehren ist deshalb gerade in einer Zeit, in der lebenslang stabile Berufswege seltener werden, der Königsweg zur Qualifikation für offene, im Voraus nicht bekannte Berufsfelder. Das ist kein Wunschtraum, sondern beschreibt die Erfahrungen der letzten Jahrzehnte. Von der Öffentlichkeit kaum wahrgenommen, hat sich in den achtziger Jahren des 20.

Jahrhunderts eine der tiefsten Zäsuren in der Geschichte der modernen Universität und der akademischen Berufe ereignet. Damals brach für die großen geisteswissenschaftlichen Fächer, die seit jeher vornehmlich für den Staatsdienst, vor allem für den Beruf des Lehrers, ausgebildet hatten, dieser traditionelle Arbeitsmarkt plötzlich weitgehend zusammen. Die Studierenden und Absolventen gründeten keine Interessenorganisationen zur Verteidigung des angestammten Besitzstandes, riefen nicht nach Erhaltungssubventionen, demonstrierten nicht vor Parlamenten und Regierungen. Sie erschlossen sich vielmehr neue Berufsfelder. Sie taten und tun dies individuell und geräuschlos. Die Politik bemerkt es nicht, weil sie nur denen zuhört, die laut auftrumpfen. Dass die seltene Spezies des praktizierenden Marktwirtschaftlers in den Geisteswissenschaften ein Zuhause hat, muss die Politik erst noch entdecken.

2. Neue Wissenschaftsbereiche in Zeiten schrumpfender Etats?

Die Hochschulen müssen fähig sein, neue Wissenschaftsbereiche aufzunehmen und auszubauen. Die Politik muss die Voraussetzung schaffen, dass diese notwendige Entwicklung nicht dazu führt, bestehende Fächer in ihrer Leistungskraft zu beeinträchtigen oder sie gar zu vernichten. Von dieser Gefahr sind die Geisteswissenschaften akut bedroht, weil die neuen Formen der politischen Ressourcensteuerung in einer Zeit stagnierender oder sogar schrumpfender Etats vorrangig den unmittelbar anwendungsbezogenen Wissenschaftszweigen zugute kommen.

Doch das ist nur die eine Seite des Problems. Die andere richtet sich an die Hochschulen: Muss jedes Fach in der heutigen Gestalt auch künftig bestehen? Was kann reduziert, zusammengelegt oder auch aufgegeben werden, wenn ansonsten die Hochschulen keine finanziellen Möglichkeiten hätten, neue Entwicklungen in den Wissenschaften und neue Anforderungen der Gesellschaft an die Wissenschaft in Forschung und Lehre zu etablieren? Wenn die Gesellschaft nicht mehr bereit oder fähig ist, die neuen Forschungsbereiche durch Zuwachs zu finanzieren, muss geprüft und entschieden werden, ob alles, was vorhanden ist, weitergeführt werden kann. Der Preis für eine Verweigerung, darüber nachzudenken und notfalls harte Einschnitte zu wagen, wäre hoch: die Versteinerung der Hochschulen. Sie würden dann für die Gesellschaft uninteressant, und andere Institutionen würden das Neue aufnehmen. Das kann niemand wollen, der die Hochschulen als den Zentralort für forschendes Lernen und Lehren erhalten will.

3. Gibt es noch die Idee einer Einheit der Universität?

Wie viel Geisteswissenschaften braucht die Universität, und welche will sie künftig haben? Dieser brisanten Frage dürfen sich die Geisteswissenschaftler nicht verweigern, wenn sie mehr wollen, als nur zu klagen, unfreundlich behandelt zu werden. Wenn ein Historiker diese Frage stellt, liegt es nahe, dass er sich in der Vergangenheit umschaut. Das will ich nur mit Blick darauf tun, ob uns das auch heute noch etwas zu sagen hat, nicht aber um eine vermeintlich bessere Vergangenheit als Maßstab für Gegenwart und Zukunft zu beschwören. Geschichte bietet keine Ewigkeitsnormen. Wohl aber sollte man wissen, was man aufgibt, wenn man versucht, in bestimmten Bereichen aus der Geschichte auszusteigen.

Beginnen will ich mit einigen zeitgenössischen Einschätzungen, ob es angesichts einer Vielzahl von Fächern, die sich nichts mehr zu sagen haben, die Idee der Einheit der Universität überhaupt noch gibt, welche Folgerungen daraus für die künftige Gestalt der Universität gezogen werden, und welche Rolle dabei den Geisteswissenschaften angesonnen wird. Um den Wert der historisch gewachsenen Fächervielfalt an den heutigen ›Volluniversitäten‹ einschätzen zu können, muss man wissen, ob diese Vielfalt noch irgendwie in einer gemeinsamen Idee zusammengeführt wird oder ob man sich damit abfinden sollte, dass Fächervielfalt notwendig Zerfall der Universität in Teilbereiche bedeutet, die nichts mehr miteinander gemein haben, außer derselben Institution anzugehören und deshalb um dieselben Geldtöpfe konkurrieren zu müssen.

Wie hältst du es mit der Fächervielfalt, die eine alte Universität ererbt hat, und welche Bedeutung soll darin den Geisteswissenschaften künftig zukommen? Auf diese Gretchenfrage zeigt der Blick zurück vor allem anderen eins: Einen gesicherten, allseits anerkannten Kanon, welche wissenschaftlichen Fächer an die Universität gehören und welche nicht, gibt es nicht. Auch die Geschichte bietet ihn nicht. Überblickt man die Zeit der modernen Universität, wie sie sich seit rund zwei Jahrhunderten bis in die Gegenwart hinein ausgebildet und ständig umgeformt hat, so erkennt man zwei parallele Hauptentwicklungen: erstens, einen unaufhörlichen Prozess der Differenzierung und Spezialisierung der Fächer und Professuren, die eine Universität umfasst; und zweitens, den immer wieder erneut unternommenen Versuch, die Idee einer Einheit der Universität zu verteidigen, obwohl unaufhörlich neue Fächer hinzukommen und die alten ständig in neue Spezialbereiche auseinander fallen.

Die ideelle Einheit zu bewahren oder sie erneut zu stiften, dafür galten Geisteswissenschaftler lange Zeit in besonderer Weise als zuständig, und sie selber sahen das auch so. Von einer solchen Kompetenzvermutung zugunsten der Geisteswissenschaften kann man heute nicht mehr ausgehen. Oder allenfalls in ironischer Brechung oder auch provokanter Zuspitzung. Der Philosoph Odo Marquard hat das mit einfallsreichen Wortprägungen durchgespielt. So sprach er mit Blick auf sein eigenes Fach, letztlich aber für alle Geisteswissenschaften, von einer spezifisch geisteswissenschaftlichen »Inkompetenzkompensationskompetenz«.[6] Mit diesem Wortungetüm lässt er geradezu körperlich schmerzhaft spüren, wie kompliziert das ist, was er als Aufgabe den Geisteswissenschaften zuschreibt.

Wenn nach dem Sinn eines Wissenschaftsbereiches gefragt wird, ist das ein untrügliches Zeichen, dass dieser Sinn bezweifelt wird, zumindest nicht mehr als selbstverständlich unterstellt werden darf. Und in der Tat gelten der gegenwärtigen deutschen Gesellschaft viele Äcker, die Geisteswissenschaftler umpflügen, als abgelegen und nicht sonderlich fruchtbar. Dort werde nicht das erzeugt, was man heute brauche, um für die Zukunft gewappnet zu sein. Odo Marquard hat diesen Generalverdacht, randständig zu sein, listig ins Positive zu wenden gesucht, als er 1985, von der Westdeutschen Rektorenkonferenz als Redner eingeladen, »Über die Unvermeidlichkeit der Geisteswissenschaften« sprach: »[J]e moderner die moderne Welt wird, desto unvermeidlicher werden die Geisteswissenschaften«; jeder »weitere Fortschritt der harten Wissenschaften – der Naturwissenschaften und ihrer Umsetzung in Technologie, aber auch der experimentellen Humanwissenschaften,« werde den »Bedarf an Geisteswissenschaften« zwingend erhöhen. Von ihnen werde erwartet, die Modernisierungsschäden zu kompensieren, indem sie dazu beitragen, den Menschen in die Lage zu versetzen, sich die fremd gewordene Welt wieder anzueignen.

Die Geisteswissenschaften als Orientierungswissenschaften – das ist gemeint, und so haben es andere auch genannt. Aus diesen Aufgabenbeschreibungen, wie immer man dazu stehen mag, lässt sich jedoch kein klar umrissener Fächerkanon ableiten und auch nicht die Forderung rechtfertigen, alle Fächer, die es heute gibt, müsse es auch künftig geben. Dieser Wunsch ist verständlich, aber schwer zu begründen und künftig nicht mehr zu erfüllen, sofern die Universität sich auch dann neue Forschungsbereiche erschließen will, wenn sie aus dem eigenen Fleisch geschnitten werden müssen, weil die öffentlichen Hände keine zusätzlichen Mittel bewilligen und private Geldgeber nicht einspringen.

Das ist für alle eine ungewohnte Situation, denn bisher verlief die Einverleibung von Neuem problemlos. Die Ausweitung des Fächerspektrums an den Hochschulen geschah nach einem einfachen Prinzip: Das Neue tritt zum Alten hinzu. So wurde das Spektrum des Gesamtangebots ständig erweitert, so haben sich überkommene Fächer ausdifferenziert, so wurden Professuren in ihrem Aufgabengebiet spezialisiert. Problemlösung durch Wachstum nenne ich diesen angenehmen Entwicklungspfad. Auf ihm verlief die Expansion der Universität zu ihrem heutigen großen Fächerspektrum nicht anders als es in anderen Teilen der Gesellschaft üblich war. Das Neue wuchs hinzu; es musste nicht durch Aufgabe von Bestehendem erkauft werden. Mit dieser komfortablen Form, sich für Neues offen zu halten, ohne Altes aufzugeben oder auch nur einzuschränken, scheint es auf unabsehbare Zeit vorbei zu sein. Jede andere Vermutung wäre illusionär. Also muss eine verantwortungsvolle Hochschulpolitik sich der neuen unbequemen Situation stellen. Was soll verändert – zusammengelegt, zurückgeschnitten, verlagert oder auch aufgegeben – werden, um nicht durch bloße Bestandsverteidigung die Universität zu versteinern? Diese Versteinerung zu vermeiden ist jede Anstrengung wert. Streitbare Diskussion tut Not. Geisteswissenschaftler sollten sie offensiv führen. Einige haben damit begonnen. Der Philosoph Jürgen Mittelstraß gehört zu ihnen. Er plädiert dafür, die Universität in ihrer heutigen Größe nicht fortzuführen, sondern sie auf das, was er als ihre eigentliche Aufgabe versteht, zu schrumpfen. Welche Kernaufgabe hat er vor Augen, auf die hin er die Universität verkleinern will?

Seine Antwort ist bestechend einfach und zugleich traditionell. Als »primäre Aufgabe der Universitäten«[7] nennt er die wissenschaftliche Ausbildung – *nicht*: die Ausbildung von Wissenschaftlern; gemeint ist die Ausbildung für alle gesellschaftlichen Bereiche, in denen dies wissenschaftlich, das heißt forschungsbezogen geschehen muss. Möglich ist das nur, wenn die Einheit von Forschung und Lehre als Grundprinzip der Universität fortgeführt wird – ein Plädoyer also für die Wahrung von Tradition, wie sie sich in den vergangenen zwei Jahrhunderten langsam herausgebildet hat. Und zwar zuerst in Deutschland, dessen Universitäten damit zum Vorbild für viele andere Staaten wurden. Dieses Grundprinzip der Einheit von Forschung und Lehre soll erhalten bleiben, darauf sollen alle Reformen ausgerichtet werden. Aber, so fügt er hinzu, nicht alle Fächer, die heute in der Universität gelehrt werden, brauchen forschendes Lehren und Lernen. Mittelstraß fordert, wie auch der Wissenschaftsrat, einen kräftigen Ausbau der Fachhochschulen, doch er geht noch einen Schritt weiter. Er empfiehlt, einen großen Teil der Fächer, die heute in der Universität vertreten sind, an die Fachhochschulen zu verlagern, und zwar alle Fächer, deren Unterricht nicht die Einheit von Forschung und Lehre voraussetzt.

Mittelstraß drückt sich nicht um die heikle Aufgabe, Fächer oder Fächergruppen zu nennen, die er als Kandidaten für die Verlagerung von der Universität zur Fachhochschule betrachtet: »Bereiche der angewandten Naturwissenschaften, der angewandten Rechtswissenschaften und die nicht-ärztlichen Gesundheitsberufe«, außerdem sollten stärker als bisher »betriebswirtschaftliche und ingenieurwissenschaftliche Studiengänge« verlagert werden, doch auch »geisteswissenschaftliche Ausbildungsteile, die im wesentlichen Sprachausbildung und Ausbildung in Kulturtechniken sind.« Hinzu käme »manches Exotische«, wie z.B. Touristik- oder Medienstudiengänge. »Auch deren handwerklicher Kern wäre besser in den *praktischen* Fachhochschulen als in den *theoretischen* Universitäten aufgehoben.«

Mittelstraß fordert eine radikale Reform der tertiären Ausbildung, indem er das heutige Größenverhältnis zwischen Universitäten und Fachhochschulen in Deutschland umkehren will. Die Normalhochschule für die große Mehrzahl aller Studierenden, die für konkrete Anwendungsbereiche ausgebildet werden wollen, soll die Fachhochschule werden. Die Universität hingegen soll sich auf Disziplinen beschränken, die nicht anwendungsbezogen ausbilden, sondern ohne Anwendungsauftrag forschen. Forschen ohne Anwendungsauftrag nennt Mittelstraß Wissenschaft als Lebensform. In sie sollen diejenigen Studierenden, die das wollen und dazu fähig sind, durch forschendes Lernen hineinwachsen. Das sei nicht möglich ohne die Geisteswissenschaften, die er »Wissenschaften von der Kulturform der Welt«[8] nennt. Doch nicht alles, was sich zu den Geisteswissenschaften rechnet, will Mittelstraß in die Forschungsuniversität der Zukunft hinein nehmen.

Eine solche Radikalreform des deutschen Ausbildungssystems könnte keine einzelne Universität und auch kein Land allein erproben. Sie verlangt einen gemeinsamen Sprung aller deutschen Bundesländer und des Bundes ins Ungewisse – ein gefundenes Fressen für Kabarettisten, keine Handlungsoption für verantwortungsbewusste Reformer. Gleichwohl, der Blick auf diese radikale Zukunftsvision für eine künftige deutsche Hochschullandschaft führt das Dilemma vor Augen, vor dem jeder steht, der über die Zukunft der Geisteswissenschaften nachdenkt: Jede Zeit entwickelt ihre eigenen Vorstellungen davon, was sie für wichtig genug hält, um als Fach an der Universität vertreten zu sein. Die Gegenwart kann diesem

heiklen Geschäft nicht ausweichen, wenn sie die Universitäten angesichts stagnierender oder sinkender Etats nicht im Bestehenden erstarren und verkümmern
lassen will. Der Historiker fügt allerdings warnend hinzu: Der Blick zurück lehrt,
wie schnell die Überzeugungen, was wichtig oder unentbehrlich ist, veralten
können. Dazu nur ein Beispiel:

Als der Philosoph Karl Jaspers 1945 über dieses Grundproblem der modernen
Universität nachdachte – welche der sich unaufhörlich vermehrenden Wissenschaftsbereiche gehören als Lehrfächer an die Universität? –, traute er sich in
seiner berühmten Schrift »Die Idee der Universität« zu, zwischen unentbehrlichen
»Grundwissenschaften« und den anderen zu unterscheiden, auf welche die Universität verzichten könne.[9] Heute muten seine Zuordnungen, die er damals vor-
nahm, abwegig an. Jaspers wusste aber, dass er zeitverhaftet urteilte. Deshalb
forderte er, die Universität müsse stets entwicklungsoffen bleiben, um sich immer
wieder aufs Neue zu »erweitern auf alle großen menschlichen Anliegen unseres
Zeitalters«.[10]

Ein großes Wort, aber keine Handlungsanleitung auf die Frage, wie viel Fächervielfalt die Universität braucht, und welchen Raum die Geisteswissenschaften
darin einnehmen sollten. Zumindest bietet es keine Handlungsanleitung in einer
Gesellschaft, die nicht mehr bereit ist, »Erneuerung der Universität« mit einer
Erweiterung gleichzusetzen, die auf dem Bestehenden aufsattelt. Karl Jaspers gibt
für diese neue, unangenehme Situation, in der sich die heutige Universität befin-
det, keine konkrete Hilfe, aber seine Schriften und Reden über die Universität in
der Mitte des 20. Jahrhunderts lassen erkennen, warum es heutzutage viel schwerer fällt, zu bestimmen, was denn die »Kräfte des Zeitalters« sind, die in der Universität vertreten sein sollen, und wenn sie es nicht sind, aufgenommen werden
müssen. Jaspers lebte noch in der Bildungsidee, wie sie sich im 19. Jahrhundert
als gesellschaftsbestimmende Kraft durchgesetzt hatte, mit dem Gymnasium und
der Universität als den zentralen Bildungsinstitutionen. Er durfte annehmen, dass
die Gebildeten seiner Zeit ihm darin zustimmten. Die Gegenwart hingegen verfügt
über eine solche Gemeinsamkeit nicht mehr. Sie besitzt keine Bildungsidee, aus
der sich erschließen ließe, was an den Schulen und den Universitäten unverzichtbar ist. Das ist der wichtigste Grund, warum es uns heute so schwer fällt, eine
gemeinsame Vorstellung von der wünschenswerten Gestalt der Universität der
Zukunft zu entwickeln.[11] Jaspers konnte dagegen seine Antwort auf die Frage, was
an die Universität gehöre, aus der »unvergänglichen Idee der Universität« ableiten, die zu bestimmen ihm nicht schwer fiel. Zwei Merkmale machten für ihn die
Idee der Universität aus, und nur Fächern, die diese Merkmale erfüllen, billigte er
das Recht zu, an der Universität vertreten zu sein. Sie müssen »Forschung und
Lehre zugleich und in Einem« bieten, denn dies sei die »Bedingung verantwortli-
cher Selbständigkeit«, und nur diese Selbständigkeit ermögliche es, »die Einheit
der Wissenschaft in der lebendigen Kommunikation und dem geistigen Kampf zur
Entfaltung zu bringen.«[12]

Mit dieser Formulierung, die auf den ersten Blick verschwommen erscheinen
mag, umschreibt Jaspers die Idee, die Einheit der Universität bestehe in ihrem
Auftrag zur Persönlichkeitsbildung. Das ist keine Widerrede gegen Spezialfor-

schung an der Universität. Natürlich weiß Jaspers, dass sich wissenschaftlicher Fortschritt in der Detailforschung vollzieht, und nur darin. Aber die Spezialforschung, die nicht in Lehrforschung umgesetzt werden kann, gehöre ebenso wie bloße Vermittlung von Fachwissen nicht an die Universität, sondern an andere Forschungs- und Ausbildungsstätten. Das »Hinnehmen fertiger Meinungen«[13] will Jaspers aus der Universität verbannen. Warum? Weil er einer Idee von Bildung folgt, die auf Formung von selbständiger Persönlichkeit zielt, auf Persönlichkeitsbildung durch forschendes Lernen, auf – mit Mittelstraß zu sprechen – Wissenschaft als Lebensform. Das ist eine traditionelle Definition von Bildung, doch Tradition heißt hier keineswegs bloße Bewahrung der derzeitigen Gestalt der Universität. Sich auf die überkommene Bildungstradition berufen fordert vielmehr, die Universität offen zu halten für die »Kräfte des Zeitalters«, wie Karl Jaspers es genannt hat, also für Veränderungen.

4. Traditionsbindung und Entwicklungsoffenheit

Was lässt sich aus dieser traditionellen, aber entwicklungsoffenen Idee von Universität – im Gegensatz zu einem heutzutage vielfach favorisierten Universitätsmodell, das man treffend als »entrepreneurial university«, Universität als Wirtschaftsunternehmen, bezeichnet hat[14] – ableiten für die Frage nach dem Wert der Fächervielfalt und der Rolle der Geisteswissenschaften darin?

Als Ausgangspunkt sei nochmals festgehalten – es geht um eine Idee von Universität, die Folgendes verlangt: Forschung und Lehre müssen verbunden bleiben, denn nur diese Verbindung ermöglicht es den Studierenden, wissenschaftliches Denken so zu erlernen, dass es Grundlage ihrer Persönlichkeit wird. Aber dies nicht mit dem Ziel, alle Studierenden zu Wissenschaftlern auszubilden, sondern allen Wissenschaft als Denkform einzuprägen, unverlierbar für das gesamte Leben, um sie fähig zu machen, mit wissenschaftlichen Methoden ein Leben lang offene Problem in ganz unterschiedlichen Berufsfeldern zu lösen.

Das ist kein frommer Wunsch, sondern – die These 5 führt das oben näher aus – beschreibt in den Geisteswissenschaften durchaus Realität. Die verbreitete Klage, dass die so genannte Massenuniversität die Einheit von Forschung und Lehre auflöse, ist für die Geisteswissenschaften falsch, auch wenn viele, u.a. auch Jürgen Mittelstraß, es immer wieder behaupten.[15] Das Gegenteil trifft zu. Nie zuvor in der deutschen Geschichte waren Forschungs- und Ausbildungsuniversität so eng verbunden wie in der Gegenwart. Die geläufigen Klagen über den Auszug der Forschung aus der Universität missverstehen die Vergangenheit. Wenn man die Einheit von Forschung und Lehre als den Kern der Humboldtschen Idee einer neuen Universität versteht, dann hat sich erst die Massenuniversität der Gegenwart diesem Ideal angenähert. Dies gilt zumindest für die Geisteswissenschaften, möglicherweise weniger in den Natur- und Ingenieurwissenschaft und in der Medizin.

Fähig zu machen, selbständig zu denken – genau dies hatte Wilhelm von Humboldt in seiner berühmten Denkschrift gefordert, geschrieben 1809 oder 1810, bekannt geworden fast einhundert Jahre später (1903) und seitdem ein Grundtext, an dem sich die Universitätsgeister scheiden. Wissenschaft bestimmte er »als etwas noch nicht ganz Gefundenes und nie ganz Aufzufindendes«, aber »unablässig« zu Suchendes.[16] Dieses Denkmuster zu verinnerlichen, verstand er als Persönlichkeitsbildung. Die Universität habe die wissenschaftliche denkende Persönlichkeit zu formen; nur sie sei zukunftsoffen gebildet. In dieser Grundidee, auf die Humboldt die Universität verpflichten wollte, liegt seine Modernität. Dass die Geisteswissenschaften dieser Grundidee stets gerecht werden, will ich nicht behaupten. Doch sie sind ihr näher als so manches Boomfach. Wenn in Zeiten knappen Geldes nach Kürzungs- oder Streichkandidaten gefahndet wird, kann also die vermeintliche Berufsferne geisteswissenschaftlicher Studiengänge nicht gegen sie ins Feld geführt werden.

Doch damit sollten sich Geisteswissenschaftler nicht beruhigen: Fächervielfalt ist kein Wert an sich, und das höhere Alter geisteswissenschaftlicher Fächer im Vergleich zu vielen naturwissenschaftlichen ist keine Versicherung gegen den Todesfall. Wohl aber wird man sagen dürfen: Ein Fach, das heute an der Universität etabliert ist, hat zwei wichtige Prüfungen überstanden. Es ist erstens innerwissenschaftlich anerkannt, denn es hat sich in einem innerwissenschaftlichen Differenzierungsprozess aus einem anderen Fach heraus entwickelt und als eigenes Fach verselbständigt. Und zweitens ist diese Etablierung als eigenständiges Fach auch außerwissenschaftlich bestätigt worden, denn sein Angebot wird angenommen, und deshalb wird es finanziert. Fächer, die heute an der Universität bestehen, sind also zweifach legitimiert worden, wissenschaftlich und außerwissenschaftlich, und deshalb muss man starke Gründe haben, sie zu streichen oder so stark zu kürzen, dass sie nur verkümmert fortzubestehen in der Lage wären.

Damit wird kein Bestandsschutz für die bestehenden Fächer gefordert, wohl aber Schutz davor, sie aus kurzatmigen Gründen zu streichen oder unvertretbar zu kürzen. Notwendig ist jedoch eine breite öffentliche Debatte, in welche Richtung das heutige Fächerspektrum weiterentwickelt werden sollte, sei es durch Erweiterung oder durch Reduzierung. Letzteres sollte nicht nur aus finanziellen Zwängen geschehen, sondern könnte auch hilfreich sein, um die Universität nicht weiter ungeplant in eine unüberschaubare Ansammlung von Spezialausbildungsstätten zerfallen zu lassen, die keine gemeinsame Idee mehr verbindet.

Dieses Problem ist nicht neu.[17] Neu ist lediglich das heutige Ausmaß der Spezialisierung. Um gegenzusteuern, sollte die Universität kein Fach, keinen Forschungszweig aufnehmen, für die es hinderlich wäre, in allen Stadien des Studiums an der Lehre beteiligt zu werden. Auch wenn für bestimmte hochspezialisierte Forschungsbereiche zur Zeit relativ leicht Geld zu bekommen ist, sollte die Universität solche nicht anwerben, sofern sie nicht in die Lehre eingebaut werden können. Ich glaube nicht, dass es der Universität langfristig nutzen wird, wenn sie mit außeruniversitären Forschungsinstituten konkurriert, indem sie reine Forschungsspezialitäten, ohne Lehrbezug, einwirbt. Profilbildung wird oft beschworen; hier halte ich sie für unverzichtbar. Die Universität sollte nur Fächer aufnehmen, die – um nochmals Karl Jaspers zu zitieren – fähig und bereit sind, »Forschung und Lehre zugleich und in Einem« zu bieten. Das ist ihre Stärke, die sie bisher konkurrenzlos macht. Sie sollte gepflegt werden in Abgrenzung zu ausschließlichen Forschungseinrichtungen und ebenso gegen Spezialschulen für bestimmte Ausbildungsbereiche, etwa kommerziell geführte Privathochschulen zur Vorbereitung auf bestimmte Wirtschaftsberufe. Mit ihnen sollte die Universität nicht zu konkurrieren versuchen, sondern sich auf ihre Stärke besinnen: auf eine Bildungsidee, die forschendem Lernen und Lehren verpflichtet ist. Das geht nicht ohne starke Geisteswissenschaften.

Stark werden die Geisteswissenschaften innerhalb der Universität aber nur bleiben können, wenn auch sie aufnehmen, was Karl Jaspers die »neuen tatsächlichen Kräfte des Zeitalters« genannt hat. Was das genau ist, steht nicht von vornherein fest. Es verändert sich, jede Zeit muss aufs Neue darüber befinden, und das ist nie eine ausschließlich innerwissenschaftliche Angelegenheit. Staat und Gesellschaft haben immer in die Universität eingegriffen. Neu ist jedoch das Ausmaß der »Vergesellschaftung der Wissenschaft« als Rückseite der »Verwissenschaftlichung der Gesellschaft«.[18] Über Politik, Wirtschaft und Medien spricht die Gesellschaft heute stärker als je zuvor mit, was Wissenschaft ist und was von ihr erwartet wird. Wenn heute in der Öffentlichkeit der Eindruck vorherrschen sollte, es gebe zu viele geisteswissenschaftliche Professuren und zu viele Studenten geisteswissenschaftlicher Fächer, so wird Traditionswahrung als Argument nicht ausreichen, zu begründen, warum es jedes geisteswissenschaftliche Fach, das es heute gibt, auch weiterhin geben sollte. Und erst recht wird gefragt werden dürfen, ob jede mit einer Professur ausgestattete fachliche Spezialisierung auch in Zukunft fortbestehen muss. Es ist legitim, wenn die Öffentlichkeit, wenn Entscheidungsinstanzen in der Politik und in der Universität darüber nachdenken, auf welches Fach oder auf welche innerfachliche Spezialität man verzichten will, um anderes zu ermöglichen. Dieser Überprüfung müssen sich auch alte geisteswissenschaftliche Disziplinen stellen. Sie können es. Aber auch dazu reicht Traditionswahrung nicht.

Wer die Vielfalt der Geisteswissenschaften an der heutigen Universität bewahren will, muss sich darauf einlassen, innerhalb der Universität und nach außen zu zeigen, warum es sich lohnt, diese Vielfalt zumindest an den alten Volluniversitäten auch dann weiterhin zu finanzieren, wenn die gegenwärtig üblichen Leistungskriterien, die sämtlich auf Tonnage ausgelegt sind – viele Studierende, viele Absolventen, hohe Drittmittelsummen –, nicht erfüllt werden können. Um für diejenigen Fächer, denen diese Kriterien nicht gerecht werden, Freiräume zu erhalten, wird es kein Patentrezept geben, das für alle passt. Doch eins gilt für alle Geisteswissenschaften: Gerade sie sind darauf angewiesen, die Universität als Gesamtheit mit einer verbindenden Idee zu bewahren und mit Leben zu füllen. Das wird nur möglich sein, wenn die Geisteswissenschaften viel stärker als bisher die eingeschliffenen Fachgrenzen in der Lehre und in der Forschung durchlässig machen. Warum sollten die Fächer, die sich mit der Antike befassen, sich nicht als Altertumswissenschaft profilieren, mit gemeinsamen Studiengängen, gemeinsamen Promotionskollegs, gemeinsamen Forschungsprojekten? Warum sollten Fächer, in denen es um Religion geht, neben ihren traditionellen Studiengängen nicht gemeinsame religionswissenschaftliche Angebote entwickeln?

Mein Plädoyer für eine Universität, die nicht mit ihrer Tradition bricht, nicht die Einheit von Forschung und Lehre aufgibt, nicht die Geisteswissenschaften als vermeintlich berufsfern und angeblich nicht marktgängig an den Rand drängt, die vor allem nicht auf eine Bildungsidee als verbindende Klammer zwischen den so weit auseinander gelaufenen Wissenschaftsbereichen verzichten will – mein Plädoyer für eine solche Universität ist kein Programm für Unbeweglichkeit und für Bestandschutz von allem und jedem, auch nicht in den Geisteswissenschaften.

Anmerkungen

*   Überarbeitete Fassung; ursprünglich erschienen in: Wozu Geisteswissenschaften? Kontroverse Argumente für eine überfällige Debatte, hg. v. Florian Keisinger / Steffen Seischab in Verbindung mit Timo Lang u.a., Frankfurt/M. 2003, S. 29–42. Die Essays in diesem Band gehen überwiegend auf eine Vortragsreihe zurück, die Ende 2001 eine engagierte Gruppe Studenten organisiert hatte, um sich mit den beträchtlichen Stellenumschichtungen in der Universität Tübingen auseianderzusetzen. Geisteswissenschaftler und die klassischen Naturwissenschaftler fühlten sich als die Hauptopfer der Abgaben zugunsten der sog. Lebenswissenschaften. Die Thesen der Vorträge sind zugänglich im Internet: www.1000worte.com.

1   Was dies für die Universität bedeutet, wird in diesem Buch erörtert in: »Chancen und Perspektiven: Bildung und Ausbildung«.

2   Geisteswissenschaften heute. Eine Denkschrift, hg. v. Wolfgang Frühwald u.a., Frankfurt/M. 1991.

3   Ebd., S. 47.

4   Dazu anregend auf breitem empirischen Material: Peter Weingart, Die Stunde der Wahrheit? Zum Verhältnis der Wissenschaft zu Politik, Wirtschaft und Medien in der Wissensgesellschaft, Weilerswist 2001.

5   Dazu erfrischend deutlich auch gegenüber den Wissenschaftlern, die mit Blick auf Anerkennung und auf die Fleischtöpfe eilfertig die Systemvermengung vollziehen: Dieter Grimm, Die Wissenschaft setzt ihre Autonomie aufs Spiel, in: FAZ, 11.2.2002; sowie Grimms Ansprache, als er neuer Rektor des Berliner Wissenschaftskollegs wurde: Wissenschaftskolleg zu Berlin. Rektoratsübergabe 2. Oktober 2001, S. 37–41. S. dazu in diesem Buch: »Universität im Umbau. Heutige Universitätspolitik in historischer Sicht«.

6   Odo Marquard, Über die Unvermeidlichkeit der Geisteswissenschaften, in: Ders., Apologie des Zufälligen. Philosophische Studien, Stuttgart 1986, S. 98–116 (alle folgenden Zitate).

7   Jürgen Mittelstraß, Die unzeitgemäße Universität, Frankfurt/M. 1994, S. 18 (auch das folgende Zitat).

8   Ebd., S. 25.

9   Jaspers Position (Die Idee der Universität, Berlin 1945) wird in diesem Buch näher ausgeführt in: »Universität im Umbau. Heutige Universitätspolitik in historischer Sicht«.

10   Karl Jaspers, Erneuerung der Universität. Reden und Schriften 1945/46, hg. v. Renato de Rosa, Heidelberg 1986, S. 104.

11   Vgl. dazu die scharfsichtige Analyse von Clemens Albrecht, Universität als repräsentative Kultur, in: Erhard Stölting / Uwe Schimank (Hg.), Die Krise der Universitäten, Opladen 2001, S. 64–80.

12   Jaspers, Erneuerung der Universität, S. 97f.

13   Ebd., S. 100.

14   Vgl. Andreas Stucke, Mythos USA. Die Bedeutung des Arguments »Amerika« im hochschulpolitischen Diskurs der Bundesrepublik, in: Stölting / Schimank (Hg.), Krise, S. 118–136.

15   Mittelstraß (Die unzeitgemäße Universität) meint, Massenuniversität und die Universitätsidee Humboldts seien ein Widerspruch in sich. Dass dies nicht so ist, sondern erst die Massenuniversität forschendes Lernen voll ausgebildet hat, habe ich näher ausgeführt in: Humboldt ist

lebendig. Geisteswissenschaften an der Massenuniversität, in: FAZ Nr. 297 v. 21.12.1995; Universitätsstudium im Wandel, in: Erfurter Universitätsreden 2000, hg. v. Wolfgang Bergsdorf, München 2001, S. 17–27; Über Brüche und Widersprüche in der deutschen Hochschulpolitik, in: Frankfurter Rundschau v. 10.2.2001; in diesem Buch s.: »Universität im Umbau. Heutige Universitätspolitik in historischer Sicht« und: »Chancen und Perspektiven: Bildung und Ausbildung«.

16 Wilhelm von Humboldt, Über die innere und äußere Organisation der höheren wissenschaftlichen Anstalten in Berlin (1903), erneut in: Wilhelm Weischedel (Hg.), Idee und Wirklichkeit einer Universität, Berlin 1960, S. 193–202, 195. Vgl. insbes. Rainer Ch. Schwinges (Hg.), Humboldt International. Der Export des deutschen Universitätsmodells im 19. u. 20. Jahrhundert, Basel 2001.

17 Schon 1877 hatte ein kluger Beobachter, der langjährige Tübinger Universitätskanzler, das Problem klar beschrieben: Gustav Rümelin, Über die Arbeitsteilung in der Wissenschaft, in: Ders., Kanzlerreden, Tübingen 1907, S. 192–213. Vgl. dazu in diesem Buch: »Die Universität als Vordenker? Universität und Gesellschaft im 19. und frühen 20. Jahrhundert«.

18 Weingart, Stunde der Wahrheit (wie Anm. 4), S. 18.

Die Universität als Vordenker?
Universität und Gesellschaft im 19. und
frühen 20. Jahrhundert[*]

1. Existenzkrise – Weltgeltung – Dauerkrise: eine Jahrhundertkarriere

Das 19. Jahrhundert war das Jahrhundert der deutschen Universität. Das wird man ohne Übertreibung sagen dürfen. Auch die Zeitgenossen sahen es so, und nicht nur in Deutschland. Sie hatten gute Gründe. Um 1900 hatte die deutsche Universität den Gipfel ihrer Weltgeltung erreicht, während sie hundert Jahre zuvor wie die Hochschulen aller kontinentaleuropäischen Staaten in ihrer Existenz akut gefährdet schien. Diese Zeit des revolutionären Umbruchs hinterließ die »europäische Universitätslandschaft als Trümmerfeld« (Walter Rüegg). Annähernd sechzig Prozent der Hochschulen überstanden die Ära des Universitätssterbens nicht, der Rest drohte zur Bewahranstalt überlieferten Wissens abzusinken – dann der Reformimpuls, von dem die deutschen Universitäten heute noch zehren, auf den sie sich jedenfalls immer wieder berufen, vor allem in Krisenphasen, wenn sie mit Lasten und Erwartungen überfrachtet werden. Die Universität – so lautet ihr Selbstverständnis seit dem 19. Jahrhundert – eine Stätte des Forschens und die *einzige* Stätte des forschenden Lehrens und Lernens.[1]

Dass die Universität im Laufe des 19. Jahrhunderts die Spitzenposition unter den Bildungsinstitutionen erreichen sollte, war um 1800 keineswegs abzusehen. Während Großbritannien einen eigenen Weg ging, in dem unterschiedliche Hochschultypen nebeneinander bestanden, konkurrierten auf dem Kontinent zwei Universitätsmodelle: das französische und das deutsche. Das französische beeinflusste zwar die Entwicklungen in Süd- und Osteuropa, doch durchgesetzt hat sich das deutsche. Während in Frankreich Spezialhochschulen unter strikter staatlicher Lenkung und Zentralisierung entstanden, konzentriert auf Paris, dem französischen Hochschulzentrum inmitten »einer wissenschaftlichen Wüste« (Christophe Charle), bildete sich in Deutschland ein Universitätstypus heraus, der schließlich um die Wende zum 20. Jahrhundert in Europa wie auch in den USA und Japan das Ideal der modernen Universität verkörperte:[2] Die Universität als der Ort freier Wissenschaft, vom Staat ermöglicht, dessen Eingriffsrechte jedoch vor dem inneren Bereich der Forschung und der auf ihr begründeten Lehre Halt machten. Voll verwirklicht wurde dieses Ideal nirgendwo, doch die Annäherungen daran gingen weit genug, um im 19. Jahrhundert drei epochale Innovationen in der Geschichte der Universität zu ermöglichen: ihre Renaissance als Forschungsuniversität, der Aufstieg der Naturwissenschaften und die Eigenverantwortung der Studenten als dritte Säule in der Freiheitstrias Forschung, Lehre und Studium.

Die Verbindung von Forschung und Lehre hat im Laufe eines Jahrhunderts die Universität im Innern völlig verändert, und sie erwies sich für Gesellschaft und Staat offensichtlich als derart nützlich, dass die Nachfrage nach den Leistungen der Universität ständig anstieg – von zwei kürzeren Stagnationsphasen abgesehen[3] – und dann seit dem letzten Drittel des 19. Jahrhunderts geradezu explodierte. Die Universität wurde zum Großbetrieb – eine Formulierung Adolf von Harnacks, die schon vor dem Ersten Weltkrieg zur gängigen Münze wurde.[4] Heute erscheinen die Zahlen im Rückblick idyllisch klein, doch für die Zeitgenossen schuf das ungeahnte Wachstum, das schon damals niemand zu steuern vermochte, riesige Probleme, die nicht geringer erachtet wurden als wir es heute mit den unsrigen tun.

Vom Tiefpunkt in den 1840er Jahren bis zum Vorabend des Ersten Weltkrieges haben sich die Studentenzahlen an den Universitäten und Technischen Hochschulen in Deutschland rund verfünffacht, und dann bis 1931, als ein Einbruch einsetzte, der erst in den fünfziger Jahren überwunden wurde, mehr als verzehnfacht. Absolut waren es auf dem Höhepunkt von 1931 nur rund 126.000 Studierende, doch die enormen Steigerungsraten, vor allem deren dramatische Beschleunigung, ließen alle Planer verzweifeln. Bis zur Gründung des deutschen Nationalstaates hatten die Studentenzahlen vier Jahrzehnte lang stagniert oder waren sogar rückläufig, dann verdoppelten sie sich bis zum Beginn der nationalsozialistischen Diktatur ungefähr alle zwei Jahrzehnte. Überproduktion an Akademikern, Akademikerproletariat, Überfüllungskrise – das waren die vertrauten Formeln, die das nicht mehr regulierbare Wachstum der Universitäten und Technischen Hochschulen begleiteten.[5] Erst in der Gegenwart ist eine möglichst hohe Akademikerquote zum Staatsziel geworden; sie dient als Messwert für die Zukunftsfähigkeit einer Gesellschaft. Die Studentenströme auf jene Fächer zu lenken, die als die zukunftsträchtigsten und die nationale Wettbewerbsfähigkeit sichernd gelten, gelang jedoch auch in der Gegenwart nicht.

Aber nicht nur diese Ohnmacht vor der steuerungswidrigen Expansion verbindet die Erfahrungen seit dem späten 19. Jahrhundert mit den unsrigen. Auch die innere Verfassung der Universität, ihr Selbstverständnis als Stätte der Forschung und vor allem des forschenden Lehrens *und* Lernens geriet schon damals in eine Krise. Zweifel wurden um die Wende zum 20. Jahrhundert immer offener ausgesprochen: Verfügt die Universität noch über eine gemeinsame einheitsverbürgende Idee oder zerfällt sie nicht vielmehr in zwei Teile – in ein Warenhaus von Forschungsdisziplinen, das ständig neue Abteilungen eröffnet, die niemand mehr überblicken kann, auch die Wissenschaftler nicht, und in einen Kern von Berufsbildungsstätten, die zwar Wissen vermitteln, aber die Forschung lähmen. Kurz, als die deutsche Universität im späten 19. Jahrhundert den Gipfel ihrer Weltgeltung erreichte, wuchs sie zugleich in ihre Dauerkrise hinein.

1896 feierte der Berliner Rektor in seiner Rektoratsrede den »Weltcharakter unserer Universität«,[6] ohne dass dies überheblich geklungen hätte. Aus anderen Staaten, aus England und den USA zumal, kamen die Beobachter nach Deutschland, um den Erfolgsweg der deutschen Universität zu studieren und auch zu kopieren.[7] Selbst Emile Durkheim, einer der französischen Beobachter des deutschen Bildungssystems, dem man in Frankreich einen hohen Anteil am deutschen Waffensieg von 1870/71 zuschrieb, zollte 1887 trotz scharfer Kritik an zahlreichen Einzelheiten höchstes Lob: »Jede Universität, mag sie auch noch so klein sein, bildet ein lebendiges Ganzes. Dies aber muß alle Raisonniererei und Analysiererei zum Schweigen bringen, denn Leben ist das, was auf der Welt am seltensten ist. Es gibt nichts Unnachahmlicheres.«[8]

Schon damals, auf dem Höhepunkt ihres internationalen Ansehens, begann eine Krisendiskussion, die bis heute nicht abgerissen ist. Die Kernfragen lauten seit damals: Kann die Universität ihre Aufgaben in Forschung und Lehre noch erfüllen? Und welche Aufgaben sind das, die sie sich selber zuschreibt und die ihr Staat und Gesellschaft abverlangen? In den Rektoratsreden, einer Tradition, die im 19. Jahrhundert einsetzte und erst um 1968 endete, wurden diese Probleme und die Leitbilder, denen die Universitäten zu ihrer Lösung folgten, immer wieder öffentlich vorgestellt.[9]

Der Wandel dieser Aufgaben und die Antworten, die darauf im 19. und frühen 20. Jahrhundert gegeben wurden, sollen nun umrissen werden. In sehr schlanken Linien, in knapper Auswahl und mit Blick auf die Leitfrage nach der spezifischen Rolle der Universität in der Gesellschaft und auch nach ihrem Selbstverständnis.

2. Zur Symbiose von Universität und monarchischem Nationalstaat

Die Universität selbst sah sich zweifellos als Vordenker. Das Fragezeichen, das der Titel hinter diese Rollenvermutung setzt, hätten die meisten Kollegen aus dem 19. und sehr viele aus dem 20. Jahrhundert als eine Zumutung, als Nestbeschmutzung empfunden.[10] Selbst ein so universitätskritischer Wissenschaftler und Wissenschaftspolitiker wie Carl Heinrich Becker, Orientalist und preußischer Kultusminister seit 1925, der seine Kollegen nach dem Ersten Weltkrieg drängte, endlich die Universität zu verändern, um sie in ihrer Substanz bewahren zu können – selbst dieser Reformer näherte sich seinem Thema in einer Art Andacht vor der deutschen Idee der Universität. »Vom Wesen der deutschen Universität kann man nur mit ehrfürchtiger Scheu sprechen.« So begann 1924 sein Eröffnungsvortrag auf der dritten Jahrestagung der Europäischen Studentenhilfe.[11] Von der »Gralsburg der reinen Wissenschaft« sprach er, die »keine Loge für Vereinsbrüder« sei und »kein Gewerkschaftshaus für einen Berufsstand«, sondern »ein nationales Heiligtum für das ganze deutsche Volk«.[12]

Ein Heiligtum verehrt man, Becker aber wollte es umbauen, um es den Bedingungen seiner Zeit anzupassen, so wie er sie verstand. Darin sind ihm damals nur sehr wenige Kollegen gefolgt, und auch später haben ihm viele diesen Versuch nie verziehen. Noch 1953 rechnete der bekannte Jurist Rudolf Smend die Reformversuche des Ministers Becker zu den drei Gleichschaltungen, denen die deutsche Universität bis dahin ausgesetzt gewesen sei: Dem Versuch einer »geistigen Gleichschaltung« durch die erste deutsche Demokratie nach 1918 sei die »politische« Gleichschaltung von 1933 und die »gesellschaftliche« nach 1945 gefolgt.[13]

Das 19. Jahrhundert hingegen, das mit dem Ersten Weltkrieg so abrupt abbrach, erscheint als das Jahrhundert, in dem die deutsche Universität mit sich und ihrer Umwelt im Reinen war – trotz aller tief greifenden Veränderungen in der Gesellschaft und in der Universität. So sah es Smend, und so sah es das Bild, das die deutsche Universität ganz überwiegend von sich selber hatte.

»Die Fragen um den Besitz der Erde [...] vermag die Wissenschaft nicht zu beschwichtigen«, schrieb 1905 einer der geisteswissenschaftlichen Großorganisatoren der deutschen Wissenschaftslandschaft, »und nicht alle brutalen Instinkte der Menschheit vermag sie zu bannen. Aber wie sie im stande ist, durch Entdeckungen und Erfindungen die Hilfsquellen zu vermehren, Erleichterungen zu schaffen und dadurch Krisen zu verzögern, so vermag sie auch – und das ist nicht das geringere – in den Arbeitenden einen ganzen Chor von Tugenden zu schaffen und Ungeduld, Kleinsinn und Engherzigkeit, Frivolität und Leichtsinn auszutreiben. Wenn sie die Entfernten persönlich einander näher bringt, führt sie auch die Verbrüderung der zivilisierten Nationen um einen Grad der Verwirklichung näher.«[14] Nur ein knappes Jahrzehnt später ging diese Zuversicht Adolf von Harnacks im Ersten Weltkrieg blutig zugrunde, begleitet von einem »Kulturkrieg«, mit dem die Professoren aller Nationen in den Krieg der Waffen eingriffen.[15]

Das Ende dieses Krieges, den Untergang des deutschen Kaiserreichs haben die Repräsentanten der deutschen Universität als eine dreifache Katastrophe erlitten – eine Katastrophe für die deutsche Nation, eine Katastrophe für die deutsche Gesellschaft und eine Katastrophe für die deutsche Universität. Das ist verständlich. Denn in diesem Staat, der 1918 unterging, hatte die Universität nicht nur alle Wachstumsgrenzen früherer Jahrhunderte gesprengt und nie gekannte Forschungserfolge erzielt, sie hatte auch den Gipfel ihres gesellschaftlichen Ansehens und ihres politischen Einflusses erreicht. Diesen Nationalstaat konnte sie mit guten Gründen auch als ihr Werk ansehen. Die Universitäten waren zwar Institutionen der deutschen Einzelstaaten, doch sie hatten sich in der ersten Hälfte des 19. Jahrhunderts zu Zentren der nationalstaatlichen Hoffnungen entwickelt. Studenten und Dozenten wechselten über die Staatsgrenzen hinweg zwischen den Universitäten.[16] Das schuf ihnen politische Freiräume, die andere Bevölkerungsgruppen nicht besaßen. Sie gehörten zu den Wegbereitern der nationalen Einheit und zu den Wortführern der nationalen Bewegung.

National zu sein, bedeutete bis zur Mitte des 19. Jahrhunderts zwangsläufig, in Opposition zur staatlichen Politik zu stehen. So entstand die Figur des »politischen Professors«, der in der Revolution von 1848/49 den Zenit seines Einflusses erreichte und dann verschwand. Danach wurden die deutschen Professoren nicht unpolitisch, aber die Form ihres politischen Engagements veränderte sich. Ihr zentrales Ziel, der Nationalstaat als Verfassungsstaat, war erreicht. »Die Harmonie des deutschen Geistes und deutscher Wissenschaft mit der politischen Macht und Ehre des deutschen Volkes ist wiedergefunden.«[17] Dieses Bekenntnis des prominenten liberalen Schweizer Juristen Johann Caspar Bluntschli, der sein Wirkungsfeld in Deutschland gefunden hatte, dürfte dem Selbstverständnis der meisten deutschen Professoren entsprochen haben.

Vom überragenden gesellschaftlichen Rang der Universitäten als »Pflanzstätten des wissenschaftlichen Geistes der ganzen Nation«[18] zeigten sich die Reprä-

sentanten aller politischen und weltanschaulichen Richtungen überzeugt. Wer die
Universität und damit die Wissenschaft auf seiner Seite habe, dem gehöre die
Zukunft: »Die geistig kranke und verfaulende Nation wird sicher auch leiblich
verfallen, die geistig gesunde und vorwärts strebende Nation dagegen auch in
allen andern Vorzügen sich vervollkommnen.«[19] Das liberale Lexikon, dem diese
Zitate entnommen sind, stimmte darin mit der konservativen Konkurrenz überein.[20] Und selbst das katholische Gegenstück, das »die grenzenlose Lehrfreiheit«
aus protestantischem Geiste als Gefährdung einer »Bildung im christlichen Sinne«
begriff, sprach den Universitäten »die geistige Führung der Nation« zu. Allerdings
nur solange es »dem deutschen Volke an einer verfassungsmäßigen Vertretung
in Parlamenten fehlte – also bis zur Mitte des 19. Jahrhunderts«.[21] In dieser
Einschränkung dokumentiert sich zwar eine katholische Distanz zum protestantisch-preußisch geprägten deutschen Kaiserreich, doch das überragende internationale Ansehen der deutschen Universitäten hob auch dieses katholische Werk
hervor:

»[D]ie Hochschulen in Österreich, in der Schweiz, in Schweden-Norwegen und in den
Niederlanden, in den Vereinigten Staaten und die neu gegründeten Provinzialuniversitä-
ten in Frankreich sind ihnen im ganzen nachgebildet.«[22]

In Deutschland gewannen die Universitäten jedoch eine andere gesellschaftliche
und politische Position als in anderen Staaten. Universitätsprofessoren gehörten
unter den spezifischen Bedingungen der Herrschaftsordnung des Kaiserreichs, vor
allem angesichts der Machtschwäche des Parlaments, zum engeren Kreis der
politischen Klasse, und zwar gemeinsam mit den Spitzen der staatlichen Bürokratie.[23] Denn beide, Universität und staatliche Bürokratie, waren beteiligt an zentralen Entscheidungen über die künftige Grundordnung der Gesellschaft und der
Rolle, die der Staat dabei übernehmen sollte. Dies gilt zum Beispiel für die großen
Sozialreformen der 1880er Jahre, die Strukturen schufen, die noch heute die deutsche
Sozialpolitik bestimmen. An der Institutionalisierung dieser Sozialreformen waren
viele beteiligt, nicht zuletzt die Kommunen. Doch ihre Wortführer in der bürgerlichen Öffentlichkeit kamen vor allem aus den Universitäten. Und dort wurden
auch diejenigen mit dieser sozialen Bauform der Zukunft vertraut, die dann in der
hohen Bürokratie für ihre institutionelle Umsetzung sorgten. Das ist ein Grund,
warum Pierangelo Schiera in seinem Werk über die deutsche Wissenschaft im 19.
Jahrhundert vom Verfassungsrang der Universitäten im Kaiserreich spricht.[24]
    Bei der Reform der Sozialverfassung, aber auch im Öffentlichen Recht und ge-
nerell bei der Rechtsvereinheitlichung im jungen Nationalstaat übernahmen die
Repräsentanten der Wissenschaft politische Aufgaben, ohne dafür institutionelle
Verantwortung tragen zu müssen oder dies zu wollen. Radikal zugespitzt hat diese
Form politischer Aktivität, verhüllt im Deckmantel vermeintlich unpolitischer
Haltung, kurz nach der Jahrhundertwende Werner Sombart angepriesen – als den
Weg des »Kulturmenschen« durch eine Politik, die ihn abstieß, ohne jedoch auf
Mitwirkung in der Politik verzichten zu wollen: »lassen wir die Hände von der
Politik. Wir haben besseres zu tun.« Nämlich, so Sombart 1907, »die wirtschaftli-
che Kultur, die geistige und künstlerische Kultur und das Wohl der arbeitenden

Klasse« gestalten, ohne sich um Parteien, Parlamente oder Regierungen kümmern zu müssen.[25]

Wissenschaft als eine unpolitisch gedachte Form der Politik und Bildungswissen, durch Diplome patentiert, als Befähigungsnachweis für politischen Führungsanspruch – dieser Zugang zur politischen Klasse galt als bildungsbürgerlich honorig, und er war im Kaiserreich weit verbreitet, weil die Parlamente es nicht geschafft hatten, zum Zentralort der Politik zu werden. Kontrolle staatlichen Handelns auf dem Rechtswege – diese Form, dem Staat Schranken zu setzen, beleuchtet von einer anderen Seite, was mit Verfassungsrang der Universität im Kaiserreich gemeint ist. Gerade weil das Parlament schwach blieb, entwickelten sich andere Institutionen zum Hüter der Verfassung, vor allem das Rechtswesen. Die Normen dafür wurden in den Universitäten entwickelt. Die Modernisierung des Rechtswesens im deutschen Kaiserreich, eine der großen, bis heute wirksamen Modernisierungsleistungen, war in hohem Maße ein Werk der Universität.

Wissenschaft entwickelt sich also zu einer starken sozialen Kraft und damit zu einer politischen Macht, und ohne ihre naturwissenschaftlichen Forschungsergebnisse wäre Deutschlands Sprung zum Industriestaat in der zweiten Hälfte des 19. Jahrhunderts nicht möglich gewesen. Das hatte 1902 auch Friedrich Paulsen vor Augen, als er die Universität selbstbewusst zu den zentralen »Tragegliedern in dem Bau der deutschen Einheit« zählte. Die deutschen Universitäten, so meinte er, verkörpern »in ihrer Gesamtheit die Inkorporation des politischen Instinkts, man darf sagen, des guten Geistes der Nation.«[26] Er diagnostizierte allerdings auch eine Krise der Universität und ihrer Rolle in der Gesellschaft. Was war gemeint?

3. Krisendiagnose als Dauerreflexion

Zwei Entwicklungsprozesse haben um die Wende zum 20. Jahrhundert das Nachdenken über die Binnenstruktur der Universität und ihr Verhältnis zu Gesellschaft und Staat maßgeblich geprägt: die expansive Ausdifferenzierung aller Wissenschaftszweige, insbesondere der Medizin und der Naturwissenschaften, und das Anwachsen der Universität zum Großbetrieb.[27] Beides war eng miteinander verkoppelt, und beides drohte die Kernidee der deutschen Universität, wie sie aus den Reformen des frühen 19. Jahrhunderts hervorgegangen war, zu sprengen. Die Universität, so besagte diese Idee, die nie verwirklicht wurde, aber als zu erstrebendes Leitbild das Selbstverständnis der Institution und ihrer Mitglieder bestimmte – die Universität als Stätte der reinen Wissenschaft, fern jedes Brotstudiums, und die Wissenschaft als eine erkennbare Einheit, die den, der sie erfasst, zur sittlichen Persönlichkeit bildet, die ihrerseits Staat und Gesellschaft als Elite gestalten werde.

Diese Idee wurde unter dem Namen Wilhelm von Humboldt immer wieder beschworen, seit die deutsche Universität in die Dauerreflexion über ihre Krise eingetreten ist.[28] Die Universitätsreformen des 19. Jahrhunderts waren jedoch ohne diesen Namen ausgekommen und nicht von Berlin ausgegangen.[29] Die Berliner Universität diente nicht als Maßstab, an dem sich die Hochschulentwicklung Deutschlands im 19. Jahrhundert ausgerichtet hätte. Dazu ist sie erst im Rückblick umgedeutet worden, eine retrospektive Zukunftskonstruktion aus einer Krisenstimmung heraus. Um es scharf zuzuspitzen: Das Leitbild »Humboldtsche Universität« entstand als eine Erzählung der Nationalgeschichte, nicht als ein Ereignis der Universitätsgeschichte. Der nationalpolitische Ursprungsmythos, der die Hauptstadt des deutschen Nationalstaates als Geburtsort der modernen Universität feiert, ergänzt als hochschulpolitische Seitenlinie den borussischen Nationalmythos, der die deutsche Nation dem Geiste Preußens entspringen sieht.

Gegen Ende des Jahrhunderts stand die deutsche Universität zwar bewunderter da als je zuvor, hatte sich aber auch weiter als je zuvor von dieser Idee entfernt. Das bestritt kaum jemand. Auch über die Gründe war man sich weitgehend einig. Nicht hingegen darüber, wie man diese fortschreitende Entfernung von der Idee aufhalten könne, und ob überhaupt.

Die Attraktivität der Universität in der deutschen Gesellschaft minderte diese Krisendiskussion jedoch nicht. Die Ausbildung auf der Universität war begehrter denn je, wie das Wachstum der Studentenzahlen zeigt. Sie führte in die neuen Professionen, die nun entstanden. Für sie war eine akademische Ausbildung notwendig.[30] Die Universität besetzte den Spitzenplatz in der Hierarchie des deutschen Bildungswesens. Ihr Besuch und die Titel, die sie verlieh, vermittelten ein hohes Sozialprestige. Nur die Dienstränge des Militärs standen noch höher im gesellschaftlichen Kurs, abgesehen vom gesellschaftlichen Ansehen, das der Hochadel weiterhin besaß.[31] Die akademischen Titel und andere Erkennungszeichen, besonders augenfällig die in der Mensur empfangenen Schmisse, wiesen den deutschen Akademiker als Mitglied einer Bildungselite aus – ungeachtet des jeweiligen Studienfachs und des Berufs, den man ausübte. Das hohe Sozialprestige lag gewissermaßen quer zu den Berufsbereichen und zur Hierarchie in diesen Berufsbereichen. Wenn man die zunehmende Differenzierung und Spezialisierung der Berufsfelder als Merkmale von Modernisierung ansieht, dann wirkte dieses akademische Gruppenbewusstsein als ein Versuch, sich gegen diese Form der Modernisierung zu sperren. Solche Differenzierungs- und Spezialisierungsprozesse haben den Wert der Universität im Ausbildungsmarkt nicht beschädigt. Das sieht man daran, dass alle akademischen Ausbildungsinstitutionen versuchten, Universität zu werden. Im 19. Jahrhundert gilt das vor allem für die Technischen Hochschulen.

Im Kaiserreich erreichte die deutsche Universität den Spitzenplatz im Bildungs- und Ausbildungswesen, weil sie der Ort war, an dem neues Wissen erzeugt und systematisch vermittelt wurde, und zugleich schrieb ihr die Gesellschaft die Aufgabe zu, dieses enorm wachsende Wissen zu einem Bildungskanon zusammenzufügen. Letzteres allerdings gelang immer weniger. Darauf richtete sich zunehmend Kritik und vor allem auch Selbstkritik aus der Universität. Doch selbst diese Kritik sah keinen anderen Ort für diese Aufgabe, Bildung und Ausbildung wieder zu versöhnen, als die Universität. Wie schwer dies war, erkannten gerade diejenigen, die als Wissenschaftler dafür sorgten, dass sich Forschung und damit auch die Universitätsfächer immer stärker spezialisierten.

Das drängende Zentralproblem, Ausbildungsuniversität und Forschungsuniversität zu verbinden, trieb auch Anton Dohrn um – er gründete das deutsche Meeresinstitut in Neapel –, als er seinem Vater schrieb:

»Manchmal schwindelt mir, wenn ich bedenke, in welchem Zeitalter der Revolution wir leben! Geologie, Morphologie, Physiologie, Anthropologie völlig reformiert, Geschichte in Geburtswehen um ein neues Kleid anzuziehen, Nationalökonomie und Statistik eben geboren, Meteorologie eben geschaffen und zu alledem noch das Dämmerungslicht eines universell-wissenschaftlichen Bildungsideals, das in vielen [...] Köpfen wieder auflebt – wenn das nicht ein gärendes Zeitalter ist, dann hat's noch keines gegeben!«[32]

Über die Zwiespältigkeit der voranschreitenden Spezialisierung in der Wissenschaft hatte 1877 auch Gustav Rümelin, der langjährige Kanzler der Universität Tübingen, in einer seiner von seinen Zeitgenossen zu Recht viel gerühmten jährlichen Kanzlerreden gesprochen. Nichts sei »unzweifelhafter als die großartige Ausbreitung der menschlichen Erkenntnis nach der Masse des Stoffs.«[33] Das »große Prinzip der Arbeitsteilung«, das »alle wirtschaftlichen und sozialen Verhältnisse des Zeitalters von Grund aus umgestaltet hat und noch ferner umgestalten wird«, habe auch »das Reich der Wissenschaften und die Arbeit der Gelehrten« verändert. Dieser Fortschritt sei jedoch »zugleich auch ein Rückschritt«. Er sprach dann vom fehlenden »Maßstab des Bedeutenden und Unbedeutenden«, die »Mittelmäßigkeit mit guter Methode« triumphiere über das »Talent«. »Die vollkommenere Ware hat zu ihrer Kehrseite den unvollkommeneren, beschränkten, unbefriedigteren Arbeiter.« Seine zuhörenden Kollegen schonte er nicht. Dank ihrer »Legitimationsbücher«, so spottete er, komme es zu einer »maßlosen Überproduktion an gelehrter Mittelgutware«, geschrieben »für die Spezialkollegen, manchmal eigentlich nur für einen unter ihnen, der auch schon über denselben Gegenstand geschrieben hat« und nun ergänzt oder widerlegt werden muss. Hätte Rümelin in unserer Zeit gelebt, er hätte vermutlich vom Fachidioten gesprochen. Sein bitteres Resümee: »Nur in den Sälen unserer Bibliotheken sind die Wissenschaften noch beisammen, nicht in den Köpfen der Menschen.«

Einen Ausweg wusste er so wenig wie die vielen anderen, die später unaufhörlich über die verlorene Ursprungsidee der modernen Universität schrieben und über die Folgen dieses Verlusts für die Universität und die Gesellschaft klagten. Eduard Spranger war einer von ihnen. Seine Krisendiagnose von 1913 und sein Lösungsversuch wurden viel beachtet, allerdings nicht ausgeführt – wie die vielen anderen auch.[34] Untypisch war sein Plädoyer für eine veränderte Form der Ausbildung. Hier nahm er vorweg, was heute in veränderter Form, aus der angelsächsischen Universitätslandschaft unvollständig importiert, als Heilmittel für die dauerhaft unterfinanzierten deutschen Hochschulen in Gestalt der zweigestuften Bachelor- und Master-Studiengänge gesetzlich erzwungen und mit großem bürokratischen Aufwand umgesetzt wird: die Zweiteilung des Studiums. Auf der ersten Stufe die methodische Schulung für alle, zugleich Berufsvorbereitung für die meisten, auf der zweiten Stufe dann der Zugang zur eigenen Forschung für wenige. Mit dieser Idee, die in Deutschland damals nicht aufgenommen wurde, wollte Spranger die Wissenschaftsuniversität *innerhalb* der Ausbildungsuniversität retten und zugleich beide stärken.

Das allein, davon war Spranger überzeugt, werde der Universität allerdings nicht die frühere Position als geistiges Zentrum der Gesellschaft zurückgewinnen. Er forderte, das verlorene »Bewußtsein von der Einheit alles Wissens« wiederherzustellen, Abkehr von einer Wissenschaft, die zum »Spezialismus«, zum »fast anarchischen Positivismus« verkümmert sei.[35]

Was Spranger der Universität abverlangte, enthüllt, wie wenig selbst diejenigen, die erneuern wollten, um das Alte wiederherzustellen oder sich diesem unerfüllten Ideal doch zumindest anzunähern – wie wenig auch diese Reformer auf die künftige Rolle der Universität in einer pluralistischen Gesellschaft vorbereitet waren. Denn konkurrierende Weltdeutungen hatte Spranger zu diesem Zeitpunkt seines Nachdenkens über Universität und Gesellschaft nicht vorgesehen. Er forderte die »Totalweltanschauung« als die »eigentliche Gesamtleistung der Universität«.[36] Die Universität, so Sprangers Hoffnung, als der maßgebliche Weltanschauungsproduzent für die gesamte Gesellschaft. Das war sie jedoch nie gewesen, auch in der Vergangenheit nicht, und wurde sie auch nie.[37]

Spranger setzte auf die Philosophie, andere hofften in der Soziologie die neue Integrationswissenschaft gefunden zu haben, wieder andere verlangten von der Universität – vor allem seit dem Schock des Ersten Weltkrieges –, sich offen mit Politik auseinanderzusetzen, um mit wissenschaftlichen Mitteln zu staatsbürgerlichem Denken zu erziehen. Bis dahin war man überzeugt gewesen, dass forschendes Lernen der beste Weg zu wissenschaftlich fundierter Bildung sei.[38] Jetzt meinte man zu erkennen: Bildung erwächst nicht mehr von selbst aus Forschung gleich welcher Art; sie erfordere vielmehr auch an der Hochschule, die bis 1933 weiterhin als ein Ort fern jeder Parteipolitik gedacht wurde, Bekenntnis zu einem festen Standort in den politischen und weltanschaulichen Kämpfen der Gegenwart. Diese Einsicht war neu nach dem Ersten Weltkrieg. Die Selbstsicherheit, mit der die Universität Bildung aus Forschung hervorgehen sah, überlebte das Kaiserreich nicht. Bildung erhielt nun im universitären Selbstbild eine zweite Grundlage: Neben Persönlichkeitsbildung durch Forschung als die methodisch angeleitete Suche nach dem noch Unbekannten trat die ethisch fundierte Formung des Einzelnen durch seine Entscheidung in den weltanschaulichen Gegensätzen der Gegenwart.

Die Universität als Fortschrittskraft für die gesamte Gesellschaft, als Bildungsstätte der Elite und als ein Zentralort für die Nation auf ihrem Weg in die Zukunft – dies war der Kern des Selbstbildes der deutschen Universität, wie es im 19. Jahrhundert entstanden war. Nun wurde es neu justiert. Der jungen Republik kam das nicht zugute. Im Gegenteil, die Mehrheit der Professoren und der Studenten gingen nach dem Zusammenbruch der Monarchien in Distanz zur ersten deutschen Demokratie. Distanz zum demokratischen Staat – das konnte bedeuten: Rückzug aus der Politik, aber auch bewusste Hinwendung zu ihr.[39] Als 1934 der Hamburger Rektor Adolf Rein seine programmatische Antrittsrede hielt – »Die politische Universität« lautet ihr Titel –, knüpfte er bewusst an die Reformbestrebungen seit dem späten 19. Jahrhundert an. Die alten Klagen, er brachte sie alle wieder vor: Die Universität orientiere nicht mehr, zur »Fachschule« herabgesunken und »zum ›Warenhaus‹ entartet«, nehme die Universität »an den Entscheidungen des Lebens nicht teil«.[40] Um Universität bleiben oder wieder werden zu können, müsse sie zurückfinden zum Erziehen, zur Bildung. Und das sei in der heutigen Welt nur noch politisch möglich, Bildung als Fähigkeit zur Entscheidung, nicht zum bloßen Wissen.

1934 hieß ein solches Reformplädoyer, das mit der vermeintlich unpolitischen Tradition der Wissenschaft brechen, ihr offen politische Verantwortung abverlangen wollte, die Universität dem Nationalsozialismus auszuliefern. Es wäre aber zu bequem, nur darauf zu schauen. Reins Wille, die Universität zu einem Ort zu machen, an dem Grundentscheidungen der Gesellschaft wissenschaftlich vorausgedacht werden, und deshalb die Universität zur Politik zu öffnen, damit die Universität die Ergebnisse ihres Denkens selber in politische Entscheidungen umsetzen könne – dieses dezisionistische Plädoyer diente dem Nationalsozialismus, doch es ist kein spezifisch nationalsozialistisches. Es setzte früher ein, schon in der Reformphase zu Beginn des 19. Jahrhunderts, und es überdauerte – wie andere Fehlurteile auch.

Die Verlusterfahrungen des 20. Jahrhunderts überdeckten im Rückblick allzu leicht die Krisenerfahrung des späten 19. Jahrhunderts. Denn Nachdenken über den Ort der Universität in der deutschen Gesellschaft hieß spätestens seit dem ausgehenden 19. Jahrhundert, über eine Beziehung zu reden, die in eine Dauerkrise geraten schien. Die Frage ist aber, ob diese sich bis heute fortzeugende Krisendiagnose eine angemessene Realitätsbeschreibung bietet oder ob nicht vielmehr eine idealisierte Frühphase der deutschen Reformuniversität zur Messlatte wird – eine Messlatte, die möglicherweise Leistungen wie auch Defizite im Verhältnis zwischen Universität und Gesellschaft verzerrt. Dazu einige Bemerkungen.

4. Staatlich-gesellschaftliche Mischfinanzierung der deutschen Universität des 19. Jahrhunderts: Staatsentlastung und Zugangsfilter gegen Frauen und unterbürgerliche Schichten

Wer ermöglichte das erstaunliche Wachstum der deutschen Hochschulen? – ein Wachstum der Studentenzahlen, des Lehrkörpers, der Wissenschaftsdisziplinen, vielbeklagt, aber doch Voraussetzung für die Fähigkeit der deutschen Hochschulen, sich dem gesellschaftlichen Wandel anzupassen und ihn mitzuprägen. Denn so sehr die deutschen Hochschulen ihre gegenwärtige Lage an der Vergangenheit maßen, ihr auch nachtrauerten, damals als die Universität noch kein Großbetrieb gewesen ist – so sehr sie also nostalgisch zurückblickten, sie wuchsen doch in die neuen Forschungsaufgaben hinein, die ihnen die Probleme der entstehenden Industriegesellschaft abverlangten, und sie stellten sich diesen Problemen.

Dass sie dabei zu reinen Staatseinrichtungen geworden seien, gehört zu den seit damals wiederholten Fehlurteilen. Die deutschen Hochschulen des 19. Jahrhunderts waren staatlich organisiert, ihr enormes Wachstum ermöglichte jedoch eine staatlich-gesellschaftliche Mischfinanzierung. Das Studium war sogar nahezu ausschließlich gesellschaftlich finanziert. Es gab zwar eine große Zahl von Stiftungen, doch sieht man einmal vom Theologiestudium ab, boten die allermeisten Stipendien nur ein kümmerliches Zubrot, bis herab zur »Armseligkeit eines Almosens«, wie ein kompetenter Beobachter 1902 schrieb.[41] Das Studium bezahlte ganz überwiegend die Familie. Hinzu kamen in erstaunlichem Umfang Kredite – vornehmlich Warenkredite –, mit denen viele Studenten ihre ›standesgemäße‹ Lebenshaltung finanzierten. Getilgt wurden sie vielfach erst nach dem Studium.[42]

Familienalimentiert war aber auch ein beträchtlicher Teil des Lehrkörpers. Das explosive Wachstum der Hochschulen seit dem letzten Drittel des 19. Jahrhunderts kam den deutschen Staaten bis zum Ersten Weltkrieg relativ preiswert. Sie bezahlten die Gebäude – diese Ausgaben stiegen kräftig, aber sie bezahlten nur einen kleinen Teil des wissenschaftlichen Personals. 1896/97 machte der direkte Staatsanteil am Haushalt der preußischen Universitäten (ohne Berlin) ca. 63 Prozent aus; der Rest entfiel auf Stiftungsfonds, Einnahmen aus Grundstücken u. ä. sowie zu einem Sechstel bis Fünftel auf Einnahmen aus diversen Gebühren.[43]

Im Laufe des 19. Jahrhunderts war der Staatsanteil mit der Expansion der Universitäten ständig gestiegen, so dass man gegen Ende des Jahrhunderts darüber nachdachte, ob angesichts der teuren naturwissenschaftlichen und medizinischen Institute »ganz neu die Studenten in Gebührenform zur Kostendeckung mit herangezogen werden sollten.«[44] Die Hörgelder, die erhoben wurden, schienen nicht mehr auszureichen. Emil Durkheim tadelte sie als »Steuer auf die studentische Neugier«. »Es ist nicht gut, wenn der Wissensdrang ständig mit der allzu natürlichen Neigung zur Sparsamkeit in Konflikt gerät, denn es steht zu fürchten, daß die Ausgaben dann auf das strikte Minimum beschränkt werden.«[45] Doch »für den Wissenschaftsbetrieb«, so hob der Rektor der Berliner Universität in seiner Rede von 1896 hervor,

»sind nunmehr bedeutendere Kapitalanlagen, mächtigere technische Apparate notwendig, eine Mitfolge und wieder eine Bedingung des Fortschritts der Wissenschaft. Die ›reine‹ Geistesarbeit reicht hier so wenig mehr aus als die blosse Handarbeit in der Wirthschaft. Daher denn in den großen naturwissenschaftlichen Instituten ein kapitalistisches Gegenstück zu den fabrikativen Grossbetrieben.«[46]

Die Staatsausgaben für die Universitäten wuchsen kräftig, gleichwohl finanzierten die deutschen Staaten weiterhin nur einen Teil der mächtigen Expansion der Hochschulen. Die Staaten privatisierten einen erheblichen Teil der laufenden Kosten, indem sie deren Anstieg zu Lasten eines wachsenden Teils der Dozenten begrenzten. Hinzu kamen private und kommunale Formen der Wissenschaftsförderung.[47] Doch die Hauptbürde dieser Form der Staatsbegrenzung trugen die Nicht-Ordinarien. So vergrößerte sich an der Universität Berlin im Laufe des 19. Jahrhunderts die Zahl der Lehrenden um etwa das Achtfache, doch die Zahl der Ordinarien wuchs nur um das Vierfache, während das Heer der Extraordinarien und der Privatdozenten um das Dreizehn- und Zwölffache anschwoll.[48] 1910 stellte der so genannte »ordentliche Lehrkörper« an allen deutschen Universitäten nur noch etwa ein Drittel aller dort Lehrenden![49] Und selbst dieses Drittel wurde nur zum Teil aus der Staatskasse besoldet. Die Differenz zwischen dem eher bescheidenen staatlichen Grundgehalt und dem guten Leben, das inzwischen auch zur Attraktivität einer Professur gehörte – diese z. T. beträchtliche Differenz zahlten vor allem die studentischen Hörer.

Doch das eigentliche Instrument zum preiswerten, den staatlichen Haushalt schonenden Ausbau der deutschen Hochschulen zu Großbetrieben der Forschung und der Ausbildung war der Privatdozent.[50] Im Gegensatz zum besoldeten Professor war er eine Gesellschaftsfigur, keine Staatsfigur. Zur Forschung verpflichtet – nur Forschungserfolge schufen seit der Reform der Universitäten im 19. Jahrhundert zumindest eine Aussicht auf eine besoldete Professur – trieb er den wissenschaftlichen Fortschritt durch stetige Spezialisierung voran, und als staatlich unbezahlter Lehrer[51] sorgte er dafür, dass die Ausbildung trotz der anschwellenden Studentenzahlen weiterhin funktionierte. Da die Formalisierung des Zugangs zur Universitätsprofessur und die Qualifikationshürden seit dem Wandel zur modernen Leistungsuniversität zunehmend erhöht wurden, verlängerte sich im 19. Jahrhundert auch das »Fegefeuer des Privatdozententums«.[52]

Diese Form der staatlich-gesellschaftlichen Mischfinanzierung der Hochschulen und der gesellschaftlichen Alleinfinanzierung des wissenschaftlichen Nachwuchses schaltete in den Zugang zum Studium und erst recht zum universitären Lehramt einen Filter ein, der in zweifacher Hinsicht auswählte: sozial und nach Geschlecht. Nur Familien mit einem gewissen finanziellen Rückhalt konnte diese Form der Hochschulfinanzierung aufgebürdet werden.[53] In erster Linie waren es bürgerliche Familien. Aber auch für sie bedeutete das Studium in der Regel eine beträchtliche Last, und der lange unbesoldete Weg zum besoldeten Universitätsprofessor forderte Askese – von dem, der diesen Weg ging, und von der Familie, die ihn ermöglichte. Das war der harte sozialgeschichtliche Grund, warum die bewunderte deutsche Universität des 19. Jahrhunderts trotz ihrer enormen Expansion eine Universität von Männern für Männer blieb und nach den dominierenden Wertvorstellungen auch nur sein konnte. Denn das arbeitsteilige Leitbild der »bürgerlichen Gesellschaft«[54] legitimierte diese geschlechtsspezifische Wirkung der gesellschaftlich finanzierten Hochschulexpansion des 19. Jahrhunderts.[55]

Der Weg der Privatdozenten zur Professur forderte von sehr vielen harten Verzicht und von allen Geld. In der Regel, zahllose Briefe bezeugen es, gab es die Familie – die eigene oder die angeheiratete. Die Tübinger Privatdozenten Friedrich Theodor Vischer und David Friedrich Strauß wussten es aus eigener Erfahrung. Ein Amt muss her, schrieb Vischer 1838 – oder eine Frau, sonst ist es aus mit der erhofften akademischen Karriere und mit der Freiheit, schreiben zu können, was man für wahr hält. »Du mußt aber neben andern Dingen auch aufs Zeitliche bei einer Partie sehen«, ermahnte Vischer den Freund, »denn ein Mann von unsrer Art muß durchaus Geld haben, man kann sonst die Welt nicht gehörig über die Achsel ansehen.«[56] Eine Generation später hatten sich die Probleme keineswegs abgeschwächt. 1862 schrieb Heinrich Treitschke als 28-Jähriger einen seiner vielen Bitt- und Rechenschaftsbriefe:

»Wie gern, mein lieber Vater, befreite ich Dich sogleich und gänzlich von der Sorge um meine Subsistenz. Aber ich kann Nichts thun als arbeiten; es liegt im Wesen des gelehrten Berufs, daß wir die Früchte erst nach Jahren ernten«.[57]

Erst gegen Ende des 19. Jahrhunderts verminderten sich die Selektionsfolgen der familienalimentierten Universitätsfinanzierung. Der steigende Wohlstand ließ es nun zu, auch Töchtern ein Studium zu bezahlen. Die ersten Studentinnen stammten nicht zufällig aus höheren Sozialschichten als die Mehrzahl ihrer männlichen Kommilitonen.[58] Auch für die Privatdozenten verbesserte sich die Situation. Es gab jetzt in den zahlreichen neuen Instituten und Kliniken vermehrt bezahlte Stellen,[59] bis dann nach dem Ersten Weltkrieg in etlichen Etappen eine staatliche Besoldung für Privatdozenten eingeführt wurde. Dass die Nationalsozialisten 1939 den letzten Schritt auf dem langen Weg zur Verstaatlichung des gesamten Lehrkörpers vollzogen, hat ihnen beträchtliche Sympathien gesichert, gerade unter den jungen Dozenten.

5. Geisteswissenschaftliche Dominanz in »naturwissenschaftlicher Zeit«: Anpassung an die Industriegesellschaft mit traditionellem Selbstbild

Die Hochschulen wuchsen seit der zweiten Hälfte des 19. Jahrhunderts in die entstehende Industriegesellschaft, doch im Zentrum des universitären Selbstbildes standen weiterhin die Geisteswissenschaften. Es gab allerdings eine Fülle von Versuchen, dieses Selbstbild für den Aufstieg der Naturwissenschaften zu öffnen. So nutzte Rudolf Virchow seine Berliner Rektoratsrede von 1893 dazu, seinen Zuhörern den Sinn für den »*definitiven Uebergang in die naturwissenschaftliche Zeit*«[60] zu schärfen. Auch er pries den Nutzen der Wissenschaft für Staat und Gesellschaft – »Das alte Wort Baco's von Verulam ist eine Wahrheit geworden: Scientia est potentia«[61] – und ebenso für die individuelle Persönlichkeitsbildung. Und auch er beschwor den vertrauten Namen von Humboldt. Doch Virchow meinte nicht den in späteren Reden über die deutsche Idee der Universität allgegenwärtigen Wilhelm, sondern seinen Bruder Alexander. »Man darf ihn wohl den Schutzgeist der fortschreitenden Wissenschaft in der Zeit Friedrich Wilhelms II. und noch darüber hinaus nennen.«[62] Schutzgeist – damit meinte Virchow: Alexander von Humboldt trug nach seiner »naturphilosophischen Zeit«[63] dazu bei, dass »die nüchterne Beobachtung und der gesunde Menschenverstand in ihr Recht« treten konnten, als »die philosophischen Systeme in den Hintergrund gedrängt wurden«.[64]

Es gab diese Versuche, die Naturwissenschaften an die Spitze der Rangskala im Kulturhaushalt der Nation zu stellen. Doch die Geisteswissenschaften prägten das Bild der Universität in der Öffentlichkeit und ihr Selbstverständnis auch dann noch, als sie gegen Ende des Kaiserreichs ihre frühere Dominanz längst verloren hatten. Das gilt für ihren Anteil an der Studentenschaft und erst recht am Universitätsbudget. Die deutschen Universitäten schauten zwar ständig in den geschönten Spiegel der frühen Reformjahre, doch gegenüber den gänzlich neuen, damals nicht vorauszusehenden ökonomischen und sozialen Herausforderungen der entstehenden Industriegesellschaft erwiesen sich die Hochschulen trotz ihrer Fixierung auf eine zum Ideal verklärte Vergangenheit als erstaunlich flexibel und lernfähig. Die permanente Krisendiagnose des späten 19. und frühen 20. Jahrhunderts war keineswegs ein Ausdruck der Erstarrung, sie begleitete vielmehr einen geradezu dramatischen Wandel der Wissenschaften und ihrer Institutionen.[65]

Angetreten ist die Reformuniversität zu Beginn des 19. Jahrhunderts mit dem Anspruch, kein Brotstudium zu bieten, sondern zweckfreie Wissenschaft, doch schnell wurde sie zur begehrten Ausbildungsstätte für akademische Berufe. Begonnen hat sie in einer noch vorindustriellen Welt, doch rund ein halbes Jahrhundert später gingen von ihr Innovationen aus, die Wirtschaft und Gesellschaft völlig veränderten. Die moderne Chemie, um nur dieses Beispiel zu nennen, revolutionierte die Landwirtschaft und schuf damit eine der Voraussetzungen, das Zeitalter der Massenarmut in Europa um die Mitte des 19. Jahrhunderts zu beenden. Und sie ließ Industriezweige expandieren, die ohne ihre Forschungsergebnisse und ohne ihre Absolventen gar nicht entstanden wären.[66] Als Ende des 19. Jahrhunderts erneut eine Kommission britischer Parlamentarier das deutsche Bildungswesen studierte, zeigte sie sich überzeugt, dass der »industrielle Fortschritt« in Deutschland nur dank der vorzüglichen Ausbildungsangebote, von den Schulen bis zur Universität, so rasant und so dauerhaft sei. Eine »Nation, die über die besten Schulen verfügt«, so schrieben die britischen Abgeordneten in ihrem Bericht, sei »auch am besten auf den großen Wirtschaftskrieg vorbereitet [...], der vor uns liegt«.[67]

Gewiss, den Universitäten fiel es nicht leicht, sich den experimentellen Naturwissenschaften zu öffnen, doch sie taten es. Vor allem aber erwies sich das deutsche Hochschulwesen als flexibel genug, die Universitäten mit ihrem traditionellen geistes- und rechtswissenschaftlichen Schwergewicht durch neue Forschungs- und Ausbildungsstätten zu ergänzen, die dann ihrerseits die Universitäten unter heilsamen Reformdruck setzten. Die Technischen Hochschulen wurden ausgebaut, sie betrieben in großem Umfang auch angewandte Forschung, und sie kooperierten eng mit jungen Unternehmen, die Ergebnisse aus der Hochschulforschung sofort in die Produktion umzusetzen suchten.[68] Schließlich begann noch im 19. Jahrhundert vor allem in der Chemie und der Elektrotechnik die Industrieforschung. Auch sie entstand im engen Verbund mit den Hochschulen. Deutschland galt in der Vorkriegszeit als »unbestrittener Vorreiter« der Industrieforschung und auch danach, in der Zeit zwischen den Weltkriegen, behauptete Deutschland seine Position als »eine führende Forschungsnation« in der Welt.[69] Ohne die Bereitschaft und Fähigkeit der deutschen Hochschulen, sich auf die Anforderungen der Industriegesellschaft einzulassen, wäre dies nicht möglich gewesen.

Initiativ zeigten sich Hochschullehrer auch beim Aufbau der staatsnahen außeruniversitären Großforschung, die eigentlich dem Selbstverständnis der deutschen Hochschulen als Monopolisten der staatlich organisierten Forschung widersprach.[70] 1911 wurde schließlich mit der Kaiser-Wilhelm-Gesellschaft eine neuartige Form außeruniversitärer Forschung institutionalisiert.[71] Sie führte staatliche und private Geldmittel zusammen und begrenzte zugleich den Einfluss von Staat und Wirtschaft, indem sie die akademischen Prinzipien Selbstverwaltung und Forschungsfreiheit auf die neuen Forschungseinrichtungen übertrug.

Die Universität, dies sollten diese wenigen Hinweise andeuten, wurde im Kaiserreich zu einem zentralen Modernisierungsfaktor. Im stark expandierenden

Ausbildungsbereich für die akademischen Berufe gewann sie eine Monopolstellung; im politischen Bereich stieg sie zu einer Art stiller Verfassungsinstitution auf, die für das staatliche Handeln und dessen Begrenzung wichtig wurde; und auch für unternehmerisches Handeln stellte das an den Hochschulen erzeugte Wissen eine unverzichtbare Grundlage in den Wirtschaftsbereichen, die auf naturwissenschaftlichen Forschungsergebnissen aufbauten, einem Bereich also, der Deutschland zu einer der führenden Industrienationen der Welt werden ließ.

Was damals an Neuem einsetzte, prägt die Forschungslandschaft noch heute. Begleitet wurden diese Innovationen von einer Dauerreflexion, die vornehmlich auf die Defizite schaute, weniger auf die Erfolge. Diese permanente Selbstkritik dürfte ein Hauptgrund, vielleicht *der* Hauptgrund für die Beweglichkeit gewesen sein, mit der sich die deutschen Hochschulen dem gesellschaftlichen Wandel öffneten und ihn vorantrieben.

Solange sich die Universität selber kritisiert, ist sie bereit, sich zu entwickeln, und solange sie aus der Gesellschaft kritisiert wird, wird sie von der Gesellschaft gebraucht. Kritik und Selbstkritik als Lebenselixier. Ob der gegenwärtige radikale Umbau der deutschen Universität ebenfalls in diese Reformlinie gehört oder unter der Parole »Humboldt ist tot« mit der Tradition, die hier skizziert wurde, bricht, muss die Zukunft zeigen.

Anmerkungen

1   Gesamtüberblicke mit Literaturangaben bieten die Kapitel *Hochschulen* in: Handbuch der deutschen Bildungsgeschichte, Bd. III 1800–1870, hg. v. Karl-Ernst Jeismann / Peter Lundgreen, München 1987; Bd. IV 1870–1918, hg. v. Christa Berg, 1991; Bd. V 1918–1945, hg. v. Langewiesche / Heinz-Elmar Tenorth, 1989; Geschichte der Universität in Europa. Bd. III: Vom 19. Jahrhundert zum Zweiten Weltkrieg 1800–1945, hg. v. Walter Rüegg, München 2004 (Zitat S. 17).

2   Dazu ausführlich: Geschichte der Universität in Europa. Bd. III (Zitat S. 53).

3   1830er bis 1860er Jahre und die Zeit des Nationalsozialismus. Alle Zahlen, soweit nicht speziell nachgewiesen, nach der grundlegenden Datensammlung von Hartmut Tietze, Das Hochschulstudium in Preußen und Deutschland 1820–1944 (Datenhandbuch zur deutschen Bildungsgeschichte, Bd. I, 1), Göttingen 1987.

4   Adolf von Harnack, Vom Großbetrieb der Wissenschaft, in: Preußische Jahrbücher 119 (1905), S. 193–201. Eine gelungene Fallstudie: Reinhard Riese, Die Hochschulen auf dem Weg zum wissenschaftlichen Großbetrieb. Die Universität Heidelberg und das badische Hochschulwesen 1860–1914, Stuttgart 1977.

5   Vgl. Hartmut Tietze, Der Akademikerzyklus. Historische Untersuchungen über die Wiederkehr von Überfüllung und Mangel in akademischen Karrieren, Göttingen 1990.

6   Adolph Wagner, Die Entwicklung der Universität Berlin 1810–1896. Rede zur Gedächtnisfeier der Stiftung der Königlichen Friedrich-Wilhelms-Universität am 3. August 1896, Berlin 1896, S. 17.

7   Rainer Christoph Schwinges (Hg.), Humboldt International. Der Export des deutschen Universitätsmodells im 19. u. 20. Jahrhundert, Basel 2001.

8   Emile Durkheim, Über Deutschland. Texte aus den Jahren 1887 bis 1915, hg. v. Franz Schultheis / Andreas Gipper, Konstanz 1995, S. 78.

9   Vgl. Langewiesche, Zur untergegangenen Tradition der Rektoratsrede, in: Akademie Aktuell. Zeitschrift der Bayerischen Akademie der Wissenschaften 02/2007, S. 47–49. http://www.

badw.de/aktuell/akademie_aktuell/2007/heft2/14_Langewiesche.pdf; ders., Selbstbilder der deutschen Universität in Rektoratsreden. Jena – spätes 19. Jahrhundert bis 1948, in: Jürgen John / Justus H. Ulbrich (Hg.), Jena – ein »deutscher Erinnerungsort?« Köln 2007. Online-Recherchen zu den Rektoratsreden: http://www.historische-kommission-muenchen-editionen.de/rektoratsreden/.

10   Einen Zugang zum Selbstverständnis und Problembewusstsein um die Jahrhundertwende bietet Friedrich Paulsen, Die deutschen Universitäten und das Universitätsstudium, Berlin 1902. Zur heutigen Sicht: Lothar Gall, Zur politischen und gesellschaftlichen Rolle der Wissenschaften in Deutschland um 1900, in: Wissenschaftsgeschichte seit 1900. 75 Jahre Universität Frankfurt, Frankfurt/M. 1992, S. 9–28; wichtig zur Korrektur der fest eingeschliffenen Vorstellung, die deutschen Universitäten seien im 19. Jh. nach einem Humboldtschen Modell reformiert worden: Sylvia Paletschek, Verbreitete sich ein ›Humboldtsches Modell‹ an den deutschen Universitäten im 19. Jahrhundert?, in: Humboldt International (Anm. 7), S. 75–104; Paletschek, Die Erfindung der Humboldtschen Universität. Die Konstruktion der deutschen Universitätsidee in der ersten Hälfte des 20. Jahrhunderts, in: Historische Anthropologie 10 (2002), S. 183–205; s. auch Langewiesche, Selbstbilder (Anm. 9).

11   Carl Heinrich Becker, Vom Wesen der deutschen Universität, Leipzig 1925, S. 7. Vgl. zu Becker die eindringliche Studie von Guido Müller, Weltpolitische Bildung und Akademische Reform. Carl Heinrich Beckers Wissenschafts- und Hochschulpolitik 1880–1930, Köln 1991.

12   Becker, S. 7f.

13   Die Göttinger Universität und ihre Umwelt (1953), in: Rudolf Smend, Staatsrechtliche Abhandlungen und andere Aufsätze, Berlin ²1968, S. 441–461, Zitate S. 459f.

14   A. v. Harnack, Großbetrieb der Wissenschaft (Anm. 4), S. 198.

15   Vgl. für Deutschland insbes. Klaus Schwabe, Wissenschaft und Kriegsmoral. Die deutschen Hochschullehrer und die politischen Grundfragen des Ersten Weltkrieges, Göttingen 1969; europäisch: Notker Hammerstein, Universitäten und Kriege im 20. Jahrhundert, in: Geschichte Universität Europa (Anm. 1), S. 515–545; Trude Mauer (Hg.), Kollegen – Kommilitonen – Kämpfer. Europäische Universitäten im Ersten Weltkrieg, Stuttgart 2006.

16   Zum grundlegenden Wandel von der alten Familienuniversität zur ›klassischen‹ Leistungs- sowie Forschungs- und Lehruniversität seit dem frühen 19. Jahrhundert vgl. Peter Moraw, Kleine Geschichte der Universität Gießen, Gießen 1982, insbes. S. 42–54; ders., Vom Lebensweg des deutschen Professors, in: Mitteilungen der DFG 4/88, S. 1–12; Marita Baumgarten, Vom Gelehrten zum Wissenschaftler. Studien zum Lehrkörper einer kleinen Universität am Beispiel der Ludoviciana Gießen (1815–1914), Gießen 1914. Zur Kommunikationserweiterung an den Universitäten der Habsburgermonarchie vgl. Richard Georg Plaschka / Karlheinz Mack (Hg.), Universitäten und Studenten: Die Bedeutung studentischer Migrationen in Mittel- und Südosteuropa vom 18. bis zum 20. Jahrhundert, Wien 1987.

17   J.C. Bluntschli, Wissenschaft, in: Bluntschli's Staatswörterbuch, bearb. u. hg. v. Dr. Löning, Bd. 3, Zürich 1875, S. 210. Zur Figur des politischen Professors s. Klaus Ried, Wort und Tat. Das politische Professorentum der Universität im frühen 19. Jahrhundert, Stuttgart 2007.

18   Universitäten, ebd., S. 797–811, 803. Dieser Artikel geht zurück auf den von Marquardsen verfassten Artikel Universitäten in: Deutsches Staats-Wörterbuch, hg. v. J. C. Bluntschli / K. Brater, Bd. 10, Stuttgart 1867, S. 677–727.

19   Bluntschli (Anm. 16), S. 209.

20   Universitäten, in: Staats- und Gesellschaftslexikon, hg. v. Herrmann Wagener, Bd. 21, Berlin 1866, S. 43–82.

21   Universitäten, in: Staatslexikon, hg. v. Julius Bachem, Freiburg ²1901–1904, alle Zitate Sp. 859f. Wie sehr die Universitäten als Geschöpfe protestantischen Geistes galten, zeigt der von K. H. Scheidler verfasste umfangreiche Artikel Universitäten in dem zentralen liberalen Lexikon der ersten Hälfte des 19. Jhs.: Staats-Lexikon oder Enzyklopädie der Staatswissenschaften, hg. v. C. von Rotteck / C. Welcker, Bd. 15, Altona 1843, S. 498–540.

22   Ebd., Sp. 859.

23   Vgl. Dieter Langewiesche, Die politische Klasse im Kaiserreich und in der Weimarer Republik, in: Parteien im Wandel. Vom Kaiserreich zur Weimarer Republik. Rekrutierung – Qua-

lifizierung – Karrieren, hg. v. Dieter Dowe u. a., München 1999, S. 11–26; Klaus Schwabe (Hg.), Deutsche Hochschullehrer als Elite, 1815–1945, Boppard 1988.

24   Pierangelo Schiera, Laboratorium der bürgerlichen Welt. Deutsche Wissenschaft im 19. Jahrhundert, Frankfurt/M. 1992 (italienisch: Bologna 1987).

25   Friedrich Lenger, Werner Sombart 1863–1941. Eine Biographie, München 1994, S. 154–170, Zitate S. 158.

26   Paulsen (Anm. 10), S. 65.

27   Vgl. neben den in Anm. 1 genannten Werken Peter Borscheid, Naturwissenschaft, Staat und Industrie in Baden (1848–1914), Stuttgart 1976; Frank R. Pfetsch / Avraham Zloczower, Innovation und Widerstände in der Wissenschaft, Düsseldorf 1973; Klaus Schwabe, Deutsche Hochschullehrer als Elite, 1815–1945, Boppard 1988; Sylvia Paletschek, Die permanente Erfindung einer Tradition. Die Universität Tübingen im Kaiserreich und in der Weimarer Republik, Stuttgart 2001.

28   Vgl. etwa die jeweils für ihre Zeit charakteristischen Urteile bei Eduard Spranger, Wilhelm von Humboldt und die Reform des Bildungswesens, Berlin 1910; René König, Vom Wesen der deutschen Universität, Berlin 1935; Helmuth Schelsky, Einsamkeit und Freiheit. Idee und Gestalt der deutschen Universität und ihrer Reformen, Reinbek bei Hamburg 1963.

29   Dazu grundlegend Paletschek (Anm. 10).

30   Vgl. mit der weiteren Literatur u. a. Konrad H. Jarausch (Hg.), The Transformation of Higher Learning 1860–1930, Stuttgart 1983; Werner Conze / Jürgen Kocka (Hg.), Bildungsbürgertum im 19. Jahrhundert, Teil I: Bildungssystem und Professionalisierung, Stuttgart 1985; Rudolf Stichweh, Wissenschaft, Universität, Professionen. Soziologische Analysen, Frankfurt/M. 1994; Charles E. McClelland, The German experience of professionalization. Modern learned professions from the early nineteenth century to the Hitler era, Cambridge 1991.

31   Zum sozialen Ansehen, das Universitätsabschlüsse vermittelten, und zum Sozialprestige von Offizieren und des Hochadels s. Hans-Ulrich Wehler, Deutsche Gesellschaftsgeschichte, 3. Bd., München 1995, S. 417ff., 730ff., 805ff., 843ff., 873ff.; Thomas Nipperdey, Deutsche Geschichte 1866–1918, 1. Bd., München 1990, S. 382ff., 568ff.; 2. Bd., 1992, S. 201ff.; Hans-Peter Ullmann, Das Deutsche Kaiserreich 1871–1918, Frankfurt/M. 1995; Olaf Willett, Zwischen Adelswelt und Bürgertum. Der soziale Status des Professors 1743–1933, in: C. Friederich (Hg.), Die Friedrich-Alexander-Universität Erlangen-Nürnberg 1743–1993, Erlangen 1993, S. 378–385; Martin Schmeiser, Akademischer Hasard. Das Berufsschicksal des Professors und das Schicksal der deutschen Universität 1870–1920. Eine verstehend soziologische Untersuchung, Stuttgart 1994; Rüdiger vom Bruch / Rainer A. Müller (Hg.), Erlebte und gelebte Universität. Die Universität München im 19. und 20. Jahrhundert, Pfaffenhofen 1986 (autobiographische Quellen).

32   Zitiert nach: Alexander Busch, Die Geschichte des Privatdozenten. Eine soziologische Studie zur großbetrieblichen Entwicklung der deutschen Universitäten, Stuttgart 1959, S. 48.

33   Über die Arbeitsteilung in der Wissenschaft (1877), in: Gustav Rümelin, Kanzlerreden, Tübingen 1907, S. 192–213. Dort alle folgenden Zitate.

34   Eduard Spranger, Wandlungen im Wesen der Universität seit 100 Jahren, Leipzig 1913.

35   Ebd., S. 22–24.

36   Ebd., S. 35.

37   Vgl. etwa Jürgen Mittelstraß, Wissenschaft als Lebensform. Reden über philosophische Orientierungen in Wissenschaft und Universität, Frankfurt/M. 1982.

38   An den Rektoratsreden lässt sich das verfolgen; s. die Studien von Langewiesche in Anm. 9.

39   Eine Verhaltenstypologie deutscher Professoren nach dem Ersten Weltkrieg entwirft meine Studie: Die Eberhard-Karls-Universität Tübingen in der Weimarer Republik: Krisenerfahrungen und Distanz zur Demokratie an deutschen Universitäten, in: Zeitschrift f. württ. Landesgeschichte 51 (1992), S. 345–381; vgl. Christian Jansen, Professoren und Politik. Politisches Denken und Handeln der Heidelberger Hochschullehrer 1914 bis 1935, Göttingen 1992; Paletschek (Anm. 27); Mathias Kotowski, Die öffentliche Universität. Veranstaltungskultur der Eberhard-Karls-Universität Tübingen in der Weimarer Republik, Stuttgart 1999.

40   Adolf Rein, Die politische Universität, in: Hamburgische Universität. Reden gehalten bei der Feier des Rektorwechsels am 5. November 1934, Hamburg 1934, S. 18–38, 22–24. Vgl. zu Rein und seinem Umfeld Eckart Krause u. a. (Hg.), Hochschulalltag im »Dritten Reich«. Die Hamburger Universität 1933–1945, 3 Bde., Berlin 1991.

41   Paulsen (Anm. 10), S. 469.

42   Die in den verschiedenen Fächern sehr unterschiedlichen Kosten eines Studiums, die Zusammensetzung der Finanzierung und die Folgen für die soziale Rekrutierung der Studenten werden detailliert aufgearbeitet von Martin Biastoch, Tübinger Studenten im Kaiserreich. Eine sozialgeschichtliche Untersuchung, Sigmaringen 1996.

43   Die Universitätshaushalte sind detailliert erschlossen bei Wagner (Anm. 6). 1896/97 betrug der Staatsanteil in Berlin 82,9 Prozent, in Göttingen dagegen belief er sich nur auf 361.169 M, während allein die Einnahmen aus Stiftungen und anderen Fonds 625.296 M erbrachten; ebd., S. 65. Grundlegend dazu nun Bernhard vom Brocke, Universitäts- und Wissenschaftsfinanzierung im 19./20. Jahrhundert, in: Rainer Christoph Schwinges (Hg.), Finanzierung von Universität und Wissenschaft in Vergangenheit und Gegenwart, Basel 2005, S. 343–462. Der Staatszuschuss zum Universitätshaushalt 1865 lag in Preußen im Durchschnitt aller Hochschulen bei 64,8 Prozent, in Bayern bei 46,9, in Baden bei 67,5 Prozent. In Leipzig betrug er nur 33,4 Prozent, in Tübingen 84,3 Prozent (S. 380). Der Staatsanteil stieg überall an. Die Bedeutung der Privatdozenten als nichtstaatlich finanzierte Garanten der Lehre berücksichtigen diese Zahlen nicht.

44   So der Berliner Rektor Adolph Wagner in seiner Rektoratsrede von 1896, ebd., S. 30.

45   Durkheim (Anm. 8), S. 63.

46   Wagner (Anm. 6), S. 28f.

47   Vgl. mit der weiteren Literatur Rüdiger vom Bruch, Kommunalisierung als moderne Antwort auf Durchstaatlichung? Städtische Hochschulgründungen im späten Kaiserreich: Das Beispiel Frankfurt/M., in: Berichte zur Wissenschaftsgeschichte 15 (1992), S. 163–175; ders. / Rainer A. Müller (Hg.), Formen außerstaatlicher Wissenschaftsförderung im 19. und 20. Jahrhundert. Deutschland im europäischen Vergleich, Stuttgart 1990; vom Brocke, Universitäts- und Wissenschaftsfinanzierung (Anm. 43).

48   Wagner (Anm. 6), S. 20.

49   Vgl. die Angaben bei Busch, Privatdozenten (Anm. 32), bes. S. 75–79 sowie Christian von Ferber, Die Entwicklung des Lehrkörpers der deutschen Universitäten und Hochschulen 1864–1954, Göttingen 1956 und die Studien von Baumgarten (wie Anm. 16), Riese (wie Anm. 4) und vor allem von Sylvia Paletschek, Zur Geschichte der Habilitation an der Universität Tübingen im 19. und 20. Jahrhundert – Das Beispiel der Wirtschaftswissenschaftlichen (ehemals Staatswirtschaftlichen/Staatswissenschaftlichen) Fakultät, in: Helmut Marcon / Heinrich Strecker (Hg.), 200 Jahre Wirtschafts- und Staatswissenschaften an der Eberhard-Karls-Universität Tübingen, Bd. II, Stuttgart 2004, S. 1364–1399. An den großen Universitäten war das Missverhältnis krasser als in den kleineren, und die Unterschiede zwischen den Fakultäten waren beträchtlich. Materialreich ist Franz Eulenburg, Der akademische Nachwuchs. Eine Untersuchung über die Lage und die Aufgaben der Extraordinarien und Privatdozenten, Leipzig 1908.

50   Dazu grundlegend Busch (Anm. 32). Mit weiteren Differenzierungen und mit einer genauen Analyse der sozialen Auswirkungen dieser Form der Nachwuchsrekrutierung die Studie von Paletschek, Geschichte der Habilitation (Anm. 49); Paletschek, Universität Tübingen (Anm. 27).

51   Die Summen, die ab der zweiten Hälfte des 19. Jahrhunderts für Staatsstipendien an Privatdozenten zur Verfügung standen, waren so gering, dass nur wenige damit gefördert werden konnten: in Tübingen Ende des 19. Jahrhunderts etwa zwei pro Jahr! Vgl. Paletschek (Anm. 49). Auch in Berlin, wo ab 1875 ein Fonds für Privatdozenten eingerichtet wurde, reichte dieser nie auch nur annähernd; vgl. Busch (Anm. 32), S. 113.

52   So Max Lenz, Geschichte der Königlichen Friedrich-Maximilians-Universität zu Berlin, Bd. 2,1, Halle 1910, S. 486, zitiert nach Busch (Anm. 32), S. 57. Ausführlich dazu Schmeiser,

Akademischer Hasard (Anm. 31). Zu den interessenpolitischen Reaktionen auf dieses »Fegefeuer« vgl. Rüdiger vom Bruch, Universitätsreform als soziale Bewegung. Zur Nicht-Ordinarienfrage im späten deutschen Kaiserreich, in: Geschichte und Gesellschaft 10 (1984), S. 72–91.

53 Vgl. die Zahlen bei Busch (Anm. 32), Paletschek (Anm. 49) und Tietze, Akademikerzyklus (wie Anm. 5).

54 Vgl. aus der Fülle der neueren Literatur Ute Frevert (Hg.), Bürgerinnen und Bürger. Geschlechterverhältnisse im 19. Jahrhundert, Göttingen 1988.

55 Zur Habilitation von Frauen vgl. Elisabeth Boedeker / Maria Meyer-Plath, 50 Jahre Habilitation von Frauen in Deutschland. Eine Dokumentation über den Zeitraum von 1920–1970, Göttingen 1974. Auf die Gegenwart bezogen mit einem ungewöhnlichen Ansatz: Sandra Beaufays, Wie werden Wissenschaftler gemacht? Beobachtungen zur wechselseitigen Konstitution von Geschlecht und Wissenschaft, 2003.

56 Briefwechsel zwischen Strauß und Vischer. In zwei Bänden hg. v. Adolf Rapp, Bd. 1, Stuttgart 1952, S. 67. Vorzüglich zum Frauenbild Vischers Andrea Hauser, Vischers Männerphantasien, in: Städtisches Museum Ludwigsburg (Hg.), Friedrich Theodor Vischer zum 100. Geburtstag, Ludwigsburg 1998, S. 144–154.

57 Max Cornicelius (Hg.), Heinrich von Treitschkes Briefe, 2. Bd., Leipzig 1913, S. 202. Informativ zur Frage der Lebenshaltung im Universitätsmilieu ist Lenger, Sombart (Anm. 25).

58 Als Fallstudie zum Beginn des Frauenstudiums in Deutschland Edith Glaser, Hindernisse, Umwege, Sackgassen. Die Anfänge des Frauenstudiums in Tübingen (1904–1934), Weinheim 1992.

59 Vgl. K. D. Bock, Strukturgeschichte der Assistentur. Personalgefüge, Wert- und Strukturvorstellungen in der Universität des 19. und 20. Jahrhunderts, Düsseldorf 1992; Paletschek, Habilitation (Anm. 49).

60 Rudolf Virchow, Die Gründung der Berliner Universität und der Uebergang aus dem philosophischen in das naturwissenschaftliche Zeitalter. Rede am 3. August 1893 in der Aula der Königlichen Friedrich-Wilhelms-Universität zu Berlin, Berlin 1893, S. 21 (Hervorhebung im Original).

61 Ebd., S. 25.

62 Ebd., S. 22.

63 Ebd., S. 20.

64 Ebd., S. 19. Eine kritische Antwort auf diese Stelle, die er einen »Orakelspruch« des Naturwissenschaftlers nannte, gab der Jenaer Rektor, der Theologe Dr. Carl Siegried, in seiner Rektoratsrede von 1895. Vgl. Langewiesche, Selbstbilder der deutschen Universität in Rektoratsreden (Anm. 9).

65 Vgl. allgemein Pfetsch / Zloczower (Anm. 27); Peter Lundgreen, Differentiation in German Higher Education, in: Konrad H. Jarausch (Hg.), The Transformation of Higher Learning 1860–1930, Stuttgart 1983, S. 149–179.

66 Vgl. Borscheid, Naturwissenschaft (Anm. 27); Karl-Heinz Manegold, Universität, Technische Hochschule und Industrie. Ein Beitrag zur Emanzipation der Technik im 19. Jahrhundert unter besonderer Berücksichtigung der Bestrebungen Felix Kleins, Berlin 1970; Walter Wetzel, Naturwissenschaften und chemische Industrie in Deutschland. Voraussetzungen und Mechanismen ihres Aufstiegs im 19. Jahrhundert, Stuttgart 1991. Langewiesche, Universität und Modernisierung im deutschen Kaiserreich, in: Universitäts-, Wissenschafts- und Intellektuellengeschichte. Deutsch-Norwegisches Stipendienprogramm für Geschichtswissenschaften (Ruhrgas-Stipendium), Oslo 2001, S. 21–31.

67 Zitiert nach Schiera, Laboratorium der bürgerlichen Welt (Anm. 24), S. 229. Vgl. Timothy Lenoir, Politik im Tempel der Wissenschaft. Forschung und Machtausübung im deutschen Kaiserreich, Frankfurt/M. 1992.

68 Vgl. neben den in Anm. 56 genannten Titeln etwa Bettina Gundler, Technische Bildung, Hochschule, Staat und Wirtschaft. Entwicklungslinien des Technischen Hochschulwesens 1914 bis 1930. Das Beispiel der Technischen Hochschule Braunschweig, Hildesheim 1991.

Ein Beispiel für die Kooperation von technischer Industrie und Universität bietet der Bereich Optik in Jena. Vgl. Wolfgang Wimmer, Das Verhältnis von Carl-Zeiss-Stifung und Zeisswerk zur Universität bis 1933, in: Matthias Steinbach / Stefan Gerber (Hg.), »Klassische Universität« und »akademische Provinz«. Studien zur Universität Jena von der Mitte des 19. bis in die dreißiger Jahre des 20. Jahrhunderts, Jena 2005, S. 59–76.

69   Vorzüglich dazu Paul Erker, Die Verwissenschaftlichung der Industrie. Zur Geschichte der Industrieforschung in den europäischen und amerikanischen Elektrokonzernen 1890–1930, in: Zeitschrift für Unternehmensgeschichte 35 (1990), S. 73–94, Zitate S. 80.

70   Vgl. Gerhard A. Ritter, Großforschung und Staat in Deutschland. Ein historischer Überblick, München 1992; Margit Szöllösi-Janze, Die institutionelle Umgestaltung der Wissenschaftslandschaft im Übergang vom späten Kaiserreich zur Weimarer Republik, in: Rüdiger vom Bruch / Brigitte Kaderas (Hg.), Wissenschaften und Wissenschaftspolitik. Bestandsaufnahmen zu Formationen, Brüchen und Kontinuitäten im Deutschland des 20. Jahrhunderts, Stuttgart 2002, S. 60–74.

71   Rudolf Vierhaus / Bernhard vom Brocke (Hg.), Forschung im Spannungsfeld von Politik und Gesellschaft. Geschichte und Struktur der Kaiser-Wilhelm-/Max-Planck-Gesellschaft, Stuttgart 1990.

Chancen und Perspektiven:
Bildung und Ausbildung[*]

1. Kann die Universität Bildung vermitteln in einer Gesellschaft ohne Bildungskanon?

Bildung und Ausbildung in der Universität der Zukunft, also unter den Bedingungen der neuen Bologna-Studiengänge – welche Entwicklungen sind zu erwarten? Als Historiker bin ich es gewohnt, den Blick nach vorne durch eine Vergewisserung im Gestern und Heute zu untermauern. Doch dieses historische Fundament, auf dem eine (stets unsichere) Prognose gewagt werden könnte, ist schwer auszumachen.

Ohne der Versuchung nachzugeben, die Worte Bildung und Ausbildung gegeneinander auszuspielen, wird man doch als Ausgangspunkt konstatieren dürfen, dass es in der heutigen Gesellschaft keine auch nur annähernd klare, mehrheitlich geteilte Vorstellung gibt, was unter Bildung zu verstehen ist. Und weil das so ist, halte ich es für außerordentlich problematisch, von der heutigen Universität zu erwarten, dass sie ihren Studierenden Bildung ermöglicht. Ich sage bewusst: von der heutigen Universität, nicht erst von der künftigen Universität. Denn es wäre unfair, diese Schwierigkeit zu sagen, was denn Bildung bedeuten soll, auf die Universität der Zukunft mit ihren *Bachelor*-Kurzstudiengängen abzuwälzen. Auch dort, wo die heutige Universität noch in ihrer überkommenen Struktur mit den traditionellen Studiengängen besteht, fühlt sich diese Universität als ganze nicht zuständig, im Studium Bildung zu vermitteln. Sie stellt sich diese Aufgabe nicht, weil es in der Gesellschaft, deren Werte sie teilt, keinen Konsens darüber gibt, was Bildung ist. Oder genauer und bescheidener gesagt: Es gibt keinen Bildungskanon, der in der Gesellschaft lebendig wäre, so dass aus ihm eine verbindliche Orientierung für Schulen und Hochschulen abgeleitet werden könnte. Was Bildung bedeuten soll, kann jedoch nur aus der Gesellschaft heraus kommen, nicht aus einer der so genannten Bildungsinstitutionen, sei es die Schule oder die Hochschule.

2. Forschung als Persönlichkeitsbildung: Zum Verlust eines Leitbildes

Diese Unsicherheit ist historisch nicht neu. Mit Blick auf die deutschen Universitäten setzte die Unsicherheit, ob aus der Fachausbildung allgemeine Bildung erwachse, nach dem Ersten Weltkrieg ein. Bis dahin – das lassen die Rektoratsreden erkennen, in denen die Universität zu rituell wiederkehrenden Anlässen ein Bild von sich entwarf und einer größeren Öffentlichkeit vor Augen führte[1] – zweifelte kein Hochschullehrer daran, dass die forschungsbezogene Lehre das beste Fundament für eine wissenschaftlich begründete Bildung sei. Bildung als Formung der Persönlichkeit hatten die Rektoren stets als eine zentrale Aufgabe der Universität begriffen: Bildung durch Forschung, Forschung als bester Weg zur Bildung. Darin sahen die Rektoratsreden aus der Zeit des deutschen Kaiserreichs und der Weimarer Republik die geistige Einheit der Universität trotz rapider fachwissenschaftlicher Spezialisierung verbürgt. Deshalb waren sie überzeugt, mit dem fachwissenschaftlichen Vortrag Zeugnis von diesem Bildungsauftrag und Bildungswillen der Universität abzulegen. Nicht Spezialwissen bildet, sondern, so die Grundüberzeugung, was alle Fächer eint, der forschende Zugang zum noch Unbekannten. Wer dies einmal vollzogen habe, sei gebildet für das ganze Leben.

Forschung an sich bilde, auf welchem Gebiet auch immer und wie spezialisiert sie sein mag. Dieser Glaube an die Verschwisterung von Wissenschaft und Bildung ließ die Forschungs- und Ausbildungsstätte Universität als eine Einheit erscheinen und stellte sie zugleich an die Spitze aller Bildungseinrichtungen. Mit den Rektoratsreden trat sie vor eine breitere Öffentlichkeit, der viel abverlangt wurde. Hielten die Rektoren einen Fachvortrag, bemühten sie sich zwar meist, auch für Fachfremde verständlich zu sprechen, doch als Pflicht sahen sie das nicht. Der Laie muss sich um den Experten bemühen, nicht umgekehrt. Denn Bildung ist an Voraussetzungen gebunden, und sie kostet intellektuelle Anstrengung, zu der nicht jeder fähig ist. Das setzten die Rektoren voraus, und offensichtlich durften sie bei ihren Hörern auf Zustimmung rechnen. Einen Laienrabatt für Fachfremde räumten die Rektoren also nicht ein. Das hätte dem universitären Selbstverständnis von Bildung durch Forschung widersprochen. Zur Forschung gehören die Irrwege oder Sackgassen ebenso wie die ständigen Spezialisierungen. Und beides führten die Rektoren in ihren Fachvorträgen vor, um Forschung als einen Prozess auszuweisen, der keine endgültigen Wahrheiten schafft und nie abgeschlossen sein kann. Dies zu erkennen und als Grundlage für Bildung anzunehmen, verlangten sie, wenn sie mit einer fachlichen Rektoratsrede vor ihr Festpublikum traten. Als Gegenleistung versprachen sie Einsicht in den Menschheitsfortschritt durch Forschung und einen Beitrag zu der Fähigkeit und dem Willen, sich als Individuum einsichtsfähig zu machen, um die archaischen Kräfte »unter einer sehr dünnen, sie niederhaltenden Humusschicht der Zivilisation« durch Bildung zu beherrschen.[2]

Diese Sicherheit, mit einem Fachvortrag die Bildungserwartungen eines fachfremden Publikums zu erfüllen, wurde in Deutschland nach dem Ersten Weltkrieg brüchig. Und sie wurde seit dem nie wieder zurückgewonnen – weder in der Gesellschaft noch an den Universitäten. Nach der Erfahrung des Nationalsozialismus, dem die deutschen Universitäten politisch und ethisch nichts entgegenzusetzen wussten, nahmen die Universitäten und die Gesellschaft das alte Leitbild – Bildung als Formung der Persönlichkeit durch wissenschaftliche Fachbildung – jedoch wieder auf. Dass dieses Leitbild einer wissenschaftlich fundierten Bildung zu keiner Zeit in der Lage gewesen ist, politische Urteilsfähigkeit zu sichern, weder bei den Studenten noch bei den Professoren, blieb vielen Repräsentanten der Universität verschlossen. Zumindest sprachen sie damals nicht darüber.[3]

Der Weg zurück in die Selbstsicherheit, als Forschungsstätte per se stets auch Bildungsstätte zu sein, ist heute versperrt. Die Geschichte des 20. Jahrhunderts lässt überall diesen Rückzug in vertraute Leitbilder nicht mehr zu. Was bedeutet dies für die Universität der Zukunft als einer Bildungsinstitution, die nicht in Fachbildung aufgehen soll? Diese Frage kann nicht allein an die Universität gerichtet werden, sondern muss die gesellschaftlichen Vorstellungen über Bildung und Ausbildung betrachten.

3. Expansion des Wissenspotentials – Beliebigkeit seiner Realisierung?

Meine Ausgangsthese lautet: Unsere Gesellschaft mag eine Wissensgesellschaft sein oder auf dem Wege dorthin, doch sie ist keine Bildungsgesellschaft.

Ich will dies keineswegs nur negativ bewerten. Kein fester Wissenskanon – das kann auch positiv gesehen werden, kann Offenheit für immer Neues bedeuten. Als Beispiel, um das etwas zu veranschaulichen: Wenn in meinem Fach heute keine Übereinstimmung mehr besteht, in welchen Bereichen der Geschichte ein Student im Laufe seines Studiums unbedingt Wissen erwerben soll, als Pflicht gewissermaßen, und was darüber hinaus als Kür der freien Wahl überlassen wird, so liegt das zumindest auch daran, dass dieses Studium weitaus anspruchsvoller geworden ist als jemals zuvor. Der Blick des Universitätsfachs Geschichte in die Vergangenheit ist ungemein vielfältig und bunt geworden, außerordentlich bunt. Wie einfach war alles, als man zu wissen meinte, Geschichte ist Politikgeschichte oder gar Geschichte der großen Männer. Heute ist kein Bereich der Vergangenheit sicher vor der Neugier von Historikern. Dieser Zuwachs an Weite – thematisch, auch methodisch und theoretisch – ist aber zugleich ein Zuwachs an Beliebigkeit, was die Auswahl der Wissensfelder angeht, die Auswahl seitens des Forschers, des Dozenten und des Studenten.

Dieses Zusammenspiel von ständiger Erweiterung des Wissenspotentials und der Beliebigkeit seiner individuellen und auch institutionellen Realisierung scheint mir charakteristisch zu sein für unsere Gesellschaft, deren Informationsmöglichkeiten keine Grenzen mehr zu kennen scheinen. Eine solche Offenheit für Wissensbereiche aller Art, die sich schneller als je zuvor verändern und erweitern, in denen Neues hinzu kommt, Altes an Wert verliert oder seinen Wert zu verlieren scheint – diese Expansion des Wissenspotentials hat wesentlich dazu beigetragen, dass unsere Gesellschaft nicht mehr in der Lage ist übereinzukommen, was Bildung sei. Da helfen auch keine Bücher wie das von Dietrich Schwanitz: »Bildung. Alles, was man wissen muß«, ein Bestseller zwar, nicht nur zum Lesen, auch als Hörbuch verfügbar, aber kein Ersatz für eine gesellschaftliche Übereinkunft, was Bildung bedeuten soll – Bildung nicht verstanden als ein fester Kanon, aber doch eine stillschweigende Übereinkunft über die kulturellen Gemeinsamkeiten, denen sich eine Gesellschaft verpflichtet fühlt. Dazu gehört auch eine Übereinkunft, was als kulturell wichtig gilt, immer umstritten, offen, in Bewegung, aber doch zu erkennen.

Halten wir als ein vorläufiges Ergebnis fest: Die Universität der Zukunft kann auf keinem auch nur annähernd klaren Bildungskanon aufbauen, den ihre Studenten und ihre Dozenten aus Schule und Familie mitbringen. Sie verfügt auch selber nicht über einen solchen Kanon; und deshalb kann sie auch keine Bildung vermitteln – im Sinne eines Bildungswissens, auf das sich die Universität als Institution einigen könnte. Deshalb ist schon die heutige Universität keine Bildungsinstitution mehr.

Bedeutet dies – unterstellt die Diagnose stimmt –, dass wir uns von einem Bildungsauftrag der Universität grundsätzlich verabschieden sollten? Als Historiker neige ich professionell, von meinem Fach geprägt, nicht dazu, eine solche Frage normativ zu beantworten. Der Historiker pflegt zurückzublicken, um nach den Erfahrungen früherer Generationen zu fragen und sich dort Rat zu holen. Nicht im Sinne einer verbindlichen Handlungsanweisung. Dazu taugt Geschichte grundsätzlich nicht. Geschichte lässt sich nicht in die Zukunft hochrechnen, doch sie zeigt, wie frühere Generationen sich mit ähnlichen Fragen auseinandergesetzt haben. Das will ich mit einigen kurzen Strichen andeuten.

4. Karl Jaspers' »Idee der Universität« – heutzutage systemwidrig?[4]

Die Vorstellung von Bildung, die wir immer noch vor Augen haben, wenn wir davon sprechen, ist im 19. Jahrhundert geprägt worden. In seiner deutschen Ausprägung, so hat es Reinhart Koselleck 1990 scharf pointiert formuliert, war dieser Bildungsbegriff »nicht spezifisch bürgerlich oder politisch [...], sondern primär theologisch«[5] geprägt gewesen. Das »theologische Unterfutter« scheine durch »die Semantik auch des modernen Bildungsbegriffs«[6] hindurch. Das Bildungsbürgertum, wie es im 19. Jahrhundert entstanden ist, hat sich von seinem Bildungsverständnis her als soziale Gruppe definiert und in der Gesellschaft verortet. Als Gebildeter hat man eine herausgehobene Position in der Gesellschaft beansprucht und von der Gesellschaft auch zugebilligt erhalten. Bildung – zunehmend gleichgesetzt mit akademischer Ausbildung, mit akademischen Abschlüssen, patentierte Bildung also, galt als eine harte Währung im Wettbewerb um die höheren Ränge in der sozialen Hierarchie. Das Bildungsbürgertum besaß in diesem Wettbewerb eine gute Ausgangsposition, denn als soziale Formation war es führend daran beteiligt festzulegen, was in der damaligen Gesellschaft als Bildung galt – eine Bestimmung mit Durchsetzungsmacht, auch mit Sanktionsgewalt, denn dieser Bildungsbegriff der Bildungsbürger, so umstritten, offen und zerklüftet er im Einzelnen auch war, etwa im Streit zwischen Protestanten und Katholiken, er bildete die Grundlage für die Bildungsvorstellungen, die in den Gymnasien und an den Universitäten als verbindlich galten. Ein solches Bildungsbürgertum als eine soziale Gruppe, die von der Gesellschaft anerkannte Wertenormen setzt, gibt es schon lange nicht mehr. Auch deshalb wird es zu diesem Bildungsbegriff keinen

Weg zurück geben, wenngleich er in unserer Wertschätzung von Bildung immer noch durchscheint.

Wie lange diese Bildungsvorstellungen an unseren Universitäten noch Leitbild geblieben sind, erkennt man an Karl Jaspers' berühmter Schrift »Die Idee der Universität« aus dem Jahre 1946 (geschrieben 1945). Jaspers rang damals im Angesicht der überwundenen nationalsozialistischen Barbarei, der Bildungsbürger und Universitäten nichts entgegenzustellen vermocht hatten, um eine erneuerte Grundlage für die Universität der Zukunft. Er gab eine Antwort, die auf der alten Bildungsvorstellung aufruhte. Heute würde sie belächelt oder als politisch unkorrekt verurteilt. Nur »Grundwissenschaften«, die im »Kosmos der Wissenschaften ein unersetzliches Glied« beisteuern, sollten als eigenes Fach auftreten. Was Grundwissenschaften sind, wollte er nach dem Kulturwert der Untersuchungsgegenstände bestimmen.[7] Für Afrikanistik und Vorgeschichte sah er ihn nicht hoch genug, um zu den Grundwissenschaften aufzurücken.

Mit seiner Vorstellung von der Wertigkeit von Kulturen umschrieb der Philosoph den gesellschaftlichen Bildungswert. Er musste die Bildungsnorm, mit der er wertete, nicht normativ begründen. So sicher war er sich seines Urteils. Er konnte darauf bauen, dass seine Kollegen an der Universität es ebenso sahen und sich auch aus der Gesellschaft kein Widerspruch erhob. Es ist damals in der Tat nicht zu einer Grundsatzdebatte über Bildung gekommen, nicht mit Blick auf die Gymnasien und auch nicht mit Blick auf die Hochschulen. Man war sich sicher, an das Bildungsverständnis aus der Zeit vor dem Nationalsozialismus anknüpfen zu können.

Karl Jaspers kannte die Zeitgebundenheit seines Urteils über die »Grundwissenschaften«. Er forderte, die Universität vor allem zum Bereich der Technik zu öffnen. Ohne sie wäre die »Erneuerung der Universität« als einer Institution, die »alle großen menschlichen Anliegen unseres Zeitalters« einbezieht, nicht möglich.[8] Jaspers anspruchsvolle Vorstellung von Bildung führt die traditionelle Bildungsidee fort: kein abgeschlossener Kanon von Bildungswissen, der sich in einem Buch bilanzieren ließe, sei es im Sinne des heutigen Bestsellers »Bildung. Alles, was man wissen muß« oder im Sinne der »Geflügelten Worte« Büchmanns, wohl eines der meistverkauften Bücher im deutschen Sprachraum des 19. und auch noch des 20. Jahrhunderts. Heute vielleicht mediengerecht ersetzt durch die vielen Fernseh-Ratesendungen, die Wissen, das als wichtig gilt, mit Geld honorieren. Es wäre vermutlich aufschlussreich für die Bildungsvorstellungen unserer Zeit, die Fragen dieser Sendungen zu analysieren, in denen man mit Wissen zum Millionär werden kann. Hier würde man den harten, geldwerten Kern heutigen Bildungswissens fassen.

Ihn hatte der Philosoph Karl Jaspers nicht vor Augen. Bildung ist, davon zeigt er sich überzeugt, was es dem Menschen ermöglicht, sich seine Zeit anzueignen – als Ganzes, nämlich in ihren Zusammenhängen, nicht im jeweiligen Spezialwissen der Bereichsexperten. Was Jaspers hoffte, in philosophischer Reflexion plausibel machen zu können, auf der Grundlage eines Bildungsbegriffs, der ihm als ganz unstrittig galt, kann heute längst nicht mehr auf Zustimmung rechnen. Der Wert von Fächern wird gegenwärtig an deutschen Universitäten vorrangig danach bemessen, wie viele Studenten sie anziehen und wie hoch ihr Drittmittelpotential ist als vermeintlich harter, objektiver Messwert für Forschungsleistung. Nach dem *Bildungs*wert eines Universitätsfaches zu fragen, oder vorsichtiger formuliert, nach dem möglichen Beitrag eines Universitätsfachs zu einem allgemeinen Bildungswissen zu fragen, wäre angesichts der heutigen gesellschaftlichen Erwartungen an die Universität, wie sie von der Politik derzeit in ein neues Regelungssystem mit Sanktionsgewalt gefasst werden, ein systemwidriges Unterfangen.

5. Gesellschaft ohne Bildungsanspruch – Universität ohne Bildungsidee?

Das gilt noch in einer weiteren Hinsicht. Der rigorose Umbau der Universität,[9] wie er in Deutschland, auch in Österreich zur Zeit stattfindet, in milderer Form auch in der Schweiz, öffnet die Hochschule programmatisch nach außen. Die Universität erhält eine Organisationsstruktur, die Wirtschaftsunternehmen abgeschaut ist, mit einem Vorstand und einem Aufsichtsrat, mit ständigen externen Evaluierungen und Akkreditierungen. Angesichts dieser Öffnung der universitären Steuerungsgremien nach außen wird Bildung schwerlich als ein gewichtiges Kriterium berücksichtigt werden können, wenn im Konfliktfall entschieden werden muss, welches Fach eingestellt werden soll, weil die Universität finanziell nicht in der Lage wäre, neue forschungsintensive Fächer oder neue Ausbildungsbereiche einzurichten, wenn nicht alte geschlossen würden. Eine Situation, vor der wir in dieser Dramatik erstmals in der langen Geschichte der Universität stehen; jedenfalls in Deutschland.

Ich betone: Die gegenwärtig überall verordnete Öffnung der universitären Entscheidungsinstitutionen nach außen in die Gesellschaft hinein *muss* es ausschließen, den Bildungswert eines Faches als ein Kriterium bei solchen harten Entscheidungszwängen zu berücksichtigen, weil nämlich in einer Gesellschaft, in der es keinen Konsens gibt, was Bildung bedeutet, die Vermittlung von Bildung nicht als ein gewichtiges Kriterium für die Leistungsmessung in der Universität dienen kann. Das wäre eine gänzlich unrealistische Erwartung. Die Auswahlkriterien der Universität, zumal einer Universität, die systematisch in ihren Entscheidungsprozeduren nach außen geöffnet wird, können nicht im Widerspruch stehen zu den Wertvorstellungen in der Gesellschaft. Anders gesagt, scharf, vielleicht polemisch zugespitzt: *Eine Gesellschaft ohne Bildungsidee verlangt nach einer Universität ohne Bildungsanspruch.*

Das ist konsequent. Eine Universität, die sich diesem Leitbild verweigern wollte, würde unter das Verdikt fallen, das der Wissenschaftsminister Baden-Württembergs mit Blick auf die Finanzen der Landesuniversitäten kürzlich so formuliert hat: Es gebe in den Universitäten immer noch eine »Burgenmentalität« und deshalb müssten sie zu »Reihenhäusern« umgebaut werden.[10] Das ist ein lehrreiches Bild für das, was ich als Ausgangspunkt meiner Überlegungen gewählt habe: Das Selbstverständnis der Universität ist gebunden an das Selbstverständnis der Gesellschaft. Eine Reihenhausgesellschaft erträgt keine Universitätsburgen; eine Gesellschaft ohne Bildungsidee will keine Universität finanzieren, die sich einen Bildungsauftrag zuschreibt und danach das Geld einsetzt, das ihr die Gesellschaft gibt. Bisher ließ sich dieser Gleichschritt von Gesellschaft und Universität nicht völlig verwirklichen. Die neuen Hochschulgesetze und die Reihenhausbaumeister an der Spitze von Wissenschaftsministerien werden das möglicherweise ändern.

6. Forschendes Lernen als zukunftsoffene Berufsqualifikation

Was tun in einer solchen gesellschaftlichen Situation, sofern ich sie denn realitätsgerecht einschätzen sollte? Was tun in einer Zeit, in der unter dem Etikett Bologna-Prozess das Studium gänzlich neu geordnet werden soll, jedenfalls überall dort, wo es bisher die neuen BA- und MA-Studiengänge nicht gegeben hat oder wenn, dann nur als Ausnahmen? Zwingen diese neuen Studiengänge dazu – die zeitlichen Vorgaben für die Studiendauer, die Beschränkung auf ein oder eineinhalb Fächer –, diese Studiengänge völlig auf strikt begrenzte Ausbildungsziele, die ausschließlich fachspezifisch sind, zu beschränken?

Ich hoffe – nein. Das will ich mit zwei Beobachtungen erläutern. Zuvor aber muss ich sagen, was ich mit Ausbildung meine. Ich definiere Ausbildung als die fachliche Schulung für ein bestimmtes Berufsfeld, das bei aller Entwicklungsoffenheit von Qualifikationsanforderungen doch ein Grundmaß notwendiger Kenntnisse verlangt, etwa das Studium zum Lehrer für ein bestimmtes Schulfach, oder: zum Juristen mit der Fähigkeit zum Richteramt, zum Pharmazeuten, der die Anforderungen für Apotheker erfüllt, zum Archivar, von dem ein Geschichtsstudium, meist sogar die Promotion in diesem Fach verlangt wird. Die Ausbildung für solche Berufsfelder und für viele andere ist eine zentrale Aufgabe der Hochschulen. Ständig kommen neue solcher berufsspezifischer Ausbildungsgänge hinzu und werden nachgefragt. So wurden kürzlich in der Beilage für Abiturienten in der Wochenzeitung »Die ZEIT« vier ungewöhnliche Studiengänge vorgestellt als »Schleichwege [...] zu vielversprechenden Zielen«: Kreativpädagogik, Informationslogistik, Sportpublizistik und Horse Business Management.[11] Ein universitäres Fachstudium für das Management rund ums Pferd, auch wenn das merkwürdig erscheinen mag, scheint Berufserfolg zu versprechen und wird deshalb nachgefragt. Doch soll die Universität jeden Studiengang aufnehmen, sofern er Berufserfolg verspricht? Ich meine: Nein. Es sei denn, wir wollten die Universitäten umgestalten zu einer Ausbildungsstätte, die es akzeptiert, Studiengänge auf Zeit anzubieten, vielleicht auch nur für kurze Zeit, solange eben eine Nachfrage des Arbeitsmarktes für das spezielle Studienfach besteht. Das wäre dann eine völlig neue Universität, die wohl nicht mehr in der Lage wäre, über die engen Berufsbereiche, für die sie ausbilden muss, hinauszuschauen.

Dass der Arbeitsmarkt eine solche enge Ausbildung keineswegs verlangt, zeigen die Studien über die Berufswege unserer Magisterabsolventen.[12] Zwei Ergebnisse hebe ich hervor aus den Untersuchungen, die es inzwischen über die Berufswege unserer Magisterabsolventen gibt:

Es existiert kein auch nur annähernd klar umrissenes Berufsfeld für geistes- und auch sozialwissenschaftliche Magisterabsolventen. Es gibt Schwerpunkte: Medien, Öffentlichkeitsarbeit, der weite Kulturbereich, etwa bei den Kommunen, Ausbildungs- und Personalwesen in Firmen, Dienstleistungsberufe aller Art. Doch das Hauptmerkmal der Berufstätigkeit geisteswissenschaftlicher Magisterabsolventen ist die Vielfalt der ausgeübten Berufe. Darin stimmen alle Untersuchungen überein.

Wie auch immer die befragten Absolventen mit ersten Berufserfahrungen ihre Antworten gewichtet haben, stets hoben sie hervor, dass sie unter Berufsqualifikation durch das Studium geisteswissenschaftlicher Fächer nicht die Ausbildung für bestimmte Berufsfelder verstehen. Sie verlangen vielmehr eine Ausbildung, die befähigt, verschiedenartigen intellektuellen Anforderungen gerecht zu werden, die nicht im Voraus bekannt sind. Deshalb fordert die große Mehrheit der Befragten eine wissenschaftliche Ausbildung. Wissenschaftlich bedeutet hier: befähigt zu werden, sich immer wieder aufs Neue mit neuartigen Problemen auseinandersetzen zu können. Viele wollen eine straffere Organisation des Studiums und verstärkte Hilfen, aber sie beharren darauf, berufsqualifizierend bedeute für Geisteswissenschaftler, im Studium den Umgang mit ungelösten Problemen zu lernen. Genau dies aber nennt man Forschung: durch bestimmte Methoden und Theorien geleitete Bearbeitung ungelöster Probleme. Kurz, die Magisterabsolventen der Geisteswissenschaften betrachten die Beteiligung an der Forschung als den Königsweg zur Berufsqualifikation, zur Qualifikation für offene, im Voraus nicht bekannte Berufsfelder. Ich nenne dies forschendes Lernen.

Die Folgerung aus diesen empirischen Erhebungen ist für mich eindeutig: Ausbildung für bestimmte Berufsfelder kann kein Reformziel für die Geisteswissenschaften an den Universitäten sein. Und zwar nicht nur vom wissenschaftlichen Selbstverständnis der geisteswissenschaftlichen Disziplinen her, sondern auch mit Blick auf die Berufsanforderungen, denen sich ihre Absolventen stellen müssen. Wer meint, den Absolventen der Geisteswissenschaften helfen zu können, indem spezielle berufsbezogene Studiengänge angeboten werden, der begibt sich auf einen Nebenpfad, der nur wenigen helfen könnte und den anderen die Berufschancen verschlechtern würde – jenen, die nicht diese ausgewählten, in speziellen Ausbildungsgängen fixierten Berufswege einschlagen wollen oder können. Die Ergebnisse der Umfragen und das Urteil unserer Magisterabsolventen, erprobt durch Berufspraxis, stimmen hier völlig überein: Die Verbindung von Forschung und Lehre für alle, und nicht nur für einen ausgewählten Kreis Postgraduierter, ist kein Traditionsballast der alten Universität. Ganz im Gegenteil, *forschendes Lernen ist im Urteil unserer Magisterabsolventen die beste Form der offenen Berufsqualifikation,* offen für eine unvorhersehbare Vielfalt von möglichen Berufen für Geisteswissenschaftler. Deshalb sollten wir alles daran setzen, dieses forschende Lernen in die neue Struktur auch des BA-Studiums zu übernehmen. Es geht um eine methodische Schulung, die es ermöglicht, sich immer wieder aufs Neue auf neue Herausforderungen einzustellen. Auf der Grundlage einer wissenschaftlichen Methodik, die im Studium vermittelt wird.[13]

7. Verbindung von Ausbildung und Bildung:
Ein konkreter Versuch

Eine solche Ausbildung, die auf forschendem Lernen beruht, muss allerdings keineswegs eine Verbindung zwischen Ausbildung und Bildung herstellen. Wer das will, wird nicht umhin können, in das knappe Zeitbudget der neuen BA- und MA-Studiengänge Freiräume einzubauen, die genutzt werden können, um sich dem zu widmen, was Karl Jaspers genannt hat: »alle großen menschlichen Anliegen unseres Zeitalters und zugleich ihre Einheit«. Natürlich ausgehend von dem Fachstudium, nicht ausgerichtet auf eine imaginäre Bildungsidee, die unserer Gesellschaft gänzlich fremd wäre.

Was ließe sich tun? Ich will kurz vorstellen, was wir in Erfurt versucht haben. Dort war ich 1997 bis 2000 mit Peter Glotz und Wolfgang Schluchter am Aufbau einer Universität beteiligt, die den Auftrag hat, für die Geistes- und Sozialwissenschaften Reformen zu erproben. Als Prorektor für das Studium habe ich versucht, die neuen BA- und MA-Studiengänge so zu konzipieren, dass sie Raum lassen, um sich über das Fachstudium hinaus, aber nicht losgelöst von ihm, ein Wissen zu erwerben, das auf Bildung zielt. Konkret:

Wir haben dort das *Studium Fundamentale* als Pflichtfach im Umfang eines Nebenfachs bis zum Bakkalaureat eingeführt, und zwar Pflicht für Studierende wie für Lehrende. Es ist der Versuch, etwas zurückzugewinnen, was verloren gegangen ist. Als nämlich seit dem späten 18. Jahrhundert die moderne Universität zu entstehen begann – gemeint ist die Verbindung von Forschungs- und Ausbildungsuniversität –, verschwand in diesem Entwicklungsprozess, der noch heute andauert, die alte Hierarchie der Fächer. An die Stelle des zeitlichen Nacheinanders im Studium, erst die *artes liberales*, dann darauf aufbauend Theologie, Jura oder Medizin, trat das gleichberechtigte Nebeneinander der Fächer. Damit war eine grundstürzende Neuorientierung der gesamten Universität verbunden. Die Universität vermittelte keine fächerübergreifenden gemeinsamen Grundlagen mehr. Sie war nur mehr für die speziellen Wissenschaften zuständig. Damit begann ein permanenter Prozess der Spezialisierung durch Forschung, und dieser Prozess prägt seitdem die moderne Universität. Er ist unaufhaltsam. Wer ihn aus der Universität herausnehmen wollte, würde sie als Forschungsuniversität zerstören. Aber daraus sollten wir nicht das Verbot ableiten, darüber nachzudenken, ob und wie innerhalb der Universität Querverbindungen zwischen den Fächern eingerichtet und institutionalisiert, also verstetigt werden können. Die deutsche Universität des 19. und auch noch des frühen 20. Jahrhunderts hat dies durchaus versucht. Erst unser Jahrhundert hat dies still aufgegeben. In Erfurt haben wir versucht, dies in veränderter Gestalt wieder aufzunehmen. Das ist die Grundidee des *Studium Fundamentale*. Eine Idee, die auf einen Raum für Bildung in der Forschungs- und Ausbildungsuniversität zielt.

Das *Studium Fundamentale* will die fächerübergreifende Integrationsleistung nicht dem einzelnen Studenten aufbürden. Das wäre eine Überforderung. Diese Integrationsaufgabe sollen vielmehr die Dozenten erfüllen, indem sie gemeinsam aus der Perspektive unterschiedlicher Fächer ein bestimmtes Thema behandeln.

Und dies nicht als schöne Kür ab und zu, sondern als dauerhafte Pflicht, die hoffentlich zum Kürvergnügen werden wird.

Auch die zweite Säule des Erfurter *Studium Fundamentale*, die ästhetische Schulung, kann durchaus an Vorläufer anknüpfen. Denn die Universitäten, auch die modernen Forschungsuniversitäten, waren früher keineswegs blind gewesen für diese Seite akademischer Bildung. Sie verfiel erst, als die Universitäten meinten, nur noch für das Studium spezieller Fächer zuständig zu sein.

Mit dem *Studium Fundamentale* haben wir versucht eine Verantwortung aufzunehmen, der sich die deutschen Universitäten in ihrer Gesamtheit erst im 20. Jahrhundert entzogen haben. Es ist eine schwere Aufgabe, zweifellos, aber eine lohnende. Wenn sie gelingt, kann die Universität ein neues Selbstverständnis gewinnen, das an alte Bildungstraditionen anknüpft und sie neu füllt.

Es ist zu früh, über Erfolg oder Misserfolg zu sprechen, wenngleich schon jetzt abzusehen ist, dass die Studierenden dieses Angebot, nicht zuletzt auch das künstlerisch-ästhetische, sehr gerne annehmen. Ich wollte nur mit einem konkreten Beispiel zeigen, dass man nicht kapitulieren muss, wenn man überzeugt ist, dass allen Problemen zum Trotz auch in der neuen Universität mit den kurzen Studiengängen nicht der Versuch aufgegeben werden sollte, Ausbildung und Bildung doch noch zu verbinden. Der Versuch, dies zu tun, ist jede Anstrengung wert und jedes Experiment.

Anmerkungen

*   Überarbeitete und gekürzte Fassung der Erstveröffentlichung in: Anton Hügli u.a. (Hg.), Die Universität der Zukunft. Eine Idee im Umbruch?, Basel 2007, S. 88–100. Der Text geht auf einen Vortrag auf dem Kolloquium »Die Universität der Zukunft« der Schweizerischen Akademie der Geistes- und Sozialwissenschaften in Basel zurück.

1   Unter der Leitung meines Berner Kollegen Rainer C. Schwinges und mir werden in der Historischen Kommission bei der Bayerischen Akademie der Wissenschaften die Rektoratsreden an den Universitäten Deutschlands, Österreichs und der Schweiz im 19. und 20. Jahrhundert bibliographisch erfasst und erforscht. Vgl. (mit Angabe der Publikationen): http://www.historische-kommission-muenchen-editionen.de/rektoratsreden/.

2   Prof. Dr. Heinrich Gerland, derzeit. Rektor der thüringischen Landesuniversität Jena: Die Entstehung der Strafe. Rede gehalten zur Feier der akademischen Preisverteilung am 20. Juni 1925, Jena 1925, S. 25.

3   Vgl. Christina Schwartz, Erfindet sich die Hochschule neu? Selbstbilder und Zukunftsvorstellungen in den westdeutschen Rektoratsreden 1945–1950, in: Andreas Franzmann / Barbara Wolbring (Hg.), Zwischen Idee und Zweckorientierung. Vorbilder und Hochschulreformen seit 1945, Berlin 2007, S. 47–60.

4   Vgl. zu Jaspers Schrift in diesem Buch: »Universität im Umbau«.

5   Reinhart Koselleck, Einleitung – Zur anthropologischen und semantischen Struktur der Bildung, in: Bildungsbürgertum im 19. Jahrhundert. Teil II: Bildungsgüter und Bildungswissen, hg. v. ders., Stuttgart 1990, S. 11–46, 16.

6   Ebd., S. 18.

7   Karl Jaspers, Die Idee der Universität, Berlin 1946, S.78.

8   Ebd., S. 103.

9   Vgl. dazu in diesem Buch: »Universität im Umbau. Heutige Universitätspolitik in historischer Sicht«.

10 Zitiert nach dem Widerspruch des Vorsitzenden der Landesrektorenkonferenz, des Tübinger Rektors Schaich, in: Homepage der Universität Tübingen.

11 Carsten Heckmann, Erzähl mir was vom Pferd! Ungewöhnliche Studiengänge locken erstmalig Studenten, in: ZEITChancen, Nr. 39, 60. Jg., September 2005, Sonderbeilage Abi Spezial.

12 Vgl. Karl-Heinz Minks / Bastian Filaretow, Absolventenreport Magisterstudiengänge. Ergebnisse einer Längsschnittuntersuchung zum Berufsübergang von Absolventinnen und Absolventen der Magisterstudiengänge (HIS Projektberichte), Hannover 1995. Speziell zu Historikern s. Helmut E. Klein, Historiker – ein Berufsbild im Wandel (Beiträge zur Gesellschafts- und Bildungspolitik. Institut der deutschen Wirtschaft, 175), Köln 1992; Stephan Hofmann / Georg Vogeler, Geschichtsstudium und Beruf. Ergebnisse einer Absolventenbefragung, in: Geschichte in Wissenschaft und Unterricht 46 (1995), S. 48–57.

13 Vgl. in diesem Buch: »Welche Geschichte braucht die Gesellschaft?« sowie: »Wozu braucht die Gesellschaft Geisteswissenschaften? Wieviel Geisteswissenschaften braucht die Universität?«.

Universität im Umbau
Heutige Universitätspolitik in historischer Sicht*

1. Europäische Universität – Universität in Europa:
Wettbewerb in Einheit oder Vielfalt?

In der Geschichte der modernen Universität, entstanden in Europa und dann als Erfolgsmodell weltweit verbreitet, gibt es zwei Phasen eines radikalen Umbaus: Die eine liegt in der Entstehungsphase um 1800, die andere erleben wir zur Zeit. Die Radikalität dessen, wovon wir Augenzeugen sind, als Mittäter oder Mitleidende, mitunter auch beides, lässt sich an den neuen Formen der Planung und Steuerung ermessen. Vergleichbares gab es nie. Die moderne Forschungsuniversität der Gegenwart ist *nicht* nach einem Masterplan geschaffen worden. Ein schroffer Gegensatz zu den Hoffnungen unserer planungsgläubigen Zeit. Die heutige Hochschulpolitik baut an einem Einheitsgebäude für die europäische Universität der Zukunft. Die Erfolgsgeschichte ihres Vorgängers, der gegenwärtig so entschlossen abgewrackt wird, ist hingegen eine Geschichte der Universität in Europa – ein feiner, aber gewichtiger Unterschied.

Die moderne Universität ging aus einem vielschichtigen Suchprozess hervor, in dem unterschiedliche Hochschulmodelle miteinander konkurrierten. Er begann in einer Ära des Zusammenbruchs und Neubeginns um 1800 – eine Epoche des Universitätssterbens, aus der die Universität der Zukunft hervorging. Ihr Weg an die Spitze der Bildungsinstitutionen war jedoch kein gemeineuropäischer, denn die Renaissance der Universität in Europa war ein Weg der Vielfalt.[1]

Das deutsche Modell, das auf der Einheit von Forschung und Lehre beruhte, verbunden mit dem Ideal studentischer Eigenverantwortung als der dritten Säule neben der Freiheit von Forschung und Lehre, überzeugte durch seine Leistungen und wurde deshalb zum Vorbild für viele Staaten in der Welt.[2] Dieser Erfolg hat die anderen Wege zur modernen Universität keineswegs entwertet. Die unterschiedlichen Ausgangsmodelle entwickelten sich vielmehr in einem Prozess wechselseitigen Lernens, der keines unverändert ließ. So wurden seit der zweiten Hälfte des 19. Jahrhunderts auch in Deutschland außeruniversitäre Forschungseinrichtungen geschaffen – ein Weg, den Frankreich mit den wissenschaftlichen Einrichtungen, die an die Stelle der nach 1793 aufgelösten Universitäten traten, schon früher beschritten hatte und bis heute erfolgreich weitergeführt hat, während zur gleichen Zeit, als in Deutschland mit der Kaiser-Wilhelm-Gesellschaft die große Zeit der außeruniversitären Forschungsinstitutionen begann, in Frankreich erneut Universitäten errichtet wurden. Die Wissenschaftssysteme näherten sich also einander an, wenngleich die Unterschiede erheblich blieben. Bis heute.

Dass die Geschichte der Universitäten in Europa keinem einheitlichen Bauplan gefolgt ist, gehört zu den Voraussetzungen ihrer einzigartigen Erfolgsgeschichte, begründet in der Konkurrenz von Wissenschaftssystemen, die wechselseitiges Lernen einschloss, nicht jedoch auf institutionelle Angleichung zielte, kein Entwicklungsplan mit dem Ziel einer Homogenisierung der Universitäten in Europa zur europäischen Universität. Die vielgestaltige moderne Forschungsuniversität ging aus Wettbewerb hervor. Wettbewerb lautet auch die heutige Zauberformel. Gemeint ist aber etwas gänzlich anderes als bisher. Aus dem Leistungswettbewerb auf der Grundlage unterschiedlicher Universitätsstrukturen in Europa wird künftig ein Wettbewerb im einheitlichen Gehäuse einer europäischen Universität; so jedenfalls die Planung.

Ein Einheitsgehäuse als Voraussetzung für die Selbstbehauptung der europäischen Universität der Zukunft auf dem globalen Wissenschaftsmarkt und für die Konkurrenz der Universitäten untereinander um Spitzenplätze im nationalen und internationalen Wettbewerb – dieses Modell, das Konkurrenz auf der Grundlage von Homogenität erzeugen will, setzt auf ein Maß der Steuerung von Forschung und Lehre, die dem Universitätsmodell, das nun auszulaufen scheint, fremd war. Das führt zum zweiten Aspekt: Steuerungsmechanismen.

2. Wer geht voran: die Forschung oder der Forschungsplan?

Die Universität des 19. Jahrhunderts kannte keine Gesamtplanung. Der enorme Ausbau, der ständige Zuwachs an Fächern verlief anders. Er folgte der Wissenschaftsentwicklung und dem Anstieg der Studentenzahlen sowie externen Anstößen, neue fachliche Bereiche in den Universitäten zusätzlich zu den bestehenden oder diese auffächernd und ablösend einzurichten. Maßgeblich waren also wissenschaftsinterne und gesellschaftliche Anreize. Beides ließ sich nicht planen. Zumindest besaßen die damaligen Staaten dafür kein Instrumentarium, und sie zielten auch nicht darauf. Zum Wettbewerb zwischen den Staaten gehörte ein leistungsfähiges, expandierendes Wissenschaftssystem. Daran erkannte man die Modernität eines Staates. Deshalb war er bereit zu investieren. Welche neuen Wissenschaftsbereiche entstanden, entzog sich hingegen jeder längerfristigen Planung, denn hier dominierte der internationale Forschungsmarkt. In ihn griff der Staat auch dort, wo die Universität eine staatliche Einrichtung war, erst spät ein. Er honorierte, was sich zuvor in der Forschung herausgeformt und durchgesetzt hatte, indem er dafür neue Professuren und zunehmend auch Institute einrichtete. Deutschlands Universitäten, ihr enormes Wachstum und ihr Aufstieg zur Weltgeltung im 19. Jahrhundert bieten dafür ein gutes Anschauungsbeispiel. Wolf Singer hat den institutionellen Aufbau der Hirnforschung in der Max-Planck-Gesellschaft in der gleichen Weise beschrieben.[3] Als sie begann und institutionalisiert wurde, wusste niemand die Entwicklung zu prognostizieren. Man investierte in einen offenen Forschungsprozess. Ihn zu gestalten, überantwortete man Wissenschaftlern, die man für dazu fähig hielt. Sie stattete man mit Forschungsmöglichkeiten aus, nicht mit Masterplänen und Zielvereinbarungen.

Die deutschen Staaten steuerten die mächtige Expansion ihrer Universitäten im 19. Jahrhundert inhaltlich nicht und finanzierten sie auch nur zu einem Teil. Der Kern dieser erstaunlichen Flexibilität war der Privatdozent.[4] Im Gegensatz zum Professor als Staatsbeamtem forschte und lehrte der Privatdozent ohne Anstellung und ohne Einkommen – als freier Forscher vielleicht ein glücklicher Mensch, doch beruflich ein Hasardeur, wie ihn schon Max Weber genannt hatte. Er lebte für seine Forschung, entlohnt nur durch studentische Hörgelder, die in aller Regel kein gesichertes Auskommen boten. In der Hoffnung, irgendwann einmal aufgrund seiner Forschungsleistungen auf eine Professur berufen zu werden, vielleicht sogar einen neuen Wissenschaftszweig zu begründen, musste er immer länger im »Fegefeuer des Privatdozententums« (Max Lenz) ausharren. Denn seit dem Wandel zur modernen Forschungsuniversität wuchsen die Qualifikationshürden zur Universitätsprofessur zunehmend höher, und das bis heute, der Hürdenlauf dauerte immer länger und sein Ausgang wurde ungewisser. 1910 stellten diejenigen, die an den deutschen Universitäten ein staatliches Gehalt erhielten, zu dem die Hörergelder als veranstaltungsbezogene Studiengebühren kamen, nur etwa ein Drittel aller dort Lehrenden.

Diese Form von Wissenschafts- und Universitätsentwicklung kann heute kein Vorbild sein. Doch es würde sich lohnen, darauf zu achten, wie man damals erreichte, dass die Universitätsexpansion der Forschungsentwicklung folgte, und zwar ohne das Zwangsgehäuse administrativer Gesamtplanung und Detailsteuerung. Die damalige Universität präsentiert sich im Rückblick wie ein großes Laboratorium, in dem die Forscher als Individuen Neues erkunden, ihre Ergebnisse zur Diskussion stellen, und nur was sich in ihr durchsetzt, wird in die Universität dauerhaft aufgenommen – in Gestalt einer neuen Professur, eines neuen Instituts. Daraus entstehen dann neue Fächer oder Teilfächer, die in der Examensordnung verankert werden. Der administrative Akt seitens der Universität oder des zuständigen Ministeriums steht am Ende dieses Entwicklungsprozesses. Er kennt weder eine zentrale Gesamtplanung noch zentrale Steuerungsmechanismen.

Selbstverständlich gab es auch nicht die fürsorgliche Guillotine, unter die das Bundeshochschulgesetz der Ministerin Bulmahn diejenigen Forscher legen lassen wollte, die nicht innerhalb von zwölf Jahren den Sprung vom Examen auf die Professur geschafft haben. Sie sollten den Forschungsmarkt verlassen, auch wenn dieser willens ist, sie zu honorieren, weil er ihre Leistungen nachfragt. Diese Staatsanmaßung[5] gab es früher nicht. Steuerung gab es auch damals. Doch es war eine nachlaufende Planung und Steuerung, die aus dem auswählte, was in der Forschung dezentral und individuell entwickelt und dann erst in einem kollektiven Prozess des Prüfens aufgenommen und weitergeführt wurde. Auch damals kamen externe Anstöße hinzu, doch am Anfang steht die Forschung, deren Wege niemand vorauszusehen weiß, erst dann folgt die institutionelle Umsetzung durch universitäre und außeruniversitäre Gremien.

Dieses Verfahren mit Vorlauf der Forschung vor der administrativen Planung und Steuerung gilt der Universität der Zukunft, wie sie sich abzeichnet, als altbacken, ineffizient und nicht mehr konkurrenzfähig auf dem globalen Wissenschaftsmarkt. Gesamtplanung und Detailsteuerung sind die neuen Zielwerte, auf die hin die Universität zur Zeit umgebaut wird. Es ist ein Umbau der Fundamente. Denn die Universität der Zukunft wird als Stätte der Forschung und der Ausbildung in neuer Weise anhand von Kriterien gemessen, bewertet und finanziert, die nicht mehr vorrangig von den Forschern bestimmt werden. Politische Institutionen sprechen in viel höherem Maße als bisher mit, welche Forschungsbereiche ausgebaut werden sollen und welche nicht, nach welchen Kriterien die Forschungs- und Lehrleistungen bewertet werden.[6]

Das Planungs- und Steuerungsinstrumentarium dafür ist schon jetzt weit gefächert und wird zügig ausgebaut. Um nur einiges zu nennen: Das Wissenschaftsministerium schließt so genannte Zielvereinbarungen mit der Universität, die Universitätsleitung mit den Fakultäten, Fächern und was es sonst an Forschungs- und Lehreinheiten geben mag. Bei Berufungen umfassen die Zielvereinbarungen die Höhe der einzuwerbenden Drittmittel, an manchen Universitäten auch Publikationsquantitäten. Werden die Planzahlen nicht erreicht, können Strafabschläge greifen. Forschung soll nicht mehr eigensinnig verlaufen, sondern in kurzfristigen Planabschnitten. Dies wird die Art der Forschung verändern. Risikoforschung wird riskant für den Forscher und für alle, die ihm vertrauen.

Die Universitätsleitung erhält per Gesetz eine Fülle von Planungs- und Steuerungsrechten, die darauf zielen, die Hochschule wie ein Wirtschaftsunternehmen leiten und auf neue Aufgaben ausrichten zu können. Um dies voranzutreiben, erhält die Universitätsleitung selber Organe, die von außen besetzt werden, vor allem auch mit Mitgliedern, die nicht wissenschaftlich tätig sind. Fakultät und Senat als die zentralen Organe bisheriger universitärer Selbststeuerung verlieren dagegen Zuständigkeiten sogar im Allerheiligsten universitärer Selbstbestimmung, der Auswahl künftiger Professoren. Das neue Hochschulgesetz Baden-Württembergs nimmt hier der Fakultät jede Entscheidungskompetenz, und der Senat muss nicht einmal gefragt werden.

Der neuen zentralisierten Entscheidungshierarchie im Innern der Universität entspricht das steigende Gewicht der Programmforschung, deren Schwerpunkte außerhalb der Universität festgelegt werden. Beides tendiert dahin, das Planungs- und Steuerungsinstrumentarium abzukoppeln von den dezentralen wissenschaftsinternen Entwicklungen als der bisherigen Grundlage nachlaufender institutioneller Entscheidungen. Die Wissenschaftsförderung der Europäischen Union ist auf Programmforschung konzentriert, aber auch der Deutschen Forschungsgemeinschaft, für die deutschen Universitäten der wichtigste und angesehenste Finanzier, wurde von der international besetzten Kommission, die sie evaluiert hatte, empfohlen, stärker als bisher auf strategische Planung zu setzen. Das so genannte Exzellenzprogramm befolgt diese Mahnung. Forschung, in der der Einzelne bestimmt, worüber er forschen will, ist in der Politik, aber auch im Wissenschaftsmanagement nicht mehr gern gesehen heute. Sie passt nicht mehr in die Universität der Zukunft, deren Markenzeichen ein scharfes Profil sein soll.

Profilbildung gehört zu den Zaubersprüchen im derzeitigen Umbau der deutschen Universität. Profil lässt sich wissenschaftspolitisch übersetzen mit dicker Haufen. Denn nur was groß ist, gilt als leistungsstark. Man offeriert ein Programm, mit dem die Universität fähig gemacht werden soll, auf dem Wissenschaftsmarkt in einem bestimmten Segment möglichst weltweit zum Marktführer zu werden. Was nicht zu diesem Profil passt, soll zurückgestutzt oder abgestoßen werden, wie ein Wirtschaftsunternehmen, das sich von Produktionsbereichen trennt, in denen die Rendite nicht mehr die Erwartungen der Aktionäre erfüllt.

All dies, vieles wäre noch zu nennen, folgt der Vision von einer anderen Universität. Planung und Steuerung folgen nicht mehr der Wissenschaft, sondern gehen ihr voraus und weisen ihr die Richtung, indem vorgängig bestimmt wird, in welchen Bereichen geforscht werden soll und in welchen nicht. Oder zumindest, wozu Geld gegeben wird und wofür nicht. Der Einzelforscher als Nischenexistenz wird vielleicht auch künftig überleben können, es sei denn, er wird im Wettbewerb um die erste Professur rechtzeitig als Drittmittelversager erkannt und ausgesiebt. Dass damit nicht wenige Wissenschaftler, die von der DFG mit ihrer höchsten Ehrung für Forschungsleistung, dem Gottfried-Wilhelm-Leibniz-Preis, ausgezeichnet wurden, durchgefallen wären, sei zumindest angemerkt.

3. Suche nach Wahrheit und nach nützlichem Wissen: Zur Aktualität von Kants Bestimmung der Universität

Mit dem neuen Verhältnis von Forschung und planender Außensteuerung verändern sich grundlegend die Beziehungen zwischen Wissenschaft, Staat und Öffentlichkeit, die zu bestimmen Immanuel Kant 1798 in seiner Schrift »Streit der Fakultäten« versucht hat.[7] Kant hatte eine Universität vor Augen, die ihren Ort nur finden kann, wenn sie die Suche nach Wahrheit und nach nützlichem Wissen innerhalb ihrer Mauern zusammenführt. Ausschließlich selbstbestimmt wäre sie nicht mehr in der Gesellschaft verankert, vorrangig fremdbestimmt wäre sie keine Universität mehr. Den Ausgleich zwischen diesen beiden Polen legt er in die Selbstverantwortung der Universität. Möglich sei ihr dies nur in freier wissenschaftlicher Diskussion. In sie nicht regelnd einzugreifen, liege im Interesse von Staat und Gesellschaft.

Das Grundproblem, über das Kant nachgedacht hat, ist heute so aktuell wie ehedem: Wie lässt sich zwischen Autonomie des einzelnen Wissenschaftlers und der Nutzenerwartung der Gesellschaft, die ihn finanziert, ein Weg finden, welcher das Kalkül der Interessenten befriedigt und dennoch auch Forschung ermöglicht, deren Nutzen im Voraus nicht abgeschätzt werden kann und sich deshalb einer nutzenorientierten Planung entzieht? Kant setzte auf einen Staat, der erkennt, aus Eigeninteresse interesselose Forschung fördern zu sollen. Im Grundrecht der Wissenschaftsfreiheit und in der Universitätsverfassung, wie sie im 19. Jahrhundert entstand, wurde verankert, was Kant forderte. Die konkrete Umsetzung blieb prekär, doch die Normen waren eindeutig und die institutionellen Regeln auf sie zugeschnitten. Die neuen Hochschulgesetze in Deutschland gehen einen anderen Weg. Sie verkünden zwar Autonomie, doch sie öffnen Universität und Wissenschaft programmatisch für die Außensteuerung – als Ziel wohlgemerkt, nicht als ungeplante Folge von Reform.

Wie die Universität der Zukunft aussehen wird, die daraus hervorgehen wird, weiß niemand. Nicht zu übersehen ist jedoch, dass ihre deutschen Architekten und Bauherren einen radikalen Umbau erzwingen, den sie nach einem Bauplan entwerfen, auf dem das Heute und Gestern bis zur Unkenntlichkeit geschwärzt ist. Dies festzustellen, bedeutet jedoch nicht zu meinen, das Eingreifen der Politik in die Universität sei neu. Keine Vorläufer kennt jedoch – sieht man einmal von der Zeit der nationalsozialistischen Diktatur ab – die Radikalität des heutigen Umbaus, der an die Substanz geht. Doch auch in den rund zweihundert Jahren, in denen die moderne Universität aus der Verbindung von Forschung und Lehre entstand, saßen die deutschen Hochschullehrer nie im politikfernen Elfenbeinturm. Manche haben sich dorthin gesehnt, doch *die* Universität hat sich nie den Arenen der Politik ferngehalten, und wenn sie es versucht hätte, wäre es ihr nicht möglich gewesen. Dazu waren die deutschen Universitäten von Beginn an viel zu staatsnah. Sie entstanden in der Obhut des Landesherrn, und er nahm sie als Stätten der Ausbildung und der Beratung in die Pflicht. Die Geschichte der Universität ist ein Glied im Jahrhunderte währenden Entstehungsprozess des modernen Staates, und bis heute greifen die staatlichen Entscheidungsinstanzen in die Hochschulen in vielfältiger Weise ein und bestimmen ihre Ordnung. Dass dies nicht selten den Hochschulen genutzt hat, wird man nicht ernsthaft bestreiten können. Und ebenso, dass die Anstöße zu großen Reformen stets von außen kamen.

So war es auch um 1800, als die alte Universität im Zusammenbruch der europäischen Staatenwelt unterging, und der Zusammenbruch des Sowjetimperiums hat die enge Bindung zwischen Staat und Wissenschaftsorganisation erneut bestätigt. Mit der staatlichen Neuordnung standen auch die Hochschulen in ihrer früheren Gestalt überall zur Disposition. Im deutschen Fall gingen die Auflösung der DDR und deren Integration in die Bundesrepublik einher mit der Übernahme der westdeutschen Struktur der Wissenschaftslandschaft. Dieser Prozess verlief jedoch nicht einseitig. Die Rückwirkungen sind erheblich. Die außeruniversitäre Forschung wurde aus der Perspektive der westdeutschen Wissenschaftsorganisation – von der Öffentlichkeit und auch von vielen Hochschullehrern noch kaum in ihrer Bedeutung erkannt – erheblich erweitert. Denn mit der Leibniz-Gemeinschaft erhielt sie eine weitere kräftige Säule neben der Max-Planck- und der Fraunhofer-Gesellschaft. Die Zahl der außeruniversitären Forschungseinrichtungen, die es in der DDR gab, wurde zwar radikal vermindert, gleichwohl erzwang das, was in veränderter Form weitergeführt wurde, einen starken Schub an außeruniversitärer Forschung.

Die Arbeitsbedingungen der Hochschulen werden verändert, wenn die Politik es will. Das war auch in der Vergangenheit so. Selbst Privatuniversitäten sind dagegen nicht gefeit, wie der Blick nach Großbritannien lehrt. Wo die Hochschulen Anstalten des Staates sind, greift dieser allerdings unmittelbarer durch. Was zur Zeit in Deutschland unter dem Etikett Hochschulautonomie daher kommt, hat die staatliche Regelungslust nicht gedämpft. Der Übergang in eine neue Freiheit vom Staat – sie geht bei weitem nicht weit genug, doch immerhin ein erster Schritt in die richtige Richtung ist gemacht – zeugt vom politischen Willen, bereits im Übergang einen radikalen Umbau zu erzwingen. Universitätsautonomie kann sich die gegenwärtige Politik offensichtlich nur vorstellen, wenn die Universitäten programmatisch der institutionalisierten Außensteuerung geöffnet werden. Der Staat zieht sich aus Teilbereichen zurück, tritt die aufgegebenen Kompetenzen jedoch an eine Universität ab, die in Kernbereichen ihre Autonomie verliert.

Begrenzter Freiraum wird vor allem dort gewährt, wo es darum geht, die staatlichen Kürzungsprogramme – in Baden-Württemberg heißen sie »Solidarpakt«, in Nordrhein-Westfalen »Qualitätspakt« – auszuführen. Die neue Selbständigkeit beginnt mithin in der Verwaltung der Schrumpfungsauflagen. Denn die deutsche Politik nutzt den derzeitigen Umbau der Hochschulen, um deren Durchlaufkapazität kostenneutral kräftig zu steigern. Das ist nötig, wenn der politische Wille, die Studierquote weiter zu erhöhen, erreicht werden soll, ohne dafür mehr Geld zur Verfügung zu stellen. Der europäische Bologna-Prozess,[8] der in Deutschland verbissener als anderswo umgesetzt wird, fügt sich hier ein. Drohende Qualitätssenkung lässt sich als Dienst an Europa schönen.

Hochschullehrer gehören also weiterhin einer Institution an, die an der finanziellen und administrativen Nabelschnur des Staates hängt und auf die Änderungsvorgaben reagieren muss, die ihr immer aufs Neue ohne größere Erprobungspausen zugestellt werden. Auch deshalb wäre es ohne Realitätssinn, vom Elfenbeinturm Universität zu sprechen. Die Universität ist in ihren Ordnungen und Ressourcen eine durch und durch staatlich gestaltete Institution. Und zur Zeit tritt der Staat als ein gestrenger Herr auf, der mehr Autonomie verspricht und radikalen Umbau erzwingt.

4. Gesellschaftliche Erwartungen und Wissenschaftssystem

Nicht nur, weil der Staat ständig in sie hineinwirkt, ist die deutsche Hochschule ein politischer Raum. Ihre Struktur und Wirkungsmöglichkeiten werden zudem durch die Erwartungen gesellschaftlicher Gruppen bestimmt. Auch das ist nicht neu, wenngleich die Hauptakteure andere und die Einwirkungen weitaus intensiver geworden sind. Dieter Grimm hat die Entwicklungslinien knapp und präzise ausgezogen, als er im Oktober 2001 sein Amt als neuer Rektor des Wissenschaftskollegs zu Berlin antrat.[9]

»Die Erwartung an die Universitäten, als ›Zulieferbetriebe‹ für die Gesellschaft zu fungieren, hat sich entschieden verstärkt.« Und die Abnehmer haben »die Ränge getauscht [...]: von der Kirche über den Staat zur Wirtschaft. Der Unterschied liegt im Wie der Erfüllung. Für das Wie hatte sich zu Beginn des 19. Jahrhunderts eine große Errungenschaft durchgesetzt. Die Wissenschaft sollte ihren Dienst an der Gesellschaft nicht in Dienstbarkeit für andere gesellschaftliche Teilsysteme leisten, sondern in Autonomie. Damit war nicht gemeint: ohne Rücksicht auf die Bedürfnisse der Gesellschaft, wohl aber: nach den Kriterien, die der Wissenschaft eigen sind, nicht nach denen, die für Religion oder Politik gelten.« Heute werde, so Grimm, von der Wissenschaft verlangt, nach »dem Vorbild der Wirtschaft« zu funktionieren und die Universitäten »als Unternehmen zu verstehen«. Dass Wirtschaft und Staat dies fordern, überrasche nicht, denn beide versprechen sich davon steigende Erträge bei sinkenden Kosten, doch überraschend findet er »die Bereitwilligkeit, mit der sich die Wissenschaft selber auf das Ansinnen einläßt.« Ich füge hinzu: In den nicht wenigen Wissenschaftsgremien, in« denen ich mitwirken durfte, habe ich ausschließlich Unternehmer kennen gelernt, welche die Andersartigkeit des Wissenschaftssystems erkannt und verteidigt haben. Es ist wohl doch in erster Linie der Staat, der hofft, im Wirtschaftsunternehmen Universität noch weiter steigende Anteile der Gesellschaft kostenneutral durch die Hochschulen schleusen zu können.

Dieter Grimm plädiert dafür, jedem Funktionsbereich seine eigenen Kriterien zuzugestehen, an denen er sich orientiert und seine Leistung gemessen wird. Nur dann werden die Teilsysteme Wissenschaft, Staat und Wirtschaft aneinander Nutzen haben, nicht aber, wenn die Universitäten gezwungen werden, sich an wissenschaftsfremden Kriterien auszurichten. Die Wirtschaft müsse die Lektion nachholen, die der Staat »mühsam und unter vielen Rückschlägen gelernt« habe: Das Teilsystem Wissenschaft ist dann am nützlichsten für die gesamte Gesellschaft, wenn es seinen eigenen Kriterien folgen darf.

Dieter Grimms klare Analyse hat allerdings, so lassen die gegenwärtigen Entwicklungen befürchten, einen schwachen Punkt: Der Experte für Verfassungsrecht, und als Verfassungsrichter auch beteiligt an dessen Umsetzung, überschätzt vermutlich die Verhinderungskraft des Rechts, wenn er hofft, der Staat werde »heute grundrechtlich daran gehindert«, die Lektion, die er seit dem frühen 19. Jahrhundert störrig gelernt hat, »wieder zu vergessen.« Die grundrechtlich geschützte Wissenschaftsfreiheit kann durchaus still in einer Vielzahl kleiner Schritte ausgehöhlt werden, wenn durch administrative Regelungen die Kriterien für wissenschaftliche Leistung verändert werden.

Dieser Prozess des partiellen Vergessens ist zur Zeit in vollem Gange, ohne dass zu erkennen wäre, wie er mit Rechtsmitteln gestoppt werden könnte, beruht er doch selber auf gesetzlicher Grundlage: auf dem neuen Hochschulrecht, das die Parlamente beschlossen haben und die zuständigen Ministerien und die Hochschulen derzeit in schnellen Schüben umsetzen. Korrekturen dürften nur möglich sein, wenn über die möglichen gesellschaftlichen Folgen dieser Neubestimmung von Wissenschaft durch von außen vorgegebene Leistungskriterien eine breite politische Diskussion geführt wird. Sie ist jedoch nicht abzusehen. Die Öffentlichkeit sucht sie nicht, die Hochschulen und die Wissenschaftsorganisationen erzwingen sie nicht.

5. Reformrhetorik und Reformradikalität

Die öffentliche Stille, in der die Bauherren der neuen Universität ihre radikalen Pläne ausführen können, dürfte zum erheblichen Teil an der Reformrhetorik liegen, mit der sie verhüllen, was sie tun, um den ›Standort Deutschland‹ auch auf dem Wissenschaftsmarkt wettbewerbsfähig zu halten. Global, selbstverständlich. Kürzungen des staatlichen Etats der Hochschulen – bei steigenden Studentenzahlen und ebenfalls steigendem Verwaltungsaufwand in Gestalt von Evaluierungen,

Akkreditierungen und vielem anderen – heißen Solidar-, Qualitäts- oder Zukunftspakt, Abbau von Fächern, die nicht profitabel genug erscheinen, wird als Profilbildung ausgelobt, drastische Gehaltssenkungen künftiger Professoren kommen als leistungsbezogene Besoldungsreform daher, obwohl die Hochschulen nicht die Mittel haben, die versprochenen Leistungszulagen in angemessener Höhe zu zahlen, und ein Bundeswettbewerb zur Förderung von Spitzenforschung, dessen Finanzmittel gemessen an den Etats amerikanischer Spitzenuniversitäten sehr bescheiden sind und von dem niemand weiß, ob er über eine Anschubphase hinaus fortgeführt wird oder die Sieger-Hochschulen auf Investitionsruinen sitzen bleiben, lobt man als Exzellenzprogramm aus. Die Medien reizt es nicht, diese Verhüllungssprache zu lüften, und die Wissenschaft und ihre Institutionen ebenfalls nicht. Letztere nehmen sie bereitwillig auf, um an den Mitteln teilhaben zu können und im öffentlichen Aufmerksamkeitswettbewerb, in dem Exzellenzprädikate und Geld zu gewinnen sind, zu bestehen.

Wie auch immer man einschätzt, was zur Zeit an Änderungen erzwungen wird, es bestätigt sich erneut, dass die Hochschule ein politischer Raum ist. An dessen Gestaltung werden die Hochschullehrer nur mitwirken können, wenn sie die Folgen dieser Eingriffe für ihre Arbeit als Wissenschaftler erkennen und ihre Sicht der politischen Öffentlichkeit vermitteln, um auf diejenigen politischen Einfluss zu gewinnen, welche die Verfahrensregeln an den Hochschulen bestimmen. Die Wissenschaft muss sich in diesem politischen Prozess der Neuordnung der Hochschulen und der Wissensproduktion durch öffentliche Debatten Gehör verschaffen, wenn sie überhaupt gehört werden will. Doch weiß sie, was sie sagen will? Lassen die Arbeitsbedingungen in einem unübersichtlichen Fächerspektrum zwischen Ägyptologie und Zahnmedizin noch gemeinsame Positionen *der* Hochschullehrer zu?

6. Ressourcensteuerung nach dem gesellschaftlichen Nutzen von Fächern?

So groß die Unterschiede zwischen einem geisteswissenschaftlichen »Orchideenfach«, dessen Leistungsfähigkeit an der jeweiligen Universität ganz von der Qualität des einen Gelehrten abhängt, der es dort mit einer einzigen Professur vertritt, und einem großen arbeitsteilig organisierten Laborfach auch sind – sie stehen gemeinsam vor Problemen, die in dieser Schärfe neu sind. Einige von ihnen sollen skizziert werden.

In den letzten zwei Jahrhunderten sind die Wissenschaften, gemessen an der Zahl der beteiligten Menschen und der Veröffentlichungen, exponentiell gewachsen. Seit der Mitte des 20. Jahrhunderts beschleunigte sich die Wachstumsrate noch einmal. Inzwischen hat sie sich etwas verlangsamt.[10] Diese Entwicklung und auch die Feinsteuerung, die dabei zu beobachten ist, hängen von den Ressourcen ab, die zur Verfügung gestellt werden, also von politischen Entscheidungen. Sie bestimmen, welche Wissenschaftsbereiche stärker wachsen als andere. In der Bundesrepublik Deutschland bedingte diese politische Ressourcensteuerung einen relativen Bedeutungsverlust der Geisteswissenschaften. In der dreißigjährigen Wachstumsphase seit 1954 sank ihr Anteil am gesamten wissenschaftlichen Personal von 14,8 auf 8,9 Prozent, obwohl die Zahl der Geisteswissenschaftler, die an den deutschen Hochschulen tätig waren, in dieser Zeit um das Siebenfache anwuchs.[11] Doch auch die klassischen Naturwissenschaften haben es schwer, sich gegen die so genannten Lebenswissenschaften zu behaupten, denn auf letzteren ruhen gegenwärtig die größten gesellschaftlichen Hoffnungen (und auch Ängste). Deshalb erhalten sie wachsende Anteile an den Ressourcen, welche die Politik zur Verfügung stellt. Und genau dies – die Höhe der Fördermittel, die Fächer auf sich lenken können – ist zu einem der wichtigsten Kriterien geworden, wenn wissenschaftliche Effizienz und Qualität gemessen und bei der Mittelverteilung wie auch bei der Einrichtung neuer Forschungszentren oder einzelner Professuren belohnt werden.

An den deutschen Hochschulen wird zur Zeit erprobt, wie die neuen Kriterien umgesetzt werden können, und die Länder haben begonnen, auch zwischen ihren Hochschulen den Wettbewerb um die Landesmittel nach den neuen Leistungskriterien zu steuern. Die eingeworbenen Drittmittel spielen dabei eine zentrale Rolle. Hochschullehrer, die auf die Verteilungsregeln und damit auf die Kriterien, nach denen wissenschaftliche Leistung fachextern bemessen und honoriert wird, Einfluss nehmen wollen, müssen zwangsläufig Wissenschaftspolitik treiben, denn die Spielregeln werden im politischen Raum entschieden. Wenn dort die Drittmittelquote, die ein Fach und der einzelne Professor einwirbt, zum obersten Leistungsmaßstab erhoben wird, sind die Hochschulleitungen gezwungen, diesen Maßstab auch intern anzulegen, um nicht die Konkurrenzfähigkeit ihrer Hochschule zu gefährden. Wer wollte es dem Rektor einer alten Universität, die noch über das volle, historisch gewachsene traditionelle Fächerspektrum verfügt, verübeln, wenn er der Versuchung nachgäbe, die Alternative zwischen Wiederbesetzung des einzigen Lehrstuhls für – sagen wir – Indologie oder einer zusätzlichen Professur für Molekularbiologie zugunsten des höheren Drittmittelpotentials zu entscheiden. Täte er es nicht oder zu oft nicht, würde die gesamte Hochschule für den Existenzschutz, den sie vermeintlich Leistungsschwachen angedeihen lässt, finanziell durch das Land bestraft und damit in ihrer Wettbewerbsfähigkeit geschwächt.

Was als Anreiz zur Leistungssteigerung geplant ist, könnte zum Leistungszusammenbruch von Fächern führen oder sie ganz auslöschen. Denn der Vergleich mit den Marktregeln der Wirtschaft, der so gerne bemüht wird, führt in die Irre. Wird die Überlebensfähigkeit von Hochschulfächern einseitig nach ihrem Drittelmittelpotential entschieden, so geht es nicht darum, den leistungsstärksten Anbieter zu belohnen. Der ließe sich für ein einzelnes Fach im Vergleich der Universitäten, die es anbieten, ermitteln, etwa der Informatik, aber nicht zwischen Informatik und Indologie. Die Drittmittelkonkurrenz zwischen verschiedenen Fächern erzeugt keinen vernünftigen Wettbewerb, sondern läuft darauf hinaus, ob bestimmte Fächer überhaupt noch angeboten werden sollen oder anderem weichen müssen. Die politisch gesetzten Kriterien der Ressourcensteuerung können also nicht nur wissenschafts- und fachinterne Bewertungsmaßstäbe verdrängen, sondern über das Existenzrecht von Fächern entscheiden.

Die Frage, ob gesellschaftlicher Nutzen und Drittmittelnutzen von Fächern übereinstimmen, lässt sich nicht nach wissenschaftlichen Kriterien entscheiden. Denn das würde voraussetzen, den »Kulturwert« dieser Fächer vergleichend bestimmen zu können. Der Philosoph Karl Jaspers hatte sich dies 1945 in seiner berühmten Schrift »Die Idee der Universität« noch zugetraut. Er gab eine Antwort, die wir heute, nur etwas mehr als ein halbes Jahrhundert später, schon nicht mehr akzeptieren werden, jedenfalls nicht mit der Folgerung, die er aus seinem Urteilsmaßstab zog: Nur »Grundwissenschaften«, die im »Kosmos der Wissenschaften ein unersetzliches Glied« beisteuern, dürfen als eigenes Fach auftreten. »Indologie und Sinologie« sind »Grundwissenschaften«, meinte er, »aber nicht Afrikanistik und Vorgeschichte, das liegt an dem Gehalt dieser Kulturen.«[12]

Karl Jaspers wusste allerdings, dass er zeitgebunden urteilt, denn er forderte, dass jedes Zeitalter aufs Neue bestimmt, was es für wichtig hält. Als er 1945 in Heidelberg vor den ersten Medizinstudenten, die sich nach dem Krieg immatrikulierten, über die »Erneuerung der Universität« einen Vortrag hielt, beschwor er eine Universität, die »den bloßen Schulbetrieb und die sich abschließenden Spezialisierungen verwirft«.[13] Die Universität gebe ihre Idee auf, wenn sie in ein »Aggregat von Fachschulen und Spezialitäten«[14] zerfalle. Das war bei Jaspers kein Appell, die Universität gegenüber neuen Wissenschaftszweigen zu schließen. Ganz im Gegenteil. Der Philosoph beklagte, dass sich die deutsche Universität viel zu lange unfähig erwiesen habe, »die neuen tatsächlichen Kräfte des Zeitalters, insbesondere die Technik, in den Zusammenhang des Ganzen aufzunehmen und von ihm aus zu durchdringen. Die Erneuerung der Universität müßte die Universität erweitern auf alle großen menschlichen Anliegen unseres Zeitalters und zugleich ihre Einheit wiedergewinnen.«[15]

Was Jaspers hoffte, in philosophischer Reflexion plausibel machen zu können, wird künftig wohl vorrangig nach dem Drittmittelpotential und anderen Tonnagewerten entschieden werden. Denn die neuen Verteilungsregeln sind auf den Kurzschluss von Kulturwert und Drittmittelnutzen ausgelegt. Was die so genannten »kleinen Fächer« wie Indologie oder Sinologie, Afrikanistik oder Vorgeschichte, um Jaspers Beispiele nochmals zu bemühen, für die Gesellschaft leisten, lässt sich aber weder an ihrer Kleinheit – der personellen, denn das Gebiet, für das sie zuständig sind, ist nicht klein – und auch nicht an ihren Drittmitteln ablesen.

Das ist kein Plädoyer gegen die Drittmittelquote als Leistungsmaßstab, sondern dafür, ihn vernünftig anzuwenden. Dazu müsste zweierlei anerkannt werden: Die vielen Fächer, die Hochschulen heute umfassen, sind nicht in gleichem Maße für ihre Forschungen auf Drittmittel angewiesen. Manche brauchen sie nicht oder kaum. Und zweitens verfügen sie über höchst ungleiche Möglichkeiten, Drittmittel einwerben zu können. Dieses Gefälle bei der Notwendigkeit und der Möglichkeit, Drittmittelforschung zu betreiben, lässt sich plausibel erfassen und bewerten, wenn die Drittmittelquoten, welche die einzelnen Fächer oder Fächergruppen an einer bestimmten Hochschule erzielen, in Relation gesetzt werden zu den Drittmittelquoten dieser Fächer im Bundesdurchschnitt. Dann würde, um ein Beispiel zu geben, die Tübinger Islamwissenschaft nicht mit der Tübinger Informatik konkurrieren, sondern beider Drittelmittelleistung würde jeweils für sich an der bundesweiten Leistungsbilanz des jeweiligen Fachs gemessen. Erfolg und Misserfolg würden also fachspezifisch betrachtet und damit an wissenschaftsinterne Qualitätskriterien gebunden. Auch zwischen den Hochschulen eines Bundeslandes ließe sich so der Wettbewerb um die Ressourcen, die dieses Land zur Verfügung stellt, versachlichen, da alte Universitäten mit starken geisteswissenschaftlichen Traditionen nicht gegenüber Technischen Universitäten systematisch benachteiligt würden. Jeder würde in seinem Leistungsprofil mit seinesgleichen verglichen. Dann erführe man, wo die erfolgreichsten Ägyptologen und die erfolgreichsten Informatiker sitzen. Dass Informatiker mehr Drittmittel brauchen und einwerben als Ägyptologen, wissen wir ohnehin. Doch das sagt nichts über die Leistungskraft beider Fächer aus, sondern bestätigt nur, dass sie anders sind.

Mit den neuen Regeln der Ressourcensteuerung, wie sie innerhalb der Hochschulen und zwischen den Hochschulen eines Landes derzeit erprobt werden, verändert der Staat die bisherigen Standards für wissenschaftliche Qualität gravierend. Die Politik bestimmt, was als wissenschaftlich bedeutsam gilt, indem sie festlegt, wie die Leistung des Faches und des Hochschullehrers honoriert wird. Das neue Wie ist der Qualitätsbewertung nach fachlichen Standards, die wissenschaftsintern bestimmt werden, stärker entzogen als bisher und offener gegenüber außerwissenschaftlichen Vorgaben.

Diesen fundamentalen Umbruch in der Bewertung wissenschaftlicher Qualität verhüllt die Wissenschaftspolitik, indem sie ihn der Öffentlichkeit als längst überfälligen Versuch unterbreitet, die Hochschulen wettbewerbsfähig zu machen und damit zu modernisieren. Ihr ist ein Lehrstück gelungen, wie man dank einer Sprachpolitik, die den Eindruck vermittelt, durch Reformen Veränderungsdynamik freizusetzen, gesellschaftliche Deutungshegemonie gewinnen kann. Hochschullehrer, die sich nicht damit abfinden wollen, dass eine offene Diskussion verhindert wird, indem das Neue mit dem Nimbus objektiver Leistungsmessung umgeben und das Bisherige pauschal eingeschwärzt wird, werden versuchen müssen, eine öffentliche Debatte anzustoßen.

Gefragt ist der *homo politicus*, der eigene Reformideen entwickelt. Denn es kann nicht darum gehen, *ob* die Hochschulen reformiert werden sollen – Reformen sind überfällig. Zur Debatte gestellt werden müssen jedoch das Wie und die Ziele der Reform. Dazu muss man allerdings kennen, was man dabei ist aufzugeben. Auch hier haben diejenigen, die gegenwärtig die Hochschuldebatte bestimmen, ihr Bild heutiger Hochschulwirklichkeit durchgesetzt. Wenn es nicht gelingt, dieses Bild mit seinen unfairen Wertungen und irrigen Vergleichen mit den wenigen amerikanischen Spitzenuniversitäten, die unter gänzlich anderen Bedingungen arbeiten, zu korrigieren, wird man die Reformweichen nicht neu stellen können. Wer in der Öffentlichkeit über das Bild bestimmt, das diese von der Hochschule hat, bestimmt auch, welche Änderungen für notwendig gehalten und durchgesetzt werden können. Die Universitäten werden nur dann die Aufmerksamkeit der Öffentlichkeit und auch deren Unterstützung in der Wissenschaftspolitik gewinnen können, wenn sie selber die notwendigen Reformen energisch angehen, so schwer dies auch fällt unter dem Druck einer staatlichen Reformhektik, die alle Energien zu verbrauchen droht. Dazu für einen Teilbereich abschließend ein konkreter Vorschlag, der gegenwärtige Entwicklungen aufnimmt, ihnen aber eine andere Richtung gibt: Personalstruktur und Studiengebühren.

7. Veränderung der Personalstruktur und Studiengebühren als Reformhebel

Die Personalstruktur der deutschen Hochschule ist nicht mehr zeitgemäß. Sie kennt im Karriereweg nur ein hartes Entweder-Oder. Entweder man schafft termingerecht den Sprung vom befristet angestellten wissenschaftlichen Mitarbeiter auf die Professur oder man scheitert. Dazwischen gibt es an der Hochschule (fast) nichts – eine Wissenschaftsinstitution bestehend aus Auszubildenden und Direktoren. Gleitende Übergänge, Wartepositionen oder gar dauerhafte Positionen jenseits des Direktorats sind nicht vorgesehen. In der Universitätsmedizin ist das anders; um sie geht es hier nicht.

Das Bundeshochschulgesetz der Ministerin Bulmahn hat dieses Dilemma durchaus im Blick, doch es versucht, das Problem durch erneute staatliche Regulierung zu lösen, obwohl mehr Hochschulautonomie versprochen wird. Es will die Anlaufzeit für den Sprung auf die Professur auf höchstens zwölf Jahre nach Abschluss des Studiums begrenzen: Entmündigung im Fürsorgestaat durch Zwang zum schnellen Berufsglück. Umwege stören und sind zu vermeiden, Forschung muss in festen Zeittakten geschehen, sonst führt sie künftig beruflich ins staatlich verordnete Abseits. Die Juniorprofessur ist ein Eckstein dieses gesetzlich befohlenen Beschleunigungsprogramms. Ob sie das hohe Risiko des Scheiterns auf dem Weg zur Professur abfedern wird, und falls ja, für wie viele, ist noch nicht abzusehen.

Bekannt ist jedoch, warum der heutige Zustand in Deutschland für den wissenschaftlichen Nachwuchs so trist ist. Die erfreulich intensive Forschungsförderung hat die Qualifikationswege für Aspiranten auf eine Professur erheblich verbreitert, nicht hingegen die Zahl der Professuren entsprechend vermehrt. Die Qualifikation für die Professur führt nicht mehr vornehmlich über eine begrenzte Zahl von Assistentenstellen. Hinzu kommen die vielen Möglichkeiten, die sich Doktoranden und *Postdocs* auf Projektstellen und in Sonderprogrammen wie Graduiertenkollegs, Sonderforschungsbereichen oder Exzellenzclustern befristet bieten. Doch danach kommt der Schock: Die Professur ist weiterhin die einzige Dauerstelle für Hochschullehrer. Vor diesem Nadelöhr gibt es einen wachsenden Stau an Bewerbern, die alle Qualifikationshürden erfolgreich, viele sogar exzellent genommen haben. Mangels verfügbarer Stellen ist aber selbst für die Höchstqualifizierten die Passage dieses Nadelöhrs zu einem unkalkulierbaren Risiko geworden. Dieser bitteren Situation, der viele ausweichen, indem sie ins Ausland gehen, verschließt sich das Hochschulgesetz des Bundes, und auch die Landeshochschulgesetze und die großen Wissenschaftsinstitutionen schweigen. Was könnte getan werden?

Gesucht wird ein zukunftsfähiges Konzept, wie man einerseits die heutige Breite der Qualifikationswege beibehält, andererseits aber die strukturell bedingten individuellen Katastrophen vor dem Nadelöhr vermeidet. Es drastisch zu erweitern, ließe sich politisch nicht durchsetzen, denn das hieße, erheblich mehr Professuren schaffen. Also sollten stattdessen vor dem Nadelöhr Dauerstellen unterhalb der Professur geschaffen werden, die denen zur Bewerbung offen stehen, die sich dafür durch Forschungs- und Lehrleistungen qualifiziert haben. Aber keine Mittelbaustellen nach bisherigem Muster. Auch keine Wiederbelebung des Akademischen Rates, denn diese Position war und ist eine Sackgasse. In ihr ist man zwar materiell abgesichert, doch abgedrängt in die Lehre – hier oft begrenzt auf das Grundstudium – fehlt der Anreiz, sich durch Forschung weiterzuqualifizieren. Wer aufsteigen will, strebt von der Forschung und der Lehre weg zu administrativen Funktionsstellen.

Dass dies nicht so sein muss, lehrt die Vielfalt selbständiger Positionen unterhalb der Professur, über die britische Universitäten – in ähnlicher Weise auch die australischen und kanadischen – verfügen: *Junior* und *Senior Lecturer, Reader*. Sie sind selbständig, und vor allem sind sie auf Lehre *und* Forschung ausgerichtet, denn der Anreiz – auch der finanzielle –, sich weiter wissenschaftlich zu profilieren, bleibt erhalten, ohne dass der Schritt zur Professur notwendig wäre. Wer nicht Professor wird, ist nicht gescheitert und gilt nicht als gescheitert. Bekannte britische Historiker, um nur in mein Fach zu blicken, haben nie dieses Amt angestrebt, was ihrem Ansehen daheim und im Ausland nicht geschadet hat. In Deutschland wäre das angesichts der Personalstruktur unmöglich. Auch das britische System hat seine Tücken, doch im Vergleich zum deutschen entschärft es den Hasard des universitären Berufsweges, wovon die Personen und die Institution gleichermaßen profitieren. Gefragt ist Phantasie, wie man sich durch ein solches System zu Reformen, die auf deutsche Verhältnisse zugeschnitten werden müssen, anregen lassen kann.

Früher zu erreichende feste und eigenständige Positionen unterhalb der Professur müssen keineswegs zur Verkrustung des Lehrkörpers führen – vorausgesetzt, diese Stellen sind so konstruiert, dass sie den Anreiz bieten, sich weiterhin durch Forschung und in der Lehre zu qualifizieren. Wie auch immer die Einzelheiten gestaltet würden, sie müssten darauf ausgelegt sein, den frühen Zugang zu diesen Stellen mit dem Stachel zur Mobilität zu verbinden. Finanzierbar wäre eine solche differenzierte, abgestufte Personalstruktur, denn für die neuen Positionen könnten die bisherigen Mitarbeiterstellen oder doch ein erheblicher Teil von ihnen genutzt werden. Sie ergäben gemeinsam mit den Professuren ein Stellenreservoir, das groß genug sein müsste, auf allen Ebenen eine personelle Erstarrung zu vermeiden. Für Doktoranden bliebe der Weg über Stipendien oder Forschungsprojekte, verbunden mit Lehraufträgen, deren Vergütung im Gegensatz zu heute nicht Schamröte erzeugen dürfte.

Eine derartige Personalreform, die personelle Erweiterung einschließt, darf den Staatsetat nicht belasten, sonst wäre die Hoffnung darauf illusionär. Die Studiengebühren, die zur Zeit in etlichen deutschen Ländern eingeführt werden, könnten, so bescheiden sie auch (noch) sind, für die Finanzierung zusätzlicher Stellen genutzt werden – vorausgesetzt sie kommen bei den Universitäten und Fakultäten tatsächlich dauerhaft verlässlich an und werden nicht in den nächsten staatlichen Sparauflagen, durch neue wohlklingende Worthülsen sorgfältig camoufliert, aufgezehrt. Selbst ein mittleres Fach mit nur 500 Hauptfachstudenten würde bei einer Studiengebühr von 1.000 Euro pro Jahr regelmäßig eine stattliche Summe erwirtschaften, die aufgeteilt auf Universität und Fakultät durchaus einen erheblichen finanziellen Spielraum schüfe. Er sollte genutzt werden, um dauerhafte und auch zeitlich begrenzte Stellen für ausgewiesene Wissenschaftler unterhalb der Professur zu schaffen, gelegentlich auch für zusätzliche Professuren. Das zu entscheiden, müsste in die alleinige Kompetenz der Hochschulen fallen. Die Chancen des hoch qualifizierten wissenschaftlichen Nachwuchses auf dem engen universitären Berufsmarkt würden sich erheblich verbessern, die Fächer könnten beweglicher als bisher neue wissenschaftliche Entwicklungen institutionell aufnehmen, und die Lehre würde ebenfalls breiter. So verwendet, wird eine breite gesellschaftliche Zustimmung zu Studiengebühren zu erwarten sein; auch unter den Studierenden.

Eine Reform, die in diese Richtung zielte, wäre geeignet, die deutschen Hochschulen strukturell zu verändern, ohne sie wissenschaftsfremden Kriterien auszuliefern. Das Hochschulgesetz des Bundes und ihm folgend die Hochschulgesetze der Länder setzen hingegen bei der Personalstruktur an Punkten an, die keine strategischen sind. Sie nehmen in Kauf, eine Generation von Wissenschaftlern, die ihre Berufswege nach anderen Regeln antraten, auszustoßen – »verschrotten« hat man es im zuständigen Bundesministerium genannt[16] –, ohne die jetzige Situation strukturell zu ändern. Damit verbauen diese Gesetze die Chance zur überfälligen gründlichen Reform der Personalstruktur deutscher Hochschulen, und sie lähmen auch in anderen Bereichen die Bereitschaft zur Universitätsreform von innen heraus. Eine kluge Politik sollte so nicht handeln. Um ihr dies nahezubringen, müssen die Hochschulen politisch aktiv werden. Sie sind ein politischer Raum, also sollten ihre Angehörigen versuchen, ihn politisch mitzugestalten, so schwer Wissenschaftlern und ihren Institutionen dies verständlicherweise fällt.

Anmerkungen

*   Eine stark veränderte Fassung von: Universität im Umbau. Heutige Universitätspolitik in historischer Sicht und Vorschlag für eine neue Personalstruktur, in: Klaus Kempter / Peter Meusburger (Hg.), Bildung und Wissensgesellschaft, Heidelberger Jahrbücher 59 (2005), S. 389–406.

1   Vgl. Walter Rüegg (Hg.), Geschichte der Universität in Europa. Bd. III: Vom 19. Jahrhundert zum Zweiten Weltkrieg 1800–1945, München 2004. S. in diesem Buch: »Die Universität als Vordenker? Universität und Gesellschaft im 19. und frühen 20. Jahrhundert«.

2   Vgl. Rainer Christoph Schwinges (Hg.), Humboldt International. Der Export des deutschen Universitätsmodells im 19. u. 20. Jahrhundert, Basel 2001.

3   Wolf Singer, Auf dem Weg nach innen. 50 Jahre Hirnforschung in der Max-Planck-Gesellschaft, in: Ders., Der Beobachter im Gehirn. Essays zur Hirnforschung, Frankfurt/M. 2002, S. 9–33.

4   Vgl. dazu und zu anderen Faktoren dieser Flexibilität in diesem Buch »Die Universität als Vordenker?« und die dort genannte Fachliteratur.

5   Sie ist inzwischen korrigiert worden, weil die Schäden für den Forschungsmarkt zu offenkundig waren.

6   Das ist eine internationale Entwicklung, deren Ursachen plausibel dargelegt werden von Peter Weingart, Die Stunde der Wahrheit? Zum Verhältnis der Wissenschaft zu Politik, Wirtschaft und Medien in der Wissensgesellschaft, Weilerswist 2001.

7   Immanuel Kant, Der Streit der Facultäten in drey Abschnitten (1798), in: Ders., Werke in sechs Bänden, hg. v. Wilhelm Weischedel, Bd. VI, Darmstadt 1966, S. 267–393. Vgl. insbes. Reinhard Brandt, Universität zwischen Selbst- und Fremdbestimmung. Kants ›Streit der Fakultäten‹. Mit einem Anhang zu Heideggers ›Rektoratsrede‹, München 2003.

8   Text der Bologna-Erklärung von 1999: http://www.bologna-berlin2003.de/pdf/bologna_declaration.pdf. Informative Bestandsaufnahme: Stefanie Schwarz-Hahn / Meike Rehburg, Bachelor und Master in Deutschland. Empirische Befunde zur Studienstrukturreform. Wissenschaftliches Zentrum für Berufs- und Hochschulforschung Universität Kassel September 2003 (http://www.bmbf.de/pub/bachelor_und_master_in_deutschland.pdf).

9   Dieter Grimm, Ansprache, in: Wissenschaftskolleg zu Berlin. Rektoratsübergabe 2. Oktober, Berlin 2001, S. 37–41 (dort alle folgenden Zitate).

10   Weingart, Stunde der Wahrheit?

11   Peter Weingart u.a., Die sog. Geisteswissenschaften: Außenansichten. Die Entwicklung der Geisteswissenschaften in der BRD 1954–1987, Frankfurt/M. 1991, S. 78, 94.

12   Karl Jaspers, Die Idee der Universität, Berlin 1945, S. 78. Vgl. zu Jaspers Universitätsidee in diesem Buch auch: »Wozu braucht die Gesellschaft Geisteswissenschaften? Wie viel Geisteswissenschaften braucht die Universität?«; sowie: »Chancen und Perspektiven: Bildung und Ausbildung«.

13   Jaspers, Erneuerung der Universität. Reden und Schriften 1945/46, hg. v. Renato de Rosa, Heidelberg 1986, S. 97.

14   Ebd., S. 104.

15   Ebd., S. 103.

16   Ulrich Herbert: Die Posse. An den Unis werden Massenentlassungen als Reform verkauft, in: Süddeutsche Zeitung v. 9. Januar 2002.

Meine Universität und die Universität der Zukunft[*]

Als ich zu studieren begann, 1966, sprachen sich die Studenten noch mit »Sie« an. Nur zwei Jahre später duzte uns so mancher Dozent, und die meisten Professoren wähnten das Ende der guten alten deutschen Universität nahe. Heute geht es mir ebenso. Auch ich glaube, dass die deutsche Universität nun etwas anderes wird, als sie es bisher gewesen ist. Was sie künftig sein wird, weiß man zwar noch nicht genau, gewiss aber nicht mehr meine Universität. Das kann ich schon heute nicht mehr übersehen. Veränderungen erzwingen nun jedoch nicht die Studierenden. (Diese geschlechtslose Anrede der *political correctness* war damals noch nicht üblich. Studierendenbewegung hätte wohl komisch geklungen. Oder StudentInnenbewegung? Vielleicht wäre dann alles heiterer verlaufen.) Die Radikalen von heute gehören zur politischen Klasse, sitzen gar in Ministersesseln. Geübt in Reformrhetorik und willens, ihre Organisationsmacht zu nutzen, die Universität radikal umzubauen, verheißen sie, den ›Standort Deutschland‹ auch auf dem Wissenschaftsmarkt wettbewerbsfähig zu machen. Global, das ist klar. Allen Klagen über die vermeintliche Unbeweglichkeit unserer Politik zum Trotz haben sie die Wissenschaftspolitik als ihr Reformfeld entdeckt, auf dem das Bestehende großflächig abgewrackt werden kann, ohne die Leistungsfähigkeit der Neubauten schon zu kennen oder gar im Kleinen getestet zu haben. Fehlschläge tun hier politisch nicht weh, denn in den Wahlen spielt die Wissenschaftspolitik keine bedeutende Rolle – ungeachtet aller wohlfeilen Bekenntnisse zur Wissensgesellschaft. Die heutigen Bildungspolitiker kennt man zwar kaum mehr, wie Peter Glotz mit Blick auf die großen bildungspolitischen Namen der siebziger Jahre kürzlich bemerkte (FAZ 9.2.2005), doch ihr Wille zur Veränderungsradikalität steht in einem merkwürdigen Kontrast dazu. Oder bedingt sich beides? Darf man in der Wissenschaftspolitik den radikalen Umbau wagen, vor dem Wirtschafts- oder Sozialpolitiker zurückschrecken, weil der Gesellschaft die Universitäten zu unwichtig sind, um sich ernsthaft mit ihnen zu befassen? Bildungspolitik scheint mit dem Stimmzettel weder honoriert noch bestraft zu werden, also ein ideales Feld, um Reformwillen zu bekunden. Zudem werden die Folgen der radikalen Eingriffe, die zur Zeit erzwungen werden, erst zu spüren sein, wenn die Verantwortlichen von heute nicht mehr in Amt und Würden sein werden.

Was kündigt sich Neues an? Was soll wodurch ersetzt werden? Danach will ich fragen – aus meinen individuellen Erfahrungen heraus. Ein persönlicher Rückblick also, aber doch mit dem Blick des Historikers, der die Entwicklungen seiner Zeit aus der Geschichte heraus zu verstehen sucht und gewohnt ist, Wandel als normal und notwendig zu erkennen, auch wenn er persönlich schmerzt. Was allerdings nicht heißt, jede Form des Wandels für sachlich angemessen zu halten.

I.

Die Universität von heute wird es schon bald nicht mehr geben. Die jüngere europäische Universitätsgeschichte kennt zwei radikale Umbruchsphasen: Die erste liegt um 1800, in der zweiten leben wir. Heute endet, was damals entstand: die moderne Universität, die Forschung und Lehre als Einheit begreift und diesen beiden Säulen mit der studentischen Freiheit eine dritte hinzufügt. In Frankreich ist man einen anderen Weg gegangen, doch auch dort endete damals die alte Universität. Aus diesem Trümmerfeld, wie Walter Rüegg es genannt hat, entwickelte sich in Deutschland die Forschungsuniversität, die dann zu einem weltweiten Erfolg wurde. Dieser Weg wird nun per Gesetz beendet; jedenfalls in Deutschland, im Land der radikalen Geschichtsbrüche, dessen Politiker aus dem, was europäisch als Bologna-Prozess ausgeflaggt wird, den Auftrag zum Radikalumbau ableiten. Es ist ein Umbau durch Abbruch in allen zentralen Bereichen der deutschen Universität.

Zunächst zum Studium. Als ich im Frühjahr 1971 in Heidelberg in den Fächern Geschichte, Politikwissenschaft und Deutsch das Staatsexamen ablegte, hatte ich – gemessen an den heutigen Regeln – nur vier Semester Geschichte studiert. Ich hatte mich nämlich erst im fünften Semester entschlossen, Geschichte hinzuzunehmen; dass es mein Hauptfach werden sollte, wusste ich allerdings noch nicht, belegte die ersten vier Semester nach, auf dem Papier, gegen eine geringe Verwaltungsgebühr, und schon war ich mit allen Fächern wieder gleichauf. Natürlich musste ich die Pflichtveranstaltungen des Grundstudiums in Geschichte nachholen, doch das war nicht viel, das konnte ich in einem einzigen Semester erledigen, ohne es ganz dafür opfern zu müssen.

Es ließ sich herrlich unverregelt studieren, damals, noch ganz in der Tradition der Studierfreiheit des 19. Jahrhunderts. Wie man studiert hatte, interessierte niemanden. Geprüft wurde das Ergebnis. Deshalb war – ein Erfolg der Revolution von 1848/49, der rund eineinhalb Jahrhunderte bis in unsere Gegenwart überdauerte – alles auf das Endexamen abgestellt. Davor lag die völlige Freiheit des Studiums, das Gegenüber der Freiheit von Forschung und Lehre. In Fächern wie Medizin gibt es diese Studierfreiheit schon lange nicht mehr; die neuen Bologna-Studiengänge – Bachelor und Master – beenden sie nun flächendeckend für alle Fächer. Eine Zäsur, deren Auswirkungen auf die Universität insgesamt schwer abgeschätzt werden können, doch unmissverständlich ist, sie wird tief eingreifen, denn in der Gestalt, wie die Universität in den deutschsprachigen Ländern entstanden ist, stellte die Studierfreiheit eine der drei Säulen, auf denen der Gesamtbau aufruhte. Diese Säule fällt nun.

Geschehen musste etwas. Denn die Hochschule der Vielen, die über dreißig Prozent eines Jahrgangs ausbildet und künftig noch mehr aufnehmen soll, kann nicht dasselbe Studium anbieten wie die Hochschule der Wenigen früherer Zeiten. Aber muss der Umbau des Fundaments mit der Abbruchbirne geschehen, die alles zerschlägt, um die Lücke nach einem europäischen Einheitsplan füllen zu können? Ich behaupte: Nein, es geht auch anders. An der wieder gegründeten Universität Erfurt war ich als Mitglied des Gründungsrektorats daran beteiligt, ein konsekutiv angelegtes BA- und MA-Studium aufzubauen, das feste Vorgaben macht, mit einer scharfen Prüfung nach einem ersten Orientierungsjahr, nicht aber blind mit der deutschen Tradition bricht.

Zu dieser Tradition gehört es, mehrere Fächer zu studieren, was offensichtlich der Arbeitsmarkt immer noch honoriert, ganz zu schweigen – das interessiert die Abbruchunternehmer in der Wissenschaftspolitik nicht – vom Nutzen für die Studenten und für die Fächer. Man spricht zwar viel von Interdisziplinarität und – noch verheißungsvoller – von Transdisziplinarität, doch sie durch das Studium mehrerer Fächer einzuüben, gilt als überholt. In Erfurt ließ sich ein Mehrfachstudium mit der neuen Studienorganisation durchaus verbinden. Allerdings hatten Akkreditierungsagenturen noch nicht mitzusprechen. Das Vertrauen, das der Staat seinen Universitäten nicht mehr entgegenbringt, so dass statt der versprochenen Autonomie neue Formen der Außensteuerung eingeführt werden, ruht heute auf diesen Agenturen für die Akkreditierung und Evaluierung von Studiengängen. Sie zehren von einer Kompetenzvermutung, für die es bislang keinerlei konkrete Anhaltspunkte gibt. Binnen kurzem entsteht ein neues lukratives Gewerbe, allerdings lebt es von dem knappen Etat, der für die Wissenschaft zur Verfügung steht. Und schon jetzt müssen die Professoren einen erheblichen Teil ihrer Arbeitszeit darauf verwenden, entweder evaluiert zu werden oder selber andere zu evaluieren. Ich weiß, was das bedeutet, denn ich war mehrere Jahre an den Evaluierungen seitens des Wissenschaftsrates beteiligt. Hier ging es jedoch darum, einen fest begrenzten Bereich von Forschungseinrichtungen einmalig extern zu begutachten, während an den Hochschulen eine Dauerevaluierung in Gang gesetzt wird, die enorme Ressourcen verbraucht und mehr Papier produziert, als diejenigen, die daraus Folgerungen ableiten sollen, lesen und umsetzen können.

Damit mussten wir uns beim Aufbau einer Universität, deren Auftrag es ist, Reformen im Bereich der Geistes- und Sozialwissenschaften zu erproben, noch nicht auseinandersetzen. Wir konnten – gestützt auf den Rückhalt des Wissenschaftsrats – in Erfurt eine Neuerung wagen, die sich an der Vergangenheit vergewissert: eine Revolution rückwärts mit dem Blick nach vorne – das Studium Fundamentale, verpflichtend für Studierende wie für Lehrende im Umfang eines Nebenfachs bis zum Bakkalaureat. Es versucht, die unverzichtbare Spezialisierung, die mit jeder Forschung verbunden ist und deshalb auch bei einer forschungsbezogenen Lehre nicht vermieden werden kann, schon im Studium systematisch mit dem Blick über den Fächerzaun zu verbinden, um einen Konstruktionsmangel der modernen Universität zu beheben oder doch zu lindern. Sie hat nämlich die alte Hierarchie der Fächer, die zugleich ein Bildungsprogramm war, aufgehoben, indem sie an die Stelle des zeitlichen Nacheinanders im Studium – erst die *artes liberales*, dann darauf aufbauend Theologie, Jura oder Medizin – das gleichberechtigte Nebeneinander der Fächer setzte. Das bedeutete damals eine grundstürzende Neuorientierung der gesamten Universität, denn sie vermittelte nun keine fächerübergreifenden gemeinsamen Grundlagen mehr, sondern war nur mehr für die speziellen Wissenschaften zuständig.

Der permanente Prozess der Spezialisierung durch Forschung, der damit in die Hochschule einzog, prägt seitdem unaufhaltsam die moderne Universität. Ihn aus ihr herausnehmen, hieße, sie als Forschungsuniversität zerstören. Die deutsche Universität des 19. und auch noch des frühen 20. Jahrhunderts wusste aber sehr wohl, was verloren geht, wenn Bildung durch Forschung ersetzt wird, und sie bemühte sich gegenzusteuern, indem sie den Besuch von Lehrveranstaltungen vorschrieb, die nicht aus dem engeren Studiengebiet stammten. Viele Erinnerungen bezeugen ihre Wirkung. Felix Dahn zum Beispiel bedauerte die Kommilitonen, die nur in Berlin und nicht wie er zusätzlich in München studiert hatten, denn in Preußen musste man nicht wie in Bayern noch zu Beginn des 20. Jahrhunderts einen beträchtlichen Teil des Studiums außerhalb der eigenen Fächer zubringen. Diesem allgemeinen Studium abseits des Speziellen verdanke er seine akademische Prägung. Andere priesen es als Schutz, zum bloßen »Fachfexen« zu werden.

Dies in veränderter zeitgemäßer Form aufzunehmen, ist die Grundidee des Erfurter Studiums Fundamentale. Die neuen Studiengänge, wie sie nun unter dem Etikett ›Bologna-Prozess‹ politisch flächendeckend gesetzlich erzwungen werden, favorisieren hingegen den schnellen Spurt zum Ziel im Einfachstudium. Seitenblicke sind nicht erwünscht. Ob Bildung ohne sie auskommt?

II.

Der Zwingherr der neuen Universität verlangt von allen eine strikte Planung, auch von den Studierenden. In drei Jahren zum Bachelor – diesem Ziel soll alles untergeordnet werden. Wer ein Fach studieren will, zu dem Sprachen notwendig sind, die man auf der Schule nicht erlernt, soll das, so wurde z.B. im Stuttgarter Wissenschaftsministerium argumentiert, vor dem Studium tun. Sich während des Studiums für etwas zu entscheiden, das von der Planung abweicht, ist unerwünscht, es könnte die Erfolgsstatistik des Landes verderben. Eine der wichtigsten Entscheidungen ihres Lebens sollen die jungen Menschen also definitiv vor Studienbeginn, möglichst noch auf der Schule oder, sollte die Schule keine passenden Angebote machen, zwischen ihr und dem Studium treffen und darauf alles ausrichten, ohne noch recht zu wissen, was sie denn konkret erwartet, wenn sie zum Beispiel Orientalistik oder Sinologie studieren wollen. Flexibilität im Studium, um sich Neuem zuzuwenden, das man vorher noch nicht kennen konnte, ist nicht vorgesehen, sie ist unerwünscht. Ist das eine Ausbildung, die sich diese Gesellschaft für ihre Eliten wünschen sollte?

Die Planungsgläubigkeit der zusammengebrochenen politischen Systeme scheint in der deutschen Hochschulpolitik ein Refugium gefunden zu haben. Kollegen, die zur Geschichte der kommunistischen Planungsstaaten forschen, sind oft sprachlos angesichts dieser Gemeinsamkeit über alle Systemgrenzen hinweg. Vielleicht auch dies ein Indiz für das geringe Ansehen, dass die Wissenschaft allen politischen Lippenbekenntnissen zum Trotz in dieser Gesellschaft besitzt. Je mehr junge Menschen studieren, desto geringer scheint das Interesse der deutschen Gesellschaft an ihren Universitäten zu werden. Reform bedeutet nur noch: die Durchlaufkapazität kostenneutral – *das* Zauberwort der Bildungspolitik – erhöhen. Das ›Produkt‹ interessiert nicht, wenn es nur schneller und billiger erzielt werden kann als bisher. Nur so hatte sich die Studierquote auf derzeit über dreißig Prozent erhöhen lassen, ohne angemessen zu investieren, und nur so lässt sich hoffen, die politische Zielmarke von vierzig Prozent zu erreichen und gleichzeitig die staatlichen Hochschuletats kräftig zu verringern. Dies sprachlich zu verhüllen, haben die Universitätspolitiker glänzend verstanden. In ihrer Sprachpolitik ist die deutsche Bildungspolitik erstklassig. Das muss man neidvoll anerkennen. Wer wird denn hinter Etiketten wie »Solidarpakt« (Baden-Württemberg) oder »Qualitätspakt« (Nordrhein-Westfalen) drastische Kürzungen vermuten? In anderen Bereichen fiele das der Öffentlichkeit auf, die Medien würden es aufspießen, hier nicht, und die Hochschulen habe es nicht geschafft, darüber eine öffentliche Diskussion anzustoßen. Peter Glotz hat Recht: Die »Arbeit an der Zuspitzung« ist in der Umweltpolitik gelungen, in der Bildungspolitik nicht. Doch gerade deshalb – das sollte man hinzufügen – kann die deutsche Hochschulpolitik um vieles radikaler sein als die Umweltpolitik: eine Radikalität abseits des Kerns öffentlichen Interesses.

III.

Nicht nur Lehre und Studium werden in der künftigen Universität, die sich abzeichnet, kaum mehr etwas gemein haben mit dem, woran ich mich noch erfreuen durfte. Auch die Forschung wird anders. Als ich 1978, mitten im Habilitationsverfahren in Würzburg, wo ich 1973 auch promoviert wurde, meine erste Professur an der Universität Hamburg erhielt, wusste ich noch nicht so recht, was Drittmittel sind. Und auch als ich 1985 an die Eberhard-Karls-Universität Tübingen wechselte, musste ich mich damit zunächst nicht beschäftigen. In meinen sieben Hamburger Jahren hatte ich zwar ein einziges Mal einen bescheidenen Betrag aus Mitteln, die Niedersachsen aus dem Lotto einnimmt, für zwei Doktorandinnen eingeworben, damit sie ihre Archivreisen und Kopien bezahlen konnten. Dieses Geld auszugeben, war jedoch so mühsam und zeitaufwendig, dass ich auf lange Zeit von Drittmitteln nichts mehr wissen wollte. Abgerechnet werden mussten diese Mittel für zwei niedersächsische Landeskinder nämlich in einer Behörde Niedersachsens. Für zuständig erklärt wurde ein staatliches Bauamt in Lüneburg. Es war nicht einfach, die Reise- und Kopierrechnungen in die Bauformulare hineinzumogeln. Noch schwieriger allerdings war es, überhaupt an das Geld zu kommen, denn dieses Amt war es gewohnt, nur zu zahlen, wenn im Gegenzug etwas geliefert wurde. Dass mehrere Jahre Geld gegeben werden sollte, ohne die Etagen eines Bauwerks im Gleichschritt mit den Zahlungen emporwachsen zu sehen, gehörte nicht zu den gewiss ehrbaren Regeln dieses Amtes. Schließlich wurde jedoch im Wissenschaftsministerium an hoher Stelle entschieden, dass man – dieses Bild habe ich damals bemüht – das Mikroskop nicht erst bewilligen kann, nachdem die Ergebnisse mit bloßem Auge gewonnen und vorgelegt worden sind.

Ich habe meinen akademischen Weg also als ein beharrlicher Drittmittelversager begonnen. Der Lohn dafür war der Gottfried Wilhelm Leibniz-Preis, den mir die Deutsche Forschungsgemeinschaft 1996 zugesprochen hat. Wolfgang Frühwald war damals ihr Präsident. Drittmittelversagen als Voraussetzung für diesen höchstdotierten Preis, den die DFG vergibt – das ist nicht nur meine individuelle Erfahrung. Aus Gesprächen mit etlichen Kollegen weiß ich, dass es ihnen ebenso ergangen ist. 1996 hatte sogar einer der Preisträger, ein Mathematiker, in einem Fernsehinterview, das wir anderen, die damals mit ihm für unsere Forschungen geehrt worden waren, gemeinsam anschauten, zu unserem amüsierten Entsetzen gemeint, er wisse noch nicht, was er mit dem Geld tun werde – er forsche alleine und das sei billig.

Selber forschen ist heute nicht mehr gerne gesehen, jedenfalls nicht, wenn man dazu keine zusätzlichen Mittel braucht. Denn von ihnen lebt inzwischen die Universität, an ihnen wird ihr Rang gemessen und von ihrer Höhe hängt es ab, wie hoch der Etat ausfällt, den sie von ihrem Land erhält. Zu geringe oder gar fehlende Drittmittel eines Professors werden so zu einer Art Dienstvergehen. Es schadet dem Fach und der Universität. Es auch individuell zu bestrafen, erlaubt die so genannte leistungsbezogene Besoldung der Professoren, deren Hauptzweck es ist, die künftigen Professoren allgemein erheblich schlechter bezahlen zu können als früher, damit die Zulagen für das, was als Leistung bestimmt wird, von der Universität kostenneutral aufgebracht werden können. Kostenneutralität bedeutet immer, egal worum es geht: keine Kosten für das Land, wohl aber für die Hochschule.

Heute werden schon die Assistenten angehalten, Forschungsprojekte einzuwerben, und zu den Routinefragen in Bewerbungsverfahren gehört inzwischen auch bei Geisteswissenschaftlern die Drittmittelquote – sogar bei Erstberufungen. Karenzzeit wird nicht mehr gewährt. Nur ein Wissenschaftler, der ständig Geld einwirbt, und möglichst in steigender Linie, ist ein guter Wissenschaftler. Das Ideal ist der Wissenschaftsmanager, nicht der Forscher. Doch das wagt man nicht offen zu sagen. Deshalb wird Drittmitteltonnage umstandslos mit wissenschaftlicher Qualität verrechnet. Mit der Höhe der Drittmittel steigt die Exzellenzvermutung. Das kann man niemandem vorwerfen, denn darauf wird die Universität gegenwärtig systematisch ausgerichtet. Jedenfalls in Deutschland. In den USA, dem gelobten Land der deutschen Wissenschaftspolitik, ist das keineswegs so. Wenn amerikanische Kollegen in meinem Fach Geld einwerben, dann tun sie das in aller Regel, um sich freie Zeit zu kaufen – für eigene Forschung, um zu Archiven und Bibliotheken zu reisen, ein Buch zu schreiben. Möglich ist das auch bei uns, doch normal ist etwas Anderes: Drittmittel hereinholen, um Forschungen anderer zu ermöglichen. Das spielt mehr Geld ein und bringt deshalb der Universität höhere Quoten. Je größer und teurer das Projekt, desto höher die Rendite. Der Geldeinsatz entscheidet, nicht das Produkt. Das ist ein fundamentaler Wandel gegenüber der Wertehierarchie der alten Universität, die derzeit untergeht. Sie prämierte das Forschungsergebnis mit Ansehen, nicht das Forschungsvorhaben; sie bewertete mit langem Atem, die Universität der Zukunft hingegen verlangt das schnelle Ergebnis – wie in der Lehre, so auch in der Forschung. Es muss in der Projektzeit entstehen, und die ist kurz. Darauf müssen sich alle einstellen. Keine gute Aussicht für das gelehrte Werk, an dem lange gearbeitet wird.

Die Forschung in Großprojekten kann außerordentlich stimulierend sein, wenn man beobachten darf, wie junge Kollegen, die ohne dieses Projekt nicht forschen könnten, mit ihrer Forschung vorankommen und man in ihnen anregende Partner findet, die es sonst nicht gäbe. Die eigene Forschung kann so stimuliert werden. Ich weiß das aus eigener Erfahrung eines Sonderforschungsbereichs, den ich mit initiiert habe und weiterhin begleite. Doch inzwischen hat der politisch verordnete Hunger der Universitäten nach Drittmitteln die Wertehierarchie verkehrt: Gesucht wird der Wissenschaftsmanager, denn er versorgt seine Hochschule mit dem Geld, das sie dringend benötigt. Er muss Projektanträge verfertigen können; ein Buch schreiben, in das jahrelange eigene Forschung eingeht, bringt der Universität nichts – außer wissenschaftlichem Ansehen. Es wird gerne gesehen, denn es schmückt auch die Hochschule, erhöht ihre Reputation, nicht aber den Etat. Jedenfalls nicht bei uns. In den USA ist das anders. Das Geld, das Universitäten dort mit ihrer Lehre erwirtschaften, müssen die deutschen Professoren durch Forschungsdrittmittel kompensieren. Das war nicht immer so. Bis ins frühe 20. Jahrhundert hat es in Deutschland Studiengebühren in Form von Hörgeldern gegeben. Ohne sie hätte ein erheblicher Teil der Forschung und der darauf aufbauenden Lehre nicht finanziert werden können, denn sie waren die einzige Besoldung auf dem Wege des Hasards der Privatdozenten zur Professur. Mit den Hörergeldern entfiel auch eine Form des Rankings (mit finanzieller Sanktion) von Professoren durch die Studenten. Die heutigen Überlegungen zu Studiengebühren zielen nicht mehr auf individuelle Folgen für die Dozenten, sondern auf Zusatzeinnahmen der Hochschulen – und vor allem, so befürchten viele aus schlechter Erfahrung mit der Verlässlichkeit von politischen Zusagen, auf Möglichkeiten der Finanzminister, den Staatsanteil an der Finanzierung der deutschen Hochschulen verdeckt noch weiter zu verringern. Die ständige Nötigung zur Drittmittelforschung – auch dort, wo eine bescheidene, aber verlässliche Grundausstattung ausreichte – wird sich deshalb künftig wohl noch verschärfen und den Typus des Wissenschaftsmanagers zur Normalfigur an der deutschen Universität werden lassen.

Für Geisteswissenschaftler ist das eine neue Erfahrung. Nicht dass ihnen Projektforschung fremd wäre. Man vergisst gerne, dass Geisteswissenschaftler im 19. Jahrhundert zu den Pionieren der Projektforschung, auch der außeruniversitären, gehört haben, und sie auch heute über eine große Zahl von Einrichtungen verfügen, deren Aufgabe Projektforschung ist. Doch auch dort steht die Einzelleistung im Mittelpunkt. Nicht die Erotik des Drittmittelvolumens, auf dessen Umfang die Begierde aller Haushälter zielt, nicht die Gemeinschaftsleistung, die sich in gemeinsam verfassten Aufsätzen und in Sammelbänden bekundet, begründen das Ansehen eines Geisteswissenschaftlers in der *scientific community*. Es ist die individuelle Leistung, meist das Buch, das den Gelehrten auszeichnet und international sichtbar macht. Es entsteht in der kooperativen Einsamkeit des eigenen Arbeitszimmers, in dem man sich mit Gelehrten aus vielen Fächern, Ländern und Zeiten still austauscht, offensichtlich eher als im Projektbetrieb, der es den Leitern schwer macht, im Management, das immer schon das Folgeprojekt im Auge habe muss, noch Freiräume für eigene Forschung zu finden und die Muße, aus ihren Ergebnissen ein Buch zu erschaffen, das mehr bietet als eine schnelle Bilanz des Projektes.

Das ist jedoch nur die eine Seite. Ohne das Großprojekt hätten viele junge Forscher keine Möglichkeit zu forschen, doch für die Älteren, die es einwerben und leiten, wird diese Art von Forschungsförderung leicht zur Forschungsbehinde-rung. Für die Jungen bedeutet es, die eigene Forschung dort ansiedeln zu müssen, wo die Geldtöpfe der Projekte stehen. Das ist mir erspart geblieben. Mein Weg zum Studium verlief ungeordnet, und die Wahl der Fächer glich zunächst Erkun-dungsgängen in einem intellektuell aufregenden Feld, das sich nicht schnell über-schauen ließ. Eine Horrorvorstellung für alle, die gegenwärtig den erfolgreichen BA-MA-Studierenden der Zukunft planen, der schon in der Schule weiß, welche Sprachen er anschließend hinzu lernen muss, bevor er dann so bestens gerüstet das Fach wählt, in dem er stracks auf die Examina zugeht, um anschließend, falls er sich für das Berufsfeld Hochschule entscheiden sollte, in maximal zwölf Jahren alle Hürden auf dem Weg zur Professur zu überwinden. Wer es in dieser Zeit nicht schafft, wird dank des Hochschulrahmengesetzes des Bundes künftig für-sorglich »verschrottet« – so rutschte es einem hochrangigen Bildungspolitiker heraus, als er für einen Augenblick die übliche politische Verhüllungssprache vergaß. Es muss eben überall schnell gehen, in zeitlich präziser Planung ablau-fend, auch wenn der Wissenschaftsmarkt den erfahrenen Forscher auf einer Pro-jektstelle gerne weiterhin beschäftigen würde und dafür Projektmittel von exter-nen Geldgebern bereitstellt. Doch die wortreich verkündete Liberalisierung des Hochschulmarktes – den Wettbewerb zwischen den Universitäten und Forschern fördern, tönt es überall – erweist sich hier, wenn man die Worthüllen abkratzt, als rigide Planwirtschaft zu Lasten des Einzelnen und der Universitäten insgesamt. Unter dem Deckmantel von Hochschulautonomie, die alle Parteien fordern und versprechen, wuchert eine Regulierungswut, die hier in unverhüllte Staatsanma-ßung übergeht. Der Staat weiß, wie lange es bis zur Professur dauern darf. Neuer-dings verordnet er per Gesetz sogar, wie lange jemand studentische Hilfskraft in der Universität sein darf. Die fürsorgliche Guillotine wartet also auf alle, die ihr Zeitkonto überziehen, das ihnen die neue Hochschulpolitik zubilligt. Wer die Illiberalität eines Beglückungsstaates studieren will, sollte sich die Bevormun-dungsparagraphen des Hochschulrahmengesetzes ansehen. Die schöne neue Welt der Universität der Zukunft beginnt im Zwangsgehäuse steuerungsseliger Büro-kratien. Ob die Radikalreformer von heute hier in deutscher Tradition planen?

IV.

»Wer über Effizienz an den Universitäten redet, der darf nicht nur nach der Studienzeit der Studenten schauen, der muss dann auch die Effizienz des Lehrkörpers unter die Lupe nehmen. Und da sieht es an deutschen Hochschulen – Tübingen inklusive – düster aus. Viele Dozenten und Professoren haben sich im warmen Nest der Uni wohlig eingerichtet und führen ein bequemes, finanziell abgesichertes Leben, bis dass der Ruhestand sie scheidet. Auf den Fluren mancher Institute muss man leise gehen, damit man die Damen, meist aber Herren in ihren Dienstzimmern nicht aufweckt. Nirgendwo auf der Welt kann man ein solches Faulenzer-Dasein genießen, wie an einer deutschen Universität.«

Diese Schelte des »Tübinger Wochenblatts« (3.2.2005) könnte man als aufgereg-tes Geschwätz eines Anzeigenblatts abtun, das sich trotz einer Auflage, die mit mehr als einer Million angegeben wird, journalistische Sorgfalt oder gar Anstand nicht leisten kann, − wenn nicht diese Meinung, die Universitäten leisteten zu wenig für das Geld, das sie erhalten, weit verbreitet wäre. Politiker formulieren es meist ein wenig höflicher, meinen aber das gleiche, wenn sie Evaluierung und Akkreditierung künftig regelmäßig in kurz aufeinander folgenden Wellen, die zu erzeugen nicht billig ist, über die Hochschulen laufen lassen, damit sie erfahren, was dort geschieht. Sie könnten das zwar auch weniger hektisch und teuer ermitteln lassen und zwischendurch in Statistiken blicken, aus denen sie zum Beispiel erführen, dass die Tübinger Geschichtswissenschaft heute wieder auf den Personalstand von 1965 zurückgeschnitten ist, aber fünfmal so viel Studierende aufnimmt wie 1975. Landespolitiker könnten auch, um sich generell über den Stand ihrer Hochschulen oder eines bestimmten Fachs zu unterrichten, eine der vielen externen Evaluationen nutzen, die es schon gibt und die auch künftig ohnehin erstellt werden, etwa das DFG-Förderranking von 2003 oder das CHE-Länderranking von 2004. Das macht die Landesregierung von Baden-Württemberg gerne, weil sie dort das »insgesamt hervorragende Abschneiden« (CHE) ihrer Universitäten bestätigt erhält. Es hindert sie aber nicht daran, mit der EVALAG eine weitere Agentur für Evaluierungen und Akkreditierungen aufzubauen und die Geschichtswissenschaften des Landes, die in den letzten Jahren oft evaluiert worden sind und in diesen Forschungs- und Lehrrankings vorzüglich abgeschnitten haben, 2005 gleich noch einmal an allen Landeshochschulen überprüfen zu lassen. Das Material, das die Hochschulen dafür erarbeiten mussten, erreicht einen stattlichen Umfang, den die Gutachter wohl nur kursorisch zur Kenntnis nehmen können. Sie sind nämlich in anderen Bundesländern berufstätig und bereiten sich dort vielleicht gerade darauf vor, selber evaluiert zu werden. Dieser verschwenderischen Art von Leistungskontrolle zum Trotz dennoch dafür zu werben, nach sinnvollen Formen der Selbst- und Fremdprüfung zu suchen, ist nicht einfach.

Der Eigenmotivation der Hochschullehrer traut die Politik nicht mehr. Ohne ihre Leidenschaft zur Forschung und Lust an der Lehre wäre zwar die erstaunliche Leistungskraft, welche die deutschen Hochschulen trotz anhaltender Überlast bei steigender Unterfinanzierung nach wie vor entfalten, nicht möglich. Doch das will die Wissenschaftspolitik nicht mehr sehen. Die Regierung Baden-Württembergs zum Beispiel setzt mit ihrem neuen Landeshochschulgesetz nicht darauf, ihre Hochschulen, denen alle Rankings Spitzenplätze bescheinigen, durch klug dosierte Reformen zu fördern. Sie verordnet vielmehr unter dem Slogan »mehr Autonomie für die Hochschulen« den Totalumbau ihrer Strukturen. Entstehen soll die Unternehmensuniversität, in der die kollegialen Entscheidungsprozeduren zugunsten strafferer Führungsstrukturen radikal beseitigt werden. Selbst im Kern der universitären und fachlichen Selbstbestimmung – der Auswahl von Experten, die für die Besetzung von Professuren vorgeschlagen werden – werden Fakultät und Senat gänzlich entmachtet zugunsten von Vorstand und Aufsichtsrat, wie künftig die Hochschulleitung heißen soll. Es ist zwar erlaubt, die traditionellen Namen beizubehalten, doch sie wären nur weitere Worthülsen, die nicht das enthalten, was auf ihnen steht.

Mit Autonomie meint dieses Landeshochschulgesetz – andere sind ähnlich angelegt – allenfalls die Autonomie der Hochschulleitung, wenngleich auch sie

durch mehrjährige Verträge mit dem zuständigen Ministerium am engen politischen Zügel geführt werden kann. Die Professoren werden in dieser Unternehmensuniversität zu Angestellten, die ihre bisherige Verantwortung für die Universität insgesamt weitestgehend verlieren. Niemand sollte sich überrascht zeigen,
wenn der neue Professorentypus, den diese Hochschulverfassung erzeugen will,
sich so verhält, wie es vorgesehen ist: ein unselbständiger Experte, der sich in
seinen Bereich zurückzieht, um dort doch noch einen Freiraum für das zu finden,
was ihn in diesen Beruf geführt hat. Wer hingegen das Management sucht, tut gut
daran, in eine Branche zu wechseln, die unter »leistungsbezogen« anderes versteht, als es der Etat einer Hochschule erlaubt.

V.

Die intrinsische Motivation der Dozenten ist das stärkste Kapital, über das die
Universität verfügt. Sie ist es, die es bislang zu verhindern vermochte, dass die
Forschung unter dem Druck steigender Verwaltungs- und Lehraufgaben auf der
Strecke blieb. Die Forschungsleidenschaft, die trotz aller Humboldt-ist-tot-Rufe
zumindest in den Geisteswissenschaften weiterhin in die Lehre eingeht, ließ sich
nicht ersticken – bisher. Ob das auch künftig so bleiben wird, weiß niemand.
Denn nun stehen die deutschen Universitäten vor einem Umbau, der kein historisches Vorbild kennt, an dem man mögliche Folgen studieren könnte. Die nord-
amerikanische Eliteuniversität, die deutsche Wissenschaftspolitiker vor Augen
haben, taugt als Modell, um die Folgen eigenen Handelns abzuschätzen, sicherlich
nicht. Selbst diese Einsicht verhüllt die deutsche Wissenschaftspolitik, wenn sie
die finanziell vergleichsweise geringen Beträge, die sie auslobte, Exzellenzprogramm nennt, unter dessen Flagge einige Hochschulen an die Weltspitze stürmen
sollen. Mit mehr Ehrlichkeit in der Sprache wäre schon viel gewonnen. Dann
wüsste jeder, was gemeint ist, und es ließe sich darüber öffentlich debattieren.
Diese offene und streitbare Debatte über die Zukunft der deutschen Universität
brauchen wir, um nicht einer Reformradikalität zu erliegen, deren Tarnsprache
verhindert zu erkennen, welche Universität an die Stelle der bisherigen treten soll.
    In dieser Debatte wird der Blick zurück hilfreich sein – nicht um Reform zu
blockieren, sondern um zu fragen, ob es etwas gibt, das fortzuführen ratsam ist.
Zweierlei rechne ich dazu:
    Erstens, die im Vergleich zu anderen Staaten, auch und gerade gegenüber den
USA, außerordentlich starke Homogenität des Ausbildungs- und Forschungsni-
veaus unter den Hochschulen in Deutschland. Sie ist ein Ergebnis des föderativen
Grundmusters deutscher Geschichte. Wer mit diesem historischen Erbe brechen
will, sollte es zumindest wissen und auch offen sagen.
    Zweitens, die Beziehungen zwischen Wissenschaft, Staat und Öffentlichkeit
ändern sich überall. Für die Universität bedeutet dies einen Verlust an fachlicher
Selbstbestimmung, wie er sich etwa in dem neuen Verhältnis von Forschung und
planender Außensteuerung erkennen lässt. Das muss man nicht beklagen; es kann
auch neue Möglichkeiten bieten. Bevor man dabei aber auf die Unternehmensuni-

versität setzt, die möglichst viel von oben nach unten steuert und die Hochschule über die extern bestimmte Leitung nach außen öffnet, täte man gut daran, mit Immanuel Kant darüber nachzudenken. Seine Analyse des Grundproblems bleibt weiterhin aktuell: Wie lässt sich zwischen Autonomie des einzelnen Wissenschaftlers und der Nutzenerwartung der Gesellschaft, die ihn finanziert, ein Weg finden, welcher das Kalkül der Interessenten befriedigt und dennoch auch Forschung ermöglicht, deren Nutzen im voraus nicht abgeschätzt werden kann und sich deshalb einer nutzenorientierten Planung entzieht? Kant setzte 1798 in seiner Schrift »Streit der Fakultäten« bekanntlich – oder ist diese Annahme zu optimistisch? – auf einen Staat, der erkennt, aus Eigeninteresse interesselose Forschung fördern zu sollen. Die neuen Hochschulgesetze gehen einen anderen Weg. Sie öffnen unter der Flagge Autonomie Universität und Wissenschaft programmatisch für die Außensteuerung. Welche Universität der Zukunft aus diesem radikalen Umbau hervorgehen kann, sollte eine Gesellschaft, die sich als Wissensgesellschaft verstehen will, in den Kern ihres Interesses rücken. Das aber wird nur möglich sein, wenn die Sprachverhüllungen der Bildungspolitik fallen.

Anmerkungen

*   Erschienen in: Wissenschaft und Universität. Selbstporträt einer Generation. Wolfgang Frühwald zum 70. Geburtstag. Gesammelt von Martin Huber und Gerhard Lauer, Köln 2005, S. 429–444.

Wenn Sie weiterlesen möchten ...

Dirk Blasius / Wilfried Loth (Hg.)
Tage deutscher Geschichte im 20. Jahrhundert

Tage deutscher Geschichte im 20. Jahrhundert gibt es viele. Orientiert man sich nur am Kalender, kommt man auf 36.525. Einige Tage aber bleiben stärker in Erinnerung, über sie wird gesprochen, sie spielen eine Rolle im kollektiven Gedächtnis der Deutschen. An ihnen haben Ereignisse stattgefunden, die besonders weitreichende Folgen hatten, oder die Ereignisse dieser Tage haben Symbolkraft entwickelt für ein umfassenderes, komplexeres Geschehen. Sich mit solchen Tagen zu beschäftigen, stellt eine bewährte Form der Aneignung von Geschichte dar.

Die Autoren des Bandes nähern sich den Wegen und Irrwegen der deutschen Geschichte im Jahrhundert der beiden Weltkriege mit acht Symboltagen, die von besonderem Erinnerungswert sind: der Ausbruch des Ersten Weltkriegs im August 1914, die Novemberrevolution 1918, die Machtübernahme der Nationalsozialisten, die Wannseekonferenz 1942, das Kriegsende 1945, der Aufstand in der DDR 1953, der Mauerbau 1961 und die deutsche Einheit im Jahre 1989. In acht illustrierten Essays regen sie zum Nachdenken über Deutschland und die Deutschen im 20. Jahrhundert an.

Jürgen Danyel / Jan-Holger Kirsch / Martin Sabrow (Hg.)
50 Klassiker der Zeitgeschichte

Nach 1945 konstituierte und profilierte sich die deutsche Zeitgeschichtsforschung vor allem durch die Auseinandersetzung mit Erstem Weltkrieg, Weimarer Republik und Nationalsozialismus. Erst später trat die Geschichte von Bundesrepublik und DDR als wichtiges Untersuchungsfeld hinzu. Bis 1989 stand die Forschung zudem im Spannungsfeld der deutsch-deutschen Systemkonkurrenz. Zentrale Bücher wie Friedrich Meineckes Die deutsche Katastrophe (1946), Fritz Fischers Griff nach der Weltmacht (1961) oder Joachim C. Fests Hitler. Eine Biographie (1973) waren nicht allein von innerwissenschaftlichem Interesse, sondern lösten auch breitere gesellschaftliche Debatten aus. Viele dieser Bücher werden bis heute oft zitiert; ihre prägnanten Titel sind mitunter zu Chiffren einer Epoche geworden (z.B. Die Unfähigkeit zu trauern).

50 solcher Klassiker werden im vorliegenden Band aus heutiger Sicht neu gelesen – als Dokumente ihrer jeweiligen Entstehungszeit, aber auch als Referenztexte mit Impulsen bis in die Gegenwart. Das Spektrum der chronologisch geordneten Werke reicht von Ernst Fraenkels Der Doppelstaat (1941) bis zu den Begleitbänden der beiden »Wehrmachtsausstellungen« (1995/2002).

Georg G. Iggers
Geschichtswissenschaft im 20. Jahrhundert
Ein kritischer Überblick im internationalen Zusammenhang

Neuausgabe 2007.

Historische Forschung und Geschichtserkenntnis haben sich im 20. Jahrhundert
vielfach gewandelt. Georg G. Iggers beschreibt diese Entwicklung vom klassischen
Historismus, dem Ausgangspunkt, über Sozialgeschichte und Historische Sozialwissenschaft, Alltagsgeschichte und Kulturgeschichte bis zu den jüngsten »Turns«
der Zunft. Die Darstellung gibt einen Überblick über Forschungspositionen,
Konzepte und wichtige Werke. Neu hinzugekommen ist ein Kapitel zur internationalen Geschichtsschreibung nach dem Ende der Systemkonfrontation 1989/90, das
verstärkt die nicht-europäische historische Forschung in den Blick nimmt.

Raphael Gross / Yfaat Weiss (Hg.)
Jüdische Geschichte als Allgemeine Geschichte
Festschrift für Dan Diner zum 60. Geburtstag

Die Beiträge dieses Bandes untersuchen die vielfältigen Interdependenzen von
jüdischer und allgemeiner Geschichte anhand theoretischer und methodischer
Fragestellungen wie an Fallstudien zur europäischen, arabischen, israelischen und
jüdischen Geschichte.

Klaus Große Kracht
Die zankende Zunft
Historische Kontroversen in Deutschland nach 1945

Die großen zeithistorischen Kontroversen haben die politische Kultur der Bundesrepublik nachhaltig geprägt. Zugleich haben sie die Zeitgeschichte für kritische
Fragestellungen und Innovationen geöffnet.
Der Band zeichnet die wichtigsten Debatten allgemeinverständlich nach und
situiert sie im spannungsreichen Geflecht von Forschungsdiskussion und medialer
Vermittlung. Damit liefert er zugleich eine Einführung in die Geschichte des Fachs
über den Gang ihrer wichtigsten Kontroversen.

Jürgen Osterhammel
Geschichtswissenschaft jenseits des Nationalstaats
Studien zu Beziehungsgeschichte und Zivilisationsvergleich

Jürgen Osterhammels Buch ist ein Plädoyer – ein Plädoyer für die Integration aller
Regionen der Erde in den Horizont einer »normalen« Geschichtswissenschaft.
Afrika, Amerika, Asien und Ozeanien sollten nicht in einem Teilbereich
»Außereuropäische Geschichte« abgehandelt werden, sondern selbstverständlicher
Bestandteil einer Historie mit universalem Blickwinkel sein.

Krise oder Revival?

V&R

Jürgen Osterhammel /
Dieter Langewiesche /
Paul Nolte (Hg.)
**Wege der
Gesellschaftsgeschichte**
Geschichte und Gesellschaft. Sonderhefte,
Heft 22.
2006. 294 Seiten, kartoniert
ISBN 978-3-525-36422-2

Seit dreißig Jahren ist »Geschichte und Gesellschaft« die »Zeitschrift für
historische Sozialwissenschaft«. Aus diesem Anlass erörtern aktive und
frühere Herausgeber die Zukunft von Gesellschaftsgeschichte im internationalen Rahmen. Einige Beiträge werfen einen Blick auf klassische Themen der
Gesellschaftsgeschichte, andere reformulieren die Grundlagen einer Geschichte sozialer Strukturen und Praktiken nach dem »cultural turn« und angesichts
der Herausforderung durch eine globale Geschichtsbetrachtung. Eine dritte
Gruppe behandelt das Verhältnis zu Nachbardisziplinen der Geschichtswissenschaft, vor allem zur Politikwissenschaft und zur Ökonomie. Ein vierter
Schwerpunkt des Bandes liegt schließlich auf Staatsentwicklung und gesell-
schaftlichem Wandel in der Bundesrepublik Deutschland.

Mit Beiträgen von

Werner Abelshauser, Klaus von Beyme, Gisela Bock, Christoph Conrad, Ulrike
Freitag, Jürgen Kocka, Dieter Langewiesche, Paul Nolte, Jürgen Osterhammel,
Hans-Jürgen Puhle, Manfred G. Schmidt, Klaus Tenfelde, Richard Tilly, Hans-
Peter Ullmann.

Vandenhoeck & Ruprecht

Die Zeitschrift für historische Sozialwissenschaft

V&R

Geschichte und Gesellschaft
Zeitschrift für historische
Sozialwissenschaft

Erscheint 4 x im Jahr.
Je Heft etwa 160 Seiten, kartoniert
ISSN 0340-613 X

Ab Jahrgang 34/2008 auch online erhältlich!

Geschichte und Gesellschaft ist eine
Zeitschrift für den gesamten Bereich
der historisch-sozialwissenschaft-
lichen Forschung. Sie wendet sich
an Hochschullehrer, Studenten und
Lehrer, an Historiker und Soziologen,
Politikwissenschaftler und Kultur-
wissenschaftler, für die es wichtig
ist, Fragestellungen und Ergebnisse
der historischen Forschung zu kennen, und die sich für neue Entwicklungen interessieren.

Gegenstand der Zeitschrift ist die
Gesellschaft und ihre Geschichte
– Gesellschaftsgeschichte, verstanden
als die Geschichte sozialer, politischer, ökonomischer und kultureller Phänomene, die in bestimmten
gesellschaftlichen Formationen
verankert sind. Im Mittelpunkt
stehen Darstellung und Analyse des
gesellschaftlichen Wandels.

In *Geschichte und Gesellschaft* erscheinen Aufsätze, Diskussionsbeiträge,
Rezensionen, Literaturberichte,
Wissenschaftliche Nachrichten. Fast
alle Hefte haben im Aufsatzteil ein
Schwerpunktthema. Zu Themen,
die ausführlicher behandelt werden
sollen, erscheinen von Zeit zu Zeit
Sonderhefte, die Abonnenten zum
ermäßigten Preis beziehen können.

Herausgegeben von

Werner Abelshauser / Jens Beckert /
Gisela Bock / Christoph Conrad /
Ulrike Freitag / Ute Frevert / Wolfgang
Hardtwig / Wolfgang Kaschuba / Jürgen
Kocka / Dieter Langewiesche / Simone
Lässig / Paul Nolte / Jürgen Oster-
hammel / Hans-Jürgen Puhle / Rudolf
Schlögl / Manfred G. Schmidt / Martin
Schulze-Wessel / Klaus Tenfelde / Hans-
Peter Ullmann / Hans-Ulrich Wehler.

Vandenhoeck & Ruprecht